NCS기반

전기회로실험

한 학 근 저

동일출판사

PREFACE

본 교재는 국가직무능력표준(National Competency Standards : NCS)에 기반한 전기회로 실험 교재이다. 국가직무능력표준이란 산업현장에서 직무를 수행하기 위해 요구되는 지식·기술·소양 등의 내용을 국가가 산업부문별·수준별로 체계화한 것으로 산업현장의 직무를 성공적으로 수행하기 위해 필요한 능력(지식, 기술, 태도)을 국가적 차원에서 표준화한 것을 의미한다. 본 교재는 NCS 분류체계상 대분류 전기·전자, 중분류 전기에 속한 능력을 중심으로 교재를 집필하였다.

본 교재는 모두 20개의 학습으로 구성되어 있으며, 각각의 학습은 학습목표, 필요지식, 수행내용/부품 및 장비, 수행내용/수행순서, 수행결과, 평가문제 등으로 구성되어 있다. 학습목표는 국가직무능력표준(NCS)의 전기분야에서 요구하는 능력단위요소의 수행준거를 기준으로 하고 있다. 학습을 통해 학습목표로 설정된 수행준거를 수행할 수 있는 능력을 가질 수 있도록 하는 것이 각 학습의 목표이다. 학습목표를 성취하기 위해 필요한 능력 즉 지식(knowledge), 기술(skill), 태도(attitude)를 위한 내용이 필요지식, 수행내용, 수행결과 등이다.

학습목표 성취를 위해 필요한 능력 중 지식을 위해 중점적으로 구성된 것이 각 학습의 필요지식이고, 능력 중 기술을 위해 중점적으로 구성된 것이 각 학습의 수행내용이다. 수행내용은 크게 부품 및 장비, 안전·유의사항, 수행순서 등의 3가지 부분으로 구성되는데, 부품 및 장비와 수행순서는 학습에 따라 다르므로 각각의 학습에서 개별적으로 구성하고 있다. 이에 비해 수행내용 중 안전·유의사항은 전체 학습을 통해 종합적인 내용을 정리하는 것이 보다 효율적이라고 생각되어 학습 0 전기회로실험 중요사항 확인하기에서 통합적으로 다루고 있다. 필요지식 및 수행내용과 함께 각 학습의 수행결과와 평가문제를 통해 학습목표로 설정한 수행준거를 수행할 수 있는 능력이 성취될 수 있도록 체제적으로 교재를 구성하였다.

NCS에 기반하여 체제적인 수업이 이루어지도록 구성한 본 교재의 주요 내용과 특징을 간단히 소개하면 다음과 같다.

첫째, 전기분야에 필요한 계측장비의 사용법을 사진, 그림, 표 등을 이용하여 이해하기 쉽도록 입체적으로 설명하고, 주요 장비 사용법을 단계별 실습과제를 통해 익힐 수 있도록 구성하고, 매뉴얼을 활용할 수 있도록 하여 계측장비 기능 확인하기와 계측장비 활용하기 능력단위요소의 수행준거를 성취할 수 있는 능력을 학습할 수 있도록 하였다.

둘째, 모든 학습의 필요지식은 직무능력을 위한 지식을 쉽게 이해할 수 있도록 구성하였다. 이론을 정확히 이해하지 못하고 단지 기능적으로 데이터만을 얻는 실험은 모래 위에 짓는 집처럼 부실한 학습이 되기 쉽다. 직무수행을 위한 능력을 위해서는 지식과 기술과 태도가 잘 연계되는 것이 매우 중요하다는 관점에서 본 교재는 필요지식을 이해하기 쉽도록 핵심적인 개념과 원리를 수식, 그림, 표, 사진 등을 활용하여 설명하였다.

셋째, 모든 수행내용은 매뉴얼 식으로 구성하여 정확하고 체계적인 실험이 이루어지고, 단계적 실험진행을 통해 필요지식을 깊이 있게 이해할 수 있도록 구성하였다. 실험결과 기록에 필요한 모든 표를 수록하였으며, 실험결과 기록을 위한 표에는 실험단계 번호, 실험내용, 참고사항 등을 기재하여 정확한 실험이 진행되도록 하였다.

넷째, 각 학습의 수행내용/수행순서는 1~2개 정도의 실험으로 구성하였다. 이는 해당하는 학습에 대한 학생들의 이해도를 높이고, 수업 진행에 대한 교수님들의 선택도를 높이기 위한 것이다. 각 학습의 필요지식을 정확히 이해하고, 수행순서에 구성된 모든 실험을 수행함으로써 학습목표 성취를 극대화할 수 있을 것으로 생각된다. 그러나 주당 강의시간, 학생들의 이해도 등을 고려하여 적절한 실험을 선택하여 수업을 진행할 수 있도록 구성하였다.

국가직무능력표준(NCS)에 기반한 전기회로실험 교재를 집필하자는 비전을 가지고 학습목표 성취를 위해 필요한 지식, 기술, 태도 등의 학습내용들을 상호 유기적이고 체계적으로 구성하고자 노력하였다. 이를 위해 본 교재의 제목을 'NCS기반 전기회로실험'으로 하였다. 본 교재를 사용하는 학생들이 각 학습을 통해 직무수행을 위해 필요한 지식과 기술과 태도를 잘 학습하여 직무수행을 위한 실질적인 능력이 키워지기를 바라는 것이 본 교재에서 가장 비중을 둔 점이다.

본 교재가 NCS에 기반한 충실한 전기회로실험 교재가 되기 위해서는 앞으로도 지속적인 수정과 보완이 필요하리라 생각한다. 본 교재를 사용하는 모든 분들의 아낌없는 조언과 격려를 바라며, 또한 본 교재를 사용하는 모든 분들의 무궁한 발전을 기도드린다. 본 교재의 집필을 완성하기까지 도우시고 인도하여 주신 하나님께 감사와 영광을 올려드린다. 또한 출판을 맡아 수고해 주신 동일출판사의 모든 분들에게도 감사를 드린다.

저자 한학근

CONTENTS

학습

0. 전기회로실험의 중요사항 확인하기

0.1 학 습 목 표

▣ 국가직무능력표준(National Competency Standards : NCS)에 기반한 전기회로실험의 수행내용에 필요한 안전·유의사항을 확인할 수 있다.

국가직무능력표준(National Competency Standards : NCS)에 기반한 전기회로실험을 위한 중요사항을 학습 0에서 확인한다. 학습 0의 주요 학습내용은 실험실에서의 안전·유의사항, 실험 시작 전 준비사항, 실험 진행시 중요사항, 보고서 작성시 중요사항 등이다. 각 학습은 「학습목표」, 「필요지식」, 「수행내용」 등으로 구성되고, 「수행내용」은 부품 및 장비, 안전·유의사항, 수행 순서 등으로 구성된다. 「수행내용」 중 모든 학습에 공통적으로 필요한 안전·유의사항을 집약하여 정리한 것이 학습 0이다.

0.2 실험실에서의 안전·유의사항 확인하기

(1) 실험실에서는 실험장비를 위한 전원으로 220 V의 교류전원을 사용하고 있으므로 감전 등의 전기 안전사고가 발생하지 않도록 각별히 주의하여야 한다.

(2) 실험에서 사용하는 각종 실험장비 및 계측장비는 정확한 사용법을 장비 사용

전에 반드시 숙지하여 부주의로 인한 전기 안전사고나 장비고장 등이 발생하지 않도록 주의하여야 한다.

(3) 실험 중 사용장비나 실험회로에 다음과 같은 비정상적인 증상이 발생할 경우는 즉시 전원을 차단하고 문제점을 확인하여 제거하여야 한다.

- 실험회로의 부품이나 사용 장비의 파손
- 사용 장비의 경보음 발생
- 전압이나 전류의 비정상적인 급격한 증가 등

(4) 장비는 반드시 각 실험조에서 사용하도록 배정된 장비만을 사용하여야 한다. 실험 중 고장이 난 장비를 발견하거나, 장비를 파손시킨 경우는 즉시 실습조교나 담당교수에게 확인을 받도록 하며, 다른 장비 사용에 대한 허락을 얻은 후 대체장비를 사용하여 실험을 진행하여야 한다.

(5) 실험이 종료된 후에는 사용 장비, 실험 테이블, 주변 등을 모두 다시 잘 정리하고, 사용한 부품과 실험도구 역시 실험 종료시 모두 반납하여야 한다.

0.3 실험 시작 전 준비사항 확인하기

(1) 교재의 「학습목표」, 「필요지식」, 「수행내용」 등을 실험 전에 반드시 미리 이해한 후 실험에 임한다.

(2) 사용할 장비와 부품 등을 모두 실험 시작 전에 선정·확보하고, 실험할 실제 회로를 미리 구상한 후 실험이 진행될 수 있도록 준비한다.

(3) 실험을 진행할 수행순서와 실험을 통해 얻어야 할 수행결과 역시 실험 시작 전에 미리 구상하여 실험 데이터의 일부를 누락시키는 일이 없도록 한다.

0.4 실험 진행시 중요사항 확인하기

(1) 실험에서 구성하는 회로는 미리 분석·검토한 실험회로와 오류 없이 동일하게

구성되도록 다음 사항 등에 주의하면서 각별한 주의를 기울인다.

- 사용한 부품의 규격이 정확한지 확인한다.
- 회로의 부품 배치 및 결선은 최대한 간결하고 분명하게 한다.
- 기능〔(+)전원, 접지선, 신호선 등〕에 따라 사용하는 선의 색깔을 가능하면 구분하여 결선한다.

(2) 회로구성에 사용한 장비의 정격 등이 적절히 설정되었는지 확인한다. 다음 사항을 확인하여 실험이 정확하게 진행되고, 장비가 파손되지 않도록 주의한다.

- 계측장비의 교류(AC)/직류(DC) 측정 모드 선택
- 계측장비의 전압(V)/전류(mA)/저항(kΩ) 측정 모드 선택
- 계측장비의 직렬/병렬 결선 및 (+/−)극성 연결
- 계측장비의 적절한 측정범위 선택

(3) 장비를 포함하여 실험회로를 세밀히 확인한 후 전원을 인가한다.

- 구성한 회로는 실험조원 모두가 확인하여 오류가 발생되지 않도록 하며, 실험조원 모두가 해당 실험을 이해할 수 있도록 한다.

(4) 「수행순서」에 따라 단계적이고, 순차적으로 실험을 진행하여 「수행결과」를 정확히 기록한다.

- 매뉴얼식으로 구성된 「수행순서」에 따라 단계적으로 실험을 진행한다.
- 실험 데이터의 기록을 위해 필요한 모든 표가 교재에 준비되어 있으므로 해당 표에 누락없이 「수행결과」를 기재하면서 실험을 진행한다.

(5) 모든 실험은 실험결과 데이터가 이론값과 일치하는지를 비교・분석・검토한다.

- 실험은 이론적으로도 해석이 가능한 내용을 실제 회로구성을 통해 동작특성을 직접 확인하는 의미를 가지고 있다. 따라서 모든 실험을 진행함에 있어 실험결과가 이론적인 결과와 일치하는지를 확인하고 검토하여야 한다. 이를 통해 이론과 실험을 겸비한 실질적인 응용력을 배양할 수 있다.
- 실험결과는 이론적인 결과와 전체적인 의미에서는 당연히 일치하여야 하지만, 이론적인 결과와 실제적인 실험결과 사이에는 약간의 오차나 차이가 존재할 수 있다. 따라서 실제 실험결과에서 발생하는 미세한 차이점에

대해서도 주의를 기울여야 하며, 이를 실험결과에 기록하여야 한다. 이론과 실험의 미세한 차이를 파악하고 이해하는 것 역시 실험을 하는 중요한 목적의 하나이다.

- 실험회로 구성이나 실험방법의 오류가 없다고 확신되는 경우에도 예상하지 못한 특수·이상 현상이 얻어질 수 있다. 이와 같은 특이한 실험결과에 대해서는 이를 자세히 기록하고, 그 원인을 분석한다.

(6) 실험 진행 중 실험결과에 오류가 발생한 경우는 다음 사항들을 검토하여 다시 실험을 진행한다.

- 사용하는 장비의 기능 선택, 측정범위 설정, 측정조건 설정, 입·출력 연결 등이 정확한지 확인한다.
- 실험회로의 결선이 정확한지 회로도와 비교하여 확인한다.
- 구성회로의 오류를 찾고자 하는 경우 회로를 구성한 실험자 스스로는 자신의 오류를 발견하기 어려운 경우도 많으므로 반드시 실험조원 모두가 상호 확인하는 것이 필요하다.
- 외관상의 회로결선에 오류가 없는 경우에도 배선의 접촉 불량, 브레드 보드(bread board)의 불량, 사용부품의 불량 등으로 인해 실제적인 회로 동작이 안 될 수도 있으므로 이들 가능성을 염두에 두고 구성회로의 각부에 대해 직접적인 확인을 하는 것이 필요하다.
- 회로 구성에 외관상의 오류가 없다고 확인된 경우 구성회로의 최초 입력단의 회로요소부터 최종 출력단의 회로요소까지 하나씩 순차적으로 실제 특성을 확인하여 정상적인 결과인지를 확인해 오류가 발생하는 부분을 발견한다.
- 회로 결선에 대한 검증과 회로 각부의 특성을 순차적으로 직접 확인함으로써 실험에 있어서의 대부분의 오류를 수정할 수 있다.

0.5 보고서 작성시 중요사항 확인하기

(1) 「보고서 표지」에는 다음 사항들을 빠짐없이 기재한다.

- 제목

- 담당교수
- 제출일
- 학과 · 학년 · 학번
- 성명

(2) 각 학습의 「학습목표」를 기재한다.

- 각 학습을 완료한 결과를 토대로 하여 학습목표가 달성되었는지를 스스로 확인하며 학습목표를 정리하여 기재한다.

(3) 각 학습의 「필요지식」을 기재한다.

- 각 학습에 있는 「필요지식」을 공부한 후 핵심적인 「필요지식」을 요약하여 정리한다.
- 교제에 있는 내용을 그대로 기재하지 말고, 반드시 각자 스스로 공부하여 주요 내용만을 정리한다.
- 필요시 참고도서를 활용한다.

(4) 각 학습의 실제 「실험회로도」를 작성한다.

- 실험을 위해 실제로 구성한 실험회로도를 작성한다.
- 회로도의 부품 규격은 실제 사용한 부품의 규격을 정확히 기재한다.
- 단순히 실험교재에 제시된 회로도와 부품 규격을 그대로 기재하지 않는다.

(5) 충실한 보고서 작성을 위해서는 실험 진행시 「수행순서」에 따라 실험을 진행하여 「수행결과」를 빠짐없이 기록하는 것이 매우 중요하다.

- 「수행결과」는 실험 데이터 기록을 위해 필요한 모든 표가 교재에 준비되어 있으므로 실험 진행시 해당하는 수행결과의 표에 누락 없이 실험결과를 기재하는 것이 중요하며, 이 데이터를 충실히 기록하는 것이 실험에 대한 이해 및 보고서 작성에 있어 가장 중요한 부분이다.

(6) 「수행순서」에서 검토를 요구한 사항이나, 실험 진행시 관찰된 특이사항에 대한 내용을 결과로써 잘 정리하고, 그 이유를 분석하여 설명한다.

(7) 각 학습의 마지막 부분에 있는 「평가문제」에 대해 설명하고 풀이한다.

보고서

0. 표 지

1. 학습목표

2. 필요지식

 ▪ 핵심적인 주요이론을 요약·정리
 ▪ 참고도서 활용

3. 실험회로 및 수행결과

 ▪ 각 실험별로 실제 실험회로와 실험 데이터를 작성
 ▪ [예] 학습 2. 저항 측정하기

(1) 4색 저항 실험

• 실험회로도 작성 • 실험 데이터 정리

(2) 5색 저항 실험

• 실험회로도 작성 • 실험 데이터 정리

4. 평가문제

 ▪ 학습의 마지막 부분에 있는 평가문제에 대한 설명 및 풀이

학습

1. 계측장비 기능 확인하기

1.1 학습목표

▣ 디지털 멀티미터와 직류전원 공급장치의 기능을 확인할 수 있다.
▣ 장비 신규도입에 따른 제작사 매뉴얼을 확인하고 사용할 수 있다.
(1901080305_14v2.3.1)

국가직무능력표준(National Competency Standards)의 전기전자분야의 기본적인 장비로는 실험회로의 결선을 위한 브레드 보드(bread board), 전압, 전류, 저항을 측정하기 위한 디지털 멀티미터(digital multimeter : DMM), 실험회로에 직류전원을 인가하기 위한 직류전원 공급장치(DC power supply) 등이 있다. 이들 주요 계측장비들을 제작사 매뉴얼을 확인하여 장비 특성에 따라 사용할 수 있는 것이 학습 1의 학습목표이다. 동일한 기능의 장비인 경우에도 매우 다양한 모델의 장비들이 있으므로 제작사 매뉴얼을 활용하여 장비를 사용할 수 있는 것은 전기전자분야에서 매우 중요한 직무능력이다.

학습 1에서는 브레드 보드, 디지털 멀티미터, 직류전원 공급장치 등의 주요 계측장비의 기능을 제작사 매뉴얼을 이용하여 확인하고 사용할 수 있는 학습을 먼저 실시하고, 오실로스코프(oscilloscope)와 신호발생기(signal generator) 등의 주요 장비의 기능을 확인하고, 활용하는 학습은 학습 12를 통해 실시하기로 한다.

1.2 브레드 보드 기능 확인하기

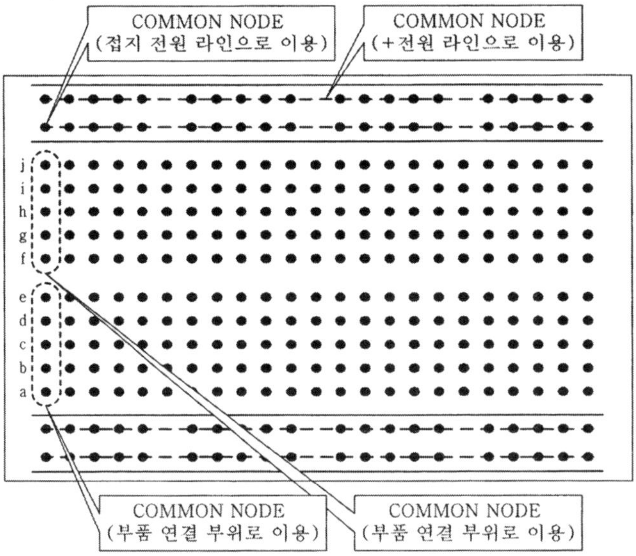

그림 1-1 브레드 보드

브레드 보드(bread board)의 대략적인 모양을 그림 1-1에 나타내었다. 일반적으로 빨간선 아래에 있는 홀(hole)들의 수평 라인을 (+)전원 라인으로 사용하고, 파란선 위에 있는 홀들의 수평 라인을 GND 전원 라인으로 사용한다. 중간에는 실험부품을 꽂게 되는데, 그림 1-1의 수직한 5개 홀(a~e와 f~j)들은 서로 연결되어 있다.

브레드 보드 사용시 유의점

1. (+)전원 라인과 접지(ground)전원 라인 배치에 유의한다.
2. 연결된 홀과 끊어진 홀의 구별을 확인한다.
3. 회로부품의 배치 및 결선은 최대한 간결하고 분명하게 한다.
4. (+)전원선, 접지선, 신호선 등에 따라 사용하는 선의 색깔을 가능한 구분하여 결선한다.
5. 전원의 인가는 반드시 결선이 맞는지 확인한 후에 한다.

1.3 디지털 멀티미터 기능 확인하기

1.3.1 저항 측정

그림 1-2 디지털 멀티미터를 이용한 저항 측정

디지털 멀티미터를 이용한 저항 측정법

- **1 단계** : DMM의 Ω 측정버튼 선택
  ☞ mV, V 또는 μA, mA, A 측정버튼이 아닌 Ω 측정버튼을 선택
- **2 단계** : 측정용 리드선 연결
  ☞ Ω 단자에 적색 리드선을 연결하고, COM 단자에 흑색 리드선을 연결
- **3 단계** : 저항 측정
  ☞ 적색 리드선과 흑색 리드선을 이용하여 저항 측정
  ☞ 전원이 연결된 회로 내의 부품의 저항을 측정하고자 하는 경우 반드시 전원을 끊고, 저항을 측정하고자 하는 부품을 회로에서 분리한 후 저항을 측정

1.3.2 전압 측정

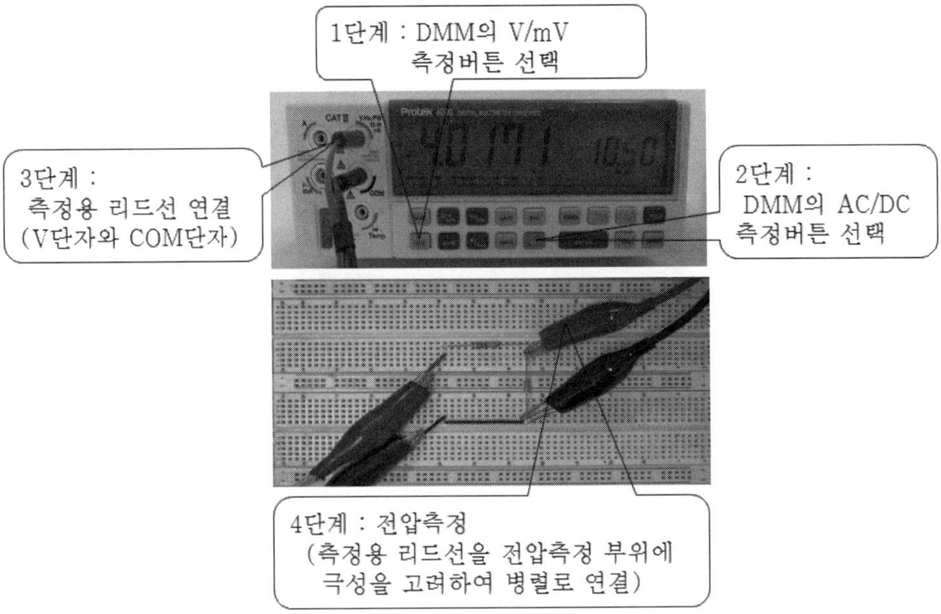

그림 1-3 디지털 멀티미터를 이용한 전압 측정

디지털 멀티미터를 이용한 전압 측정법

- **1 단계** : DMM의 V 또는 mV 측정버튼 선택
  ☞ 측정전압의 크기를 고려하여 V 또는 mV 측정버튼을 선택
- **2 단계** : 측정전압이 AC인지 DC인지에 따라 DMM의 AC/DC 측정버튼 선택
  ☞ AC/DC 변환버튼(Alt. Function 버튼)을 이용하여 AC 또는 DC를 선택
- **3 단계** : 측정용 리드선 연결
  ☞ V 단자에 적색 리드선을 연결하고, COM 단자에 흑색 리드선을 연결
- **4 단계** : 전압 측정
  ☞ 측정용 리드선을 전압 측정부위에 병렬로 연결
  ☞ 극성에 따라 (+)전압부위에 적색 리드선, (−)전압부위에 흑색 리드선을 연결

1.3.3 전류 측정

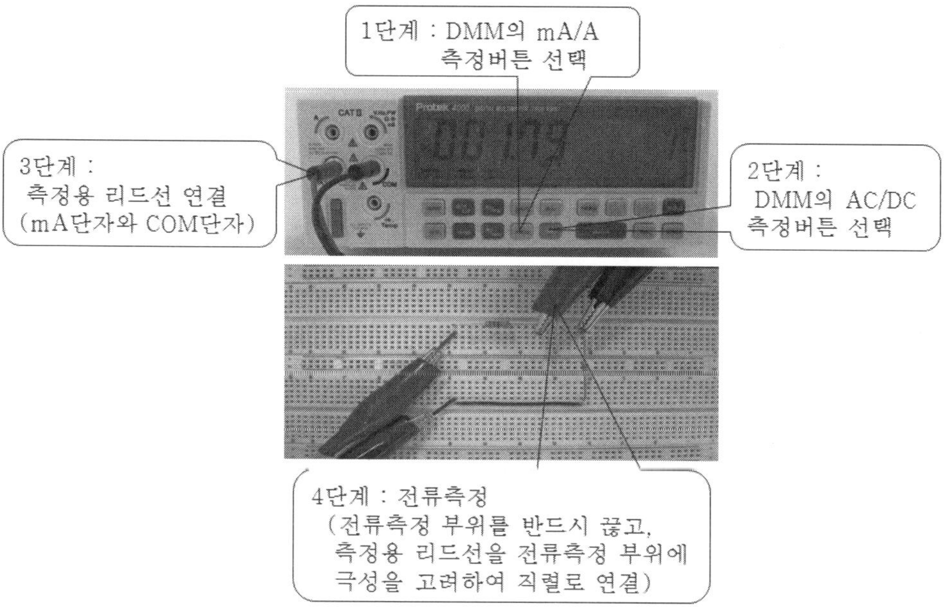

그림 1-4 디지털 멀티미터를 이용한 전류 측정

디지털 멀티미터를 이용한 전류 측정법

- **1 단계** : DMM의 A, mA, μA 측정버튼 선택
  - ☞ 측정전류의 크기를 고려하여 A 또는 mA 또는 μA 측정버튼을 선택
- **2 단계** : 측정전류가 AC인지 DC인지에 따라 DMM의 AC/DC 측정버튼 선택
  - ☞ AC/DC 변환버튼(Alt. Function 버튼)을 이용하여 AC 또는 DC를 선택
- **3 단계** : 측정용 리드선 연결
  - ☞ mA 단자에 적색 리드선을 연결하고, COM 단자에 흑색 리드선을 연결
  - ☞ 1단계에서 A 측정버튼을 선택한 경우는 A 단자에 적색 리드선을 연결
- **4 단계** : 전류 측정
  - ☞ 전류를 측정하고자 하는 회로부분을 우선 끊고, 측정용 리드선을 전류방향에 맞추어 극성을 고려하여 반드시 직렬로 연결
  - ☞ (+)극성부위에 적색 리드선, (-)극성부위에 흑색 리드선을 연결

1.4 직류전원 공급장치 기능 확인하기

직류전원 공급장치(DC power supply)는 직류전원을 실험회로 등에 공급하기 위하여 사용한다. 직류전원을 얻으려면 일반적으로 배터리와 같은 직류전원을 사용하면 되지만 직류전압의 크기가 변하는 경우의 회로특성을 실험하기 위해서는 배터리만으로는 어렵다. 직류전원의 전압크기를 일정 범위 내에서 자유롭게 가변하여 공급하기 위해서는 그림 1-5와 같은 직류전원 공급장치를 사용한다. 일반적인 직류전원 공급장치는 2개의 직류전원을 공급할 수 있는 출력단자를 가지고 있으며, 보통 20~30 V 이하의 직류전압을 공급할 때 사용하는 것이 일반적이다. 그리고 직류전원 공급장치를 그림 1-6과 같이 결선하면 (+)전원과 (−)전원을 공급할 수 있다.

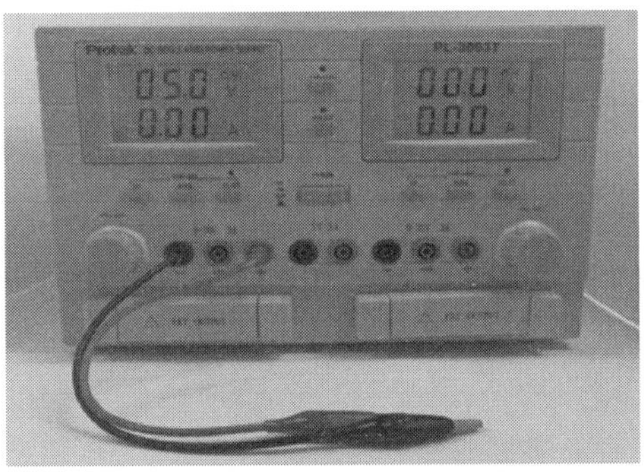

그림 1-5 직류전원 공급장치

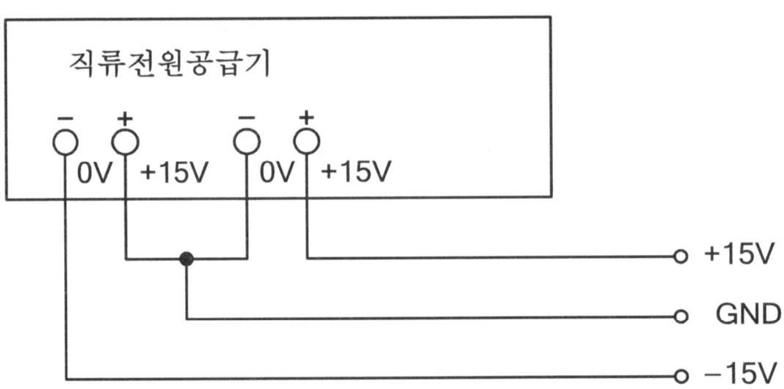

그림 1-6 직류전원 공급장치의 (+)/(-) 전원 이용

학습

2. 저항 측정하기

2.1 학습목표

■ 디지털 멀티미터를 이용하여 지항을 측정할 수 있다.
■ 계측장비별 매뉴얼을 확인하여 장비 특성에 따라 사용할 수 있다.
(1901080305_14v2.3.3)

2.2 필요지식

2.2.1 4색 저항 규격 판독법

전기회로실험 등에서 가장 일반적으로 사용되는 탄소 피막 저항 등은 코드화된 색띠(color codc)를 이용하여 저항 규격을 표시한다. 크기가 작은 저항에 직접 저항 규격을 기재하기는 어려우므로 색상별로 특정 숫자를 나타내는 코드화된 색띠를 이용하여 저항 규격을 표시한다. 색저항은 4색 저항(4 band resistor)과 5색 저항(5 band resistor)의 2가지 종류가 있다. 4색 저항 즉 4가지 색띠를 이용하여 저항 규격을 나타내는 저항이 보다 일반적이므로 우선 4색 저항의 규격 판독법을 먼저 설명한다. 그림 2-1에 4색 저항을 나타내었다. 4색 코드의 제1색띠와 제2색띠는 2자리의 유효숫자를 표시하고, 제3색띠는 자릿수 즉 승수를 표시한다. 그리고 제4색띠는 저항의 오차를 표시하는데, 이는 금색, 은색 등으로 구별된다.

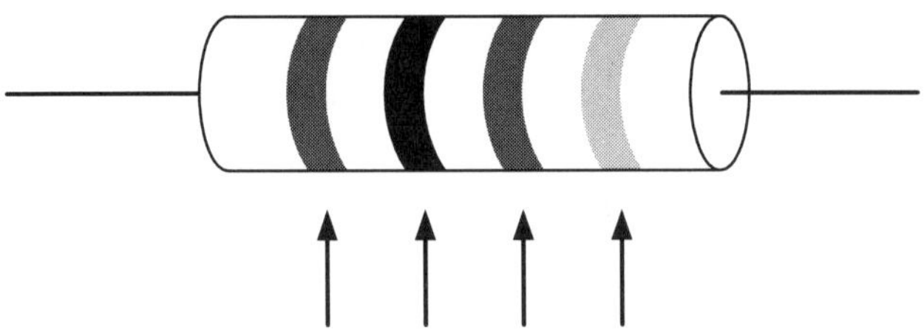

그림 2-1 4색 저항

표 2-1 색저항의 4색 코드(color code)

색 상	제1색띠 (A)	제2색띠 (B)	제3색띠 승수(C)	제4색띠 허용오차(D)
흑 색	0	0	10^0	
갈 색	1	1	10^1	± 1 %
빨 강	2	2	10^2	± 2 %
주 황	3	3	10^3	
노 랑	4	4	10^4	
녹 색	5	5	10^5	±0.5 %
파 랑	6	6	10^6	±0.25 %
보 라	7	7	10^7	±0.1 %
회 색	8	8		±0.05 %
백 색	9	9		
금 색			10^{-1}	± 5 %
은 색			10^{-2}	±10 %
무 색				±20 %

그림 2-1의 4색 저항에서 제1색띠 갈색, 제2색띠 흑색, 제3색띠 빨강, 제4색띠 금색인 경우의 저항 규격을 예로 들어 살펴보기로 한다. 제1색띠인 갈색은 1, 제2색띠

인 흑색은 0이므로 2자리의 수는 10이고, 제3색띠인 빨강은 2이므로 이에 해당하는 승수는 10^2이다. 그리고 마지막으로 제4색띠인 금색은 허용오차 ±5%를 나타낸다. 이를 정리하면 예를 든 색저항의 저항 R은 $R=10\times10^2\Omega\pm5\%=1k\Omega\pm5\%$가 된다. 제1색띠의 코드가 A, 제2색띠의 코드가 B, 제3색띠의 코드가 C, 제4색띠의 코드가 D인 4색 저항의 규격은 식 (2.1)과 같다.

$$R = AB\times10^{C} \pm 허용오차(D) \tag{2.1}$$

4색 저항의 규격을 판독하는 방법을 익힐 수 있도록 그림 2-2에 몇 가지 종류의 4색 저항을 예로 들어 저항값을 구하였다. 전기회로실험 등에서 색저항은 대단히 많이 사용하는 부품이므로 색저항의 4색 코드와 5색 코드를 정확히 숙지하여 실험을 진행할 때 저항의 규격을 정확히 판독할 수 있어야 한다. 색저항을 잘못 판독하여 규격에 맞지 않는 저항을 사용하면 실험 결과에 오류가 발생하게 되므로 주의하여야 한다.

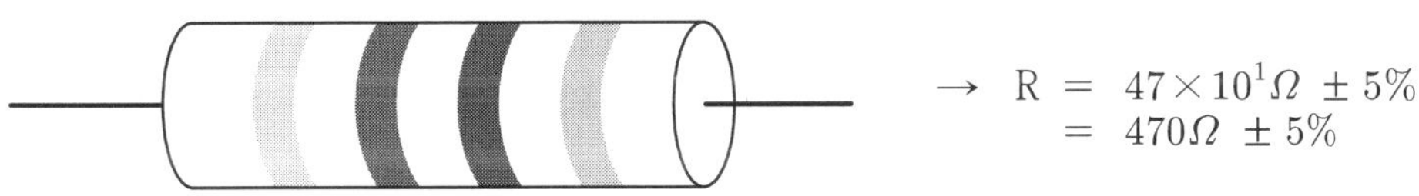

(a) 4색 코드 : 노랑, 보라, 갈색, 금색

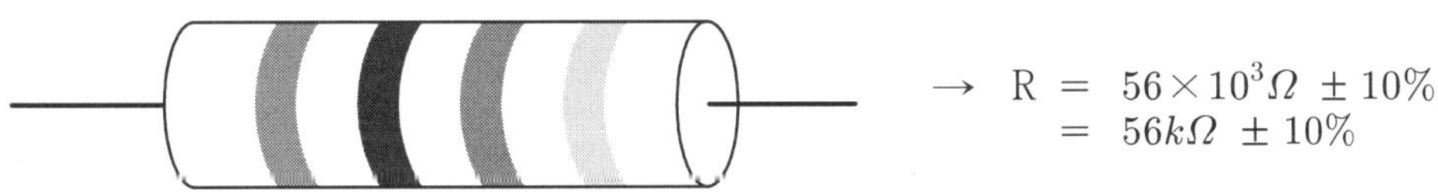

(b) 4색 코드 : 녹색, 파랑, 주황, 은색

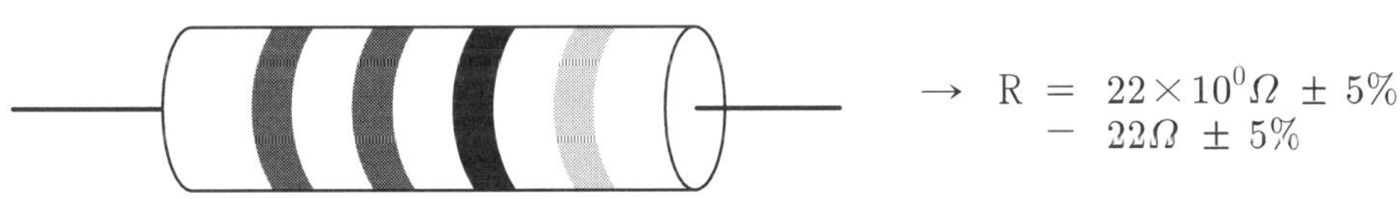

(c) 4색 코드 : 빨강, 빨강, 흑색, 금색

그림 2-2 4색 저항의 규격 예

2.2.2 5색 저항 규격 판독법

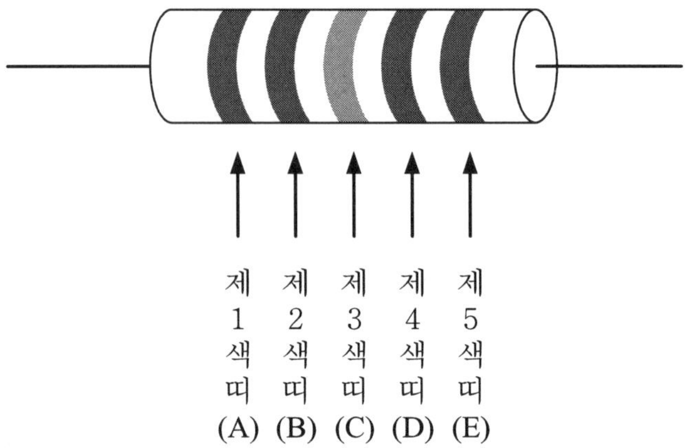

그림 2-3 5색 저항

표 2-2 색저항의 5색 코드(color code)

색 상	제1색띠 (A)	제2색띠 (B)	제3색띠 (C)	제4색띠 승수(D)	제5색띠 허용오차(E)
흑 색	0	0	0	10^0	
갈 색	1	1	1	10^1	± 1 %
빨 강	2	2	2	10^2	± 2 %
주 황	3	3	3	10^3	
노 랑	4	4	4	10^4	
녹 색	5	5	5	10^5	±0.5 %
파 랑	6	6	6	10^6	±0.25 %
보 라	7	7	7	10^7	±0.1 %
회 색	8	8	8		±0.05 %
백 색	9	9	9		
금 색				10^{-1}	± 5 %
은 색				10^{-2}	±10 %

그림 2-3에 5색 저항을 나타내었다. 5색 코드의 제1색띠, 제2색띠, 제3색띠는 3자

리의 유효숫자를 표시하고, 제4색띠는 자릿수 즉 승수를 표시한다. 그리고 제5색띠는 저항의 오차를 표시한다. 그림 2-3의 5색 저항에서 제1색띠 갈색, 제2색띠 빨강, 제3색띠 녹색, 제4색띠 갈색, 제5색띠 빨강인 경우의 저항 규격을 예로 들어 살펴보기로 한다. 제1색띠인 갈색은 1, 제2색띠인 빨강은 2, 제3색띠인 녹색은 5이므로 3자리의 수는 125이고, 제4색띠인 갈색에 해당하는 승수는 10^1이다. 그리고 마지막으로 제5색띠인 빨강은 허용오차 ±2%를 나타낸다. 이를 정리하면 예를 든 색저항의 저항 R은 $R=125\times10^1\Omega\pm2\%=1.25k\Omega\pm2\%$가 된다. 제1색띠의 코드가 A, 제2색띠의 코드가 B, 제3색띠의 코드가 C, 제4색띠의 코드가 D, 제5색띠의 코드가 E인 5색 저항의 규격은 식 (2.2)와 같다.

$$R = ABC\times10^{D} \pm \text{허용오차}(E) \qquad (2.2)$$

5색 저항의 규격을 판독하는 방법을 이힐 수 있도록 그림 2-4에 몇 가지 종류의 5색 저항을 예로 들어 저항값을 구하였다.

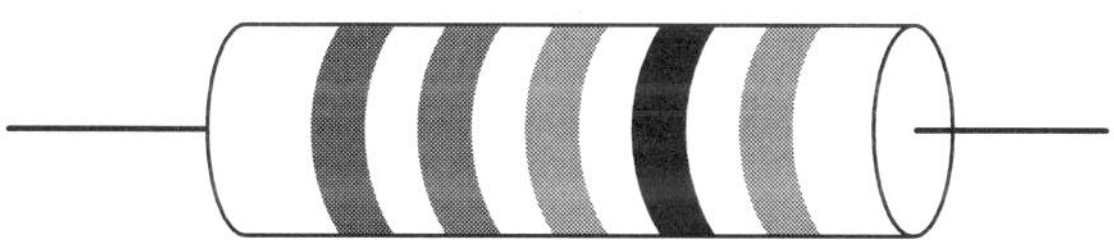

$$\rightarrow R = 175\times10^{0}\Omega \pm 0.5\% = 175\Omega \pm 0.5\%$$

(a) 5색 코드 : 갈색, 보라, 녹색, 흑색, 녹색

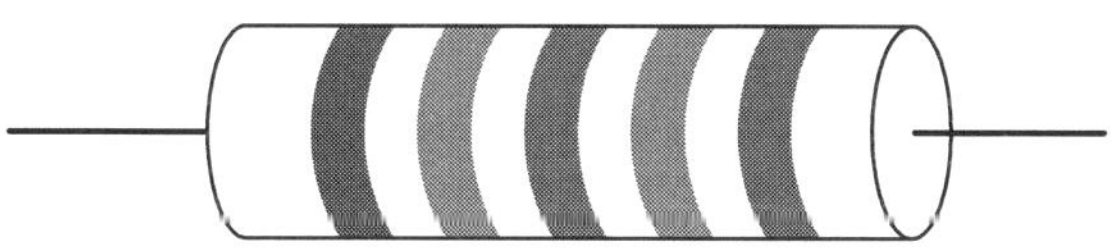

$$\rightarrow R = 237\times10^{3}\Omega \pm 0.25\% = 237k\Omega \pm 0.25\%$$

(b) 5색 코드 : 빨강, 주황, 보라, 주황, 파랑

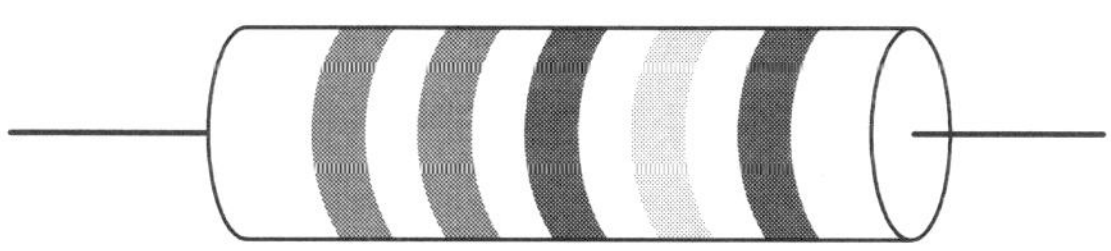

$$\rightarrow R = 331\times10^{-2}\Omega \pm 1\% = 3.31\Omega \pm 1\%$$

(c) 5색 코드 : 주황, 주황, 갈색, 은색, 갈색

그림 2-4 5색 저항의 규격 예

2.2.3 오차 계산

실험에서 사용하는 저항이 정확한지는 색띠를 이용하여 판독한 저항값과 계측기를 이용하여 측정한 저항값을 비교하여 판단할 수 있다. 색저항의 실제 저항값은 디지털 멀티미터(digital multimeter) 등의 계측기를 이용하여 측정할 수 있다.

오차는 절대오차와 상대오차의 2가지로 크게 나눈다. 절대오차는 측정값과 참값의 차이로 측정값에서 참값을 뺀 값이다. 그리고 상대오차는 절대오차의 참값에 대한 비율을 의미하고, 상대오차를 백분율로 나타낸 값을 백분율 상대오차 또는 줄여서 백분율 오차(percentage error)라고 한다. 절대오차와 상대오차는 + 또는 −의 부호를 갖는다. 측정값에서 참값을 뺀 값이 양수(+)이면 오차는 + 부호를 갖고, 측정값에서 참값을 뺀 값이 음수(−)이면 오차는 − 부호를 갖는다. 오차를 계산할 때 + 또는 −의 부호를 무시하고 절대값으로 계산하는 것은 잘못이다. 오차 계산시 부호를 무시하지 않도록 주의하여야 한다.

참값을 T, 측정값을 M이라고 하는 경우 절대오차는 식 (2.3), 상대오차는 식 (2.4), 백분율 상대오차는 식 (2.5)과 같이 표현된다.

$$\text{절대오차} = M - T \tag{2.3}$$

$$\text{상대오차} = \frac{M - T}{T} \tag{2.4}$$

$$\%\text{오차} = \frac{M - T}{T} \times 100 \ [\%] \tag{2.5}$$

예를 들어 색띠를 이용하여 판독한 규격이 10kΩ±5%인 저항을 테스터(tester)를 이용하여 측정하였더니 저항이 9.0kΩ인 경우의 오차를 예를 들어 살펴보자. 절대오차는 −1.0kΩ, 상대오차는 −0.1, %오차는 −10%이다. 이 경우는 허용오차 ±5%를 벗어나는 저항임을 알 수 있다. 오차가 발생하는 주요 이유는 색저항 자체의 오차, 계측기의 오차, 측정자의 오차 등에 기인한다. 계측기의 오차는 예를 들어 테스터나 디지털 멀티미터 등의 오차를 의미한다. 그리고 측정자의 오차는 측정하는 사람에 의한 오차를 의미한다. 특히 테스터와 같이 아날로그 계측기를 이용하는 경우는 계측기의 눈금을 읽는 측정자에 의해 오차가 발생한다. 이와 같은 오차의 주요 발생 원인은 저항 측정을 포함한 모든 실험값 측정에서 일반적으로 발생한다.

2.2.4 전기량의 기호와 단위

표 2-3 주요 전기량의 기호와 단위

구 분	기 호	명 칭	단 위
전압 (voltage)	V	volt	V
전류 (current)	I	ampere	A
저항 (resistance)	R	ohm	Ω
컨덕턴스 (conductance)	G	mho	℧
유도용량 (inductance)	L	henry	H
정전용량 (capacitance)	C	farad	F
주파수 (frequency)	f	hertz	Hz
전력 (power)	P	watt	W
에너지 (energy)	W	joule	J

표 2-4 단위의 배수 기호와 크기

구 분	기 호	배 수	예
tera	T	10^{12}	THz
giga	G	10^{9}	GHz
mega	M	10^{6}	MΩ, MHz, MW
kilo	k	10^{3}	kV, kΩ, kHz
milli	m	10^{-3}	mV, mA, mH
micro	μ	10^{-6}	μA, μF
nano	n	10^{-9}	nF
pico	p	10^{-12}	pF

저항을 표시할 때 일반적으로 R이라는 기호를 사용하고, Ω(ohm)이라는 단위를 사용한다. 전기회로실험 등에서 가장 일반적으로 사용하는 전기량인 전압(voltage), 전류(current), 저항(resistance), 컨덕턴스(conductance), 유도용량(inductance), 정전용량(capacitance), 주파수(frequency), 전력(power), 에너지(energy) 등에 대한 기호와 명칭과 단위를 표 2-3에 정리하였다. 표 2-3에 표시된 주요 전기량 중 컨덕턴스(conductance)는 저항의 역수로 정의되는 전기량이다. 저항의 역수라는 의미에서 저항의 단위인 ohm(Ω)의 글자를 역순으로 하여 컨덕턴스의 단위를 mho(℧)라고 한다.

표 2-4에는 단위의 배수를 표시하는 기호를 나타내었다. 4색 저항의 색띠가 갈색, 흑색, 주황색, 금색인 경우 저항 R은 $R=10\times10^3\Omega=10^4\Omega$이다. 그러나 이와 같은 저항을 $10^4\Omega$이라고 표기하지 않고 배수 기호를 이용하여 일반적으로 10kΩ이라고 표기한다. 배수 기호를 이용하여 전기량을 표기하는 것은 저항뿐만 아니라 전압(V), 전류(I), 유도용량(L), 정전용량(C), 주파수(f), 전력(P), 에너지(W) 등에 대해서도 마찬가지이다. 전기량을 표기할 때 배수 기호를 이용하여 가장 적절하게 표기하여야 한다.

학습 2 저항 측정하기는 능력단위요소인 계측장비 기능 확인하기와 연관된다. 이를 위해 학습 2에서 필요한 디지털 멀티미터의 저항 측정 기능은 계측장비의 매뉴얼 등을 확인하여 장비 특성에 따라 사용할 수 있도록 학습한다.

2.3 수행내용 / 부품 및 장비

부품 및 장비		규격 및 수량	
부 품	저항	4색 저항	임의의 저항 5개
		5색 저항	임의의 저항 5개
장 비		디지털 멀티미터(DMM)	
		브레드 보드(bread board)	
기 타		jumper wire	
		wire stripper(또는 nipper)	

2.4 수행내용 / 수행순서

실험 1. 4색 저항 실험

① 지급받은 임의의 4색 저항 5개의 색띠와 저항 규격을 각각 판독하여 표 2-5에 기재하여라. 판독한 저항값은 표 2-4의 단위의 배수 기호를 이용하여 Ω, kΩ, MΩ 중에서 가장 적절한 단위로 표현하여라.

② 디지털 멀티미터를 이용하여 4색 저항 5개 각각의 저항값을 측정하여 표 2-5에 기재하여라. 저항값은 소수점 두 자리까지 측정하여라.

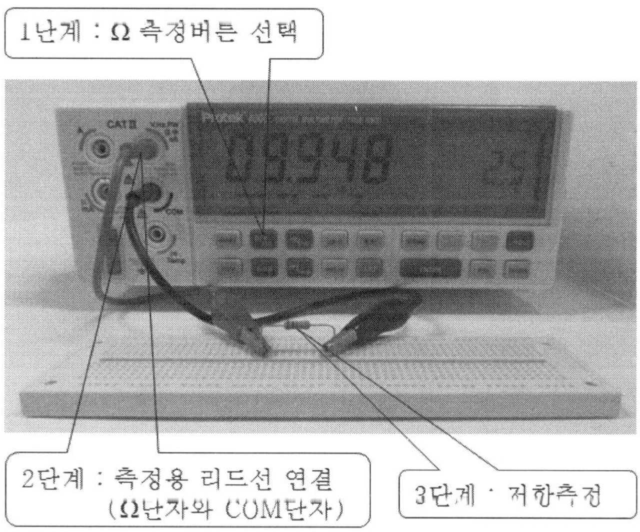

그림 2-5 디지털 멀티미터를 이용한 저항 측정

③ 실험단계 ①에서 판독한 저항값과 실험단계 ②에서 측정한 저항값을 이용하여 백분율 오차(%오차)를 계산하여 표 2-5에 기재하여라. 백분율 오차가 지나치게 큰 경우는 저항값을 잘못 판독했거나 저항값을 잘못 측정했을 가능성이 있으므로 해당 저항에 대한 실험을 다시 실시하여라. 백분율 오차를 계산할 때 식 (2.5)를 이용하여라.

실험 2. 5색 저항 실험

④ 지급받은 임의의 5색 저항 5개의 색띠와 저항 규격을 각각 판독하여 표 2-6에 기재하여라. 판독한 저항값은 표 2-4의 단위의 배수 기호를 이용하여 Ω, kΩ, MΩ 중에서 가장 적절한 단위로 표현하여라.

⑤ 디지털 멀티미터를 이용하여 5색 저항 5개 각각의 저항값을 측정하여 표 2-6에 기재하여라. 저항값은 소수점 두 자리까지 측정하여라.

⑥ 실험단계 ④에서 판독한 저항값과 실험단계 ⑤에서 측정한 저항값을 이용하여 백분율 오차(%오차)를 계산하여 표 2-6에 기재하여라. 백분율 오차가 지나치게 큰 경우는 저항값을 잘못 판독했거나 저항값을 잘못 측정했을 가능성이 있으므로 해당 저항에 대한 실험을 다시 실시하여라. 백분율 오차를 계산할 때 식 (2.5)를 이용하여라.

2.5 수행결과

실험 1. 4색 저항 실험

표 2-5 4색 저항 실험 데이터

실험 단계	색띠				저항 규격		저항 측정값	백분율 오차
	제 1 색 띠	제 2 색 띠	제 3 색 띠	제 4 색 띠	저항 표시값	허용오차 [%]		
예	갈색	흑색	주황	금색	10kΩ	± 5%	9.65kΩ	−3.5 [%]
① ② ③						±		[%]
						±		[%]
						±		[%]
						±		[%]
						±		[%]

실험 2. 5색 저항 실험

표 2-6 5색 저항 실험 데이터

실험 단계	색띠					저항 규격		저항 측정값	백분율 오차
	제 1 색 띠	제 2 색 띠	제 3 색 띠	제 4 색 띠	제 5 색 띠	저항 표시값	허용오차 [%]		
예	빨강	주황	보라	빨강	녹색	23.7kΩ	± 0.5%	23.81kΩ	+0.46 [%]
④ ⑤ ⑥							±		[%]
							±		[%]
							±		[%]
							±		[%]
							±		[%]

2.6 평가문제

1 표 2-7과 같은 4색 저항의 규격을 주어진 색띠를 이용하여 판독하여라.

표 2-7 4색 저항의 규격 판독

구분	색띠				저항 규격	
	제1색띠	제2색띠	제3색띠	제4색띠	저항 표시값	허용오차[%]
1	노랑	보라	빨강	금색		± [%]
2	주황	주황	갈색	은색		± [%]
3	회색	빨강	주황	금색		± [%]

2 표 2-8과 같은 5색 저항의 규격을 주어진 색띠를 이용하여 판독하여라.

표 2-8 5색 저항의 규격 판독

구분	색띠					저항 규격	
	제1색띠	제2색띠	제3색띠	제4색띠	제5색띠	저항 표시값	허용오차[%]
1	갈색	보라	녹색	갈색	금색		± [%]
2	빨강	보라	흑색	빨강	갈색		± [%]
3	보라	녹색	흑색	흑색	빨강		± [%]

3 그림 2-6은 저항을 측정하기 위하여 브레드보드에 색저항을 고정시킨 것이다. 그림 2-6(a), 2-6(b), 2-6(c) 중 저항을 정확히 측정할 수 없는 것은 어느 것인지 답하고, 그 이유를 설명하여라.

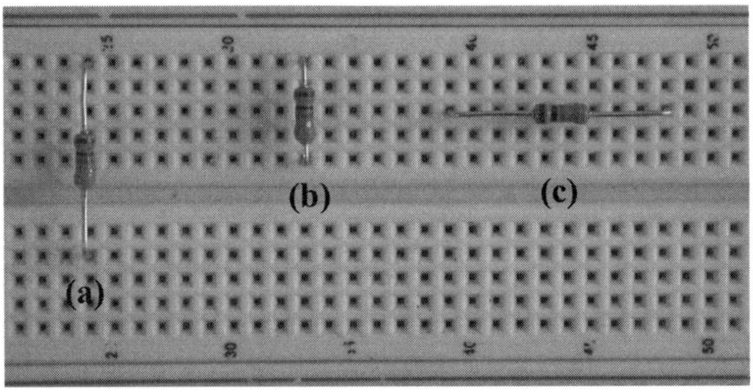

그림 2-6 저항의 측정

4 표 2-5의 4색 저항 실험 데이터에서 측정값이 허용오차 범위를 벗어나 교체해야 하는 저항이 있는지의 여부를 설명하여라.

5 표 2-6의 5색 저항 실험 데이터에서 측정값이 허용오차 범위를 벗어나 교체해야 하는 저항이 있는지의 여부를 설명하여라.

6 4색 저항의 색띠가 제1색띠 갈색, 제2색띠 흑색, 제3색띠 파랑, 제4색띠 금색인 저항이 있다. 이 저항을 단위 Ω과 단위의 배수 기호를 이용하여 kΩ과 MΩ 단위로 표현하고자 한다. 주어진 색띠를 이용하여 판독한 저항 표시값을 Ω, kΩ, MΩ의 3가지 단위를 이용하여 모두 표현하고, 3가지 중 어느 단위를 이용하여 표현하는 것이 가장 적절한지 답하여라.

7 실험에 대한 종합결론을 정리하고, 학습목표 성취도에 대해 학습자 스스로 평가하여라. 성취도는 A(우수), B(보통), C(미흡)의 3단계로 구분하여 평가하여라.

학습

3. 합성저항 측정하기

3.1 학습목표

▣ 저항의 직렬회로, 병렬회로, 직·병렬회로의 합성저항을 구하고, 디지털 멀티미터를 이용하여 합성저항을 측정할 수 있다.
▣ 실제값과 측정값의 편차에 따른 값을 조정하거나 교체 할 수 있다. (1901080306_16v3.1.3)

3.2 필요지식

3.2.1 저항의 직렬회로의 합성저항

저항을 서로 연결하는 방법에는 직렬연결과 병렬연결의 2가지 방법이 있다. 저항을 직렬로 연결하여 구성한 회로를 직렬회로(series circuit)라고 하고, 저항을 병렬로 연결하여 구성한 회로를 병렬회로(parallel circuit)라고 한다.

2가지의 저항회로 중 직렬회로에 대해 우선 살펴보기로 한다. 저항을 직렬로 연결하면 회로 전체의 합성저항은 직렬연결된 각 저항의 합과 같다. 예를 들어 저항이 R_1, R_2인 2개의 저항을 직렬로 연결한 직렬회로의 합성저항 R은 각각의 저항을 더한 R_1+R_2가 된다. 또한 저항이 R_1, R_2, R_3인 3개의 저항을 직렬로 연결한 직렬회로의 합성저항 R은 각각의 저항을 더한 $R_1+R_2+R_3$이 된다. 이를 일반적으로 말하면 저항이 각각 R_1, R_2, R_3, ··· R_n인 n개의 저항을 직렬로 연결한 직렬회로의 합성저항 R은 $R_1+R_2+R_3+ \cdots +R_n$이다. 그림 3-1에 저항의 직렬회로를 나타내고, 그림 3-1의 3가지 직렬회로의 합성저항을 각각 식 (3.1), 식 (3.2), 식 (3.3)에 나타내었다.

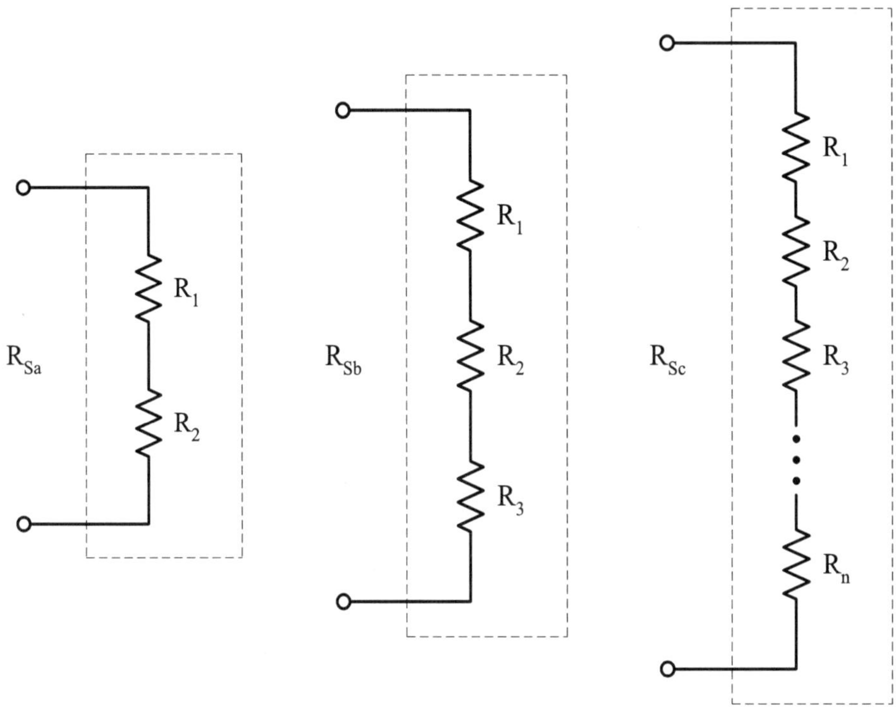

(a) 2개 저항의 직렬회로 (b) 3개 저항의 직렬회로 (c) n개 저항의 직렬회로

그림 3-1 저항의 직렬회로

$$R_{Sa} = R_1 + R_2 \tag{3.1}$$

$$R_{Sb} = R_1 + R_2 + R_3 \tag{3.2}$$

$$R_{Sc} = R_1 + R_2 + R_3 + \cdots + R_n = \sum_{i=1}^{n} R_i \tag{3.3}$$

직렬회로에서의 합성 저항은 각각의 저항의 합으로 주어지므로 저항값이 큰 저항일수록 합성저항에 보다 큰 영향을 미친다. 예를 들어 R_1=100kΩ, R_2=1kΩ, R_3=100Ω인 직렬회로에서의 합성저항 R은 식 (3.4)와 같다. 3개 저항의 직렬회로이지만 합성저항은 저항이 가장 큰 R_1에 의해 거의 결정된다. 이와 같이 직렬회로에서는 저항값이 큰 저항일수록 합성저항에 미치는 영향이 크다.

$$\begin{aligned} R &= R_1 + R_2 + R_3 \\ &= 100k\Omega + 1k\Omega + 100\Omega \\ &= 101.1k\Omega \\ &\approx 100k\Omega \end{aligned} \tag{3.4}$$

3.2.2 저항의 병렬회로의 합성저항

저항을 병렬로 연결하면 회로 전체의 합성저항은 합성저항의 역수가 각각의 저항의 역수의 합과 같다. 예를 들어 저항이 R_1, R_2인 2개의 저항을 병렬로 연결한 병렬회로의 합성저항 R의 역수 1/R은 각각의 저항의 역수를 더한 $1/R_1+1/R_2$이 된다. 또한 저항이 R_1, R_2, R_3인 3개의 저항을 병렬로 연결한 병렬회로의 합성저항 R의 역수 1/R은 각각의 저항의 역수를 더한 $1/R_1+1/R_2+1/R_3$이 된다. 이를 일반적으로 말하면 저항이 각각 R_1, R_2, R_3, ⋯ R_n인 n개의 저항을 병렬로 연결한 병렬회로의 합성저항 R의 역수 1/R은 $1/R_1+1/R_2+1/R_3+ \cdots +1/R_n$이다. 그림 3-2의 3가지 병렬회로의 합성저항을 각각 식 (3.5), 식 (3.6), 식 (3.7)에 나타내었다.

$$\frac{1}{R_{Pa}} = \frac{1}{R_1} + \frac{1}{R_2} \rightarrow R_{Pa} = \frac{1}{\frac{1}{R_1} + \frac{1}{R_2}} \tag{3.5}$$

$$\frac{1}{R_{Pb}} = \frac{1}{R_1} + \frac{1}{R_2} + \frac{1}{R_3} \rightarrow R_{Pb} = \frac{1}{\frac{1}{R_1} + \frac{1}{R_2} + \frac{1}{R_3}} \tag{3.6}$$

$$\frac{1}{R_{Pc}} = \frac{1}{R_1} + \frac{1}{R_2} + \frac{1}{R_3} + \cdots + \frac{1}{R_n} = \sum_{i=1}^{n} \frac{1}{R_i} \rightarrow R_{Pc} = \frac{1}{\sum_{i=1}^{n} \frac{1}{R_i}} \tag{3.7}$$

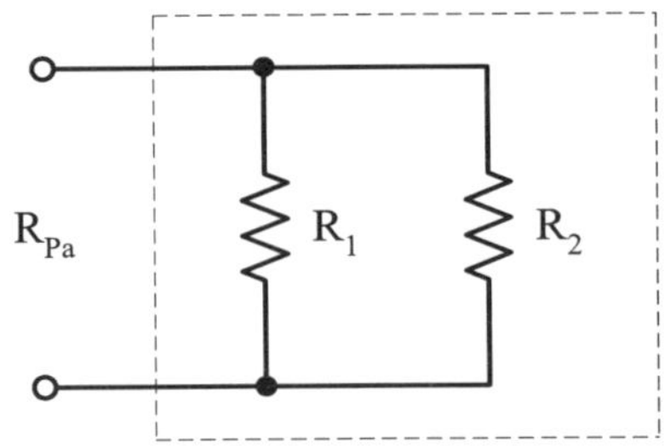

(a) 2개 저항의 병렬회로

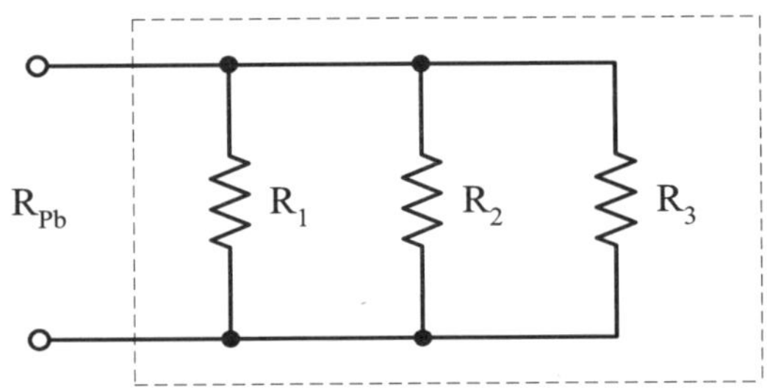

(b) 3개 저항의 병렬회로

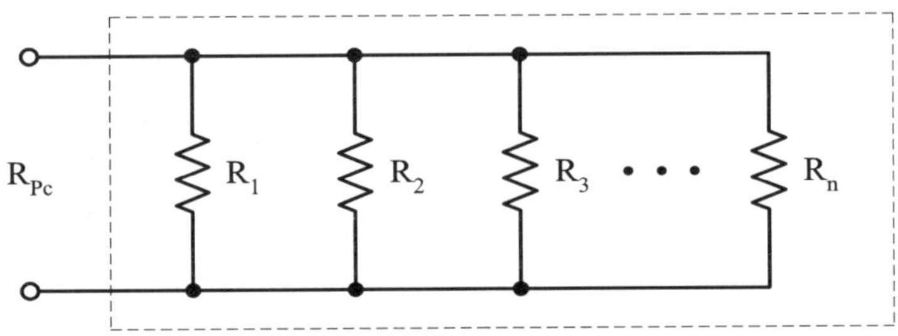

(c) n개 저항의 병렬회로

그림 3-2 저항의 병렬회로

식 (3.5)를 합성저항 R_{Pa}를 기준으로 정리하면 식 (3.8)과 같다.

$$R_{Pa} = \frac{1}{\frac{1}{R_1} + \frac{1}{R_2}} = \frac{1}{\frac{R_1 + R_2}{R_1 R_2}} = \frac{R_1 R_2}{R_1 + R_2} \tag{3.8}$$

식 (3.8)은 2개 저항의 병렬연결이 포함된 전기회로 해석 등에 많이 이용되는 식이므로 잘 활용할 수 있도록 정확히 기억할 필요가 있다. 병렬회로의 합성저항에 대한 이해를 돕기 위해 식 (3.6)을 합성저항 R_{Pb}를 기준으로 정리하면 식 (3.9)와 같다.

$$R_{Pb} = \frac{1}{\frac{1}{R_1} + \frac{1}{R_2} + \frac{1}{R_3}} = \frac{1}{\frac{R_1R_2 + R_2R_3 + R_3R_1}{R_1R_2R_3}} = \frac{R_1R_2R_3}{R_1R_2 + R_2R_3 + R_3R_1} \quad (3.9)$$

병렬회로에서의 합성저항의 역수는 각각의 저항의 역수의 합으로 주어지므로 저항값이 작은 저항일수록 합성저항에 보다 큰 영향을 미친다. 예를 들어 R_1=100kΩ, R_2=1kΩ, R_3=100Ω=0.1kΩ인 병렬회로에서의 합성저항 R은 식 (3.10)과 같다. 3개 저항의 병렬회로이지만 합성저항은 저항이 가장 작은 R_3에 의해 거의 결정된다. 이와 같이 병렬회로에서는 저항값이 작은 저항일수록 합성저항에 미치는 영향이 크다.

$$\begin{aligned} R &= R_1//R_2//R_3 \\ &= \frac{1}{\frac{1}{100k\Omega} + \frac{1}{1k\Omega} + \frac{1}{0.1k\Omega}} \\ &= \frac{100 \times 1 \times 0.1}{100 \times 1 + 100 \times 0.1 + 1 \times 0.1} \\ &= \frac{10}{110.1} \\ &= 0.09k\Omega \\ &\approx 0.1k\Omega \end{aligned} \quad (3.10)$$

3.2.3 저항의 직·병렬회로의 합성저항

저항의 직렬연결과 병렬연결을 동시에 포함하는 회로를 직·병렬회로라고 한다 직·병렬회로의 합성저항은 저항의 직렬연결 부분은 직렬회로의 합성저항을 구하는 방법을 이용하고, 저항의 병렬연결 부분은 병렬회로의 합성저항을 구하는 방법을 이용하여 구할 수 있다. 직·병렬회로의 합성저항을 구하는 방법을 몇 가지 구체적인 직・병렬회로의 예를 대상으로 살펴보고자 한다. 직・병렬회로의 합성저항을 구하는 과정을 통해 자연스럽게 직렬회로와 병렬회로의 합성저항을 구하는 방법을 익힐 수 있다.

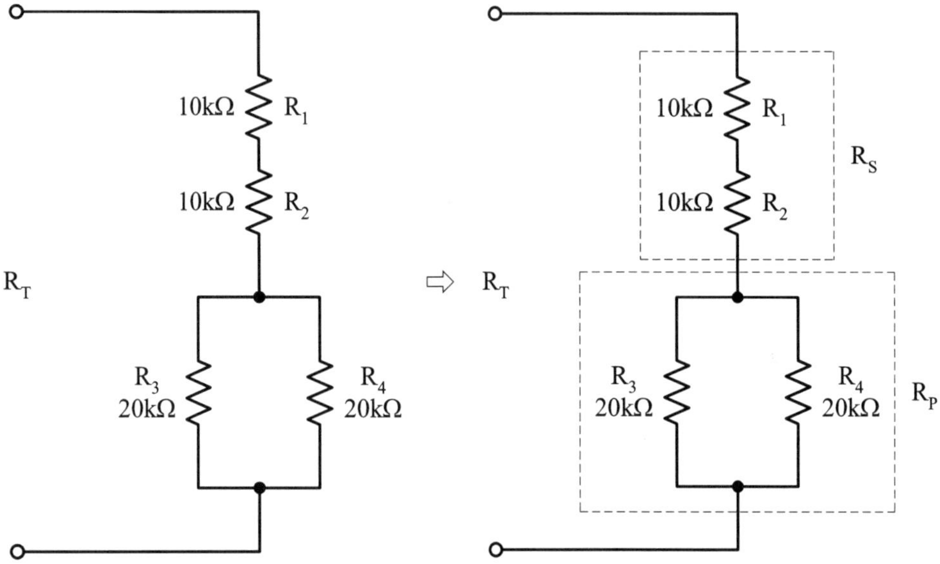

그림 3-3 저항의 직・병렬회로(예1)

직・병렬회로의 첫 번째 예로 그림 3-3의 직・병렬회로의 합성저항을 구해보자. 그림 3-3의 직・병렬회로에서 저항 R_1과 R_2는 직렬연결이고, 저항 R_3과 R_4는 병렬연결이다. 따라서 직렬연결된 저항 R_1과 R_2의 합성저항은 직렬회로의 합성저항 구하는 방법을 이용하여 합성저항 R_S를 식 (3.11)과 같이 구할 수 있다. 또한 병렬연결된 저항 R_3과 R_4의 합성저항은 병렬회로의 합성저항 구하는 방법을 이용하여 합성저항 R_P를 식 (3.12)와 같이 구할 수 있다.

$$R_S = R_1 + R_2 = 10k\Omega + 10k\Omega = 20k\Omega \tag{3.11}$$

$$R_P = \frac{1}{\frac{1}{R_3} + \frac{1}{R_4}} = \frac{1}{\frac{R_3 + R_4}{R_3 R_4}} = \frac{R_3 R_4}{R_3 + R_4} = \frac{20 \times 20}{20 + 20} k\Omega = 10k\Omega \tag{3.12}$$

식 (3.11)에서 알 수 있는 바와 같이 동일한 저항 2개를 직렬연결하면 합성저항은 2배가 된다. 이를 확장하여 생각하면 동일한 저항 3개를 직렬연결하면 합성저항은 3배가 되고, 동일한 저항 n개를 직렬연결하면 합성저항은 n배가 되는 것을 알 수 있다. 또한 식 (3.12)에서 알 수 있는 바와 같이 동일한 저항 2개를 병렬연결하면 합성저항은 1/2배가 되고, 이를 확장하여 생각하면 동일한 저항 3개를 병렬연결하면 합성저항은 1/3배가 되고, 동일한 저항 n개를 병렬연결하면 합성저항은 1/n배가 되는 것을 알 수 있다.

그림 3-3의 직·병렬회로는 직렬연결된 합성저항 R_S와 병렬연결된 합성저항 R_P가 직렬로 연결된 것이므로 전체 합성저항 R_T는 식 (3.13)과 같이 구할 수 있다.

$$R_T = R_S + R_P = 20k\Omega + 10k\Omega = 30k\Omega \tag{3.13}$$

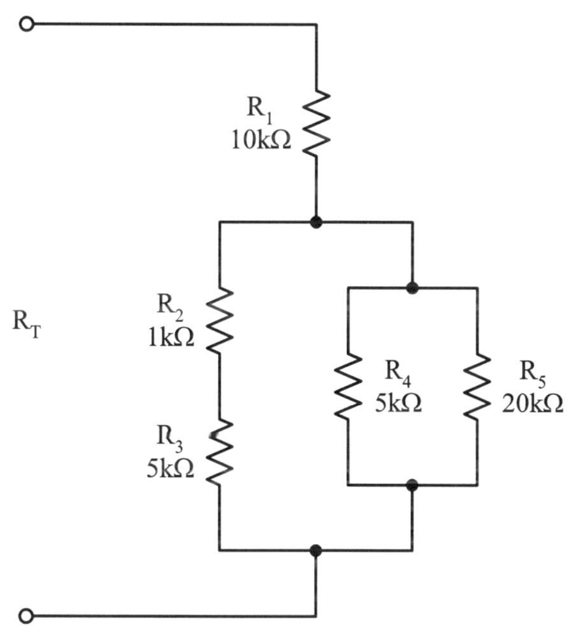

그림 3-4 저항이 직·병렬회로(예2)

직·병렬회로의 두 번째 예로 그림 3-4의 직·병렬회로의 합성저항을 구해보자. 그림 3-4에서 회로의 직렬연결과 병렬연결을 우선 살펴보면 저항 R_2와 R_3은 직렬연결이고, 저항 R_4와 R_5는 병렬연결이다. 그리고 저항 R_2, R_3은 저항 R_4, R_5와 병렬연결이고, 저항 R_1과 저항 R_2, R_3, R_4, R_5는 직렬연결이다. 그림 3-4의 직렬연결 및 병렬연결을 구분하여 그림 3-5에 나타내었다. 직・병렬회로의 직렬연결 합성저항과 병렬연결 합성저항을 순차적으로 구해 나감으로써 회로 전체의 합성저항을 구할 수 있다.

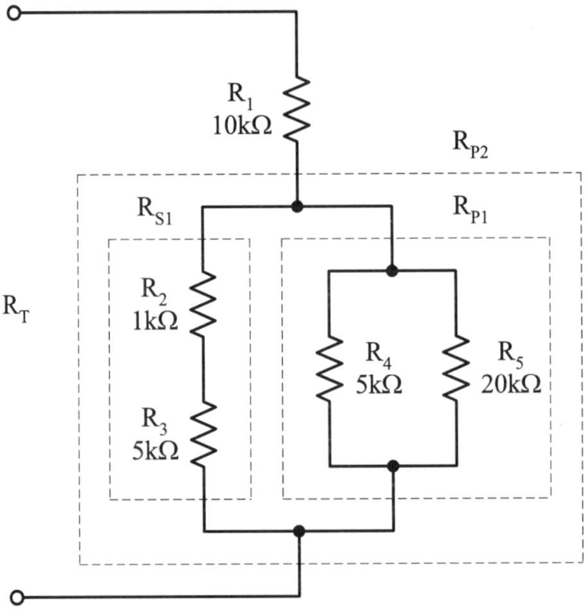

그림 3-5 저항의 직・병렬회로(예2)의 직렬연결 및 병렬연결

그림 3-5에서 직렬연결된 저항 R_2와 R_3의 합성저항은 직렬회로의 합성저항 구하는 방법을 이용하여 합성저항 R_{S1}을 식 (3.14)와 같이 구할 수 있다. 또한 병렬연결된 저항 R_4와 R_5의 합성저항은 병렬회로의 합성저항 구하는 방법을 이용하여 합성저항 R_{P1}을 식 (3.15)와 같이 구할 수 있다.

$$R_{S1} = R_2 + R_3 = 1k\Omega + 5k\Omega = 6k\Omega \tag{3.14}$$

$$R_{P1} = \frac{1}{\frac{1}{R_4} + \frac{1}{R_5}} = \frac{1}{\frac{R_4 + R_5}{R_4 R_5}} = \frac{R_4 R_5}{R_4 + R_5} = \frac{5 \times 20}{5 + 20} k\Omega = 4k\Omega \tag{3.15}$$

그리고 그림 3-5에서 합성저항 R_{P2}는 합성저항 R_{S1}과 합성저항 R_{P1}의 병렬연결 합성저항을 이용하여 식 (3.16)과 같이 구할 수 있고, 전체 합성저항 R_T는 저항 R_1과 합성저항 R_{P2}의 직렬연결 합성저항을 이용하여 식 (3.17)과 같이 구할 수 있다.

$$R_{P2} = \frac{1}{\frac{1}{R_{S1}} + \frac{1}{R_{P1}}} = \frac{1}{\frac{R_{S1} + R_{P1}}{R_{S1} \cdot R_{P1}}} = \frac{R_{S1} \cdot R_{P1}}{R_{S1} + R_{P1}} = \frac{6 \times 4}{6 + 4} \text{k}\Omega = 2.4\text{k}\Omega \tag{3.16}$$

$$R_T = R_1 + R_{P2} = 10\text{k}\Omega + 2.4\text{k}\Omega = 12.4\text{k}\Omega \tag{3.17}$$

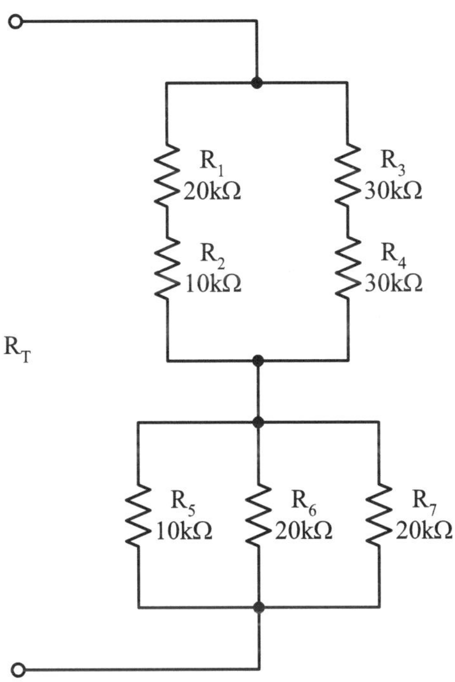

그림 3-6 저항의 직 · 병렬회로(예3)

직 · 병렬회로의 세 번째 예로 그림 3-6의 직 · 병렬회로의 합성저항을 구해보자. 합성저항 R_T를 구하기 위한 식은 식 (3.18)과 같고, 저항 R_1~R_7을 대입하여 합성저항을 계산하면 식 (3.19)와 같다.

$$R_T = (R_1 + R_2)//(R_3 + R_4) + (R_5//R_6//R_7) \tag{3.18}$$

$$\begin{aligned} R_T &= (R_1 + R_2)//(R_3 + R_4) + (R_5//R_6//R_7) \\ &= (20k\Omega + 10k\Omega)//(30k\Omega + 30k\Omega) + (10k\Omega//20k\Omega//20k\Omega) \\ &= (30k\Omega//60k\Omega) + \{10k\Omega//(20k\Omega//20k\Omega)\} \\ &= \frac{30 \times 60}{30 + 60} + \left\{10k\Omega//\left(\frac{20 \times 20}{20 + 20}\right)\right\} \\ &= 20k\Omega + (10k\Omega//10k\Omega) \\ &= 25k\Omega \end{aligned} \tag{3.19}$$

식 (3.19)의 계산과정에서 병렬연결된 R_5, R_6, R_7의 합성저항은 식 (3.9)를 이용하여 구할 수도 있다. 그러나 식 (3.9)는 자주 사용하는 공식이 아니므로 식 (3.19)에서는 병렬연결된 2개 저항의 합성저항을 구하는 공식을 이용하여 병렬연결된 R_5, R_6, R_7의 합성저항을 계산하는 방법을 사용하였다.

3.3 수행내용 / 부품 및 장비

부품 및 장비		규격 및 수량	
부 품	저항	100 Ω	1개
		1 kΩ	1개
		4.7 kΩ	2개
		5.1 kΩ	2개
		10 kΩ	3개
장 비		디지털 멀티미터(DMM)	
		브레드 보드(bread board)	
기 타		jumper wire	
		wire stripper(또는 nipper)	

3.4 수행내용/수행순서

실험 1. 직렬회로의 합성저항 실험

① 디지털 멀티미터를 이용하여 실험에서 사용하는 각각의 저항값을 측정하여 표 3-1에 기재하여라. 저항값은 소수점 두 자리까지 측정하여라.

② 측정한 저항값을 이용하여 백분율 오차(%오차)를 계산하여 표 3-1에 기재하여라. 백분율 오차를 계산할 때 식 (3.20)을 이용하여라. 백분율 오차가 지나치게 큰 경우는 표 3-1에 표시한 저항과 규격이 다른 저항을 선택했거나 저항값을 잘못 판독 또는 측정했을 가능성이 있으므로 해당 저항에 대한 실험을 다시 실시하여라.

$$\%\text{오차} = \frac{\text{측정값} - \text{이론값}}{\text{이론값}} \times 100\ [\%] \tag{3.20}$$

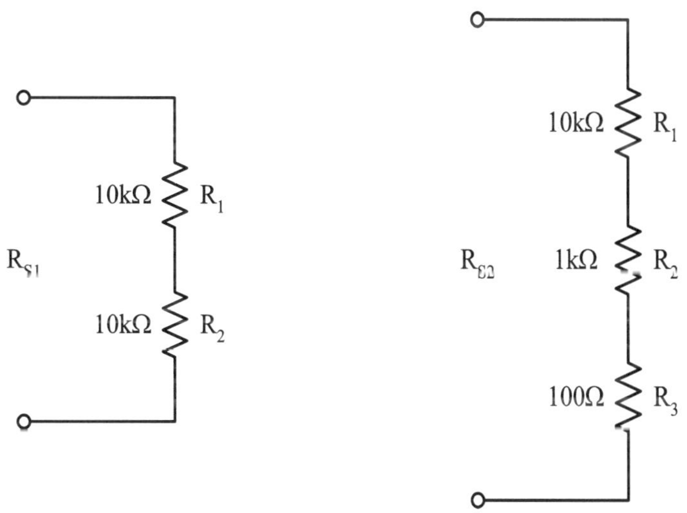

(a) 2개 저항의 직렬회로 (b) 3개 저항의 직렬회로

그림 3-7 직렬회로의 합성저항 실험회로

③ 그림 3-7(a)의 저항 직렬회로를 구성하고, 디지털 멀티미터를 이용하여 합성저항 R_{S1}을 측정하여 표 3-2에 기재하여라. 저항값은 소수점 두 자리까지 측정하여라. 실험회로 구성은 그림 3-8을 참조하여라.

④ 그림 3-7(a) 저항 직렬회로의 합성저항 R_{S1}의 이론값을 계산하여 표 3-2에 기재하여라. 합성저항의 이론값을 계산할 때 저항값은 측정값이 아닌 색띠를 이용한 저항 표시값을 이용하여라.

⑤ 그림 3-7(a) 저항 직렬회로의 합성저항 R_{S1}의 이론값과 측정값을 이용하여 백분율 오차(%오차)를 계산하여 표 3-2에 기재하여라. 또한 합성저항 R_{S1}의 이론값과 실험값이 거의 일치하는지 여부를 비교하여 표 3-2에 기재하여라.
백분율 오차가 지나치게 큰 경우는 합성저항의 이론값을 잘못 계산했거나 디지털 멀티미터를 이용한 합성저항 측정이 잘못됐을 가능성이 있으므로 실험단계 ③과 ④를 다시 실시하여라.

⑥ 그림 3-7(b)의 저항 직렬회로를 구성하고, 디지털 멀티미터를 이용하여 합성저항 R_{S2}를 측정하여 표 3-2에 기재하여라. 저항값은 소수점 두 자리까지 측정하여라. 실험회로 구성은 그림 3-8을 참조하여라.

⑦ 그림 3-7(b) 저항 직렬회로의 합성저항 R_{S2}의 이론값을 계산하여 표 3-2에 기재하여라. 합성저항의 이론값을 계산할 때 저항값은 측정값이 아닌 색띠를 이용한 저항 표시값을 이용하여라.

⑧ 그림 3-7(b) 저항 직렬회로의 합성저항 R_{S2}의 이론값과 측정값을 이용하여 백분율 오차(%오차)를 계산하여 표 3-2에 기재하여라. 또한 합성저항 R_{S2}의 이론값과 실험값이 거의 일치하는지 여부를 비교하여 표 3-2에 기재하여라.
백분율 오차가 지나치게 큰 경우는 합성저항의 이론값을 잘못 계산했거나 디지털 멀티미터를 이용한 합성저항 측정이 잘못됐을 가능성이 있으므로 실험단계 ⑥과 ⑦을 다시 실시하여라.

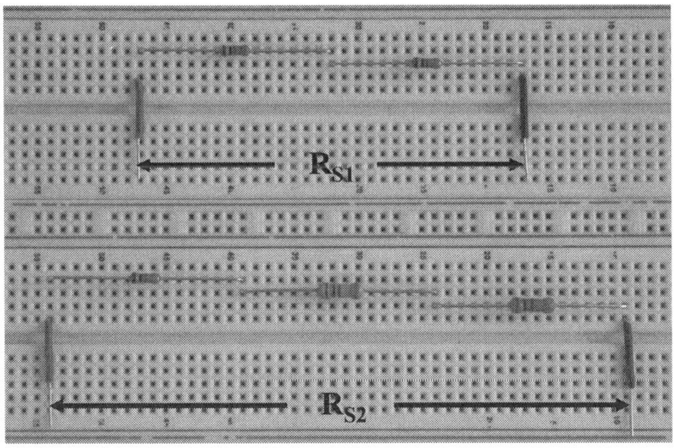

그림 3-8 직렬회로의 합성저항 실험회로 구성

실험 2. 병렬회로의 합성저항 실험

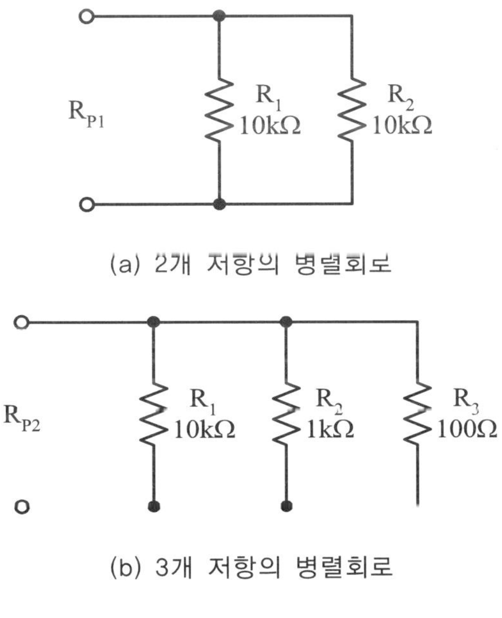

그림 3-9 병렬회로의 합성저항 실험회로

⑨ 그림 3-9(a)의 저항 병렬회로를 구성하고, 디지털 멀티미터를 이용하여 합성저항 R_{P1}을 측정하여 표 3-3에 기재하여라. 저항값은 소수점 두 자리까지 측정하여라. 실험회로 구성은 그림 3-10을 참조하여라.

⑩ 그림 3-9(a) 저항 병렬회로의 합성저항의 이론값을 계산하여 표 3-3에 기재하여라. 합성저항 R_{P1}의 이론값을 계산할 때 저항값은 측정값이 아닌 색띠를 이용한 저항 표시값을 이용하여라.

⑪ 그림 3-9(a) 저항 병렬회로의 합성저항 R_{P1}의 이론값과 측정값을 이용하여 백분율 오차(%오차)를 계산하여 표 3-3에 기재하여라. 또한 합성저항 R_{P1}의 이론값과 실험값이 거의 일치하는지 여부를 비교하여 표 3-3에 기재하여라.
백분율 오차가 지나치게 큰 경우는 합성저항의 이론값을 잘못 계산했거나 디지털 멀티미터를 이용한 합성저항 측정이 잘못됐을 가능성이 있으므로 실험단계 ⑨와 ⑩을 다시 실시하여라.

⑫ 그림 3-9(b)의 저항 병렬회로를 구성하고, 디지털 멀티미터를 이용하여 합성저항 R_{P2}를 측정하여 표 3-3에 기재하여라. 저항값은 소수점 두 자리까지 측정하여라. 실험회로 구성은 그림 3-10을 참조하여라.

⑬ 그림 3-9(b) 저항 병렬회로의 합성저항의 이론값을 계산하여 표 3-3에 기재하여라. 합성저항 R_{P2}의 이론값을 계산할 때 저항값은 측정값이 아닌 색띠를 이용한 저항 표시값을 이용하여라.

⑭ 그림 3-9(b) 저항 병렬회로의 합성저항 R_{P2}의 이론값과 측정값을 이용하여 백분율 오차(%오차)를 계산하여 표 3-3에 기재하여라. 또한 합성저항 R_{P2}의 이론값과 실험값이 거의 일치하는지 여부를 비교하여 표 3-3에 기재하여라.
백분율 오차가 지나치게 큰 경우는 합성저항의 이론값을 잘못 계산했거나 디지털 멀티미터를 이용한 합성저항 측정이 잘못됐을 가능성이 있으므로 실험단계 ⑫와 ⑬을 다시 실시하여라.

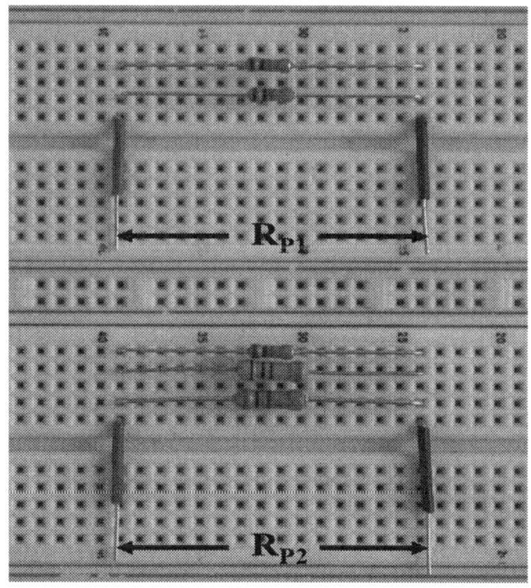

그림 3-10 병렬회로의 합성저항 실험회로 구성

실험 3. 직 · 병렬회로의 합성저항 실험

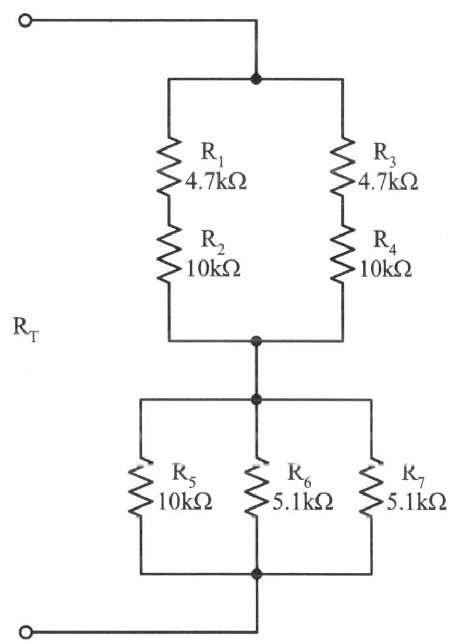

그림 3-11 직 · 병렬회로의 합성저항 실험회로

⑮ 그림 3-11의 저항 직·병렬회로를 구성하고, 디지털 멀티미터를 이용하여 합성저항 R_T를 측정하여 표 3-4에 기재하여라. 저항값은 소수점 두 자리까지 측정하여라. 실험회로 구성은 그림 3-12를 참조하여라.

⑯ 그림 3-11 저항 직·병렬회로의 합성저항 R_T의 이론값을 계산하여 표 3-4에 기재하여라. 합성저항의 이론값을 계산할 때 저항값은 측정값이 아닌 색띠를 이용한 저항 표시값을 이용하여라.

⑰ 그림 3-11 저항 직·병렬회로의 합성저항 R_T의 이론값과 측정값을 이용하여 백분율 오차(%오차)를 계산하여 표 3-4에 기재하여라. 또한 합성저항 R_T의 이론값과 실험값이 거의 일치하는지 여부를 비교하여 표 3-4에 기재하여라.
백분율 오차가 지나치게 큰 경우는 합성저항의 이론값을 잘못 계산했거나 디지털 멀티미터를 이용한 합성저항 측정이 잘못됐을 가능성이 있으므로 실험단계 ⑮와 ⑯을 다시 실시하여라.

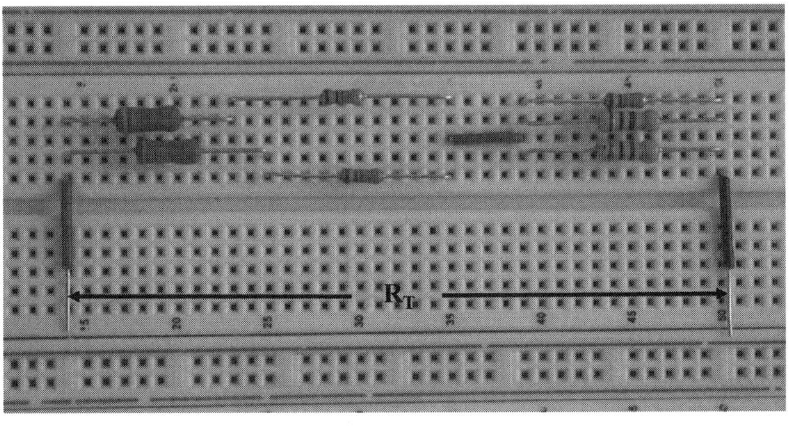

그림 3-12 직·병렬회로의 합성저항 실험회로 구성

3.5 수행결과

실험 1. 직렬회로의 합성저항 실험

표 3-1 저항 측정 데이터

실험 단계	색띠 제1색띠	색띠 제2색띠	색띠 제3색띠	색띠 제4색띠	저항 규격 저항 표시값	저항 규격 허용오차 [%]	저항 측정값	백분율 오차
예	갈색	흑색	노랑	금색	100kΩ	± 5%	97.15kΩ	-2.85 [%]
①②					100Ω	±		[%]
					1kΩ	±		[%]
					4.7kΩ	±		[%]
						±		[%]
					5.1kΩ	±		[%]
						±		[%]
					10kΩ	±		[%]
						±		[%]
						±		[%]

표 3-2 직렬회로의 합성저항 실험 데이터

실험단계	합성저항	직렬회로의 합성저항		백분율 오차	이론값과 측정값의 일치여부
		측정값	이론값		
③④⑤	R_{S1}			[%]	
⑥⑦⑧	R_{S2}			[%]	

실험 2. 병렬회로의 합성저항 실험

표 3-3 병렬회로의 합성저항 실험 데이터

실험단계	합성저항	병렬회로의 합성저항		백분율 오차	이론값과 측정값의 일치여부
		측정값	이론값		
⑨⑩⑪	R_{P1}			[%]	
⑫⑬⑭	R_{P2}			[%]	

실험 3. 직·병렬회로의 합성저항 실험

표 3-4 직·병렬회로의 합성저항 실험 데이터

실험단계	합성저항	직·병렬회로의 합성저항		백분율 오차	이론값과 측정값의 일치여부
		측정값	이론값		
⑮⑯⑰	R_T			[%]	

3.6 평가문제

1 저항이 각각 R_1, R_2, R_3, … R_n인 n개의 저항을 직렬로 연결한 직렬회로의 합성저항 R을 식으로 나타내어라.

2 저항이 각각 R_1, R_2, R_3, … R_n인 n개의 저항을 병렬로 연결한 병렬회로의 합성저항 R을 식으로 나타내어라.

3 표 3-1의 저항 측정 데이터(실험단계 ①, ②)에서 저항 표시값과 저항 측정값의 편차를 계산한 백분율 오차에서 허용오차를 벗어나 교체해야 하는 저항이 있었는지를 검토하여라.

4 표 3-2의 직렬회로의 합성저항 실험 데이터(실험단계 ③, ④, ⑤)를 이용하여 저항이 동일하게 R인 5개의 저항을 직렬연결한 경우의 합성저항 R_S의 이론값을 구하여라.

5 표 3-2의 직렬회로의 합성저항 실험 데이터(실험단계 ⑥, ⑦, ⑧)를 이용하여 저항 R_1, R_2, R_3, R_4(단, $R_1<R_2<R_3<R_4$) 4개의 저항을 직렬연결하는 경우 합성저항에 미치는 영향이 가장 큰 저항은 어느 저항인지 답하고, 그 이유를 설명하여라.

6 표 3-3의 병렬회로의 합성저항 실험 데이터(실험단계 ⑨, ⑩, ⑪)를 이용하여 저항이 동일하게 R인 5개의 저항을 병렬연결한 경우의 합성저항 R_P의 이론값을 구하여라.

7 표 3-3의 병렬회로의 합성저항 실험 데이터(실험단계 ⑫, ⑬, ⑭)를 이용하여 저항 R_1, R_2, R_3, R_4(단, $R_1<R_2<R_3<R_4$) 4개의 저항을 병렬연결하는 경우 합성저항에 미치는 영향이 가장 큰 저항은 어느 저항인지 답하고, 그 이유를 설명하여라.

8 실험에 대한 종합결론을 정리하고, 학습목표 성취도에 대해 학습자 스스로 평가하여라. 성취도는 A(우수), B(보통), C(미흡)의 3단계로 구분하여 평가하여라.

NOTE

학습

4. 옴의 법칙 실험하기

4.1 학습목표

- ▣ 전기회로에서 중요한 법칙인 옴의 법칙을 이용하여 전기회로를 해석하고 실험할 수 있다.
- ▣ 측정 기록된 데이터를 관리 활용 할 수 있다. (1901080305_14v2.2.4)

4.2 필요지식

4.2.1 옴의 법칙

옴의 법칙(Ohm's law)은 전기회로에서 전압(V), 전류(I), 저항(R) 사이의 관계를 나타내는 법칙으로 이들 사이에 식 (4.1)과 같은 관계가 성립한다는 법칙이다.

$$V = RI \tag{4.1}$$

즉 저항 R과 저항에 흐르는 전류 I를 곱한 값은 저항 양단에 걸리는 전압 V와 동일하다는 법칙으로 옴의 법칙을 이용해 저항에 흐르는 전류나 저항에 인가된 전압을 구할 수 있다. 식 (4.1)은 옴의 법칙을 전압(V)을 기준으로 나타낸 식이다. 옴의 법칙을 전류(I)와 저항(R)을 기준으로 나타내면 각각 식 (4.2), 식 (4.3)과 같다.

$$I = \frac{V}{R} \tag{4.2}$$

$$R = \frac{V}{I} \tag{4.3}$$

식 (4.2)에서 저항(R)에 흐르는 전류(I)는 저항에 인가된 전압(V)에 비례하고, 저항(R)에 반비례한다는 것을 알 수 있다. 옴의 법칙은 전기회로에서 전압, 전류, 저항의 관계를 나타내는 식이므로 전압, 전류, 저항의 3가지 값 중 2가지 값을 아는 경우 다른 하나의 값을 구할 때 매우 유용하게 이용할 수 있다.

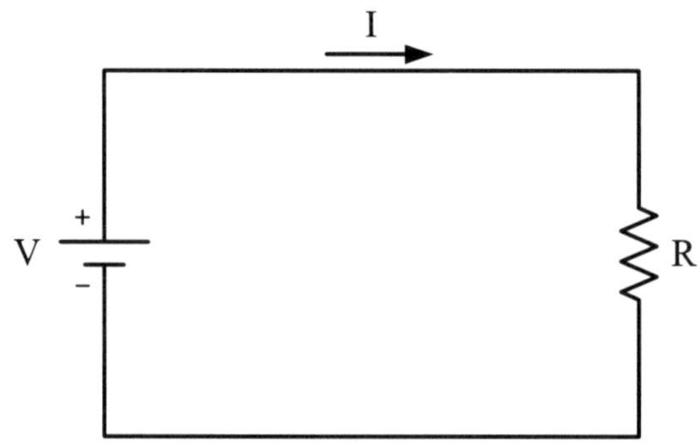

그림 4-1 옴의 법칙 V=RI

그림 4-1에 옴의 법칙을 살펴보기 위해 간단한 전기회로를 나타내었다. 저항이 R=1kΩ이고, 전압이 V=10V인 경우 저항에 흐르는 전류 I를 옴의 법칙을 이용하여 구하면 식 (4.4)와 같다. 또한 저항은 동일하게 R=1kΩ이고, 전압은 V=20V인 경우 저항에 흐르는 전류 I를 옴의 법칙을 이용하여 구하면 식 (4.5)와 같다. 식 (4.4)와 식 (4.5)에서 알 수 있는 바와 같이 저항 R은 동일하고, 전압 V가 2배가 되는 경우 전류 I는 전압에 비례하여 2배가 되는 것을 알 수 있다.

$$I = \frac{V}{R} = \frac{10V}{1k\Omega} = 10mA \tag{4.4}$$

$$I = \frac{V}{R} = \frac{20V}{1k\Omega} = 20mA \tag{4.5}$$

그리고 저항이 R=5kΩ이고, 전압이 V=10V인 경우 저항에 흐르는 전류 I를 옴의 법칙을 이용하여 구하면 식 (4.6)과 같다. 또한 저항이 R=10kΩ이고, 전압은 동일하게 V=10V인 경우 저항에 흐르는 전류 I를 옴의 법칙을 이용하여 구하면 식 (4.7)과 같다. 식 (4.6)과 식 (4.7)에서 알 수 있는 바와 같이 전압 V는 동일하고, 저항 R이 2배가 되는 경우 전류 I는 저항에 반비례하여 0.5배가 되는 것을 알 수 있다.

$$I = \frac{V}{R} = \frac{10V}{5k\Omega} = 2mA \qquad (4.6)$$

$$I = \frac{V}{R} = \frac{10V}{10k\Omega} = 1mA \qquad (4.7)$$

4.2.2 옴의 법칙을 이용한 전기회로 해석

옴의 법칙을 이용하여 전기회로를 해석하는 예를 살펴보기로 한다. 첫 번째 예로 그림 4-2의 직렬회로를 옴의 법칙을 이용하여 해석한다.

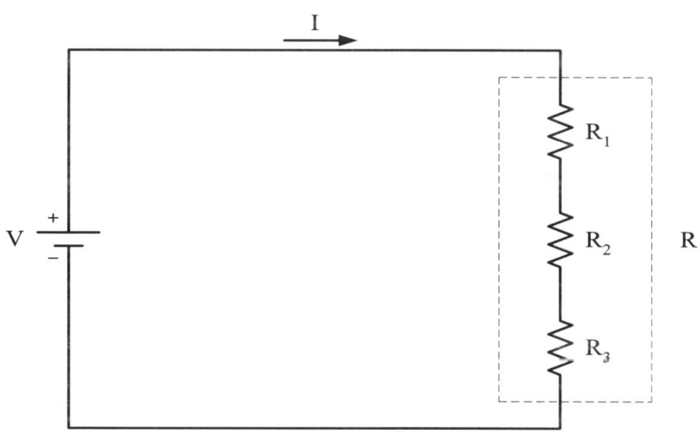

그림 4-2 옴의 법칙을 이용한 직렬회로 해석

저항이 R_1, R_2, R_3인 3개의 저항을 직렬로 연결한 직렬회로의 합성저항을 R이라고 하면 그림 4-2의 직렬회로는 옴의 법칙에 의해 V=RI가 성립한다. 그림 4-2에서 저항이 R_1=1kΩ, R_2=2kΩ, R_3=3kΩ이고, 전압이 V=12V인 경우 회로에 흐르는 전류 I를 옴의 법칙을 이용하여 구하면 식 (4.8)과 같다.

$$I = \frac{V}{R} = \frac{V}{R_1 + R_2 + R_3} = \frac{12V}{1k\Omega + 2k\Omega + 3k\Omega} = 2mA \tag{4.8}$$

두 번째 예로 그림 4-3의 병렬회로를 옴의 법칙을 이용하여 해석한다. 저항이 R_1, R_2, R_3인 3개의 저항을 병렬로 연결한 병렬회로의 합성저항을 R이라 하면 그림 4-3의 병렬회로 역시 옴의 법칙에 의해 V=RI가 성립한다.

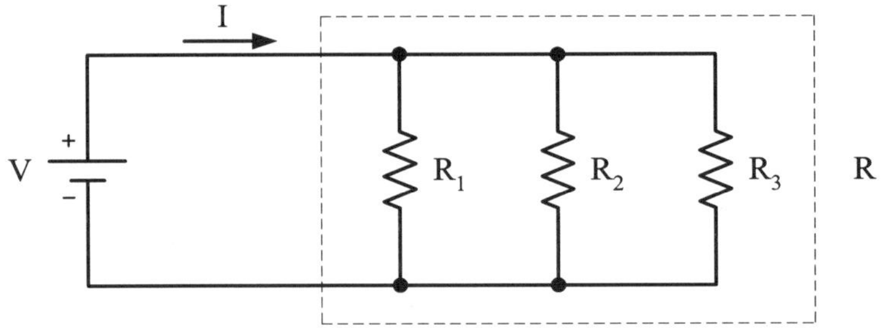

그림 4-3 옴의 법칙을 이용한 병렬회로 해석

그림 4-3에서 저항이 R_1=10kΩ, R_2=10kΩ, R_3=5kΩ이고, 전압이 V=10V인 경우 회로에 흐르는 전류 I를 옴의 법칙을 이용하여 구하면 식 (4.9)와 같다.

$$I = \frac{V}{R} = \frac{V}{R_1 // R_2 // R_3} = \frac{10V}{10k\Omega // 10k\Omega // 5k\Omega} = \frac{10V}{2.5k\Omega} = 4mA \tag{4.9}$$

세 번째 예로 그림 4-4의 직·병렬회로를 옴의 법칙을 이용하여 해석한다. 직렬 및 병렬로 연결된 R_1, R_2, R_3, R_4의 4개 저항의 합성저항을 R이라 하면 그림 4-4의 직·병렬회로 역시 옴의 법칙에 의해 V=RI가 성립한다. 그림 4-4에서 직렬로 연결된 R_1, R_2의 합성저항은 식 (4.10)과 같고, 병렬로 연결된 R_3, R_4의 합성저항은 식 (4.11)과 같다.

$$R_1 + R_2 = 10k\Omega + 10k\Omega = 20k\Omega \tag{4.10}$$

$$R_3 // R_4 = \frac{1}{\frac{1}{R_3} + \frac{1}{R_4}} = \frac{1}{\frac{R_3 + R_4}{R_3 R_4}} = \frac{R_3 R_4}{R_3 + R_4} = \frac{20 \times 20}{20 + 20} k\Omega = 10k\Omega \tag{4.11}$$

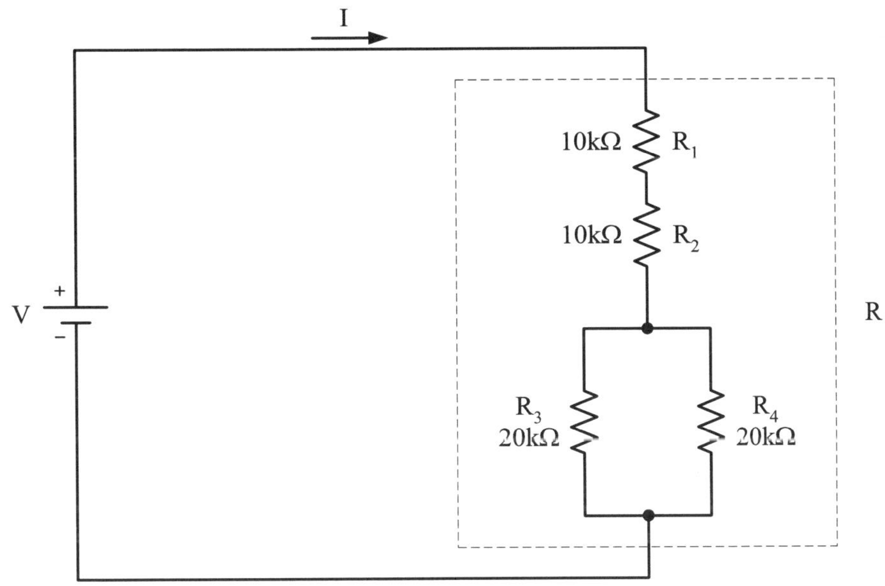

그림 4-4 옴의 법칙을 이용한 직·병렬회로 해석

그림 4-4에서 전압 V=15V인 경우 회로에 흐르는 전류 I를 옴의 법칙을 이용하여 구하면 식 (4.12)와 같다. 또한 그림 4-4에서 저항 R_1 양단의 전압을 V_1, 저항 R_2 양단의 전압을 V_2, 저항 R_3 양단의 전압을 V_3라고 하면 이들 전압 역시 옴의 법칙을 이용하여 각각 식 (4.13), 식 (4.14), 식 (4.15)와 같이 구할 수 있다. 이와 같이 옴의 법칙은 전기회로를 해석하는데 매우 유용하게 사용되는 중요한 법칙이다.

$$I = \frac{V}{R} = \frac{V}{(R_1 + R_2) + R_3//R_4} = \frac{15V}{20k\Omega + 10k\Omega} = \frac{15V}{30k\Omega} = 0.5mA \qquad (4.12)$$

$$V_1 = R_1 I = 10k\Omega \times 0.5mA = 5V \qquad (4.13)$$

$$V_2 = R_2 I = 10k\Omega \times 0.5mA = 5V \qquad (4.14)$$

$$V_3 = (R_3//R_4)I = 10k\Omega \times 0.5mA = 5V \qquad (4.15)$$

4.2.3 전력의 정의

전력(electric power)은 단위시간 동안 전기장치에 공급되는 전기에너지, 또는 발전기 등에 의해 단위시간 동안 변환되는 전기에너지를 말한다. 전력의 단위는 일반적으로 와트(W), 킬로와트(kW), 메가와트(MW) 등을 사용하며, 1W(watt)는 1A(ampere)의 전류가 1V(volt)의 전압이 걸린 곳을 흐를 때 소비되는 전력의 기본적인 단위로 정의된다. 직류전원이 인가된 전기회로에서 전력(P), 전압(V), 전류(I) 사이에는 식 (4.16)의 관계식이 성립한다. 즉 전압 V와 전류 I를 곱한 값이 전력 P가 된다.

$$P = VI \tag{4.16}$$

그림 4-5의 간단한 전기회로의 저항 R에서 소비되는 전력 P를 식 (4.16)을 이용하여 구해보자. 그림 4-5에서 저항이 R=100Ω이고, 전압이 V=20V인 경우 저항에서 소비되는 전력 P를 구하면 식 (4.17)과 같다.

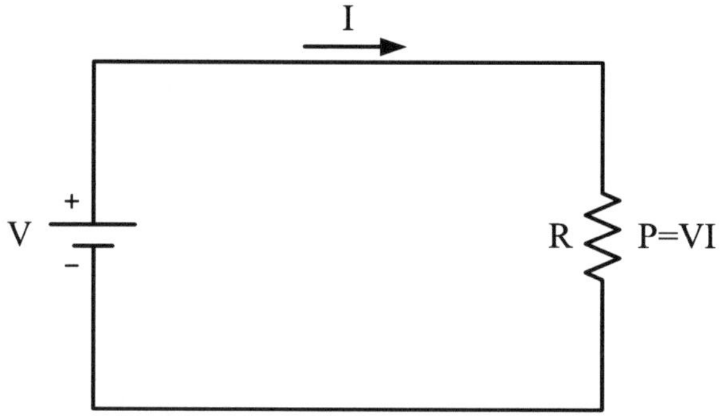

그림 4-5 전력 P=VI

$$P = VI = 20 \times \frac{20}{100} = 4W \tag{4.17}$$

식 (4.17)에서 전류 I를 구하기 위해 옴의 법칙을 이용하였다. 이와 같이 전력(P)에 대한 정의식에 식 (4.1)과 식(4.2)의 옴의 법칙을 적용하면 식 (4.18)과 같이 전력에 대한 정의식을 변형할 수 있다.

$$
\begin{aligned}
P &= VI \\
&= (RI)I = RI^2 \qquad (\because\ V = RI) \\
&= V\left(\frac{V}{R}\right) = \frac{V^2}{R} \qquad (\because I = \frac{V}{R})
\end{aligned}
\tag{4.18}
$$

식 (4.18)의 전력에 대한 정의식을 전압(V), 전류(I), 저항(R)을 기준으로 하는 식으로 나타내면 각각 식 (4.19), 식 (4.20), 식 (4.21)과 같다. 식 (4.1), 식(4.2), 식 (4.3)의 옴의 법칙과 식 (4.16), 식 (4.18), 식 (4.19), 식 (4.20), 식 (4.21)의 전력의 관계식을 전력(P), 전압(V), 전류(I), 저항(R)을 기준으로 정리하면 그림 4-6과 같다.

$$
\begin{aligned}
V &= \frac{P}{I} \qquad (\because\ P = VI) \\
&= \sqrt{PR} \qquad (\because P = \frac{V^2}{R})
\end{aligned}
\tag{4.19}
$$

$$
\begin{aligned}
I &= \frac{P}{V} \qquad (\because\ P = VI) \\
&= \sqrt{\frac{P}{R}} \qquad (\because P = RI^2)
\end{aligned}
\tag{4.20}
$$

$$
\begin{aligned}
R &= \frac{V^2}{P} \qquad (\because\ P = \frac{V^2}{R}) \\
&= \frac{P}{I^2} \qquad (\because P = RI^2)
\end{aligned}
\tag{4.21}
$$

VI	RI^2	RI	$\frac{P}{I}$
$\frac{V^2}{R}$	**P** (watt)	**V** (volt)	$\sqrt{PR}$
$\frac{V}{R}$	**I** (ampere)	**R** (ohm)	$\frac{V}{I}$
$\frac{P}{V}$	$\sqrt{\frac{P}{R}}$	$\frac{P}{I^2}$	$\frac{V^2}{P}$

그림 4-6 P, V, I, R의 관계

그림 4-5의 전기회로에서 저항이 R=100Ω이고, 전압이 V=20V인 경우 P=4W, V=20V, I=0.2A, R=100Ω이다. 이들 값을 그림 4-6의 전력(P), 전압(V), 전류(I), 저항(R)의 관계식들에 대입하여 관계식들이 성립하는 지를 살펴보면 그림 4-7과 같다.

VI $(20 \times 0.2 = 4)$	RI^2 $(100 \times 0.2^2 = 4)$	RI $(100 \times 0.2 = 20)$	$\frac{P}{I}$ $(4/0.2 = 20)$
$\frac{V^2}{R}$ $(20^2/100 = 4)$	**P** **(watt)**	**V** **(volt)**	$\sqrt{PR}$ $(\sqrt{4 \times 100} = 20)$
$\frac{V}{R}$ $(20/100 = 0.2)$	**I** **(ampere)**	**R** **(ohm)**	$\frac{V}{I}$ $(20/0.2 = 100)$
$\frac{P}{V}$ $(4/20 = 0.2)$	$\sqrt{\frac{P}{R}}$ $(\sqrt{4/100} = 0.2)$	$\frac{P}{I^2}$ $(4/0.2^2 = 100)$	$\frac{V^2}{P}$ $(20^2/4 = 100)$

그림 4-7 P, V, I, R의 관계 예 (P=4W, V=20V, I=0.2A, R=100Ω인 경우)

4.3 수행내용 / 부품 및 장비

부품 및 장비		규격 및 수량	
부 품	저항	1 kΩ	1개
장 비		직류전원 공급장치(DC power supply)	
		디지털 멀티미터(DMM)	
		브레드 보드(bread board)	
기 타		jumper wire	
		wire stripper(또는 nipper)	

4.4 수행내용 / 수행순서

실험 1. 옴의 법칙 실험

① 그림 4-8의 실험회로에서 사용할 1kΩ 저항의 저항값을 디지털 멀티미터를 이용하여 측정하여 표 4-1에 기재하여라. 저항값은 소수점 두 자리까지 측정하여라.

② 직류전원 공급장치(DC power supply)와 전류계(디지털 멀티미터 또는 테스터 등)를 이용하여 그림 4-8의 실험회로를 구성하여라.

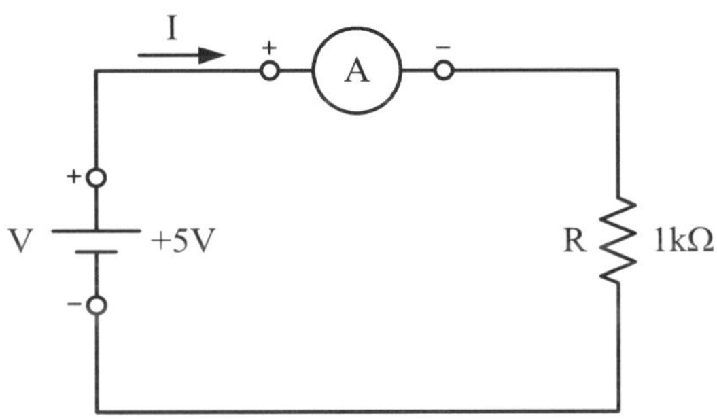

그림 4-8 옴의 법칙 실험회로 (R=1kΩ인 경우)

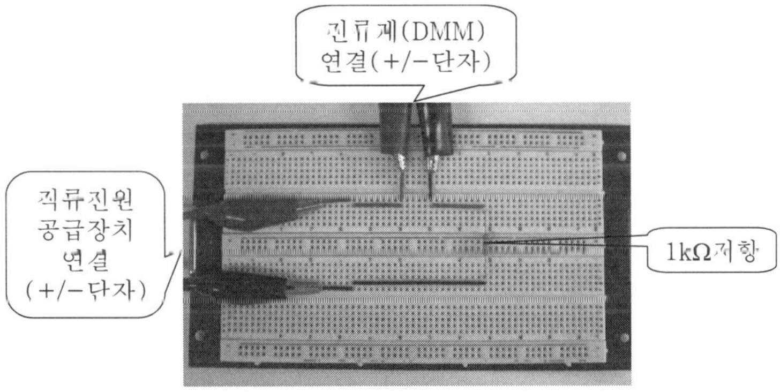

그림 4-9 브레드 보드를 이용한 실험회로 구성

그림 4-8의 실험회로 구성시 그림 4-9의 브레드 보드를 이용한 실험회로 구성을 참고하고, 그림 4-8의 실험회로에서 DC +5V 전원은 직류전원 공급장치를 이용하여 구성하여라. 그림 4-10과 같이 직류전원 공급장치의 출력전압이 DC +5.0V가 되도록 조정하고, (+)출력단자와 (−)출력단자의 극성을 정확히 구별하여 실험회로를 구성하여라.

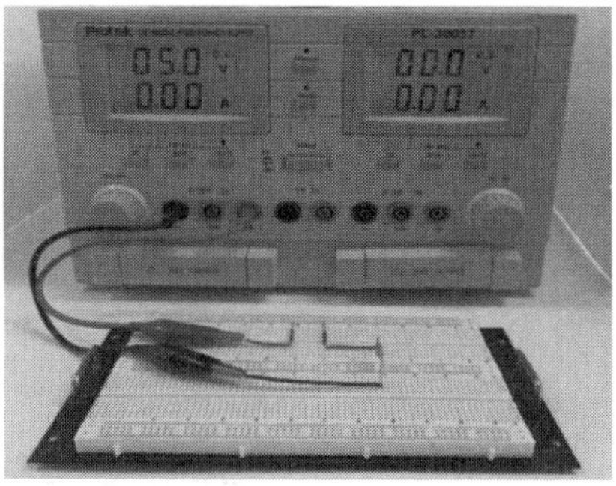

그림 4-10 직류전원 공급장치를 이용한 직류전원 연결

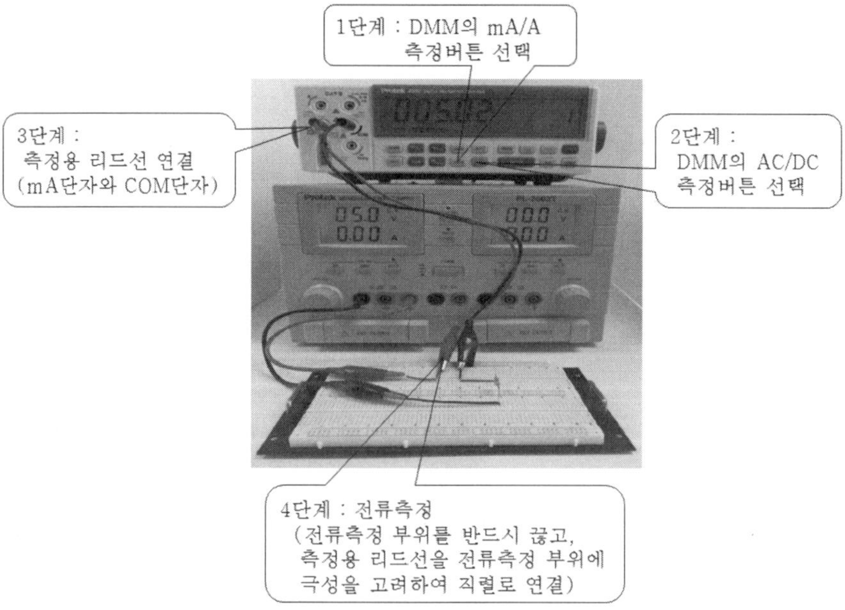

그림 4-11 디지털 멀티미터를 이용한 전류 측정

③ 그림 4-8의 실험회로에 흐르는 직류전류 I를 디지털 멀티미터를 이용해 측정하여 표 4-1에 기재하여라. 전류는 소수점 두 자리까지 측정하여라.

④ 그림 4-8의 실험회로에서 저항 R과 저항 양단의 전압 V의 이론값은 R=1kΩ, V=+5V이다. 옴의 법칙(Ohm's law)을 이용하여 회로에 흐르는 전류 I의 이론값을 계산하여 표 4-1에 기재하여라.

⑤ 그림 4-12와 같이 전압계(디지털 멀티미터 또는 테스터 등)를 이용하여 그림 4-8의 실험회로의 저항 양단의 직류전압 V를 측정하여 표 4-1에 기재하여라. 전압은 소수점 두 자리까지 측정하여라.
그림 4-12의 실험회로에서 Ⓥ는 전압계로써 실험회로의 저항 R 양단의 전압 측정을 위해 디지털 멀티미터 등을 이용하여 구성하여라.

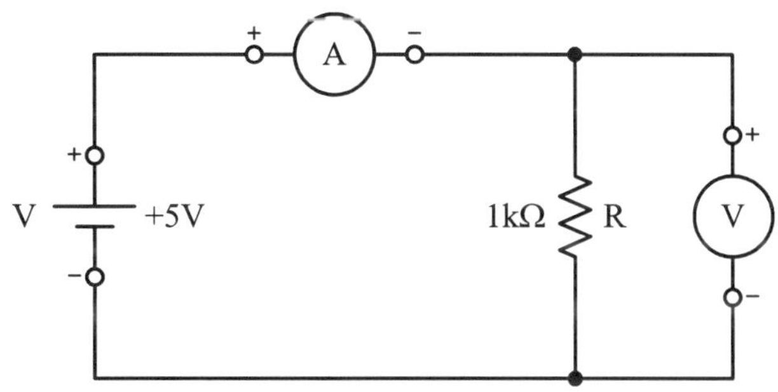

그림 4-12 옴의 법칙 실험회로의 전압 측정

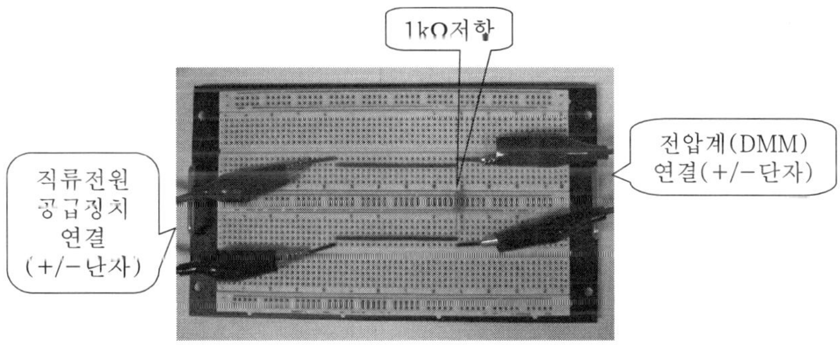

그림 4-13 전압 측정을 위한 실험회로 구성

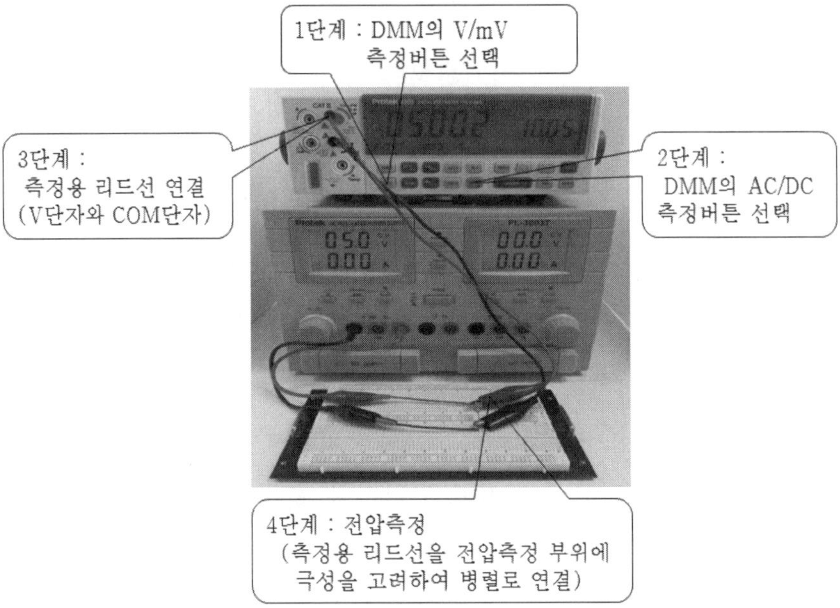

그림 4-14 디지털 멀티미터를 이용한 전압 측정

⑥ 실험단계 ①, ③, ⑤에서 측정한 저항 R, 전류 I, 전압 V의 측정값이 이론값과 각각 일치하는지 여부를 비교하여 표 4-1에 기재하여라.
측정값과 이론값의 오차가 큰 경우는 측정이 잘못되었거나 이론값을 잘못 계산했을 가능성이 있으므로 해당하는 실험단계를 다시 실시하여라.

⑦ 실험단계 ①, ③에서 측정한 저항 R, 전류 I의 측정값을 이용하여 전압 V를 계산하여 표 4-1의 전압 V=RI의 측정값 칸에 기재하여라.

⑧ 표 4-1에 기재된 저항 R, 전류 I의 이론값을 이용하여 전압 V를 계산하여 표 4-1의 전압 V=RI의 이론값 칸에 기재하여라.

⑨ 실험단계 ⑦, ⑧에서 각각 구한 전압 V=RI가 서로 일치하는지 여부를 비교하여 표 4-1에 기재하여라.
전압 V=RI가 서로 일치하지 않는 경우는 전압 V의 계산을 잘못했을 가능성이 있으므로 실험단계 ⑦, ⑧을 다시 실시하여라.

⑩ 실험단계 ①, ⑤에서 측정한 저항 R, 전압 V의 측정값을 이용하여 전류 I를 계산하여 표 4-1의 전류 I=V/R의 측정값 칸에 기재하여라.

⑪ 표 4-1에 기재된 저항 R, 전압 V의 이론값을 이용하여 전류 I를 계산하여 표 4-1의 전류 I=V/R의 이론값 칸에 기재하여라.

⑫ 실험단계 ⑩, ⑪에서 각각 구한 전류 I=V/R가 서로 일치하는지 여부를 비교하여 표 4-1에 기재하여라.
전류 I=V/R가 서로 일치하지 않는 경우는 전류 I의 계산을 잘못했을 가능성이 있으므로 실험단계 ⑩, ⑪을 다시 실시하여라.

⑬ 실험단계 ③, ⑤에서 측정한 전류 I, 전압 V의 측정값을 이용하여 저항 R을 계산하여 표 4-1의 저항 R=V/I의 측정값 칸에 기재하여라.

⑭ 표 4-1에 기재된 전류 I, 전압 V의 이론값을 이용하여 저항 R을 계산하여 표 4-1의 저항 R=V/I의 이론값 칸에 기재하여라.

⑮ 실험단계 ⑬, ⑭에서 각각 구한 저항 R=V/I가 서로 일치하는지 여부를 비교하여 표 4-1에 기재하여라.
저항 R=V/I가 서로 일치하지 않는 경우는 저항 R의 계산을 잘못했을 가능성이 있으므로 실험단계 ⑬, ⑭를 다시 실시하여라.

4.5 수행결과

실험 1. 옴의 법칙 실험

표 4-1 옴의 법칙 실험 데이터

실험단계	구분	측정값 (또는 측정값을 이용한 계산값)	이론값	이론값과 측정값의 일치여부
①⑥	R		1kΩ	
③④⑥	I			
⑤⑥	V		+5V	
⑦⑧⑨	$V = RI$			
⑩⑪⑫	$I = \frac{V}{R}$			
⑬⑭⑮	$R = \frac{V}{I}$			

4.6 평가문제

1. 옴의 법칙(Ohm's law)을 간단히 설명하여라.

2. 그림 4-8과 같은 회로에서 전압이 $V=V_1$, 저항이 $R=R_1$인 경우 회로에 흐르는 전류가 $I=I_1$이고, 저항 R_1에서 소비되는 전력이 $P=P_1$이라고 가정하자. 그림 4-8의 회로의 전압 V 또는 저항 R이 표 4-2와 같이 변경되는 경우 전류 I를 옴의 법칙을 이용하여 구하여 I_1의 함수로 각각 나타내고, 전력 P를 전력의 정의식을 이용하여 구하여 P_1의 함수로 각각 나타내어라.

표 4-2 옴의 법칙과 전력의 정의식을 이용한 P, V, I, R의 관계

전압(V)	저항(R)	전류(I)	전력(P)	참고사항
V_1	R_1	I_1	P_1	그림 4-8의 회로에서 전압 V와 저항 R이 각각 표와 같이 변하는 경우의 전류 I와 전력 P를 계산하여 기재
$10V_1$	R_1			
$0.1V_1$	R_1			
V_1	$10R_1$			
V_1	$0.1R_1$			
$10V_1$	$10R_1$			
$0.1V_1$	$0.1R_1$			

3. 표 4-1의 실험 데이터가 측정 기록된 데이터를 관리 활용하여 옴의 법칙이 성립하는 타당한 실험결과를 얻었는지 검토하여라. 실험 데이터에서 이론값과 실험값이 일치한다고 판단하기 어려운 오차가 발생한 경우가 있었는지 답하고, 일치하지 않는 경우가 있었다면 그 이유를 분석하여라.

4. 실험에 대한 종합결론을 정리하고, 학습목표 성취도에 대해 학습자 스스로 평가하여라. 성취도는 A(우수), B(보통), C(미흡)의 3단계로 구분하여 평가하여라.

NOTE

5. 키르히호프의 전압 법칙 실험하기

5.1 학습목표

- ▣ KVL을 이용하여 전기회로를 해석하고 실험할 수 있다.
- ▣ 결선도에 따라 배선상태를 확인할 수 있다.
  (1901080214_16v2.2.1)

5.2 필요지식

5.2.1 키르히호프의 전압 법칙

키르히호프의 전압 법칙(Kirchhoff's voltage law : KVL)은 전기회로에서 임의의 폐회로(closed loop)에 인가된 전원전압의 합은 폐회로 내에서의 전압강하의 합과 동일하다는 법칙으로 전기회로를 해석하는데 매우 중요하다. 폐회로의 임의의 두 점을 A, B라고 가정하면 노드(node, 절점) A와 노드(node) B 사이의 전원전압의 합은 노드 A와 노드 B 사이의 저항 등에 의한 전압강하의 합과 동일하다는 법칙이다. 폐회로에 전원전압이 포함되지 않는 경우도 있고, 폐회로에서 노드 A와 노드 B 사이에 여러 개의 지로(branch, 가지)가 있는 경우도 있으므로 키르히호프의 전압 법칙을 보다 일반적으로 설명하면 폐회로에서 노드 A와 노드 B 사이의 전압 V_{AB}는 어떤 지로(branch)를 선택하든지 모두 동일한 전압 V_{AB}가 된다는 것이다.

그림 5-1의 직렬회로를 예로 들어 키르히호프의 전압 법칙을 살펴보기로 한다.

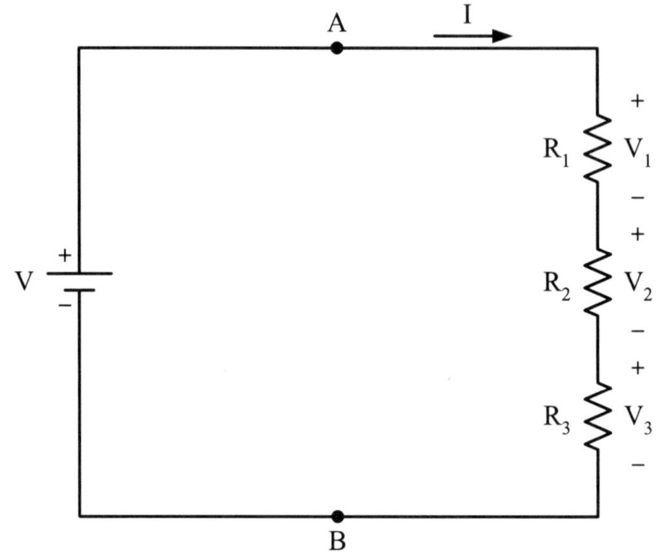

그림 5-1 직렬회로에서의 키르히호프의 전압 법칙(KVL)

노드 A와 노드 B 사이에 2개의 지로(branch)가 있다. 왼쪽 지로에는 전원전압 V가 있고, 오른쪽 지로의 전압 강하의 합은 $V_1+V_2+V_3$이다. 키르히호프 전압 법칙은 이들 전압이 동일하다는 것이다. 따라서 옴의 법칙과 키르히호프의 전압 법칙을 이용하면 그림 5-1의 회로는 식 (5.1)과 같은 전압 방정식으로 나타낼 수 있다.

$$\begin{aligned} V &= (R_1+R_2+R_3)I \\ &= V_1+V_2+V_3 \end{aligned} \tag{5.1}$$

그림 5-1의 직렬회로는 실험 4에서 옴의 법칙을 이용하여 전류 I를 구하기 위해 그림 4-2에서 이미 살펴본 회로이다. 실험 4에서와 동일하게 R_1=1kΩ, R_2=2kΩ, R_3=3kΩ이고, 전원전압이 V=12V인 경우의 전압 V_1, V_2, V_3을 구해보자. 옴의 법칙을 이용하여 전류 I를 구하면 식 (5.2)와 같고, 옴의 법칙을 이용하여 전압 V_1, V_2, V_3을 구하면 각각 식 (5.3), 식 (5.4), 식 (5.5)와 같다. 식 (5.2)에서 식 (5.5)의 4개의 식은 모두 옴의 법칙을 이용하여 구한 식이다.

$$I = \frac{V}{R} = \frac{V}{R_1 + R_2 + R_3} = \frac{12V}{1k\Omega + 2k\Omega + 3k\Omega} = 2mA \tag{5.2}$$

$$V_1 = R_1 I = 1k\Omega \times 2mA = 2V \tag{5.3}$$

$$V_2 = R_2 I = 2k\Omega \times 2mA = 4V \tag{5.4}$$

$$V_3 = R_3 I = 3k\Omega \times 2mA = 6V \tag{5.5}$$

식 (5.3), 식 (5.4), 식 (5.5)에서 구한 V_1, V_2, V_3의 합과 회로에 인가된 전원전압 V를 비교하면 식 (5.6)과 같이 서로 동일하다는 결과를 구할 수 있다. 이것이 바로 키르히호프의 전압 법칙을 의미한다. 이와 같은 키르히호프의 전압 법칙은 바로 옴의 법칙을 이용하여 유도된 법칙임을 알 수 있다.

$$\begin{aligned} &V = 12V \\ &V_1 + V_2 + V_3 = 2 + 4 + 6 = 12V \\ &\therefore\ V = V_1 + V_2 + V_3 \leftarrow KVL \end{aligned} \tag{5.6}$$

또한 그림 5-1의 직렬회로에서 저항 R_1, R_2, R_3의 비와 전압 V_1, V_2, V_3의 비를 비교하면 식 (5.7)과 같이 동일하다는 것을 알 수 있다. 즉 직렬회로에서 직렬연결된 각각의 저항에 걸리는 전압은 저항의 크기에 비례한다는 것을 알 수 있다.

$$\begin{aligned} V_1 : V_2 : V_3 &= R_1 : R_2 : R_3 \\ &= 1 : 2 : 3 \end{aligned} \tag{5.7}$$

식 (5.7)의 결과와 같이 직렬회로에서 각각의 저항에 걸리는 전압은 저항의 크기에 비례한다는 특성은 전기회로를 해석할 때 매우 유용하게 이용되는 회로이론이다. 직렬회로를 해석하는 경우는 회로에 흐르는 전류를 구하지 않고도 이와 같은 직렬회로의 특성을 이용하여 각각의 직렬저항에 걸리는 전압을 구할 수 있다. 그림 5-1의 직렬회로에서 전류 I를 구하지 않고서도 저항의 비 1:2:3만을 이용하여 V_1=2V, V_2=4V, V_3=6V임을 구할 수 있다.

또한 저항 R_1, R_2, R_3에 흐르는 전류를 각각 I_1, I_2, I_3라고 하면 직렬회로인 경우 전류에 대해서는 식 (5.8)이 성립한다.

$$I_1 = I_2 = I_3 = I \tag{5.8}$$

키르히호프의 전압 법칙을 보다 잘 이해하기 위해 그림 5-2의 병렬회로를 예로 들어 키르히호프의 전압 법칙을 다시 살펴보기로 한다.

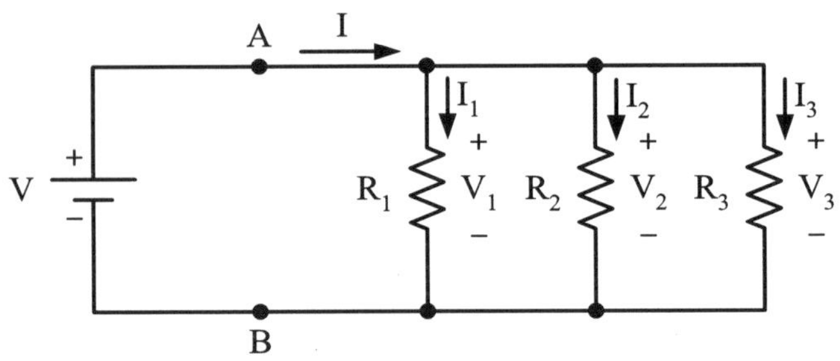

그림 5-2 병렬회로에서의 키르히호프의 전압 법칙(KVL)

노드 A와 노드 B 사이에 4개의 지로(branch)가 있다. 왼쪽 지로에는 전원전압 V가 있고, 오른쪽 3개 지로의 전압 강하는 각각 V_1, V_2, V_3이다. 키르히호프 전압 법칙은 이들 전압이 모두 동일하다는 것이다. 따라서 옴의 법칙과 키르히호프의 전압 법칙을 이용하면 그림 5-2의 회로는 식 (5.9)와 같은 전압 방정식으로 나타낼 수 있다.

$$V = R_1 I_1 = R_2 I_2 = R_3 I_3 \tag{5.9}$$

그림 5-2의 병렬회로 역시 실험 4에서 옴의 법칙을 이용하여 전류 I를 구하기 위해 그림 4-3에서 이미 살펴본 회로이다. 실험 4에서와 동일하게 R_1=10kΩ, R_2=10kΩ, R_3=5kΩ이고, 전원전압이 V=10V인 경우의 전압 V_1, V_2, V_3을 구해보자. 옴의 법칙을 이용하여 전류 I를 구하면 식 (5.10)과 같고, 옴의 법칙을 이용하여 전압 V_1, V_2, V_3을 구하면 각각 식 (5.11), 식 (5.12), 식 (5.13)과 같다. 식 (5.10)에서 식 (5.13)의 4개의 식은 모두 옴의 법칙을 이용하여 구한 식이다.

$$I = \frac{V}{R} = \frac{V}{R_1 // R_2 // R_3} = \frac{10\text{V}}{10\text{k}\Omega // 10\text{k}\Omega // 5\text{k}\Omega} = \frac{10\text{V}}{2.5\text{k}\Omega} = 4\text{mA} \tag{5.10}$$

$$R_1 I_1 = V_1 = V = 10\text{V} = (10\text{k}\Omega \times I_1) \quad \rightarrow \quad I_1 = 1\text{mA} \tag{5.11}$$

$$R_2 I_2 = V_2 = V = 10\text{V} = (10\text{k}\Omega \times I_2) \quad \rightarrow \quad I_2 = 1\text{mA} \tag{5.12}$$

$$R_3 I_3 = V_3 = V = 10\text{V} = (5\text{k}\Omega \times I_3) \quad \rightarrow \quad I_3 = 2\text{mA} \tag{5.13}$$

식 (5.11), 식 (5.12), 식 (5.13)에서 구한 전압 V_1, V_2, V_3과 회로에 인가된 전원전압 V를 비교하면 식 (5.14)와 같이 병렬회로에서는 전원전압 V와 전압 V_1, V_2, V_3이 모두 동일하다는 결과를 구할 수 있다. 이것이 바로 키르히호프의 전압 법칙을 의미한다.

$$\begin{aligned} &V = 10\text{V} \\ &V_1 = V_2 = V_3 = 10\text{V} \\ &\therefore \quad V = V_1 = V_2 = V_3 \quad \leftarrow \quad \text{KVL} \end{aligned} \tag{5.14}$$

또한 그림 5-2의 병렬회로에서 저항 R_1, R_2, R_3의 비와 전류 I_1, I_2, I_3의 비를 비교하면 식 (5.15)와 같이 반비례한다는 것을 알 수 있다. 즉 병렬회로에서 병렬연결된 각각의 저항에 흐르는 전류는 저항의 크기에 반비례한다는 것을 알 수 있다.

$$\begin{aligned} I_1 : I_2 : I_3 &= \frac{1}{R_1} : \frac{1}{R_2} : \frac{1}{R_3} \\ &= 1 \ : \ 1 \ : \ 2 \end{aligned} \tag{5.15}$$

식 (5.15)의 결과와 같이 병렬회로에서 각각의 저항에 흐르는 전류는 저항의 크기에 반비례한다는 특성은 전기회로를 해석할 때 매우 유용하게 이용되는 회로이론이다. 병렬회로를 해석하는 경우는 회로에 흐르는 전류를 구하지 않고도 이와 같은 병렬회로의 특성을 이용하여 각각의 병렬저항에 흐르는 전류를 구할 수 있다. 그림 5-2의 병렬회로에서 전체전류 I를 구하면 저항의 비 2:2:1만을 이용하여 I_1=1mA, I_2=1mA, I_3=2mA임을 구할 수 있다.

또한 저항 R_1, R_2, R_3에 흐르는 전류 I_1, I_2, I_3을 모두 더하면 전체전류가 되므로 병렬회로인 경우 전류에 대해서 식 (5.16)이 성립한다.

$$I = I_1 + I_2 + I_3 \tag{5.16}$$

옴의 법칙과 키르히호프의 전압 법칙을 이용하여 살펴본 직렬회로와 병렬회로의 특징을 비교하면 표 5-1과 같다. 직렬회로는 R_1, R_2, R_3, … R_n의 n개의 저항을 직렬 연결한 회로이고, 병렬회로는 n개의 저항을 병렬연결한 회로로 가정하고 특성을 비교한다. 표 5-1에서 R은 회로 전체의 합성저항이고, R_i는 i번째 저항이다. 또한 V는 회로에 인가된 입력전원이고, V_i는 i번째 저항 양단의 전압이다. I는 회로 전체에 흐르는 전류이고, I_i는 i번째 저항에 흐르는 전류이다.

표 5-1 n개 저항의 직렬회로와 병렬회로의 비교

직렬회로	병렬회로
• $R=R_1+R_2+R_3+\cdots+R_n$ • $V=V_1+V_2+V_3+\cdots+V_n$ • $I=I_1=I_2=I_3=\cdots=I_n$ • $V_1:V_2:V_3:\cdots:V_n=R_1:R_2:R_3:\cdots:R_n$ • $V=RI$, $V_i=R_iI_i$ (단 i=1, 2, 3,…,n)	• $R=R_1//R_2//R_3//\cdots//R_n$ • $V=V_1=V_2=V_3=\cdots=V_n$ • $I=I_1+I_2+I_3+\cdots+I_n$ • $I_1:I_2:I_3:\cdots:I_n=1/R_1:1/R_2:1/R_3:\cdots:1/R_n$ • $V=RI$, $V_i=R_iI_i$ (단 i=1, 2, 3,…,n)

5.2.2 키르히호프의 전압 법칙을 이용한 전기회로 해석

키르히호프의 전압 법칙(KVL)을 이용하여 전기회로를 해석하는 예를 살펴보기로 한다. 첫 번째 예로 그림 5-3의 전기회로를 키르히호프의 전압 법칙을 이용하여 해석한다. 전기회로를 해석한다는 가장 대표적인 의미는 전기회로를 구성하는 각 구성요소의 전압과 전류를 구하는 것이다.

그림 5-3은 R_1, R_2, R_3, R_4, R_5의 5개의 저항으로 구성된 회로이므로 각각의 저항에 걸리는 전압 V_1, V_2, V_3, V_4, V_5와 각각의 저항에 흐르는 전류 I_1, I_2, I_3, I_4, I_5를 구하는 것이다. 또한 회로 전체의 합성저항 R과 전류 I를 구하는 것도 전기회로를 해석하는 중요한 이유의 하나이다. 그림 5-3의 전기회로를 옴의 법칙과 키르히호프의 전압 법칙을 이용해 해석하여 이들 전압, 전류, 저항 등을 구한다.

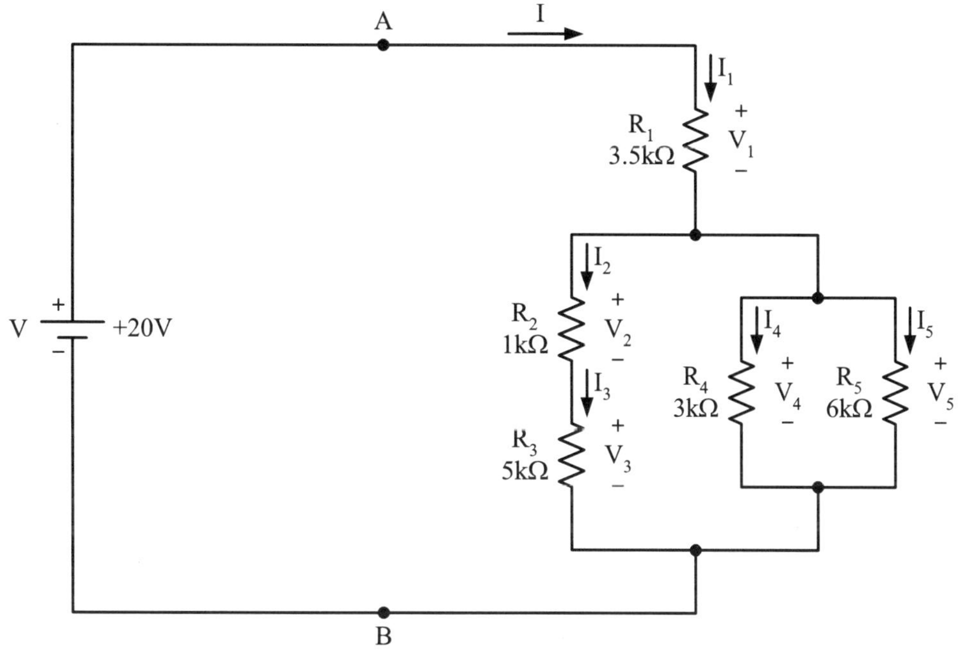

그림 5-3 키르히호프의 전압 법칙을 이용한 전기회로 해석(예1)

그림 5-3은 실험 3 합성저항 측정 실험의 그림 3-5에서 전체 합성저항 R을 구하기 위해 살펴본 직·병렬회로이다. 식 (3.14)에서 식 (3.17)까지의 과정을 통해 합성저항 R을 구한 방법을 참고하여 합성저항 R을 구하면 식 (5.17)과 같다. 또한 전체 전류 I는 식 (5.18)과 같다.

$$\begin{aligned} R &= R_1 + \{(R_2 + R_3)//(R_4//R_5)\} \\ &= 3.5k\Omega + \{(1k\Omega + 5k\Omega)//(3k\Omega//6k\Omega)\} \\ &= 3.5k\Omega + (6k\Omega//2k\Omega) \\ &= 5k\Omega \end{aligned} \tag{5.17}$$

$$I = \frac{V}{R} = \frac{20V}{5k\Omega} = 4mA \tag{5.18}$$

식 (5.18)에서 구한 전류 I를 이용하여 저항 R_1의 전류 I_1과 전압 V_1을 구하면 식 (5.19)와 같다.

$$I_1 = I = 4mA$$
$$V_1 = R_1 I_1 = 3.5k\Omega \times 4mA = 14V \qquad (5.19)$$

KVL을 이용하여 V_2+V_3 전압을 구하면 식 (5.20)과 같다. 또한 옴의 법칙을 이용하여 저항 R_2의 전류 I_2와 전압 V_2, 저항 R_3의 전류 I_3과 전압 V_3을 구하면 식 (5.21)과 같다.

$$V = V_1 + V_2 + V_3 \text{이므로} \quad V_2 + V_3 = V - V_1 = 20 - 14 = 6V \qquad (5.20)$$

$$I_2 = I_3 = \frac{V_2 + V_3}{R_2 + R_3} = \frac{6V}{6k\Omega} = 1mA$$
$$V_2 = R_2 I_2 = 1k\Omega \times 1mA = 1V \qquad (5.21)$$
$$V_3 = R_3 I_3 = 5k\Omega \times 1mA = 5V$$

KVL을 이용하여 전압 V_4, V_5를 구하면 식 (5.22)와 같고, 옴의 법칙을 이용하여 저항 R_4의 전류 I_4, 저항 R_5의 전류 I_5를 구하면 식 (5.23)과 같다.

$$V_4 = V_5 = V_2 + V_3 = 6V \qquad (5.22)$$

$$I_4 = \frac{V_4}{R_4} = \frac{6V}{3k\Omega} = 2mA$$
$$I_5 = \frac{V_5}{R_5} = \frac{6V}{6k\Omega} = 1mA \qquad (5.23)$$

KVL을 이용한 그림 5-3의 해석결과를 표 5-2에 정리하였다. 그림 5-3에서 노드 A와 노드 B 사이의 지로가 4개이므로 KVL에 의해 세울 수 있는 전압 방정식은 식 (5.24)와 같고, 이들 전압 방정식이 성립하는 것을 표 5-2에서 확인할 수 있다.

$$V = V_1 + V_2 + V_3$$
$$= V_1 + V_4 \qquad (5.24)$$
$$= V_1 + V_5$$

표 5-2 키르히호프의 전압 법칙을 이용한 전기회로 해석결과(그림 5-3)

저항		전류		전압	
R	5kΩ	I	4mA	V	20V
R_1	3.5kΩ	I_1	4mA	V_1	14V
R_2	1kΩ	I_2	1mA	V_2	1V
R_3	5kΩ	I_3	1mA	V_3	5V
R_4	3kΩ	I_4	2mA	V_4	6V
R_5	6kΩ	I_5	1mA	V_5	6V

두 번째 예로 그림 5-4의 전기회로를 KVL을 이용하여 해석하면 해석결과는 표 5-3과 같다. 그림 5-4의 전기회로를 스스로 해석해 보도록 계산과정은 생략하였다.

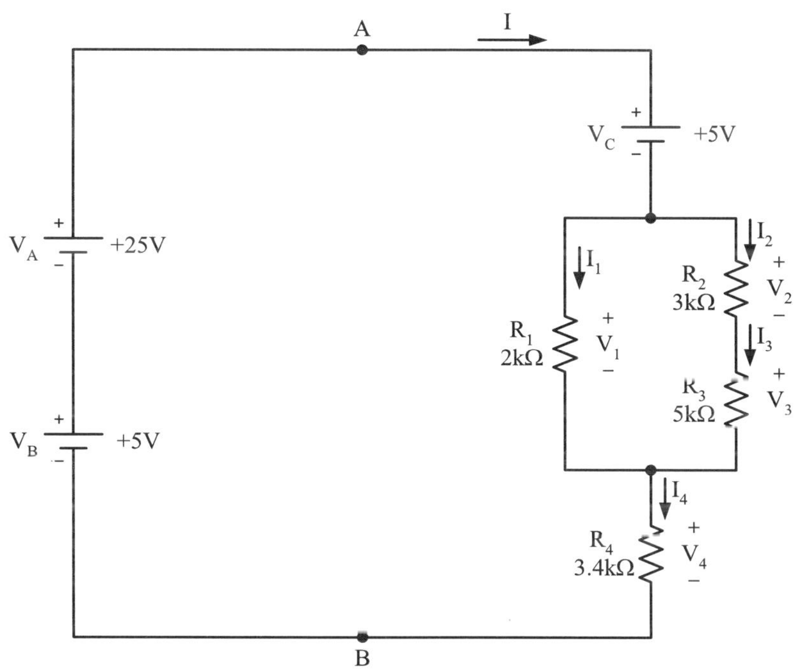

그림 5-4 키르히호프의 전압 법칙을 이용한 전기회로 해석(예2)

표 5-3 키르히호프의 전압 법칙을 이용한 전기회로 해석결과(그림 5-4)

저항		전류		전압	
R	5kΩ	I	5mA	V	25V
R_1	2kΩ	I_1	4mA	V_1	8V
R_2	3kΩ	I_2	1mA	V_2	3V
R_3	5kΩ	I_3	1mA	V_3	5V
R_4	3.4kΩ	I_4	5mA	V_4	17V

학습 5 키르히호프의 전압 법칙 실험하기는 능력단위요소인 계측장비 기능 확인하기와 연관된다. 이를 위해 학습 5에서 필요한 디지털 멀티미터의 전압 측정 기능은 계측장비의 매뉴얼 등을 확인하여 장비 특성에 따라 사용할 수 있도록 학습한다.

5.3 수행내용 / 부품 및 장비

부품 및 장비		규격 및 수량	
부 품	저항	1 kΩ	1개
		2.2 kΩ	1개
		3.3 kΩ	2개
		5.1 kΩ	1개
장 비		직류전원 공급장치(DC power supply)	
		디지털 멀티미터(DMM)	
		브레드 보드(bread board)	
기 타		jumper wire	
		wire stripper(또는 nipper)	

5.4 수행내용 / 수행순서

실험 1. 직렬회로에서의 키르히호프의 전압 법칙 실험

① 직류전원 공급장치(DC power supply)와 전류계(디지털 멀티미터 또는 테스터 등)를 이용하여 그림 5-5의 실험회로를 구성하여라.

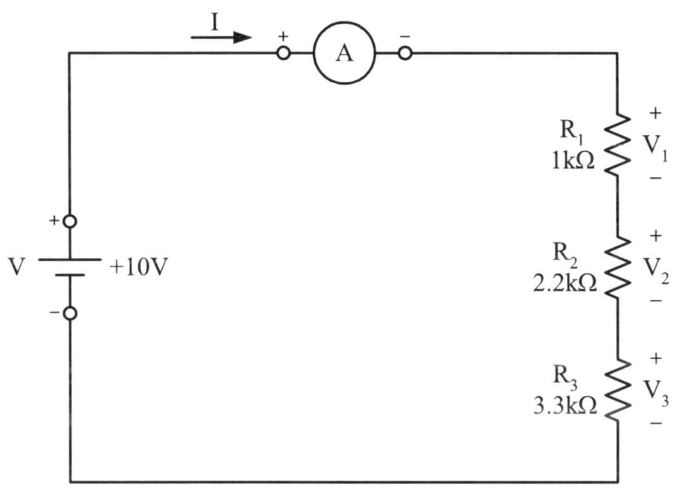

그림 5-5 직렬회로에서의 키르히호프의 전압 법칙 실험회로

그림 5-5의 실험회로에서 DC +10V는 직류전원 공급장치를 이용하여 출력전압이 정확히 DC +10.0V가 되도록 조정하고, 직류전원 공급장치의 (+)출력단자와 (−)출력단자의 극성을 정확히 구별하여 그림 5-5의 실험회로와 같이 구성하여라.
그림 5-5의 실험회로에서 Ⓐ는 전류계로써 실험회로의 전류 측정을 위해 디지털 멀티미터를 이용하여 구성하여라.

② 그림 5-5의 실험회로에 흐르는 직류전류 I를 측정하여 표 5-4에 기재하여라. 전류를 측정할 때 반드시 실험에서 사용하는 디지털 멀티미터의 사용법을 정확히 숙지하고, 전류는 소수점 두 자리까지 측정하여라.

③ 그림 5-6의 실험회로에서 Ⓥ는 전압계로써 실험회로의 저항 양단의 전압 측정을 위해 디지털 멀티미터를 이용하여 구성하여라.

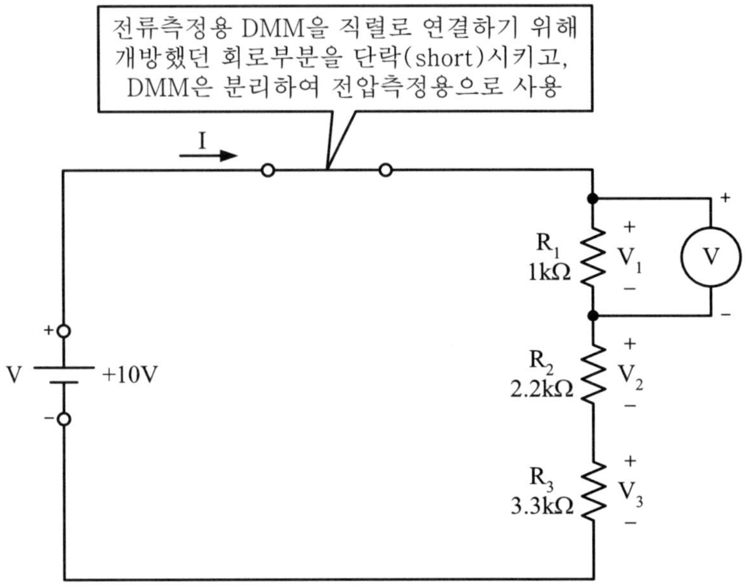

그림 5-6 키르히호프의 전압 법칙 실험회로의 전압 측정

그림 5-6의 실험회로는 디지털 멀티미터 1대를 이용하여 전류 및 전압을 측정하기 위한 회로이다. 그림 5-5에서 디지털 멀티미터를 직렬로 연결하여 전류 I를 측정하기 위해 개방했던(open) 회로 양단은 그림 5-6과 같이 도체를 이용하여 단락(short)시키고, 디지털 멀티미터는 저항 R_1 양단에 병렬로 연결하여 V_1 전압을 측정하여라.

디지털 멀티미터를 이용하여 그림 5-6의 실험회로의 저항 R_1 양단의 직류전압 V_1을 측정하여 표 5-4에 기재하여라. 전압을 측정할 때 반드시 실험에서 사용하는 디지털 멀티미터의 사용법을 정확히 숙지하고, 전압은 소수점 두 자리까지 측정하여라.

④ 디지털 멀티미터를 이용하여 그림 5-6 실험회로의 저항 R_2 양단의 직류전압 V_2와 저항 R_3 양단의 직류전압 V_3을 각각 측정하여 표 5-4에 기재하여라. 전압은 소수점 두 자리까지 측정하여라.

⑤ 실험단계 ③, ④에서 측정한 V_1, V_2, V_3 전압을 이용하여 $V_1+V_2+V_3$을 계산하여 표 5-4에 기재하여라. 또한 측정값을 이용하여 계산한 전압 $V_1+V_2+V_3$이 이론값 10V와 일치하는지 검토하여라.

⑥ 전류 I와 전압 V_1, V_2, V_3의 이론값을 구하기 위한 이론식을 표 5-4에 기재하고, 이론식을 이용하여 구한 이론값을 표 5-4에 기재하여라. 또한 이론값과 측정값이 일치하는지 검토하여라.

⑦ 실험단계 ⑤에서 구한 $V_1+V_2+V_3$과 이론값 V=10V를 비교하여 그림 5-6의 실험회로에서 키르히호프의 전압 법칙이 성립하는지 검토하여라.

실험 2. 직·병렬회로에서의 키르히호프의 전압 법칙 실험

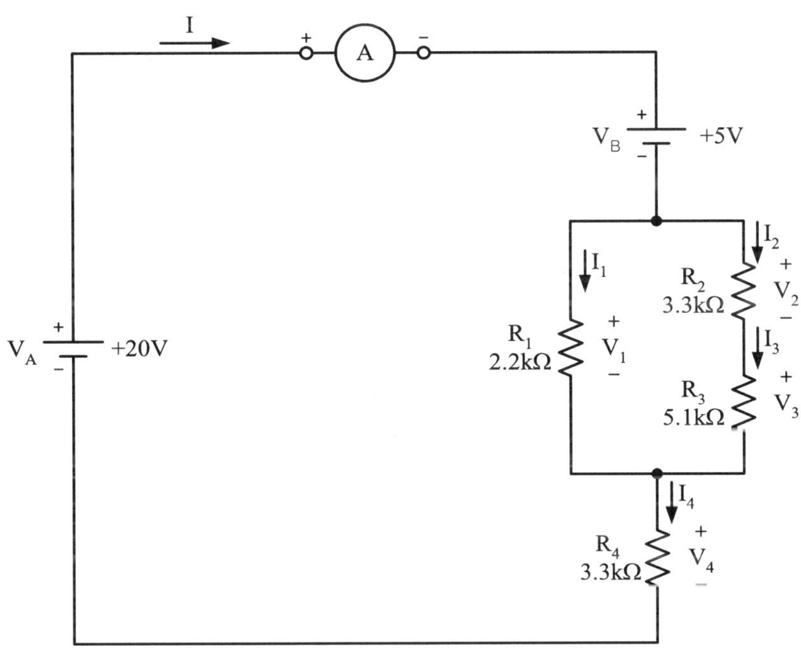

그림 5-7 직·병렬회로에서의 키르히호프의 전압 법칙 실험회로

⑧ 직류전원 공급장치(DC power supply)와 전류계(디지털 멀티미터 또는 테스터 등)를 이용하여 그림 5-7의 실험회로를 구성하여라.

그림 5-7의 실험회로에서 DC +20V인 V_A와 DC +5V인 V_B는 직류전원 공급장치를 이용하여 정확히 조정하고, 직류전원 공급장치의 (+)출력단자와 (−)출력단자의 극성을 정확히 구별하여 그림 5-7의 실험회로와 같이 구성하여라.

그림 5-7의 실험회로에서 Ⓐ는 전류계로써 실험회로의 전류 측정을 위해 디지털 멀티미터를 이용하여 구성하여라.

⑨ 그림 5-7의 실험회로에 흐르는 직류전류 I를 측정하여 표 5-5에 기재하여라. 전류는 소수점 두 자리까지 측정하여라.

⑩ 디지털 멀티미터를 이용하여 그림 5-7 실험회로의 직류전원 V_A, V_B와 저항 R_1, R_2, R_3, R_4 양단의 전압 V_1, V_2, V_3, V_4를 측정하여 표 5-5에 기재하여라. 전압은 소수점 두 자리까지 측정하여라.

⑪ 실험단계 ⑩에서 측정한 V_A, V_B, V_1, V_2, V_3, V_4 전압을 이용하여 표 5-5에 표시된 식들의 전압값을 구하여라. 또한 측정값을 이용하여 계산한 전압값이 이론값 20V와 일치하는지 검토하여라.

⑫ 전류 I와 전압 V_1, V_2, V_3, V_4의 이론값을 구하여 표 5-5에 기재하여라. 또한 이론값과 측정값이 일치하는지 검토하여라.

⑬ 실험단계 ⑪에서 구한 $V_B+V_1+V_4$와 $V_B+V_2+V_3+V_4$를 이론값 V=20V와 비교하여 그림 5-7의 실험회로에서 키르히호프의 전압 법칙이 성립하는지 검토하여라.

5.5 수행결과

실험 1. 직렬회로에서의 키르히호프의 전압 법칙 실험

표 5-4 직렬회로에서의 키르히호프의 전압 법칙 실험 데이터

실험단계	구분	측정값 (또는 측정값을 이용한 계산값)	이론값	이론값과 측정값의 일치여부
②⑥	I			
③⑥	V_1			
④⑥	V_2			
	V_3			
⑤	$V_1+V_2+V_3$		10V	
⑥	I를 구하기 위한 이론식			
	V_1을 구하기 위한 이론식			
	V_2를 구하기 위한 이론식			
	V_3을 구하기 위한 이론식			
⑦	키르히호프의 전압 법칙의 성립 여부			

실험 2. 직 · 병렬회로에서의 키르히호프의 전압 법칙 실험

표 5-5 직 · 병렬회로에서의 키르히호프의 전압 법칙 실험 데이터

실험단계	구분	측정값 (또는 측정값을 이용한 계산값)	이론값	이론값과 측정값의 일치여부
⑨⑫	I			
⑩⑫	V_A		20V	
	V_B		5V	
	V_1			
	V_2			
	V_3			
	V_4			
⑪	$V_B+V_1+V_4$		20V	
	$V_B+V_2+V_3+V_4$		20V	
⑬	키르히호프의 전압 법칙의 성립 여부			

5.6 평가문제

1 키르히호프의 전압 법칙(KVL)을 간단히 설명하여라.

2 그림 5-8의 직·병렬회로를 키르히호프의 전압 법칙을 이용하여 해석하여라. 저항에 흐르는 전류와 저항 양단의 전압을 각각 구하여 표 5-6에 기재하여라.

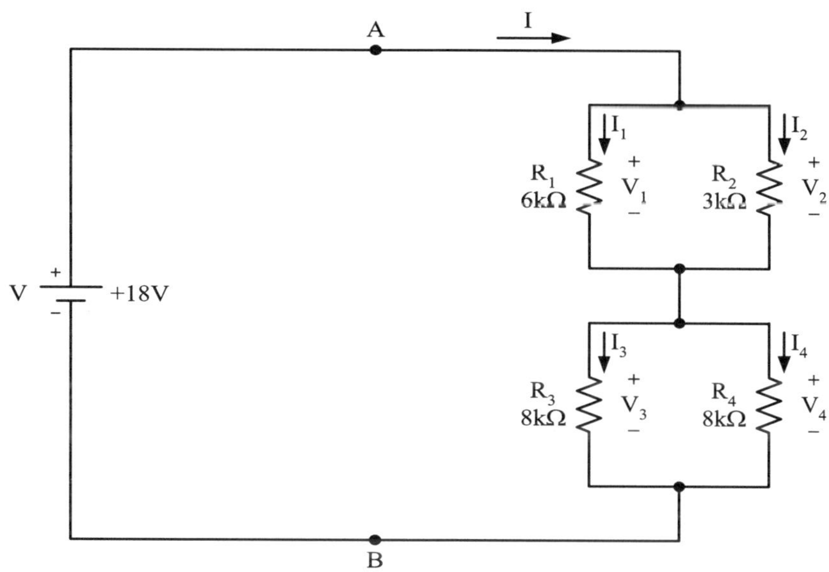

그림 5-8 키르히호프의 전압 법칙을 이용한 직·병렬회로의 해석

표 5-6 키르히호프의 전압 법칙을 이용한 직·병렬회로 해석결과(그림 5-8)

저항		전류		전압	
R_1	6kΩ	I_1		V_1	
R_2	3kΩ	I_2		V_2	
R_3	8kΩ	I_3		V_3	
R_4	8kΩ	I_4		V_4	

3 그림 5-3의 전기회로에서 노드 A와 노드 B를 기준으로 키르히호프의 전압 법칙을 이용하여 세울 수 있는 전압 방정식을 모두 기재하여라.

4 그림 5-4의 전기회로에서 노드 A와 노드 B를 기준으로 키르히호프의 전압 법칙을 이용하여 세울 수 있는 전압 방정식을 모두 기재하여라.

5 그림 5-5의 실험회로에서 전류 I와 전압 V_1, V_2, V_3의 이론값을 구하여라. 이론값을 구하기 위한 이론식과 계산과정을 상세히 기재하여라.

6 실험에 대한 종합결론을 정리하고, 학습목표 성취도에 대해 학습자 스스로 평가하여라. 성취도는 A(우수), B(보통), C(미흡)의 3단계로 구분하여 평가하여라.

학습

6. 키르히호프의 전류 법칙 실험하기

6.1 학 습 목 표

▣ KCL을 이용하여 전기회로를 해석하고 실험할 수 있다.
▣ 시험절차서에 따라 육안 및 측정기구를 사용하여 동작테스트를 할 수 있다. (1901080214_16v2.2.3)

6.2 필 요 지 식

6.2.1 키르히호프의 전류 법칙

키르히호프의 전류 법칙(Kirchhoff's current law : KCL)은 전기회로에서 임의의 노드(node, 절점)에 흘러 들어오는 방향의 전류의 합은 흘러 나가는 방향의 전류의 합과 동일하다는 법칙이다. 키르히호프의 전류 법칙을 잘 이해하기 위한 첫 번째 예로 그림 6-1의 병렬회로를 예로 들어 키르히호프의 전류 법칙을 살펴보기로 한다. 그림 6-1의 전기회로에서 노드 A를 기준으로 흘러 들어오는 방향의 전류는 I이고, 흘러 나가는 방향의 전류의 합은 $I_1+I_2+I_3$이다. 따라서 키르히호프의 전류 법칙에 의해 식 (6.1)이 성립한다. 또한 노드 B를 기준으로 해도 흘러 들어오는 방향의 전류의 합 $I_1+I_2+I_3$은 흘러 나가는 방향의 전류 I와 키르히호프의 전류 법칙에 의해 동일하므로 식 (6.1)의 전류 방정식이 성립함을 알 수 있다.

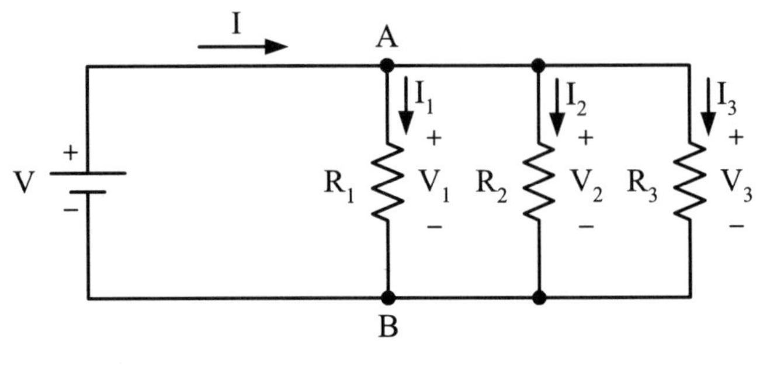

그림 6-1 병렬회로에서의 키르히호프의 전류 법칙(KCL)

$$I = I_1 + I_2 + I_3 \tag{6.1}$$

키르히호프의 전류 법칙을 이해하기 위한 두 번째 예로 그림 6-2의 직·병렬회로에 대해 키르히호프의 전류 법칙을 살펴본다.

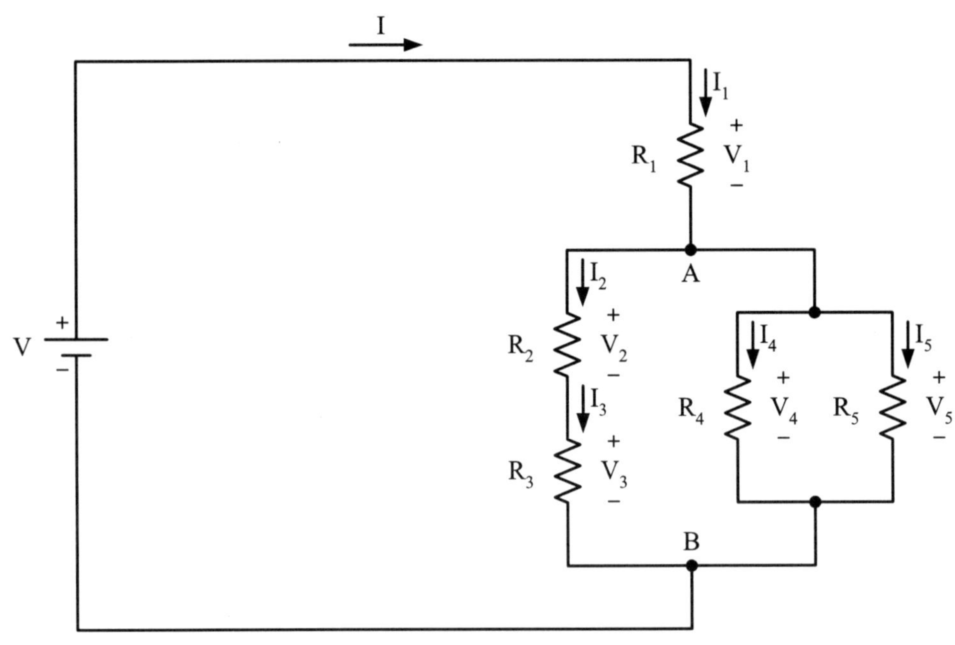

그림 6-2 직·병렬회로에서의 키르히호프의 전류 법칙(KCL)

그림 6-2 직·병렬회로에서 키르히호프의 전류 법칙을 이용하여 세울 수 있는 전류 방정식은 식 (6.2)와 같다. 식 (6.2)에서 전류 I와 전류 I_1은 동일한 지로(branch)에 흐르는 전류이므로 $I=I_1$이 되고, 전류 I_2와 전류 I_3 역시 동일한 지로에 흐르는 전류이므로 $I_2=I_3$이 된다. 그리고 노드 A를 기준으로 흘러 들어오는 전류는 I_1이고, 흘러 나가는 전류의 합은 $I_2+I_4+I_5$이므로 키르히호프의 전류 법칙에 의해 $I_1=I_2+I_4+I_5$가 되어 식 (6.2)의 전류 방정식들이 성립한다.

$$
\begin{aligned}
&I = I_1 \\
&I_1 = I_2 + I_4 + I_5 \qquad (6.2) \\
&I_2 = I_3
\end{aligned}
$$

그림 6-1과 그림 6-2의 전기회로의 상세한 해석은 실험 5 키르히호프의 전압 법칙 실험의 그림 5-2와 그림 5-3에서 이미 자세히 설명하였다. 따라서 여기서는 키르히호프의 전류 법칙을 이해하기 위해 KCL에 의한 식 (6.1)과 식 (6.2)의 전류 방정식만을 설명하고, KCL을 이용한 회로 해석은 다음 절에서 살펴보기로 한다.

6.2.2 키르히호프의 전류 법칙을 이용한 전기회로 해석

키르히호프의 전류 법칙(KCL)과 실험 5에서 설명한 키르히호프의 전압 법칙(KVL)은 전기회로를 해석하는데 있어 가장 중요하게 사용되는 법칙들이다. 옴의 법칙(Ohm's law), 키르히호프의 전압 법칙(KVL), 키르히호프의 전류 법칙(KCL)은 전기회로와 전자회로를 해석하는데 있어 가장 일반적으로 사용되는 중요한 회로이론(circuit theory)들이다. 따라서 이들 법칙을 정확히 이해하여 전기회로와 전자회로 등을 해석할 수 있는 응용력을 키우는 것은 매우 중요하다.

키르히호프의 전류 법칙을 보다 잘 이해하기 위해 키르히호프의 전류 법칙을 이용하여 전기회로를 해석하는 예를 살펴보기로 한다. 그림 6-3의 전기회로를 키르히호프의 전류 법칙을 이용하여 해석한다. 전기회로를 해석하는 가장 핵심적인 의미는 전기회로를 구성하는 각 구성요소의 전압과 전류 등을 구하는 것이다. 따라서 키르히호프의 전류 법칙을 이용하여 그림 6-3의 전기회로를 구성하는 모든 저항의 양단에 걸리는 전압과 저항에 흐르는 전류를 구한다.

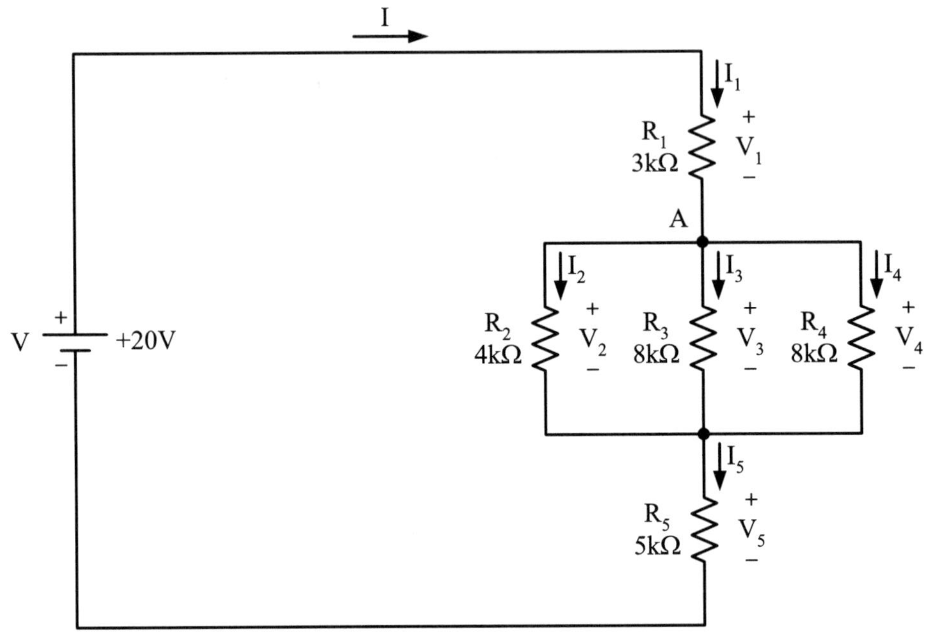

그림 6-3 키르히호프의 전류 법칙을 이용한 전기회로 해석

옴의 법칙을 이용하여 전체 전류 I를 구하기 위해 우선 전체 합성저항 R을 구하면 식 (6.3)과 같고, 식 (6.3)을 이용하여 전체 전류 I를 구하면 식 (6.4)와 같다.

$$
\begin{aligned}
R &= R_1 + (R_2 // R_3 // R_4) + R_5 \\
&= 3k\Omega + (4k\Omega // 8k\Omega // 8k\Omega) + 5k\Omega \\
&= 3k\Omega + 2k\Omega + 5k\Omega \\
&= 10k\Omega
\end{aligned}
\tag{6.3}
$$

$$
I = \frac{V}{R} = \frac{20V}{10k\Omega} = 2mA \tag{6.4}
$$

그림 6-3의 전기회로를 해석하는데 있어 각 저항에 흐르는 전류를 구하기 위해 KCL을 이용하여 전류 방정식을 세우면 식 (6.5)와 같다. 식 (6.5)에서 노드 A를 기준으로 흘러 들어오는 전류는 I_1이고, 흘러 나가는 전류의 합은 $I_2+I_3+I_4$이므로

KCL에 의해 $I_1=I_2+I_3+I_4$가 된다.

$$\begin{aligned} & I = I_1 \\ & I_1 = I_2 + I_3 + I_4 \\ & I_2 + I_3 + I_4 = I_5 = I \end{aligned} \tag{6.5}$$

식 (6.4)에서 구한 전체 전류 I와 식 (6.5)를 이용하면 저항 R_1에 흐르는 전류 I_1과 저항 R_5에 흐르는 전류 I_5는 식 (6.6)과 같이 구할 수 있다.

$$I = I_1 = I_5 = 2\text{mA} \tag{6.6}$$

또한 전류 I_2, I_3, I_4에 대해서는 실험 5의 표 5-1에서 병렬회로에서 각 저항에 흐르는 전류의 비는 저항에 반비례한다는 특성을 이용하여 식 (6.7)을 세울 수 있고, 이를 이용하여 전류 I_2, I_3, I_4를 구하면 식 (6.8)과 같다.

$$\begin{aligned} & I_2 + I_3 + I_4 = I_1 = 2\text{mA} \\ & I_2 : I_3 : I_4 = \frac{1}{R_2} : \frac{1}{R_3} : \frac{1}{R_4} = 2 : 1 : 1 \end{aligned} \tag{6.7}$$

$$\begin{aligned} & I_2 = \frac{2}{2+1+1} \times 2\text{mA} = 1\text{mA} \\ & I_3 = I_4 = \frac{1}{2+1+1} \times 2\text{mA} = 0.5\text{mA} \end{aligned} \tag{6.8}$$

저항들에 흐르는 전류를 모두 구했으므로 옴의 법칙을 이용하여 각각의 저항 양단의 전압을 구하면 식 (6.9)와 같고, 전체 해석결과를 정리하면 표 6-1과 같다.

$$\begin{aligned} & V_1 = R_1 I_1 = 3\text{k}\Omega \times 2\text{mA} = 6\text{V} \\ & V_2 = R_2 I_2 = 4\text{k}\Omega \times 1\text{mA} = 4\text{V} \\ & V_3 = R_3 I_3 = 8\text{k}\Omega \times 0.5\text{mA} = 4\text{V} \\ & V_4 = R_4 I_4 = 8\text{k}\Omega \times 0.5\text{mA} = 4\text{V} \\ & V_5 = R_5 I_5 = 5\text{k}\Omega \times 2\text{mA} = 10\text{V} \end{aligned} \tag{6.9}$$

표 6-1 키르히호프의 전류 법칙을 이용한 전기회로 해석결과(그림 6-3)

저항		전류		전압	
R	10kΩ	I	2mA	V	20V
R_1	3kΩ	I_1	2mA	V_1	6V
R_2	4kΩ	I_2	1mA	V_2	4V
R_3	8kΩ	I_3	0.5mA	V_3	4V
R_4	8kΩ	I_4	0.5mA	V_4	4V
R_5	5kΩ	I_5	2mA	V_5	10V

능력단위요소인 계측장비 기능 확인하기와 관련하여 학습 2, 학습 5, 학습 6에서 디지털 멀티미터의 매뉴얼 등을 확인하여 장비 특성에 따라 각각 저항, 전압, 전류를 측정할 수 있는 학습을 하였다. 이를 토대로 학습 6에서 계측장비 기능 확인하기의 능력단위요소를 성취할 수 있도록 신규장비 및 보유 장비운영을 위한 정기적인 매뉴얼 교육계획을 수립할 수 있도록 학습한다.

6.3 수행내용 / 부품 및 장비

부품 및 장비		규격 및 수량	
부 품	저항	1 kΩ	1개
		3.3 kΩ	1개
		4.7 kΩ	1개
		8.2 kΩ	2개
장 비		직류전원 공급장치(DC power supply)	
		디지털 멀티미터(DMM)	
		브레드 보드(bread board)	
기 타		jumper wire	
		wire stripper(또는 nipper)	

6.4 수행내용 / 수행순서

실험 1. 직·병렬회로에서의 키르히호프의 전류 법칙 실험

① 직류전원 공급장치(DC power supply)와 저항을 이용하여 그림 6-4의 실험회로를 구성하여라.

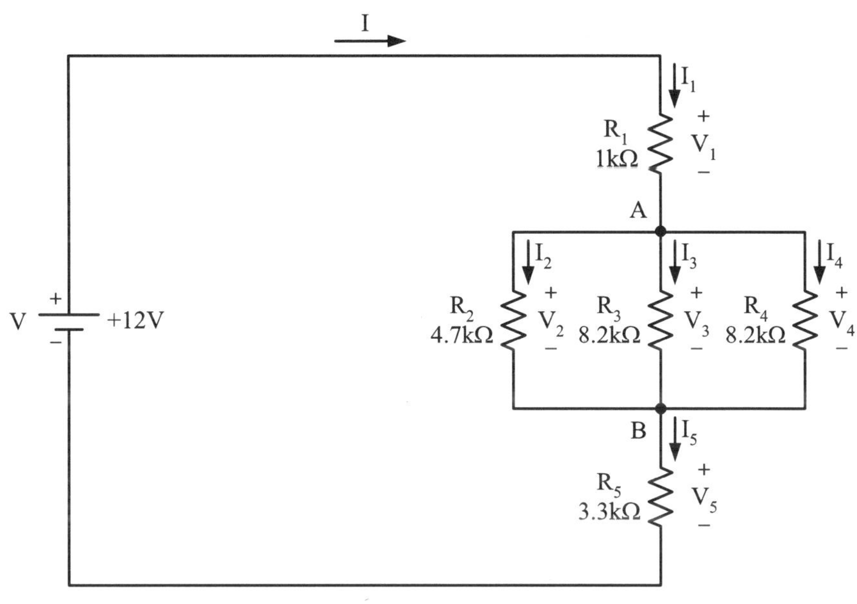

그림 6-4 직·병렬회로에서의 키르히호프의 전류 법칙 실험회로

② 그림 6-4의 실험회로에 흐르는 직류전류 I, I_1(=I), I_2, I_3, I_4, I_5를 디지털 멀티미터를 이용하여 측정하여 표 6-2에 기재하여라. 전류는 소수점 두 자리까지 측정하여라.

③ 그림 6-4의 실험회로에서 입력전압 V와 저항 양단의 직류전압 V_1, V_2, V_3, V_4, V_5를 디지털 멀티미터를 이용하여 측정하여 표 6-2에 기재하여라. 전압은 소수점 두 자리까지 측정하여라.

④ 노드 A에서 KCL을 적용하면 전류 방정식은 $I_2+I_3+I_4=I_1$이 된다. 실험단

계 ②에서 측정한 전류를 대입하여 $I_2+I_3+I_4=I_1$이 성립하는지 계산하여 표 6-2에 기재하고, KCL이 성립하는지 여부를 검토하여라.

⑤ 노드 B에서 KCL을 적용하면 전류 방정식은 $I_2+I_3+I_4=I_5$가 된다. 실험단계 ④에서 계산한 $I_2+I_3+I_4$를 이용하여 $I_2+I_3+I_4=I_5$가 성립하는지 확인하고, KCL이 성립하는지 여부를 검토하여 표 6-2에 기재하여라.

⑥ 노드 A와 노드 B에 대해 KVL을 적용하면 전압 방정식은 $V_2=V_3=V_4$가 된다. 실험단계 ③에서 측정한 전압을 이용하여 $V_2=V_3=V_4$가 성립하는지 확인하고, KVL이 성립하는지 여부를 검토하여 표 6-2에 기재하여라.

⑦ 입력전압에 대해 KVL을 적용하면 전압 방정식은 $V_1+V_2+V_5=V$가 된다. 실험단계 ③에서 측정한 전압을 대입하여 $V_1+V_2+V_5=V$가 성립하는지 계산하여 표 6-2에 기재하고, KVL이 성립하는지 여부를 검토하여라.

⑧ 전체 합성저항 R을 측정하기 위하여 입력전원 V를 제거하고, 디지털 멀티미터를 이용하여 전체 합성저항 R을 측정하여 표 6-2에 기재하여라.

⑨ 그림 6-4의 실험회로에서 전체 합성저항 R의 이론값을 구하여 표 6-2에 기재하여라. 또한 전체 합성저항 R의 이론값과 측정값이 일치하는지 비교하여라.

⑩ 실험단계 ⑨에서 계산한 전체 합성저항 R의 이론값과 옴의 법칙 $I=V/R$를 이용하여 전류 I의 이론값을 구하여 표 6-2에 기재하여라.

⑪ 그림 6-4의 실험회로에서 KCL 등을 이용하여 각 저항에 흐르는 직류전류 I_1, I_2, I_3, I_4, I_5의 이론값을 구하여 표 6-2에 기재하여라. 또한 전류의 이론값과 측정값이 일치하는지 비교하여라.

⑫ 실험단계 ⑪에서 구한 전류 I_1, I_2, I_3, I_4, I_5와 옴의 법칙을 이용하여 각 저항 양단에 걸리는 전압 V_1, V_2, V_3, V_4, V_5의 이론값을 구하여 표 6-2에 기재하여라. 또한 전압의 이론값과 측정값이 일치하는지 비교하여라.

⑬ 전류의 이론값을 대입하여 $I_2+I_3+I_4$를 계산하여 표 6-2에 기재하고, 측정값을 이용하여 계산한 $I_2+I_3+I_4$와 일치하는지 비교하여라. 또한 전압의 이론값을 대입하여 $V_1+V_2+V_5$를 계산하여 표 6-2에 기재하고, 측정값을 이용하여 계산한 $V_1+V_2+V_5$와 일치하는지 비교하여라.

6.5 수행결과

실험 1. 직·병렬회로에서의 키르히호프의 전류 법칙 실험

표 6-2 직·병렬회로에서의 키르히호프의 전류 법칙 실험 데이터

<table>
<tr><th>실험단계</th><th>구분</th><th>측정값
(또는 측정값을
이용한 계산값)</th><th>이론값</th><th>이론값과
측정값의
일치여부</th></tr>
<tr><td rowspan="6">②⑩⑪</td><td>I</td><td></td><td></td><td></td></tr>
<tr><td>$I_1(=I)$</td><td></td><td></td><td></td></tr>
<tr><td>I_2</td><td></td><td></td><td></td></tr>
<tr><td>I_3</td><td></td><td></td><td></td></tr>
<tr><td>I_4</td><td></td><td></td><td></td></tr>
<tr><td>I_5</td><td></td><td></td><td></td></tr>
<tr><td rowspan="6">③⑫</td><td>V</td><td></td><td>12V</td><td></td></tr>
<tr><td>V_1</td><td></td><td></td><td></td></tr>
<tr><td>V_2</td><td></td><td></td><td></td></tr>
<tr><td>V_3</td><td></td><td></td><td></td></tr>
<tr><td>V_4</td><td></td><td></td><td></td></tr>
<tr><td>V_5</td><td></td><td></td><td></td></tr>
<tr><td rowspan="3">④⑤⑬</td><td>$I_2+I_3+I_4$</td><td></td><td></td><td></td></tr>
<tr><td>$I_2+I_3+I_4=I_1$의
성립 여부</td><td colspan="3"></td></tr>
<tr><td>$I_2+I_3+I_4=I_5$의
성립 여부</td><td colspan="3"></td></tr>
<tr><td>⑥</td><td>$V_2=V_3=V_4$의
성립 여부</td><td colspan="3"></td></tr>
<tr><td rowspan="2">⑦⑬</td><td>$V_1+V_2+V_5$</td><td></td><td></td><td></td></tr>
<tr><td>$V_1+V_2+V_5=V$의
성립 여부</td><td colspan="3"></td></tr>
<tr><td>⑧⑨</td><td>합성저항 R</td><td></td><td></td><td></td></tr>
</table>

6.6 평가문제

1 키르히호프의 전류 법칙(KCL)을 간단히 설명하여라.

2 그림 6-5의 직·병렬회로를 키르히호프의 전류 법칙을 이용하여 해석하여라. 저항에 흐르는 전류와 저항 양단의 전압을 각각 구하여 표 6-3에 기재하여라.

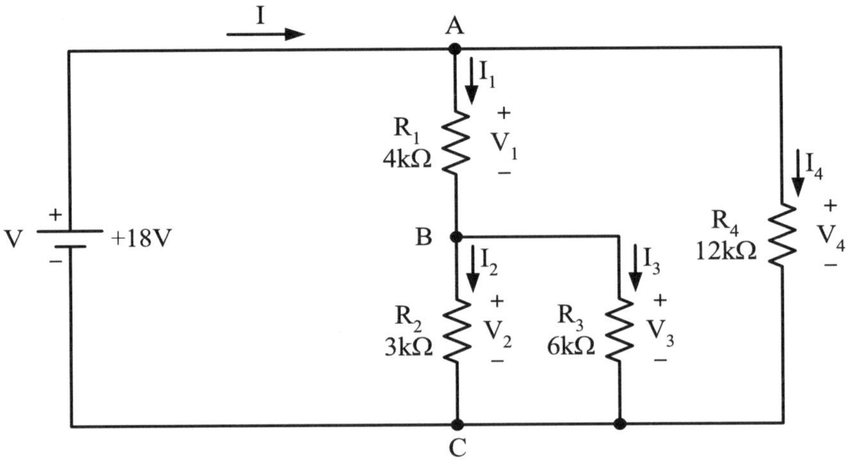

그림 6-5 키르히호프의 전류 법칙을 이용한 직·병렬회로의 해석

표 6-3 키르히호프의 전류 법칙을 이용한 직·병렬회로 해석결과(그림 6-5)

저항		전류		전압	
R_1	4kΩ	I_1		V_1	
R_2	3kΩ	I_2		V_2	
R_3	6kΩ	I_3		V_3	
R_4	12kΩ	I_4		V_4	

3 그림 6-3의 전기회로에서 키르히호프의 전류 법칙(KCL)을 이용하여 세울 수 있는 전류 방정식을 모두 기재하여라.

4 실험단계 ⑪에서 지시한 바와 같이 키르히호프의 전류 법칙(KCL) 등을 이용하여 그림 6-4 실험회로의 전류 I_1, I_2, I_3, I_4, I_5의 이론값을 구하여라. 이론값을 구하기 위한 이론식과 계산과정을 상세히 기재하여라.

5 그림 6-4의 실험회로에서 전류 I_2, I_3, I_4의 비 즉 $I_2:I_3:I_4$를 저항 R_2, R_3, R_4를 이용하여 답하여라. 또한 그 이유를 설명하여라.

6 실험에 대한 종합결론을 정리하고, 학습목표 성취도에 대해 학습자 스스로 평가하여라. 성취도는 A(우수), B(보통), C(미흡)의 3단계로 구분하여 평가하여라.

NOTE

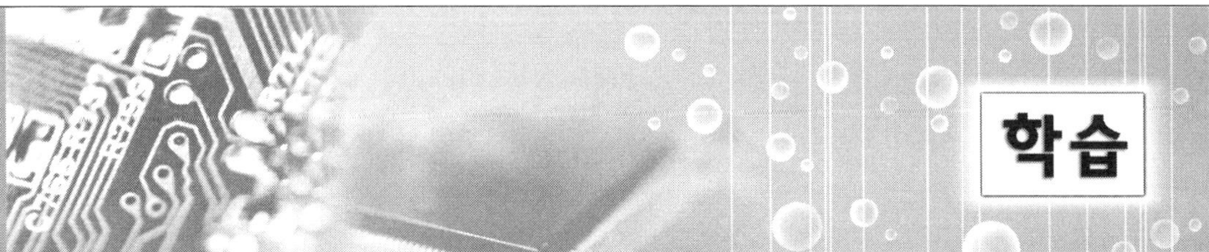

7. 메쉬 해석법 실험하기

7.1 학습목표

▣ 메쉬 해석법을 이용하여 전기회로를 해석하고 실험할 수 있다.
▣ 회로 설계를 위하여 전압과 부하 등 여러 조건에 따라 회로를 설계할 수 있다. (1901050105_16v3.2.6)

7.2 필요지식

7.2.1 메쉬와 노드

전기회로를 해석하는 일반적인 방법에는 메쉬 해석법(mesh analysis)과 노드 해석법(nodal analysis) 등이 있다. 본 실험에서는 메쉬 해석법에 대해 우선 살펴보고자 한다. 그러나 메쉬 해석법을 살펴보기 전에 메쉬(mesh, 망)와 노드(node, 절점) 등 전기회로 해석법에서 사용하는 주요 용어의 정확한 개념을 우선 살펴볼 필요가 있다. 전기회로를 해석하기 위해 사용되는 주요 용어는 노드(node), 지로(branch), 루프(loop), 메쉬(mesh) 등이다.

이들 주요 용어에 대한 정의를 표 7-1에 나타내었다. 주요 용어의 개념을 간단히 살펴보면 2개(또는 3개) 이상의 회로 요소가 연결된 점이 노드이고, 이와 같은 노드 2개를 서로 연결한 것이 지로이다. 그리고 특정 노드에서 시작해서 다시 그 노드로 돌아오는 경로가 루프이고, 루프 안에 다른 루프를 포함하지 않는 루프가 메쉬이다.

표 7-1 전기회로의 주요 용어

명 칭	정 의
노드 (node, 절점)	• 2개 이상의 회로 요소가 연결된 점 • 특히 3개 이상의 회로 요소가 연결된 노드 → 필수 노드 • 필수 노드(essential node)를 그냥 노드라고 부르기도 하며, 노드 해석법에서의 노드는 필수 노드를 의미
지로 (branch, 가지)	• 2개의 노드를 연결하는 경로(path) • 특히 다른 필수 노드를 중간에 통과하지 않고 2개의 필수 노드만을 연결하는 경로(path) → 필수 지로(essential branch) • 경우에 따라 필수 지로(essential branch)를 그냥 지로라고 부르기도 함
루프 (loop, 폐로)	• 시작 노드와 마지막 노드가 동일한 경로(path) • 특정한 노드에서 출발해서 여러 지로를 경유한 후 시작 노드로 되돌아오는 경로
메쉬 (mesh, 망)	• 루프(loop) 안에 다른 루프를 포함하지 않는 루프

노드, 지로 등의 개념을 보다 정확히 이해하기 위해 구체적인 회로를 예로 들어 살펴보자. 그림 7-1의 전기회로에서 노드, 지로, 루프, 메쉬 등을 살펴봄으로써 이들 용어들에 대한 개념을 보다 실제적으로 이해할 수 있다.

첫 번째로 2개 이상의 회로 요소가 연결된 점으로 정의된 노드(node)를 살펴보면 그림 7-1에 표시된 바와 같이 a, b, c, d, e, f, g, h가 모두 노드이다. 그림 7-1에 표시된 c'는 c와 동일한 연결점이고, h'는 h와 동일한 연결점이다. 즉 c'와 c는 동일한 노드이고, h'와 h는 동일한 노드이므로 c', h'는 c, h와 다른 별개의 노드는 아니다.

a~h의 모두 8개의 노드 중 2개의 회로 요소가 연결된 노드는 a, b, f, g의 4개 이고, 3개 이상의 회로 요소가 연결된 노드는 c, d, e, h의 4개이다. 표 7-1의 주요 용어의 정의에서 알 수 있는 바와 같이 3개 이상의 회로 요소가 연결된 노드인 c, d, e, h를 특히 필수 노드(essential node)라고 한다. 그림 7-1에서 이들 필수 노드를 일반 노드와 구별하기 위해 더 큰 점으로 표시하였다. 그런데 회로를 해석하기 위한 노드 해석법 등에서는 이들 필수 노드만을 일반적으로 노드라고 한다. 이와 같이 경우에 따라서는 3개 이상의 회로 요소가 연결된 노드만을 노드라고 부르기도 하므로 노드라는 용어에 혼동하지 않도록 주의할 필요가 있다.

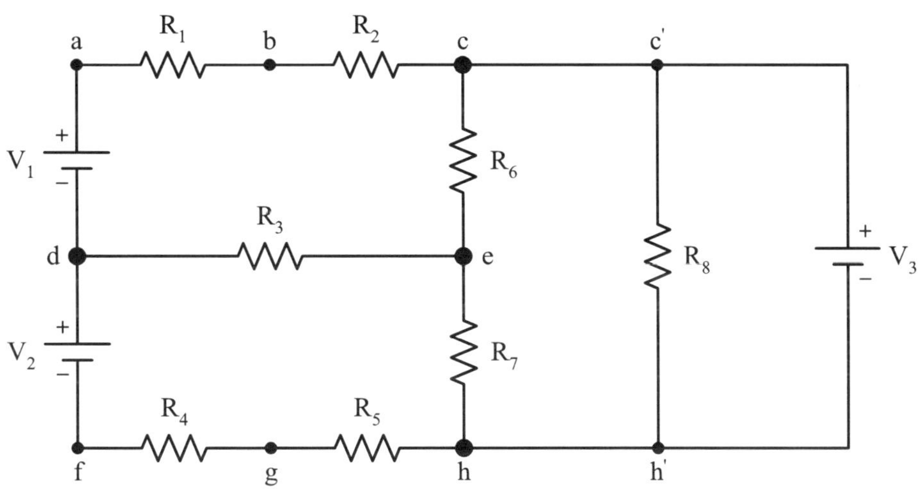

그림 7-1 회로의 노드, 지로, 루프, 메쉬

두 번째로 그림 7-1의 회로에서 지로(branch)를 살펴보자. 지로는 2개의 노드를 연결하는 경로이므로 노드 a와 b를 연결하는 경로는 R_1이고, 노드 b와 c를 연결하는 경로는 R_2이므로 이들을 지로라고 한다. 그림 7-1에서 지로를 살펴보면 R_1, R_2, R_3, R_4, R_5, R_6, R_7, R_8, V_1, V_2, V_3이 모두 지로이다. 그리고 그림 7-1에서 필수 노드는 이미 살펴본 바와 같이 더 큰 점으로 표시된 c, d, e, h이고, 이들 필수 노드를 연결하는 지로는 V_1-R_1-R_2, R_3, V_2-R_4-R_5, R_6, R_7, R_8, V_3이다. 2개의 필수 노드를 연결한 경로인 이들 지로를 필수 지로(essential branch)라고 한다.

세 번째로 시작 노드와 마지막 노드가 동일한 경로인 루프(loop)에 대해 살펴보자. 예를 들어 그림 7-1의 회로에서 노드 a에서 출발하여 다시 노드 a로 돌아오는 경로를 살펴보면 R_1-R_2-R_6-R_3-V_1, R_1-R_2-R_6-R_7-R_5-R_4-V_2-V_1, R_1-R_2-R_8-R_5-R_4-V_2-V_1, R_1-R_2-V_3-R_5-R_4-V_2-V_1 등이다.

네 번째로 루프 안에 다른 루프를 포함하지 않는 루프인 메쉬(mesh)에 대해 살펴보자. 노드 a에서 출발하는 루프인 R_1-R_2-R_6-R_3-V_1, R_1-R_2-R_6-R_7-R_5-R_4-V_2-V_1, R_1-R_2-R_8-R_5-R_4-V_2-V_1, R_1-R_2-V_3-R_5-R_4-V_2-V_1의 4개의 루프에서 루프 R_1-R_2-R_6-R_3-V_1을 제외한 다른 3개의 루프는 루프 안에 다른 루프를 포함하고 있다. 예를 들어 루프 R_1-R_2-R_6-R_7-R_5-R_4-V_2-V_1에는 다른 루프인 R_3-R_7-R_5-R_4-V_2가 포함되어 있다. 따라서 노드 a에서 출발하는 4개의 루프 중에서 메쉬는 R_1-R_2-R_6-R_3-V_1 1개뿐이다. 그림 7-1에서 메쉬를 모두 구하면 V_1-R_1-R_2-R_6-R_3, V_2-R_3-R_7-R_5-R_4, R_6-R_8-R_7, R_8-V_3의 4개이다.

표 7-2에 그림 7-1에 존재하는 모든 노드, 지로, 루프, 메쉬를 정리하여 나타내고, 그림 7-2에는 모든 루프 중 루프 안에 다른 루프를 포함하지 않는 4개의 루프 즉 4개의 메쉬를 나타내었다.

표 7-2 그림 7-1 회로의 노드, 지로, 루프, 메쉬

구 분	결 과
노드	• 노드 : a, b, c, d, e, f, g, h • 필수 노드 : c, d, e, h
지로	• 지로 : R_1, R_2, R_3, R_4, R_5, R_6, R_7, R_8, V_1, V_2, V_3 • 필수 지로 : V_1-R_1-R_2, R_3, V_2-R_4-R_5, R_6, R_7, R_8, V_3
루프	• 노드 a에서 시작하는 루프 R_1-R_2-R_6-R_3-V_1, R_1-R_2-R_6-R_7-R_5-R_4-V_2-V_1, R_1-R_2-R_8-R_5-R_4-V_2-V_1, R_1-R_2-V_3-R_5-R_4-V_2-V_1 • 다른 루프 V_2-R_3-R_7-R_5-R_4, R_6-R_8-R_7, R_6-V_3-R_7, R_8-V_3
메쉬 (메쉬인 루프)	• V_1-R_1-R_2-R_6-R_3, V_2-R_3-R_7-R_5-R_4, R_6-R_8-R_7, R_8-V_3
메쉬가 아닌 루프	• R_1-R_2-R_6-R_7-R_5-R_4-V_2-V_1, R_1-R_2-R_8-R_5-R_4-V_2-V_1, R_1-R_2-V_3-R_5-R_4-V_2-V_1, R_6-V_3-R_7

* 루프 : 루프 안에 다른 루프의 포함 여부에 따라 메쉬인 루프와 메쉬가 아닌 루프로 구분

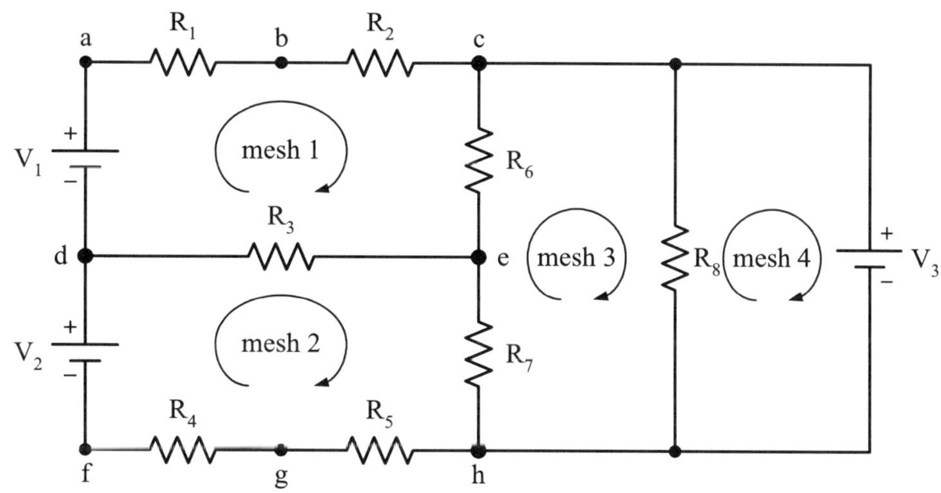

그림 7-2 회로의 메쉬 전류

7.2.2 메쉬 해석법

메쉬 해석법(mesh analysis)을 이용한 전기회로 해석을 살펴보기 위해 그림 7-3의 전기회로를 메쉬 해석법을 이용하여 해석하는 방법을 설명한다.

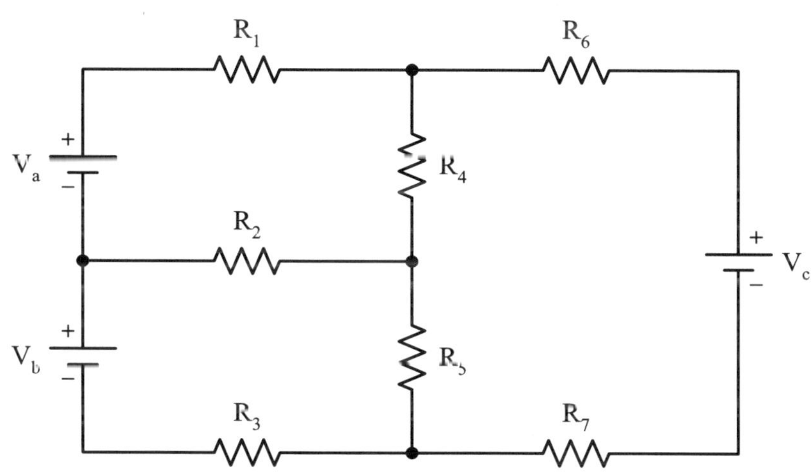

그림 7-3 메쉬 해석법을 이용한 전기회로 해석(예1)

메쉬 해석법은 회로에 존재하는 각 메쉬에 대해 키르히호프의 전압 법칙(KVL)을 적용하여 전압 방정식을 세우고, 메쉬 전류를 미지수로 하는 전압 방정식의 해를 연립 방정식의 해법을 이용하여 구함으로써 회로를 해석하는 방법이다. 메쉬 해석법을 이용하여 회로를 해석하는 방법을 그림 7-4에 나타내었다.

1단계 : 회로에 메쉬 전류를 표시
- 회로에 존재하는 독립적인 메쉬의 수를 파악
- 메쉬 전류의 방향과 기호를 결정

⇩

2단계 : 각 메쉬에 대해 전압 방정식 수립
- 메쉬 전류를 미지수로 하는 전압 방정식 수립
- KVL을 이용하여 각 메쉬의 전압 방정식 수립

⇩

3단계 : 연립 방정식 해법을 이용한 메쉬 전류 해석
- 미지수인 메쉬 전류의 갯수=전압 방정식의 갯수
- 다양한 연립 방정식 해법 이용 가능

⇩

4단계 : 메쉬 전류를 이용하여 전기회로 해석
- 구한 메쉬 전류를 이용하여 각 회로 요소의 전류와 전압을 해석

그림 7-4 메쉬 해석법을 이용한 회로 해석 단계

그림 7-4에서 알 수 있는 바와 같이 메쉬 해석법의 첫 번째 단계는 해석하고자 하는 회로의 메쉬 전류를 표시하는 일이다. 그림 7-3의 회로는 3개의 독립적인 메쉬가 존재한다. 3개의 메쉬 전류를 그림 7-5와 같이 전류 방향은 시계방향으로 정하고 각각의 메쉬 전류를 I_a, I_b, I_c로 표시하였다.

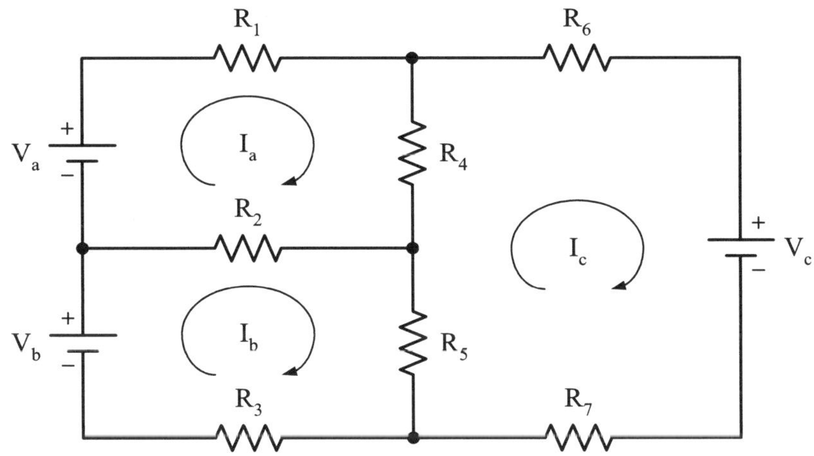

그림 7-5 해석하는 회로의 메쉬 전류 표시

메쉬 해석법의 두 번째 단계는 그림 7-5의 각 메쉬에 대해 KVL을 이용하여 전압 방정식을 세우는 일이다. 3개의 메쉬에 대해 KVL을 이용하여 전압 방정식을 세우면 식 (7.1), (7.2), (7.3)과 같다.

$$\begin{aligned} V_a &= R_1I_a + R_4I_a + R_2I_a - R_4I_c - R_2I_b \\ &= (R_1 + R_2 + R_4)I_a - R_2I_b - R_4I_c \end{aligned} \tag{7.1}$$

$$\begin{aligned} V_b &= R_2I_b + R_5I_b + R_3I_b - R_2I_a - R_5I_c \\ &= -R_2I_a + (R_2 + R_3 + R_5)I_b - R_5I_c \end{aligned} \tag{7.2}$$

$$\begin{aligned} &R_7I_c + R_5I_c + R_4I_c + R_6I_c + V_c - R_4I_a - R_5I_b = 0 \\ &\rightarrow \quad -V_c = -R_4I_a - R_5I_b + (R_4 + R_5 + R_6 + R_7)I_c \end{aligned} \tag{7.3}$$

해석하고자 하는 실제 전기회로에서는 입력전압 V_a, V_b, V_c와 저항 R_1~R_7의 값이 모두 주어진다. 따라서 식 (7.1), (7.2), (7.3)에서 미지수는 메쉬 전류 I_a, I_b, I_c 뿐이므로 식 (7.1), (7.2), (7.3)의 연립 방정식을 풀어 메쉬 전류 I_a, I_b, I_c를 구할 수 있다. 메쉬 전류 I_a, I_b, I_c를 구하면 이를 이용하여 그림 7-5의 회로에서 각 저항의 전류와 전압을 모두 구하여 그림 7-3의 회로를 해석할 수 있다.

메쉬 전류 I_a, I_b, I_c를 구하면 각 저항의 전류와 전압을 구할 수 있음을 입증하기 위해 메쉬 전류 I_a, I_b, I_c를 이용하여 각 저항의 전류를 나타내면 식 (7.4)와 같고, 각 저항의 전압을 나타내면 식 (7.5)와 같다. 이 경우 식 (7.4)의 각 저항의 전류의 방향과 식 (7.5)의 각 저항의 전압의 극성은 그림 7-6과 같이 설정한 것이다.

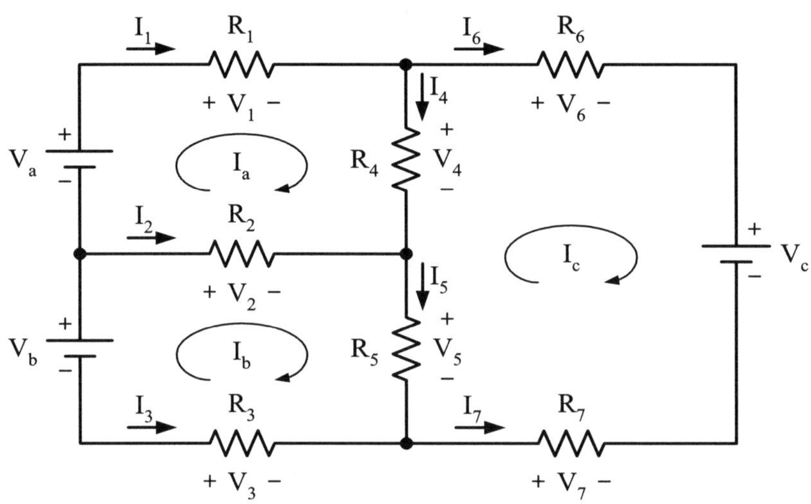

그림 7-6 해석하는 회로의 각 저항의 전류 방향과 전압 극성 표시

$$
\begin{aligned}
I_1 &= I_a \\
I_2 &= I_b - I_a \\
I_3 &= - I_b \\
I_4 &= I_a - I_c \\
I_5 &= I_b - I_c \\
I_6 &= I_c \\
I_7 &= - I_c
\end{aligned}
\tag{7.4}
$$

$$
\begin{aligned}
V_1 &= R_1I_1 = R_1I_a \\
V_2 &= R_2I_2 = R_2(I_b - I_a) \\
V_3 &= R_3I_3 = R_3(-I_b) = -R_3I_b \\
V_4 &= R_4I_4 = R_4(I_a - I_c) \\
V_5 &= R_5I_5 = R_5(I_b - I_c) \\
V_6 &= R_6I_6 = R_6I_c \\
V_7 &= R_7I_7 = R_7(-I_c) = -R_7I_c
\end{aligned}
\tag{7.5}
$$

메쉬 해석법을 응용할 수 있도록 하기 위해 그림 7-3의 전기회로가 그림 7-7과 같이 입력전압 V_a, V_b, V_c와 저항 R_1~R_7의 모든 값이 주어진 경우를 첫 번째 예로 들어 구체적으로 회로를 해석해 보자.

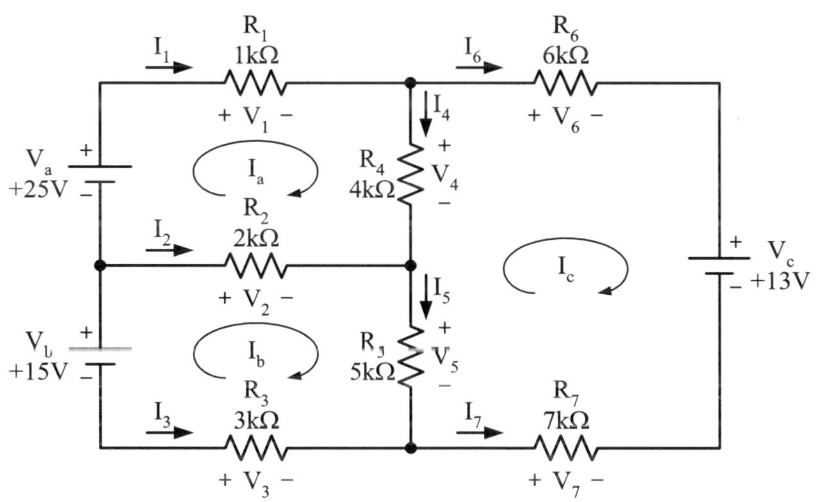

그림 7-7 메쉬 해석법을 이용한 전기회로 해석(회로 정수가 주어진 예1)

그림 7-7의 회로에서 메쉬 전류 I_a, I_b, I_c를 이용하여 전압 방정식을 세우면 식 (7.6), (7.7), (7.8)과 같다.

$$
\begin{aligned}
V_a &= (1k\Omega + 4k\Omega + 2k\Omega)I_a - 2k\Omega \times I_b - 4k\Omega \times I_c \\
&= 7k\Omega \times I_a - 2k\Omega \times I_b - 4k\Omega \times I_c \\
&= 25V
\end{aligned} \tag{7.6}
$$

$$
\begin{aligned}
V_b &= (2k\Omega + 5k\Omega + 3k\Omega)I_b - 2k\Omega \times I_a - 5k\Omega \times I_c \\
&= -2k\Omega \times I_a + 10k\Omega \times I_b - 5k\Omega \times I_c \\
&= 15V
\end{aligned} \tag{7.7}
$$

$$
\begin{aligned}
-V_c &= (7k\Omega + 5k\Omega + 4k\Omega + 6k\Omega)I_c - 4k\Omega \times I_a - 5k\Omega \times I_b \\
&= -4k\Omega \times I_a - 5k\Omega \times I_b + 22k\Omega \times I_c \\
&= -13V
\end{aligned} \tag{7.8}
$$

식 (7.6), (7.7), (7.8)의 연립 방정식을 풀어 메쉬 전류들을 구할 수 있다. 식 (7.6), (7.7), (7.8)의 연립 방정식은 일반적인 연립 방정식의 해법을 이용하여 풀 수도 있고, 크레머의 법칙(Cramer's rule)을 이용하여 풀 수도 있다.

일반적인 연립 방정식의 해법은 이미 잘 알고 있는 방법이므로 여기서는 크레머의 법칙을 이용하여 메쉬 전류를 구하기로 한다. 크레머의 법칙을 이용한 식 (7.9), (7.10), (7.11)의 분모와 분자는 모두 행렬식(determinant)이다. 분모는 연립 방정식에서 메쉬 전류 I_a, I_b, I_c의 각각의 계수에 의해 구성되는 특성 행렬식(characteristic determinant)으로 3개의 식에서 모두 동일하고, 분자는 해당 메쉬 전류의 계수 대신에 연립 방정식 우변의 계수를 대입하여 구성하므로 식마다 다른 행렬식이 된다.

식 (7.9), (7.10), (7.11)에서 3×3 행렬의 행렬식을 구하는 방법을 이용하여 각각의 행렬식을 정리하면 메쉬 전류 I_a, I_b, I_c를 구할 수 있고, 이들 메쉬 전류를 이용하면 그림 7-7의 회로를 해석할 수 있다.

$$
I_a = \frac{\begin{vmatrix} 25 & -2 & -4 \\ 15 & 10 & -5 \\ -13 & -5 & 22 \end{vmatrix}}{\begin{vmatrix} 7 & -2 & -4 \\ -2 & 10 & -5 \\ -4 & -5 & 22 \end{vmatrix}} = \frac{5185}{1037} = 5mA \tag{7.9}
$$

$$I_b = \frac{\begin{vmatrix} 7 & 25 & -4 \\ -2 & 15 & -5 \\ -4 & -13 & 22 \end{vmatrix}}{\begin{vmatrix} 7 & -2 & -4 \\ -2 & 10 & -5 \\ -4 & -5 & 22 \end{vmatrix}} = \frac{3111}{1037} = 3\text{mA} \tag{7.10}$$

$$I_c = \frac{\begin{vmatrix} 7 & -2 & 25 \\ -2 & 10 & 15 \\ -4 & -5 & -13 \end{vmatrix}}{\begin{vmatrix} 7 & -2 & -4 \\ -2 & 10 & -5 \\ -4 & -5 & 22 \end{vmatrix}} = \frac{1037}{1037} = 1\text{mA} \tag{7.11}$$

식 (7.9), (7.10), (7.11)의 메쉬 전류를 이용하여 그림 7-7과 같이 전류의 방향과 전압의 극성이 설정된 모든 저항의 전류와 전압을 구하면 식 (7.12), (7.13)과 같다.

$$\begin{aligned}
I_1 &= I_a = 5\text{mA} \\
I_2 &= I_b - I_a = (3-5)\text{mA} = -2\text{mA} \\
I_3 &= -I_b = -3\text{mA} \\
I_4 &= I_a - I_c = (5-1)\text{mA} = 4\text{mA} \\
I_5 &= I_b - I_c = (3-1)\text{mA} = 2\text{mA} \\
I_6 &= I_c = 1\text{mA} \\
I_7 &= -I_c = -1\text{mA}
\end{aligned} \tag{7.12}$$

$$\begin{aligned}
V_1 &= R_1 I_1 = R_1 I_a = 1\text{k}\Omega \times 5\text{mA} = 5\text{V} \\
V_2 &= R_2 I_2 = R_2 (I_b - I_a) = 2\text{k}\Omega \times (-2\text{mA}) = -4\text{V} \\
V_3 &= R_3 I_3 = R_3 (\ \ I_b) = \ \ R_3 I_b = 3\text{k}\Omega \times (\ \ 3\text{mA}) = \ \ 9\text{V} \\
V_4 &= R_4 I_4 = R_4 (I_a - I_c) = 4\text{k}\Omega \times 4\text{mA} = 16\text{V} \\
V_5 &= R_5 I_5 = R_5 (I_b - I_c) = 5\text{k}\Omega \times 2\text{mA} = 10\text{V} \\
V_6 &= R_6 I_6 = R_6 I_c = 6\text{k}\Omega \times 1\text{mA} = 6\text{V} \\
V_7 &= R_7 I_7 = R_7 (-I_c) = -R_7 I_c = 7\text{k}\Omega \times (-1\text{mA}) = -7\text{V}
\end{aligned} \tag{7.13}$$

메쉬 해석법을 이용하여 전기회로를 해석하기 위한 두 번째 예로 그림 7-8의 전기회로를 메쉬 해석법을 이용하여 해석한다.

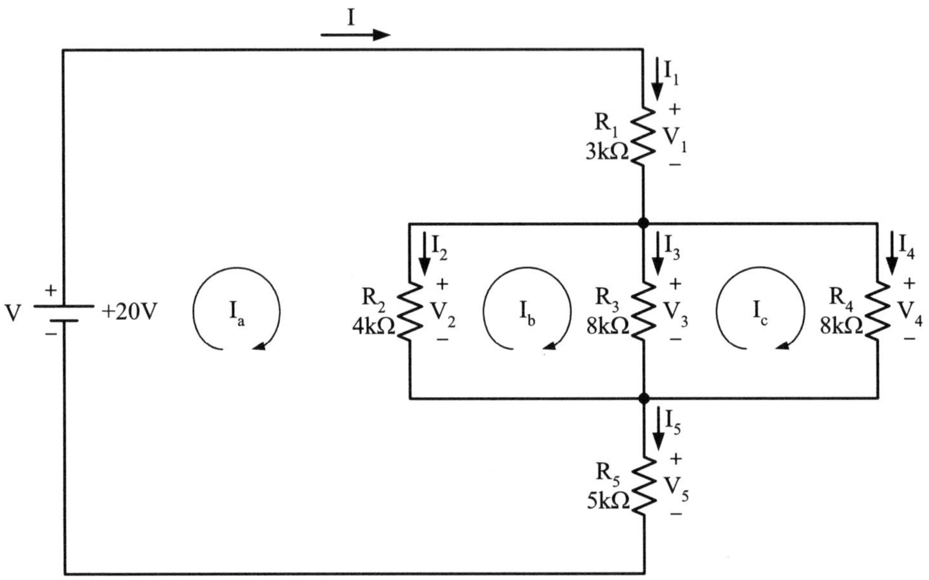

그림 7-8 메쉬 해석법을 이용한 전기회로 해석(예2)

그림 7-8의 회로에서 메쉬 전류 I_a, I_b, I_c를 이용하여 전압 방정식을 세우면 식 (7.14), (7.15), (7.16)과 같다.

$$\begin{aligned}&(3k\Omega + 4k\Omega + 5k\Omega)I_a - 4k\Omega \times I_b \\ &\quad = 12k\Omega \times I_a - 4k\Omega \times I_b = 20V\end{aligned} \tag{7.14}$$

$$\begin{aligned}&(4k\Omega + 8k\Omega)I_b - 4k\Omega \times I_a - 8k\Omega \times I_c \\ &\quad = -4k\Omega \times I_a + 12k\Omega \times I_b - 8k\Omega \times I_c = 0\end{aligned} \tag{7.15}$$

$$\begin{aligned}&(8k\Omega + 8k\Omega)I_c - 8k\Omega \times I_b \\ &\quad = -8k\Omega \times I_b + 16k\Omega \times I_c = 0\end{aligned} \tag{7.16}$$

크레머의 법칙을 이용하여 메쉬 전류 I_a, I_b, I_c를 구하면 각각 식 (7.17), (7.18), (7.19)와 같다.

$$I_a = \frac{\begin{vmatrix} 20 & -4 & 0 \\ 0 & 12 & -8 \\ 0 & -8 & 16 \end{vmatrix}}{\begin{vmatrix} 12 & -4 & 0 \\ -4 & 12 & -8 \\ 0 & -8 & 16 \end{vmatrix}} = \frac{2560}{1280} = 2\text{mA} \tag{7.17}$$

$$I_b = \frac{\begin{vmatrix} 12 & 20 & 0 \\ -4 & 0 & -8 \\ 0 & 0 & 16 \end{vmatrix}}{\begin{vmatrix} 12 & -4 & 0 \\ -4 & 12 & -8 \\ 0 & -8 & 16 \end{vmatrix}} = \frac{1280}{1280} = 1\text{mA} \tag{7.18}$$

$$I_c = \frac{\begin{vmatrix} 12 & -4 & 20 \\ -4 & 12 & 0 \\ 0 & -8 & 0 \end{vmatrix}}{\begin{vmatrix} 12 & -4 & 0 \\ -4 & 12 & -8 \\ 0 & -8 & 16 \end{vmatrix}} - \frac{640}{1280} = 0.5\text{mA} \tag{7.19}$$

식 (7.17), (7.18), (7.19)의 메쉬 전류를 이용하여 그림 7-8과 같이 전류의 방향과 전압의 극성이 설정된 모든 저항의 전류와 전압을 구하면 식 (7.20), (7.21)과 같다.

$$\begin{aligned} I_1 &= I_a = 2\text{mA} \\ I_2 &= I_a - I_b = (2-1)\text{mA} = 1\text{mA} \\ I_3 &= I_b - I_c = (1-0.5)\text{mA} = 0.5\text{mA} \\ I_4 &- I_c - 0.5\text{mA} \\ I_5 &= I_a = 2\text{mA} \end{aligned} \tag{7.20}$$

$$\begin{aligned} V_1 &= R_1 I_1 = R_1 I_a = 3\text{k}\Omega \times 2\text{mA} - 6\text{V} \\ V_2 &= R_2 I_2 = R_2 (I_a - I_b) = 4\text{k}\Omega \times 1\text{mA} = 4\text{V} \\ V_3 &= R_3 I_3 = R_3 (I_b - I_c) = 8\text{k}\Omega \times 0.5\text{mA} = 4\text{V} \\ V_4 &= R_4 I_4 = R_4 I_c = 8\text{k}\Omega \times 0.5\text{mA} = 4\text{V} \\ V_5 &= R_5 I_5 = R_5 I_a = 5\text{k}\Omega \times 2\text{mA} = 10\text{V} \end{aligned} \tag{7.21}$$

그림 7-8의 회로는 실험 6 키르히호프의 전류 법칙 실험의 그림 6-3에서 이미 해석한 회로이다. 그림 6-3의 해석에서는 전체 합성 저항 R을 우선 구한 후 이를 이용하여 전체 전류 I를 구하였다. 또한 키르히호프의 전류 법칙과 병렬 회로에서 각 저항에 흐르는 전류는 병렬 연결된 저항의 크기에 반비례하는 특성 등을 이용하여 각 저항에 흐르는 전류를 구하였다. 그리고 각 저항의 전류를 이용하여 각 저항의 전압을 계산함으로써 회로를 해석하였다. 그림 6-3의 해석결과인 표 6-1과 식 (7.20), (7.21)을 비교하면 두 결과가 정확히 일치하는 것을 확인할 수 있다.

학습 5 또는 학습 6에서 회로를 해석한 방법과 비교하여 메쉬 해석법이 편리한 점은 메쉬 해석법은 메쉬 전류를 구하기 위한 연립 방정식을 기계적으로 세울 수 있고, 크레머의 법칙 등을 이용하여 메쉬 전류를 손쉽게 계산할 수 있으며, 이를 이용하여 주어진 회로를 해석할 수 있다는 점이다. 메쉬 해석법은 전기회로의 해석 및 설계에 일반적으로 적용할 수 있는 방법으로 전압과 부하 등 여러 조건에 따라 회로를 해석하고 설계하는데 적용할 수 있다.

7.3 수행내용 / 부품 및 장비

부품 및 장비		규격 및 수량	
부 품	저항	330Ω	2개
		470Ω	1개
		1 kΩ	1개
		2.2 kΩ	1개
장 비		직류전원 공급장치(DC power supply)	
		디지털 멀티미터(DMM)	
		브레드 보드(bread board)	
기 타		jumper wire	
		wire stripper(또는 nipper)	

7.4 수행내용 / 수행순서

실험 1. 메쉬 해석법 실험 (실험회로 #1)

① 직류전원 공급장치(DC power supply)와 저항을 이용하여 그림 7-9의 실험회로를 구성하여라.

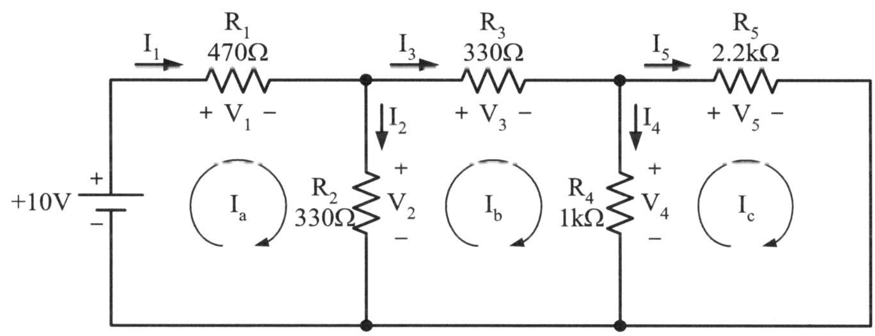

그림 7-9 메쉬 해석법 실험회로(#1)

② 그림 7-9의 실험회로에서 메쉬 전류 I_a, I_b, I_c를 측정하여 표 7-3에 기재하여라. 메쉬 전류 I_a, I_b, I_c는 소수점 두 자리까지 측정하여라.
그림 7-9의 실험회로에서 메쉬 전류 I_a는 I_1과 동일하고, 메쉬 전류 I_b는 전류 I_3과 동일하며, 메쉬 전류 I_c는 전류 I_5와 동일하다. 즉 $I_a=I_1$, $I_b=I_3$, $I_c=I_5$이므로 I_1, I_3, I_5를 측정하면 메쉬 전류 I_a, I_b, I_c를 알 수 있다.

③ 실험단계 ②에서 측정한 메쉬 전류 I_a, I_b, I_c를 이용하여 그림 7-9의 실험회로에서 각 저항에 흐르는 직류전류 I_1, I_2, I_3, I_4, I_5를 구할 수 있는 식과 계산 결과를 표 7-3에 기재하여라. 직류전류 I_1, I_2, I_3, I_4, I_5를 구하기 위한 식은 메쉬 전류 I_a, I_b, I_c를 이용하여 나타내어라. (예: $I_1=I_a$)

④ 실험단계 ③에서 구한 직류전류 I_1, I_2, I_3, I_4, I_5를 이용하여 각 저항 양단의 직류전압 V_1, V_2, V_3, V_4, V_5를 계산하여 표 7-3에 기재하여라.

⑤ 그림 7-9의 실험회로에 흐르는 직류전류 I_1, I_2, I_3, I_4, I_5를 디지털 멀티

미터를 이용하여 직접 측정하여 표 7-3에 기재하여라. 전류는 소수점 두 자리까지 측정하여라.

⑥ 측정한 메쉬 전류 I_a, I_b, I_c를 이용하여 실험단계 ③에서 계산한 직류전류 I_1, I_2, I_3, I_4, I_5와 실험단계 ⑤에서 직접 측정한 직류전류 I_1, I_2, I_3, I_4, I_5의 측정값이 서로 일치하는지 비교하여 표 7-3에 기재하여라.

⑦ 그림 7-9의 실험회로에서 저항 양단의 직류전압 V_1, V_2, V_3, V_4, V_5를 디지털 멀티미터를 이용하여 직접 측정하여 표 7-3에 기재하여라. 전압은 소수점 두 자리까지 측정하여라.

⑧ 실험단계 ④에서 계산한 저항 양단의 직류전압 V_1, V_2, V_3, V_4, V_5와 실험단계 ⑦에서 직접 측정한 저항 양단의 직류전압 V_1, V_2, V_3, V_4, V_5의 측정값이 서로 일치하는지 비교하여 표 7-3에 기재하여라.

⑨ 실험단계 ⑥의 비교 결과와 실험단계 ⑧의 비교 결과를 통해 메쉬 전류만을 구하고, 이를 이용하여 회로를 해석할 수 있는 메쉬 해석법이 타당한지를 검토하여 표 7-3에 기재하여라.

실험 2. 메쉬 해석법 실험 (실험회로 #2)

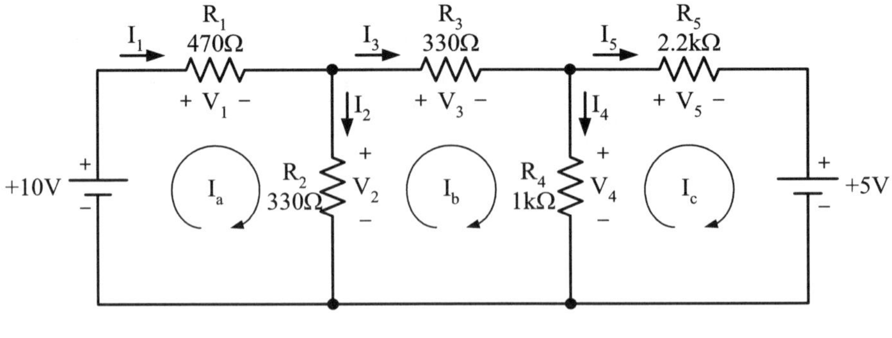

그림 7-10 메쉬 해석법 실험회로(#2)

⑩ 직류전원 공급장치(DC power supply)와 저항을 이용하여 그림 7-10의 실험회로를 구성하여라.

⑪ 그림 7-10의 실험회로에서 메쉬 전류 I_a, I_b, I_c를 측정하여 표 7-4에 기재하여라. 메쉬 전류 I_a, I_b, I_c는 소수점 두 자리까지 측정하여라.
그림 7-10의 실험회로에서 메쉬 전류 I_a는 I_1과 동일하고, 메쉬 전류 I_b는 전류 I_3과 동일하며, 메쉬 전류 I_c는 전류 I_5와 동일하다. 즉 $I_a=I_1$, $I_b=I_3$, $I_c=I_5$이므로 I_1, I_3, I_5를 측정하면 메쉬 전류 I_a, I_b, I_c를 알 수 있다.

⑫ 실험단계 ⑪에서 측정한 메쉬 전류 I_a, I_b, I_c를 이용하여 그림 7-10의 실험회로에서 각 저항에 흐르는 직류전류 I_1, I_2, I_3, I_4, I_5를 구할 수 있는 식과 계산 결과를 표 7-4에 기재하여라. 직류전류 I_1, I_2, I_3, I_4, I_5를 구하기 위한 식은 메쉬 전류 I_a, I_b, I_c를 이용하여 나타내어라. (예: $I_1=I_a$)

⑬ 실험단계 ⑫에서 구한 직류전류 I_1, I_2, I_3, I_4, I_5를 이용하여 각 저항 양단의 직류전압 V_1, V_2, V_3, V_4, V_5를 계산하여 표 7-4에 기재하여라.

⑭ 그림 7-10의 실험회로에 흐르는 직류전류 I_1, I_2, I_3, I_4, I_5를 디지털 멀티미터를 이용하여 직접 측정하여 표 7-4에 기재하여라. 전류는 소수점 두 자리까지 측정하여라.

⑮ 측정한 메쉬 전류 I_a, I_b, I_c를 이용하여 실험단계 ⑫에서 계산한 직류전류 I_1, I_2, I_3, I_4, I_5와 실험단계 ⑭에서 직접 측정한 직류전류 I_1, I_2, I_3, I_4, I_5의 측정값이 서로 일치하는지 비교하여 표 7-4에 기재하여라.

⑯ 그림 7-10의 실험회로에서 저항 양단의 직류전압 V_1, V_2, V_3, V_4, V_5를 디지털 멀티미터를 이용하여 직접 측정하여 표 7-4에 기재하여라. 전압은 소수점 두 자리까지 측정하여라.

⑰ 실험단계 ⑬에서 계산한 저항 양단의 직류전압 V_1, V_2, V_3, V_4, V_5와 실험단계 ⑯에서 직접 측정한 저항 양단의 직류전압 V_1, V_2, V_3, V_4, V_5의 측정값이 서로 일치하는지 비교하여 표 7-4에 기재하여라.

⑱ 실험단계 ⑮의 비교 결과와 실험단계 ⑰의 비교 결과를 통해 메쉬 전류만을 구하고, 이를 이용하여 회로를 해석할 수 있는 메쉬 해석법이 타당한지를 검토하여 표 7-4에 기재하여라.

7.5 수행결과

실험 1. 메쉬 해석법 실험 (실험회로 #1)

표 7-3 메쉬 해석법 실험 데이터

<table>
<tr><th rowspan="2">실험단계</th><th rowspan="2">구분</th><th colspan="2">계산값
(메쉬 전류 이용)</th><th rowspan="2">측정값</th><th rowspan="2">계산값과
측정값의
일치여부</th></tr>
<tr><th>식</th><th>계산값</th></tr>
<tr><td rowspan="3">②</td><td>I_a</td><td colspan="3">[측정값]</td><td rowspan="3">–</td></tr>
<tr><td>I_b</td><td colspan="3">[측정값]</td></tr>
<tr><td>I_c</td><td colspan="3">[측정값]</td></tr>
<tr><td rowspan="5">③⑤⑥</td><td>I_1</td><td>$I_1=I_a$</td><td></td><td></td><td rowspan="5"></td></tr>
<tr><td>I_2</td><td></td><td></td><td></td></tr>
<tr><td>I_3</td><td></td><td></td><td></td></tr>
<tr><td>I_4</td><td></td><td></td><td></td></tr>
<tr><td>I_5</td><td></td><td></td><td></td></tr>
<tr><td rowspan="5">④⑦⑧</td><td>V_1</td><td>$V_1=R_1I_1$</td><td></td><td></td><td rowspan="5"></td></tr>
<tr><td>V_2</td><td>$V_2=R_2I_2$</td><td></td><td></td></tr>
<tr><td>V_3</td><td>$V_3=R_3I_3$</td><td></td><td></td></tr>
<tr><td>V_4</td><td>$V_4=R_4I_4$</td><td></td><td></td></tr>
<tr><td>V_5</td><td>$V_5=R_5I_5$</td><td></td><td></td></tr>
<tr><td>⑨</td><td>계산값과
측정값의
비교를 통해
메쉬 해석법
타당성 검토</td><td colspan="4"></td></tr>
</table>

실험 2. 메쉬 해석법 실험 (실험회로 #2)

표 7-4 메쉬 해석법 실험 데이터

실험단계	구분	계산값 (메쉬 전류 이용) 식	계산값 (메쉬 전류 이용) 계산값	측정값	계산값과 측정값의 일치여부
⑪	I_a	[측정값]			–
	I_b	[측정값]			
	I_c	[측정값]			
⑫⑭⑮	I_1	$I_1=I_a$			
	I_2				
	I_3				
	I_4				
	I_5				
⑬⑯⑰	V_1	$V_1=R_1I_1$			
	V_2	$V_2=R_2I_2$			
	V_3	$V_3=R_3I_3$			
	V_4	$V_4=R_4I_4$			
	V_5	$V_5=R_5I_5$			
⑱	계산값과 측정값의 비교를 통해 메쉬 해석법 타당성 검토				

7.6 평 가 문 제

1 그림 7-11의 회로에 대하여 모든 노드(node), 지로(branch), 루프(loop), 메쉬(mesh)를 구하여 표 7-2와 같은 형식으로 기재하여라.

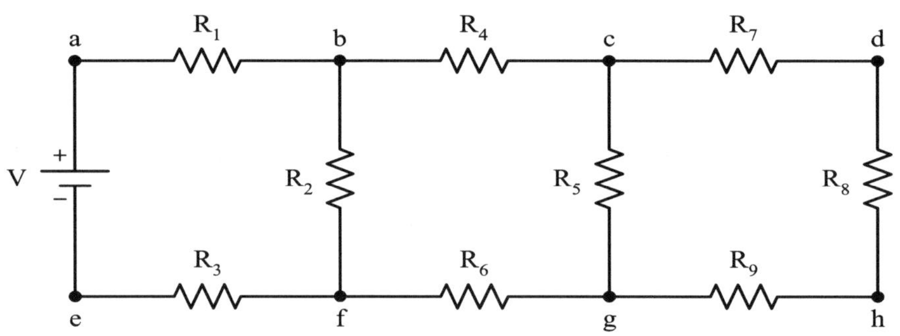

그림 7-11 회로의 노드, 지로, 루프, 메쉬

2 메쉬 해석법을 이용한 회로 해석 4단계(그림 7-4)를 이용하여 메쉬 해석법을 설명하여라.

3 그림 7-9의 실험회로를 메쉬 해석법을 이용하여 해석하여라.
즉 메쉬 전류 I_a, I_b, I_c의 이론값을 구하고, 이를 이용하여 모든 저항의 전류와 전압의 이론값을 계산하여라. 메쉬 해석법의 모든 계산 과정을 반드시 기재하고, 메쉬 전류는 반드시 크레머의 법칙(Cramer's rule)을 이용하여 구하여라.
또한 메쉬 해석법을 이용하여 구한 이론값과 표 7-3의 실험결과가 일치하는지 비교하여라.

4 그림 7-10의 실험회로를 메쉬 해석법을 이용하여 해석하여라.
즉 메쉬 전류 I_a, I_b, I_c의 이론값을 구하고, 이를 이용하여 모든 저항의 전류와 전압의 이론값을 계산하여라. 메쉬 해석법의 모든 계산 과정을 반드시 기재하고, 메쉬 전류는 반드시 크레머의 법칙(Cramer's rule)을 이용하여 구하여라.
또한 메쉬 해석법을 이용하여 구한 이론값과 표 7-4의 실험결과가 일치하는지 비교하여라.

5 그림 7-12의 회로를 메쉬 해석법을 이용하여 해석하고, 해석결과를 표 7-5에 기재하여라. 메쉬 해석법의 모든 계산 과정을 반드시 기재하고, 메쉬 전류는 반드시 크레머의 법칙(Cramer's rule)을 이용하여 구하여라.

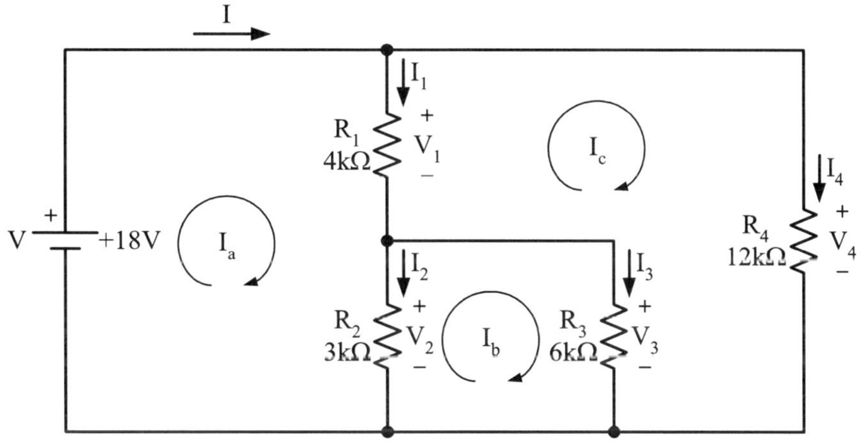

그림 7-12 메쉬 해석법을 이용한 전기회로 해석

표 7-5 메쉬 해석법을 이용한 전기회로 해석결과

저항		전류				전압	
R_1	4kΩ	I_a		I_1		V_1	
R_2	3kΩ	I_b		I_2		V_2	
R_3	6kΩ	I_c		I_3		V_3	
R_4	12kΩ	I		I_4		V_4	

6 실험에 대한 종합결론을 정리하고, 학습목표 성취도에 대해 학습자 스스로 평가하여라. 성취도는 A(우수), B(보통), C(미흡)의 3단계로 구분하여 평가하여라.

NOTE

학습

8. 노드 해석법 실험하기

8.1 학습목표

▣ 노드 해석법을 이용하여 전기회로를 해석할 수 있다.
▣ 회로 설계를 위하여 전압과 부하 등 여러 조건에 따라 회로를 설계할 수 있다. (1901050105_16v3.2.6)

8.2 필요지식

8.2.1 메쉬 해석법과 노드 해석법의 비교

전기회로를 해석하는 일반적인 방법에는 메쉬 해석법(mesh analysis)과 노드 해석법(nodal analysis) 등이 있다. 본 절에서는 노드 해석법을 설명하기에 앞서 2가지 해석법을 잘 이해할 수 있도록 우선 2가지 해석법을 비교하여 살펴보고자 한다.

메쉬 해석법은 전기회로의 메쉬 전류를 변수로 하고, KVL을 적용하여 메쉬 전류를 변수로 하는 전압 방정식을 세운다. 연립 방정식인 전압 방정식을 풀어 메쉬 전류를 구하고, 이를 이용하여 전기회로를 해석하는 방법이 메쉬 해석법이다.

이에 비해 노드 해석법은 전기회로의 노드 전압을 변수로 하고, KCL을 적용하여 노드 전압을 변수로 하는 전류 방정식을 세운다. 연립 방정식인 전류 방정식을 풀어 노드 전압을 구하고, 이를 이용하여 전기회로를 해석하는 방법이 노드 해석법이다.

간단히 정리하면 메쉬 해석법은 메쉬 전류를 구하고, 이를 이용하여 회로의 모든 저항의 전류와 전압을 구하여 회로를 해석할 수 있는 방법이고, 노드 해석법은 노드 전압을 구하고, 이를 이용하여 회로의 모든 저항의 전류와 전압을 구하여 회로를 해석할 수 있는 방법이다. 메쉬 해석법과 노드 해석법을 좀 더 구체적으로 비교하여 이해하기 위해 그림 8-1의 회로를 예로 들어 2가지 해석법을 살펴보자.

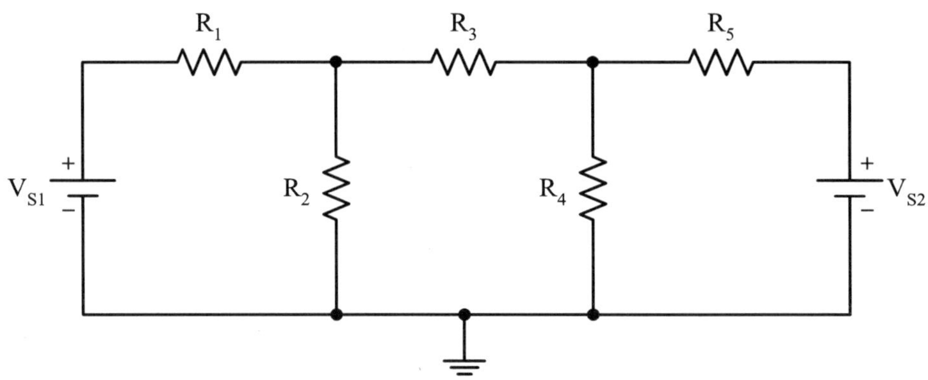

그림 8-1 메쉬 해석법과 노드 해석법의 비교를 위한 회로

메쉬 해석법은 그림 8-2와 같이 메쉬 전류 I_a, I_b, I_c를 변수로 설정하고, KVL을 이용하여 I_a, I_b, I_c를 구하고, 이를 이용하여 I_1~I_5와 V_1~V_5를 구할 수 있다.

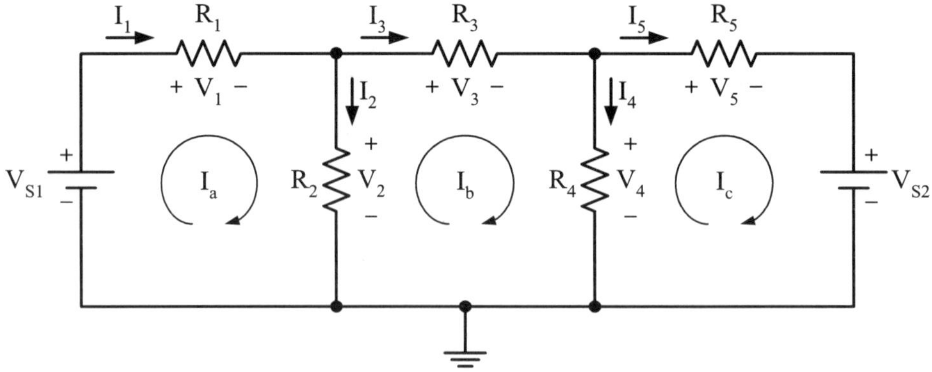

그림 8-2 메쉬 해석법을 이용한 전기회로 해석

그리고 노드 해석법은 그림 8-3과 같이 노드 전압 V_a, V_b를 변수로 설정하고, KCL을 이용하여 V_a, V_b를 구하고, 이를 이용하여 I_1~I_5와 V_1~V_5를 구할 수 있다. 그림 8-4에 메쉬 해석법과 노드 해석법을 비교하여 나타내었다.

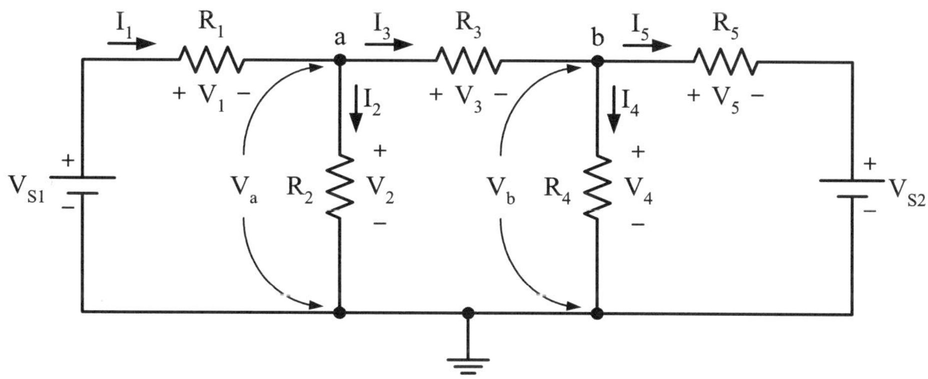

그림 8-3 노드 해석법을 이용한 전기회로 해석

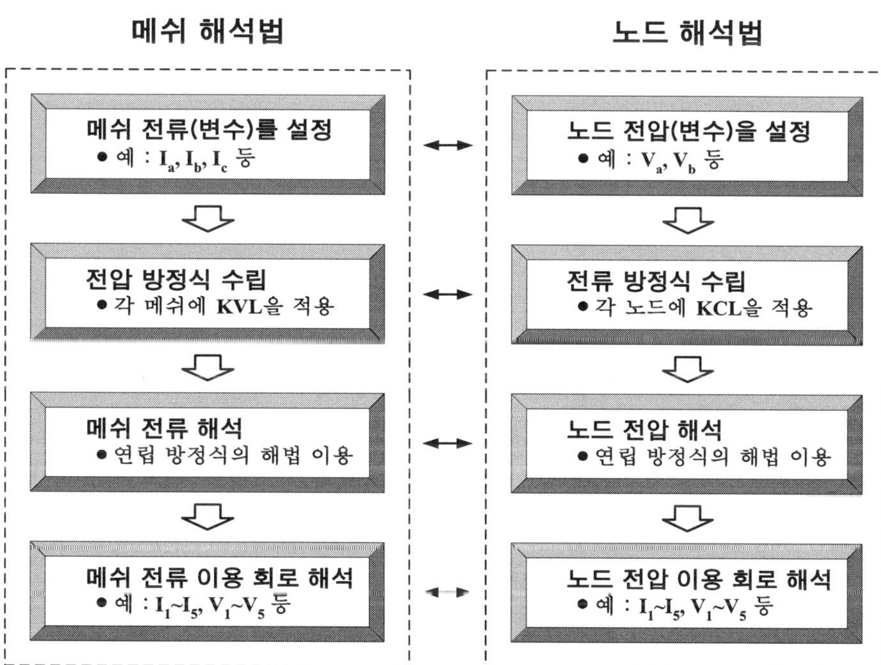

그림 8-4 메쉬 해석법과 노드 해석법의 비교

8.2.2 노드 해석법

노드 해석법(nodal analysis)을 이용한 전기회로 해석을 살펴보기 위해 그림 8-5의 전기회로를 노드 해석법을 이용하여 해석하는 방법을 설명한다.

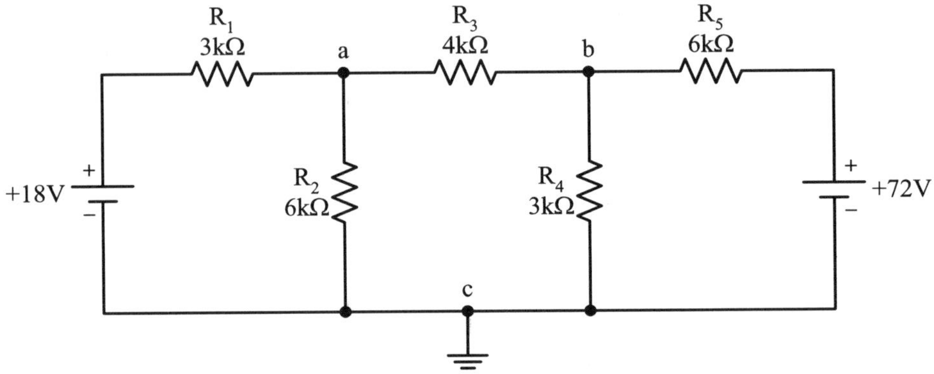

그림 8-5 노드 해석법을 이용한 전기회로 해석

노드 해석법은 회로의 각 노드에 대해 키르히호프의 전류 법칙(KCL)을 적용하여 전류 방정식을 세우고, 노드 전압을 미지수로 하는 전류 방정식의 해를 연립 방정식의 해법을 이용하여 구함으로써 회로를 해석하는 방법이다. 전기회로를 해석한다는 의미는 회로를 구성하는 모든 요소의 전압과 전류를 구하는 것으로 이해할 수 있으므로 그림 8-5의 전기회로를 해석한다는 것은 R_1~R_5의 저항의 전류 I_1~I_5와 전압 V_1~V_5를 구하는 것이다.

노드 해석법을 이용하여 회로를 해석하기 위한 첫 번째 단계는 노드 전압을 설정하는 일이다. 학습 7에서 노드에 대해 설명하면서 이미 언급한 바와 같이 노드 해석법에서의 노드는 필수 노드를 의미한다. 따라서 그림 8-5의 전기회로에는 a, b, c의 3개의 노드가 있다. 그리고 노드 전압은 2개의 노드 사이의 전압으로 표현되므로 그림 8-5와 같이 3개의 노드가 있는 경우 1개의 노드를 기준 노드(reference node)로 설정하고, 2개의 노드에 대해 노드 전압을 설정하면 된다. 그림 8-5 전기회로의 경우는 노드 c를 기준 노드로 설정하고, 노드 a와 기준 노드 c 사이의 노드 전압을 V_a, 노드 b와 기준 노드 c 사이의 노드 전압을 V_b로 설정하면 된다. 그림 8-6에 노드 전압을 나타내었다. 이와 같이 회로 해석을 위해 필수적으로 구해야 하는 노드 전압을 설정하는 것이 노드 해석법을 이용한 회로 해석의 첫 번째 단계이다.

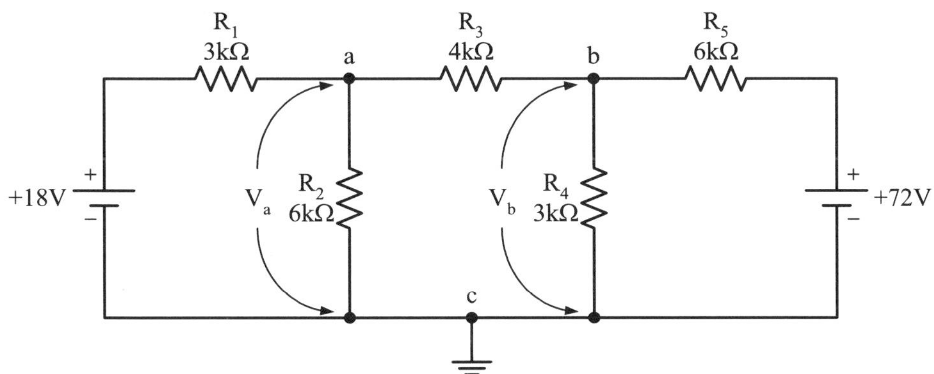

그림 8-6 회로의 노드 전압

노드 해석법의 두 번째 단계는 그림 8-6의 각 노드에 대해 KCL을 이용하여 전류 방정식을 세우는 일이다. a와 b의 2개의 노드에 대해 KCL을 이용하여 전류 방정식을 세우면 각각 식 (8.1), (8.2)와 같다.

$$\text{노드 a에서 } \frac{18-V_a}{R_1}=\frac{V_a}{R_2}+\frac{V_a-V_b}{R_3} \text{ 이므로}$$
$$\frac{18-V_a}{3}=\frac{V_a}{6}+\frac{V_a-V_b}{4} \quad \rightarrow \quad 9V_a-3V_b=72 \tag{8.1}$$

$$\text{노드 b에서 } \frac{V_a-V_b}{R_3}=\frac{V_b}{R_4}+\frac{V_b-72}{R_5} \text{ 이므로}$$
$$\frac{V_a-V_b}{4}=\frac{V_b}{3}+\frac{V_b-72}{6} \quad \rightarrow \quad 3V_a-9V_b=-144 \tag{8.2}$$

노드 해석법의 세 번째 단계는 노드 전압에 대한 연립 방정식을 풀어 노드 전압을 구하는 일이다. 식 (8.1), (8.2)의 연립 방정식을 풀어 노드 전압 V_a와 V_b를 구하면 식 (8.3)과 같다.

$$V_a=15V$$
$$V_b=21V \tag{8.3}$$

노드 해석법의 네 번째 단계는 구한 노드 전압을 이용하여 회로를 해석하는 일이다. 노드 전압을 구하면 각 저항의 전류와 전압을 구할 수 있음을 입증하기 위해 노드 전압 V_a, V_b를 이용하여 각 저항의 전압을 나타내면 식 (8.4)와 같고, 각 저항의 전류를 나타내면 식 (8.5)와 같다. 이 경우 식 (8.4)의 각 저항의 전압의 극성과 식 (8.5)의 각 저항의 전류의 방향은 그림 8-7과 같이 설정한 것이다.

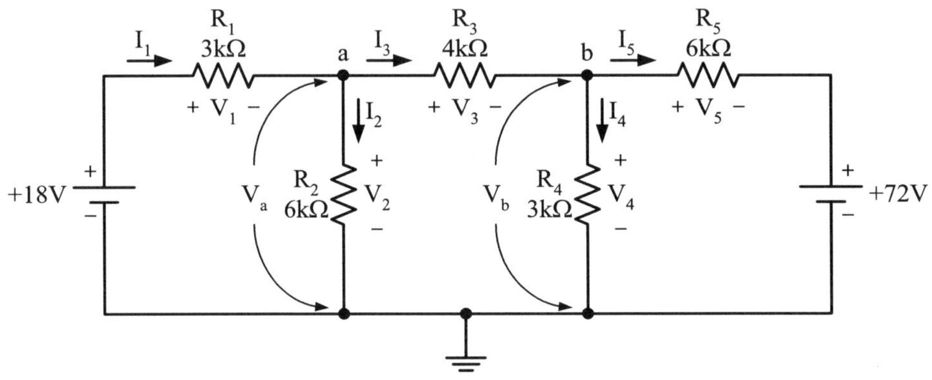

그림 8-7 해석하는 회로의 각 저항의 전류 방향과 전압 극성 표시

$$\begin{aligned} V_1 &= 18 - V_a = 18 - 15 = 3V \\ V_2 &= V_a = 15V \\ V_3 &= V_a - V_b = 15 - 21 = -6V \\ V_4 &= V_b = 21V \\ V_5 &= V_b - 72 = 21 - 72 = -51V \end{aligned} \quad (8.4)$$

$$\begin{aligned} I_1 &= \frac{V_1}{R_1} = \frac{3}{3} = 1mA \\ I_2 &= \frac{V_2}{R_2} = \frac{15}{6} = 2.5mA \\ I_3 &= \frac{V_3}{R_3} = \frac{-6}{4} = -1.5mA \\ I_4 &= \frac{V_4}{R_4} = \frac{21}{3} = 7mA \\ I_5 &= \frac{V_5}{R_5} = \frac{-51}{6} = -8.5mA \end{aligned} \quad (8.5)$$

이와 같이 노드 해석법은 회로에 존재하는 각 노드에 대해 키르히호프의 전류 법칙(KCL)을 적용하여 전류 방정식을 세우고, 노드 전압을 미지수로 하는 전류 방정식의 해를 연립 방정식의 해법을 이용하여 구함으로써 회로를 해석하는 방법이다. 노드 해석법을 이용하여 회로를 해석하는 방법을 정리하여 그림 8-8에 나타내었다.

1단계 : 회로에 노드 전압을 표시
- 회로에 존재하는 노드(필수 노드)의 수를 파악
- 노드 전압의 극성과 기호를 결정

⇩

2단계 : 각 노드에 대해 전류 방정식 수립
- 노드 전압을 미지수로 하는 전류 방정식 수립
- **KCL**을 이용하여 각 노드의 전류 방정식 수립

⇩

3단계 : 연립 방정식 해법을 이용한 노드 전압 해석
- 미지수인 노드 전압의 갯수=전류 방정식의 갯수
- 다양한 연립 방정식 해법 이용 가능

⇩

4단계 : 노드 전압을 이용하여 전기회로 해석
- 구한 노드 전압을 이용하여 각 회로 요소의 전류와 전압을 해석

그림 8-8 노드 해석법을 이용한 회로 해석 단계

메쉬 해석법과 마찬가지로 노드 해석법 역시 전기회로를 해석하기 위한 일반적인 방법으로 다수의 전원을 포함하는 복잡한 회로의 해석도 체계적이고, 손쉽게 해석할 수 있다는 장점을 갖는다. 2가지의 회로 해석법 중 어떤 경우에 노드 해석법을 사용하고, 또 어떤 경우에 메쉬 해석법을 사용하는지에 대한 명확한 기준은 없다. 그러

나 회로를 해석하기 위해 필요한 계산 과정이 상대적으로 간단한 해석법을 비교하여 선택하는 것이 유용한 선택 기준이 될 수는 있다.

예를 들어 그림 8-1 회로의 경우 메쉬 해석법을 이용하면 그림 8-2와 같이 메쉬 전류 I_a, I_b, I_c에 대한 3개의 연립 방정식을 세우고 풀어야 하지만 노드 해석법을 이용하면 그림 8-3과 같이 노드 전압 V_a, V_b에 대한 2개의 연립 방정식을 세우고 풀면 된다. 따라서 그림 8-1의 경우는 노드 해석법이 메쉬 해석법보다 유리할 수 있다. 이와 같이 연립 방정식의 수를 비교하여 유리한 해석법을 선택할 수도 있다.

또한 회로에서 궁극적으로 해석하고자 하는 값을 보다 빨리 구할 수 있는지를 비교하여 유리한 해석법을 선택할 수도 있다. 만약 그림 8-1의 회로에서 전류 I_1을 구하는 것이 회로 해석의 궁극적인 목적이라면 오히려 메쉬 해석법이 유리할 수도 있다. 왜냐하면 메쉬 해석법에서는 메쉬 전류 I_a만 계산하면 되기 때문이다.

메쉬 해석법과 마찬가지로 노드 해석법 역시 전기회로의 해석 및 설계에 일반적으로 적용할 수 있는 방법으로 전압과 부하 등 여러 조건에 따라 회로를 해석하고 설계하는데 적용할 수 있는 방법이다.

8.3 수행내용 / 부품 및 장비

부품 및 장비		규격 및 수량	
부 품	저항	330Ω	2개
		470Ω	1개
		1 kΩ	1개
		2.2 kΩ	1개
장 비		직류전원 공급장치(DC power supply)	
		디지털 멀티미터(DMM)	
		브레드 보드(bread board)	
기 타		jumper wire	
		wire stripper(또는 nipper)	

8.4 수행내용 / 수행순서

실험 1. 노드 해석법 실험 (실험회로 #1)

① 직류전원 공급장치(DC power supply)와 저항을 이용하여 그림 8-9의 실험회로를 구성하여라.

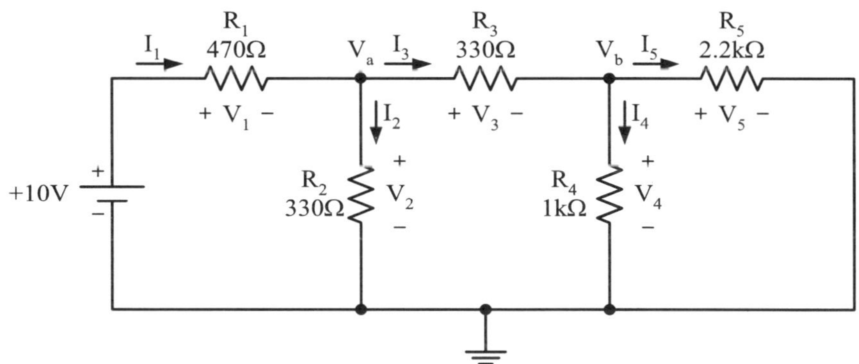

그림 8-9 노드 해석법 실험회로(#1)

② 그림 8-9의 실험회로에서 노드 전압 V_a, V_b를 측정하여 표 8-1에 기재하여라. 노드 전압 V_a, V_b는 소수점 두 자리까지 측정하여라.

③ 실험단계 ②에서 측정한 노드 전압 V_a, V_b를 이용하여 그림 8-9의 실험회로에서 각 저항 양단의 직류전압 V_1, V_2, V_3, V_4, V_5를 구할 수 있는 식과 계산 결과를 표 8-1에 기재하여라. 직류전압 V_1, V_2, V_3, V_4, V_5를 구하기 위한 식은 노드 전압 V_a, V_b와 입력전압(+10V)을 이용하여 나타내어라. (예: $V_2=V_a$)

④ 실험단계 ③에서 구한 직류전압 V_1, V_2, V_3, V_4, V_5를 이용하여 각 저항에 흐르는 직류전류 I_1, I_2, I_3, I_4, I_5를 계산하여 표 8-1에 기재하여라.

⑤ 그림 8-9의 실험회로에서 저항 양단의 직류전압 V_1, V_2, V_3, V_4, V_5를 디지털 멀티미터를 이용하여 직접 측정하여 표 8-1에 기재하여라. 전압

은 소수점 두 자리까지 측정하여라.

⑥ 측정한 노드 전압 V_a, V_b를 이용하여 실험단계 ③에서 계산한 직류전압 V_1, V_2, V_3, V_4, V_5와 실험단계 ⑤에서 직접 측정한 직류전압 V_1, V_2, V_3, V_4, V_5의 측정값이 서로 일치하는지 비교하여 표 8-1에 기재하여라.

⑦ 그림 8-9의 실험회로에 흐르는 직류전류 I_1, I_2, I_3, I_4, I_5를 디지털 멀티미터를 이용하여 직접 측정하여 표 8-1에 기재하여라. 전류는 소수점 두 자리까지 측정하여라.

⑧ 실험단계 ④에서 계산한 저항에 흐르는 직류전류 I_1, I_2, I_3, I_4, I_5와 실험단계 ⑦에서 직접 측정한 저항에 흐르는 직류전류 I_1, I_2, I_3, I_4, I_5의 측정값이 서로 일치하는지 비교하여 표 8-1에 기재하여라.

⑨ 실험단계 ⑥의 비교 결과와 실험단계 ⑧의 비교 결과를 통해 노드 전압만을 구하고, 이를 이용하여 회로를 해석할 수 있는 노드 해석법이 타당한지를 검토하여 표 8-1에 기재하여라.

실험 2. 노드 해석법 실험 (실험회로 #2)

⑩ 직류전원 공급장치(DC power supply)와 저항을 이용하여 그림 8-10의 실험회로를 구성하여라.

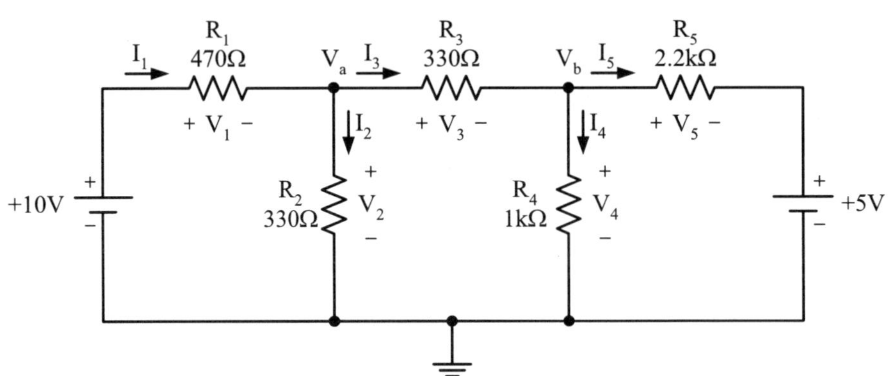

그림 8-10 노드 해석법 실험회로(#2)

⑪ 그림 8-10의 실험회로에서 노드 전압 V_a, V_b를 측정하여 표 8-2에 기재하여라. 노드 전압 V_a, V_b는 소수점 두 자리까지 측정하여라.

⑫ 실험단계 ⑪에서 측정한 노드 전압 V_a, V_b를 이용하여 그림 8-10의 실험회로에서 각 저항 양단의 직류전압 V_1, V_2, V_3, V_4, V_5를 구할 수 있는 식과 계산 결과를 표 8-2에 기재하여라. 직류전압 V_1, V_2, V_3, V_4, V_5를 구하기 위한 식은 노드 전압 V_a, V_b와 입력전압(+10V, +5V)을 이용하여 나타내어라. (예: $V_2=V_a$)

⑬ 실험단계 ⑫에서 구한 직류전압 V_1, V_2, V_3, V_4, V_5를 이용하여 각 저항에 흐르는 직류전류 I_1, I_2, I_3, I_4, I_5를 계산하여 표 8-2에 기재하여라.

⑭ 그림 8-10의 실험회로에서 저항 양단의 직류전압 V_1, V_2, V_3, V_4, V_5를 디지털 멀티미터를 이용하여 직접 측정하여 표 8-2에 기재하여라. 전압은 소수점 두 자리까지 측정하여라.

⑮ 측정한 노드 전압 V_a, V_b를 이용하여 실험단계 ⑫에서 계산한 직류전압 V_1, V_2, V_3, V_4, V_5와 실험단계 ⑭에서 직접 측정한 직류전압 V_1, V_2, V_3, V_4, V_5의 측정값이 서로 일치하는지 비교하여 표 8-2에 기재하여라.

⑯ 그림 8-10의 실험회로에 흐르는 직류전류 I_1, I_2, I_3, I_4, I_5를 디지털 멀티미터를 이용하여 직접 측정하여 표 8-2에 기재하여라. 전류는 소수점 두 자리까지 측정하여라.

⑰ 실험단계 ⑬에서 계산한 저항에 흐르는 직류전류 I_1, I_2, I_3, I_4, I_5와 실험단계 ⑯에서 직접 측정한 저항에 흐르는 직류전류 I_1, I_2, I_3, I_4, I_5의 측정값이 서로 일치하는지 비교하여 표 8-2에 기재하여라.

⑱ 실험단계 ⑮의 비교 결과와 실험단계 ⑰의 비교 결과를 통해 노드 전압만을 구하고, 이를 이용하여 회로를 해석할 수 있는 노드 해석법이 타당한지를 검토하여 표 8-2에 기재하여라.

8.5 수행결과

실험 1. 노드 해석법 실험 (실험회로 #1)

표 8-1 노드 해석법 실험 데이터

<table>
<tr><th rowspan="2">실험단계</th><th rowspan="2">구분</th><th colspan="2">계산값
(노드 전압 이용)</th><th rowspan="2">측정값</th><th rowspan="2">계산값과
측정값의
일치여부</th></tr>
<tr><th>식</th><th>계산값</th></tr>
<tr><td rowspan="2">②</td><td>V_a</td><td colspan="3">[측정값]</td><td rowspan="2">–</td></tr>
<tr><td>V_b</td><td colspan="3">[측정값]</td></tr>
<tr><td rowspan="5">③⑤⑥</td><td>V_1</td><td></td><td></td><td></td><td rowspan="5"></td></tr>
<tr><td>V_2</td><td>$V_2=V_a$</td><td></td><td></td></tr>
<tr><td>V_3</td><td></td><td></td><td></td></tr>
<tr><td>V_4</td><td></td><td></td><td></td></tr>
<tr><td>V_5</td><td></td><td></td><td></td></tr>
<tr><td rowspan="5">④⑦⑧</td><td>I_1</td><td>$I_1=V_1/R_1$</td><td></td><td></td><td rowspan="5"></td></tr>
<tr><td>I_2</td><td>$I_2=V_2/R_2$</td><td></td><td></td></tr>
<tr><td>I_3</td><td>$I_3=V_3/R_3$</td><td></td><td></td></tr>
<tr><td>I_4</td><td>$I_4=V_4/R_4$</td><td></td><td></td></tr>
<tr><td>I_5</td><td>$I_5=V_5/R_5$</td><td></td><td></td></tr>
<tr><td>⑨</td><td>계산값과 측정값의 비교를 통해 노드 해석법 타당성 검토</td><td colspan="4"></td></tr>
</table>

실험 2. 노드 해석법 실험 (실험회로 #2)

표 8-2 노드 해석법 실험 데이터

실험단계	구분	계산값 (노드 전압 이용)		측정값	계산값과 측정값의 일치여부
		식	계산값		
⑪	V_a	[측정값]			–
	V_b	[측정값]			
⑫⑭⑮	V_1				
	V_2	$V_2=V_a$			
	V_3				
	V_4				
	V_5				
⑬⑯⑰	I_1	$I_1=V_1/R_1$			
	I_2	$I_2=V_2/R_2$			
	I_3	$I_3=V_3/R_3$			
	I_4	$I_4=V_4/R_4$			
	I_5	$I_5=V_5/R_5$			
⑱	계산값과 측정값의 비교를 통해 노드 해석법 타당성 검토				

8.6 평가문제

1 노드 해석법을 이용한 회로 해석 4단계(그림 8-8)를 이용하여 노드 해석법을 설명하여라.

2 그림 8-9의 실험회로를 노드 해석법을 이용하여 해석하여라.
즉 노드 전압 V_a, V_b의 이론값을 구하고, 이를 이용하여 모든 저항의 전압과 전류의 이론값을 계산하여라. 노드 해석법의 모든 계산 과정을 반드시 기재하고, 노드 전압은 반드시 크레머의 법칙(Cramer's rule)을 이용하여 구하여라.
또한 노드 해석법을 이용하여 구한 이론값과 표 8-1의 실험결과가 일치하는지 비교하여라.

3 그림 8-9의 실험회로는 그림 7-9와 동일한 실험회로이다. 따라서 학습 8 노드 해석법 실험하기와 학습 7 메쉬 해석법 실험하기의 실험 결과와 해석 결과는 서로 일치하여야 한다. 이를 확인하기 위해 표 8-1 노드 해석법 실험 데이터와 표 7-3 메쉬 해석법 실험 데이터의 전류 I_1~I_5, 전압 V_1~V_5 측정값이 서로 일치하는지 비교하여라. 또한 평가문제 **2**의 전류 I_1~I_5, 전압 V_1~V_5 해석 결과와 학습 7 메쉬 해석법 실험하기의 평가문제 **3**의 전류 I_1~I_5, 전압 V_1~V_5 해석 결과가 서로 일치하는지 비교하여라.

4 그림 8-10의 실험회로를 노드 해석법을 이용하여 해석하여라.
즉 노드 전압 V_a, V_b의 이론값을 구하고, 이를 이용하여 모든 저항의 전압과 전류의 이론값을 계산하여라. 노드 해석법의 모든 계산 과정을 반드시 기재하고, 노드 전압은 반드시 크레머의 법칙(Cramer's rule)을 이용하여 구하여라.
또한 노드 해석법을 이용하여 구한 이론값과 표 8-2의 실험결과가 일치하는지 비교하여라.

5 실험에 대한 종합결론을 정리하고, 학습목표 성취도에 대해 학습자 스스로 평가하여라. 성취도는 A(우수), B(보통), C(미흡)의 3단계로 구분하여 평가하여라.

학습

9. Thévenin의 정리 실험하기

9.1 학습목표

- ▣ Thévenin의 정리를 이용하여 전기회로를 해석할 수 있다.
- ▣ Thévenin 등가전압과 Thévenin 등가저항의 직렬연결로 구성되는 Thévenin 등가회로를 실험할 수 있다.

9.2 필요지식

9.2.1 Thévenin의 정리

전기회로 해석에서 해석하고자 하는 회로가 전원과 저항으로 구성된 선형 회로망(linear network)이고, 이 회로에 포함된 능동 소자(active component)인 전압원 또는 전류원과 수동 소자(passive component)인 저항 등이 모두 변하지 않는 고정된 값을 가지고 있으며, 단지 이 회로에 연결되는 부하저항만 저항값이 변하는 경우 부하저항의 변화에 의한 부하전류의 변화를 해석하는 전기회로 문제를 생각해 보자.

전기회로 해석에 대한 문제이므로 당연히 노드 해석법이나 메쉬 해석법 등을 이용하여 부하전류를 일반적인 방법으로 구할 수 있다. 그러나 전체 회로에서 단지 부하저항만이 변하는 이와 같은 회로의 경우 노드 해석법이나 메쉬 해석법을 이용하면 전체 회로를 매번 새로운 별개의 회로로 해석해야 한다는 번거로움이 있다. 이와 같은 전기회로의 해석은 노드 해석법이나 메쉬 해석법보다 Thévenin의 정리(Thévenin's theorem)를 이용하면 보다 쉽게 회로를 해석할 수 있다.

그림 9-1은 Thévenin의 정리를 이용하여 해석할 수 있는 회로의 한 예이다. 그림 9-1의 회로에서 부하저항 R_L에 흐르는 전류 I_L을 구하고자 한다. 부하저항이 R_L=1Ω인 경우의 부하전류(I_{L1})와 부하저항이 R_L=10Ω인 경우의 부하전류(I_{L2})를 구한다.

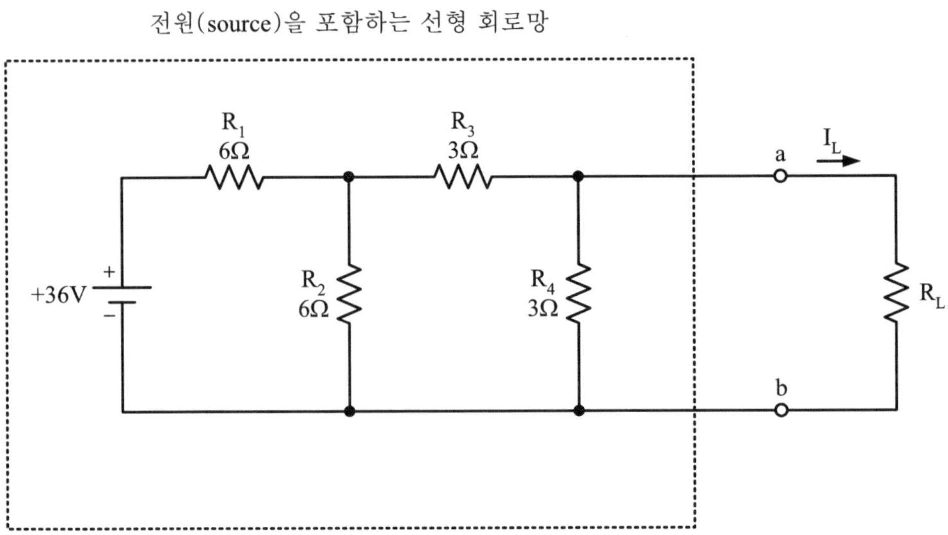

그림 9-1 Thévenin의 정리 적용을 위한 예제회로(예1)

그림 9-1의 회로를 Thévenin의 정리를 이용하여 부하전류를 구하는 것을 설명하기 전에 우선 노드 해석법이나 메쉬 해석법을 이용하여 부하전류를 구하는 방법을 간단히 살펴보기로 한다. 부하전류 I_L을 구하는 것이 목적이므로 메쉬 전류를 구하여 회로를 해석하는 메쉬 해석법이 노드 전압을 구하여 회로를 해석하는 노드 해석법보다 유리할 것으로 생각된다.

메쉬 해석법을 이용하여 부하전류 I_L을 구하기 위해서는 그림 9-2와 그림 9-3의 회로를 해석해야 한다. 그림 9-2와 그림 9-3의 회로에서 메쉬 해석법을 이용하여 메쉬 전류 I_C를 구하면 이 메쉬 전류 I_C가 바로 구하고자 하는 부하전류 I_L이 된다. 메쉬 해석법을 이용하여 부하전류를 구하면 부하전류는 I_{L1}=2A, I_{L2}=0.5A가 된다.

전체 회로에서 부하저항만 저항값이 변경되는 이와 같이 회로를 메쉬 해석법을 이용하여 해석하는 경우의 단점은 그림 9-2, 그림 9-3과 같이 매번 별개의 회로를 해석하는 것과 마찬가지로 새로운 계산 과정을 거쳐야 한다는 것이다.

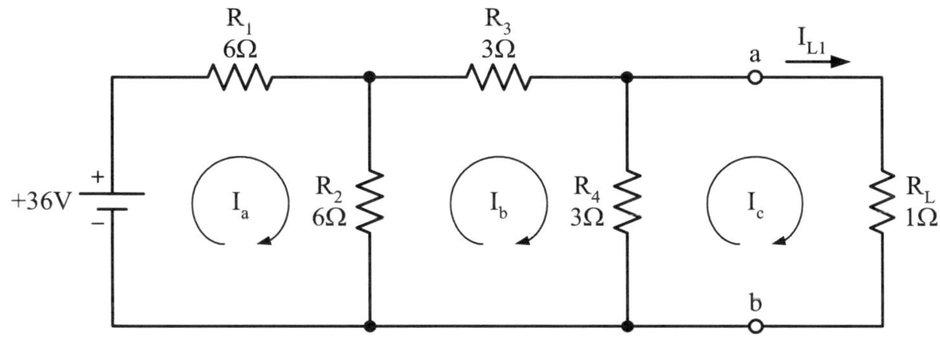

그림 9-2 부하저항이 1Ω인 경우 부하전류를 해석하기 위한 회로

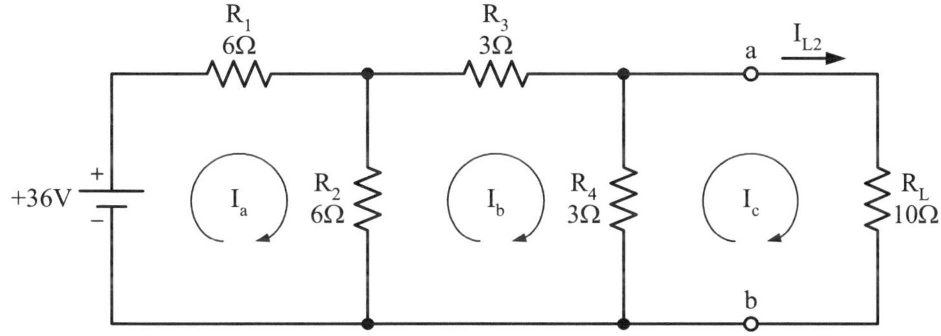

그림 9-3 부하저항이 10Ω인 경우 부하전류를 해석하기 위한 회로

이제 Thévenin의 정리에 대해 살펴보기로 한다. 먼저 어떤 회로에 대해 Thévenin의 정리를 적용할 수 있는지 살펴보면 그림 9-1과 같이 능동 소자인 전압원(voltage source) 또는 전류원(current source)을 포함하고, 수동 소자로는 저항만을 포함하는 선형 회로망이고, 이와 같은 선형 회로망에 포함된 전압원과 전류원과 저항의 값이 모두 고정된 경우 Thévenin의 정리를 용이하게 적용할 수 있다. Thévenin의 정리는 Thévenin의 정리를 적용할 수 있는 선형 회로망을 단일 등가전압과 단일 등가저항이 직렬로 연결된 등가회로로 나타낼 수 있다는 것이다. 단일 등가전압을 Thévenin 등가전압이라고 하고, 단일 등가저항을 Thévenin 등가저항이라고 한다.

9.2.2 Thévenin 등가회로

그림 9-1의 회로를 Thévenin 등가회로를 이용하여 나타내면 그림 9-4와 같다. Thévenin 등가회로는 다수의 전원과 저항으로 구성된 복잡한 선형 회로망을 Thévenin 등가전압과 Thévenin 등가저항을 이용하여 간단한 등가회로로 나타낼 수 있다.

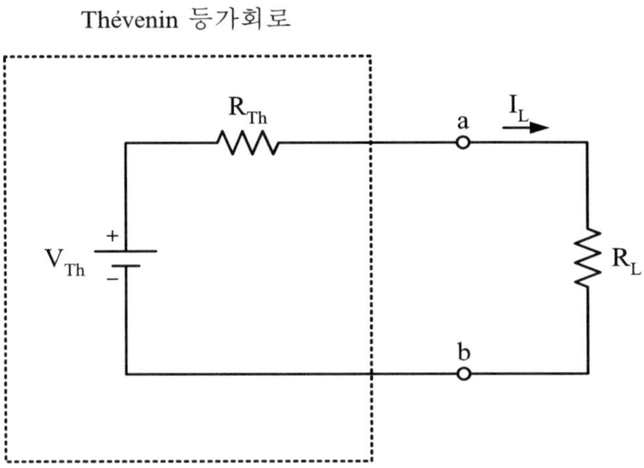

그림 9-4 Thévenin 등가회로

그림 9-4와 같이 나타낼 수 있는 Thévenin 등가회로에서 Thévenin 등가전압(V_{Th})과 Thévenin 등가저항(R_{Th})을 구하는 방법을 살펴보자. Thévenin 등가전압은 노드 a와 노드 b 사이에 연결된 부하저항을 개방하고 노드 a와 노드 b 사이의 전압을 구하면 되고, Thévenin 등가저항은 노드 a와 노드 b에서의 구동 임피던스(driving-point impedance)를 구하면 된다. 구동 임피던스를 구하는 경우 선형 회로망에 포함된 전압원은 모두 단락시키고, 전류원은 모두 개방시키고 구동 임피던스를 구해야 한다.

Thévenin의 정리를 이용하여 그림 9-1의 선형 회로망을 Thévenin 등가회로로 나타내기 위해 Thévenin 등가전압과 Thévenin 등가저항을 구해보자. 그림 9-1의 회로에서 Thévenin 등가전압을 구하기 위한 회로는 그림 9-5와 같고, Thévenin 등가저항을 구하기 위한 회로는 그림 9-6과 같다. 그림 9-5와 그림 9-6에서 보는 바와 같이 Thévenin 등가회로를 구하기 위해서는 노드 a와 노드 b를 기준으로 부하저항 등과 같은 외부 회로는 개방하고, 등가저항을 구하는 회로망 내부의 전압원은 단락(short), 전류원은 개방(open)시키고 구동 임피던스를 구하는 것에 주의해야 한다.

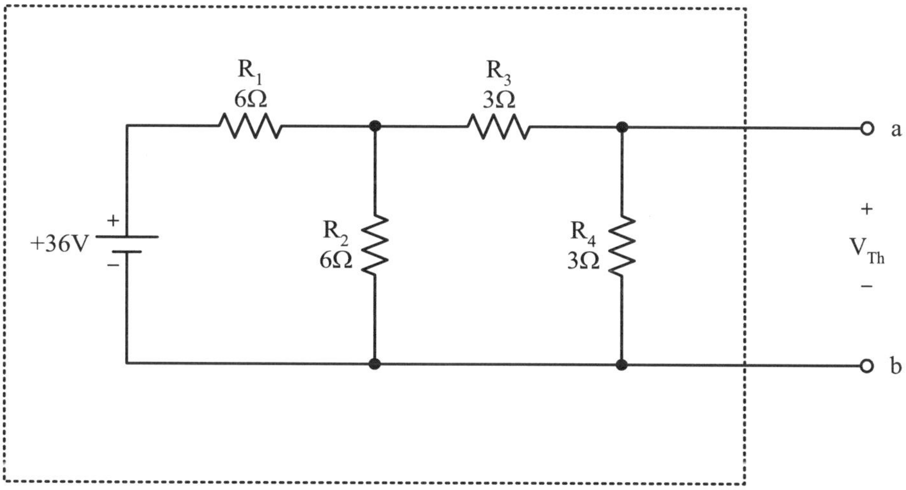

그림 9-5 Thévenin 등가전압(V_{Th})을 구하기 위한 회로(예1)

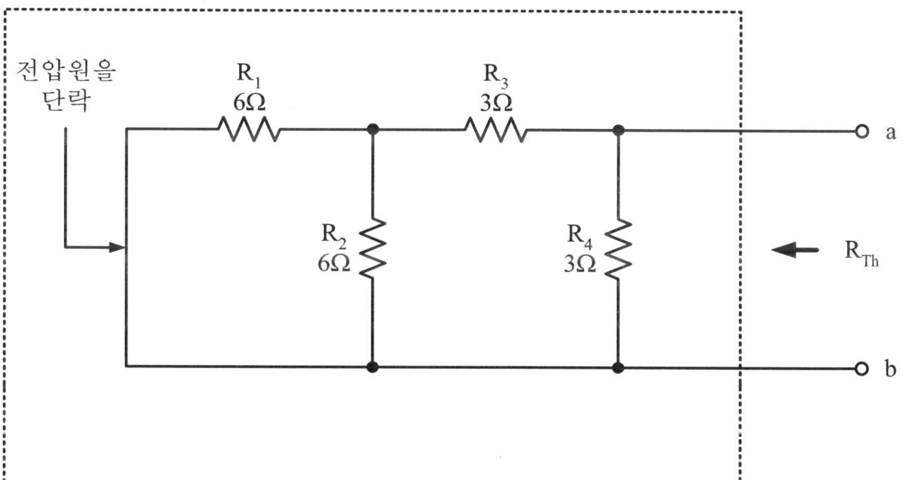

그림 9-6 Thévenin 등가저항(R_{Th})을 구하기 위한 회로(예1)

그림 9-5에서 노드 a와 노드 b 사이의 전압 즉 Thévenin 등가전압을 구하면 식 (9.1)과 같고, 그림 9-6에서 노드 a와 노드 b에서 구한 구동 임피던스 즉 Thévenin 등가저항을 구하면 식 (9.2)와 같다. Thévenin 등가전압과 Thévenin 등가저항을 이용하여 그림 9-1 예제회로의 Thévenin 등가회로를 나타내면 그림 9-7과 같다.

$$V_{Th} = 36 \times \frac{R_2//(R_3+R_4)}{R_1+\{R_2//(R_3+R_4)\}} \times \frac{R_4}{R_3+R_4}$$
$$= 36 \times \frac{6//(3+3)}{6+\{6//(3+3)\}} \times \frac{3}{3+3} \tag{9.1}$$
$$= 6V$$

$$R_{Th} = \{(R_1//R_2)+R_3\}//R_4$$
$$= \{(6//6)+3\}//3 \tag{9.2}$$
$$= 2\Omega$$

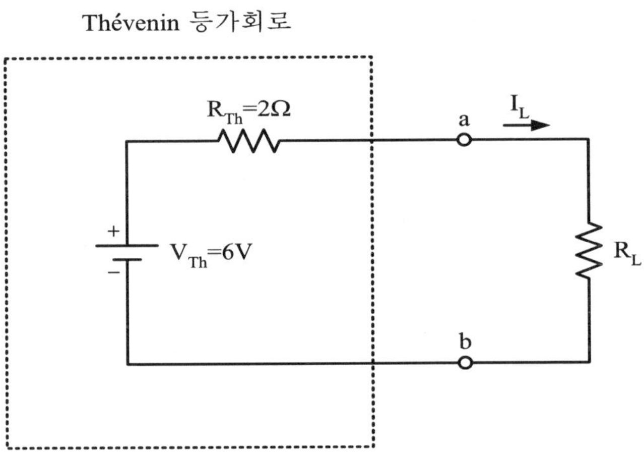

그림 9-7 Thévenin 등가회로(예1)

그림 9-7의 Thévenin 등가회로에서 부하저항이 R_L=1Ω인 경우의 부하전류(I_{L1})와 부하저항이 R_L=10Ω인 경우의 부하전류(I_{L2})를 구하면 각각 식 (9.3), 식 (9.4)와 같다.

$$I_{L1} = \frac{V_{Th}}{R_{Th}+R_L} = \frac{6}{2+1} = 2A \tag{9.3}$$

$$I_{L2} = \frac{V_{Th}}{R_{Th}+R_L} = \frac{6}{2+10} = 0.5A \tag{9.4}$$

그림 9-1과 같은 선형 회로망을 Thévenin의 정리를 이용하여 Thévenin 등가전압과 Thévenin 등가저항으로 구성된 그림 9-7과 같은 등가회로로 변환함으로써 선형회로망에 연결된 외부 부하저항의 변화에 대한 부하전류의 변화를 손쉽게 구할 수 있음을 알 수 있다. 이와 같이 2단자 선형 회로망을 Thévenin 등가전압과 Thévenin 등가저항이 직렬로 연결된 등가회로로 변환함으로써 회로를 간단히 해석할 수 있다.

그림 9-8에 Thévenin 등가회로를 구하는 방법을 3단계로 정리하였다. Thévenin 등가회로를 이용하여 전기회로를 해석하기 위해서는 그림 9-8의 3단계를 정확하게 이해해야 한다.

1단계 : Thévenin 등가전압(V_{Th}) 계산

- **Thévenin** 등가회로를 구하고자 하는 2단자 회로망에 연결된 외부 저항은 개방
- 2단자 선형 회로망 양단에 걸리는 전압을 계산

⇩

2단계 : Thévenin 등가저항(R_{Th}) 계산

- **Thévenin** 등가회로를 구하고자 하는 2단자 회로망에 연결된 외부 저항은 개방
- **Thévenin** 등가회로를 구하고자 하는 2단자 회로망에 포함된 전압원은 모두 단락, 전류원은 모두 개방
- 2단자에서의 구동 임피던스(합성 임피던스)를 계산

⇩

3단계 : Thévenin 등가회로 구성

- **Thévenin** 등가전압(V_{Th})과 **Thévenin** 등가저항(R_{Th})을 직렬로 연결하여 **Thévenin** 등가회로를 구성

그림 9-8 Thévenin 등가회로를 구하는 방법

Thévenin의 정리를 이해하고 응용하기 위해 그림 9-9의 회로를 두 번째 예로 살펴보기로 한다. 그림 9-9의 회로에서 저항 R_L에 흐르는 전류 I_L과 저항 R_L 양단에 걸리는 전압 V_L을 구하고자 한다.

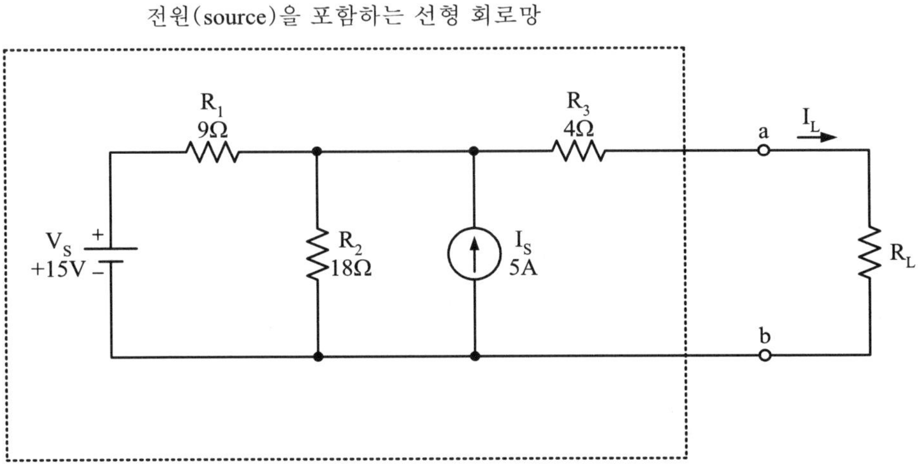

그림 9-9 Thévenin의 정리 적용을 위한 예제회로(예2)

Thévenin 등가회로를 구하기 위해 그림 9-9의 회로에서 저항 R_L를 우선 제거하고, Thévenin의 정리를 이용하여 단자 a, b 사이의 전압 V_{ab} 즉 Thévenin 등가전압과 단자 a, b 사이의 구동 임피던스 R_{ab} 즉 Thévenin 등가저항을 구한다.

그림 9-10은 Thévenin 등가전압 V_{ab}를 구하기 위한 회로이다. 그림 9-9의 회로에서 저항 R_L을 제거하면 저항 R_3에는 전압 강하가 발생하지 않으므로 V_{ab} 전압은 그림 9-10에 표시한 바와 같이 전류원 I_S 양단의 전압과 동일하게 된다.

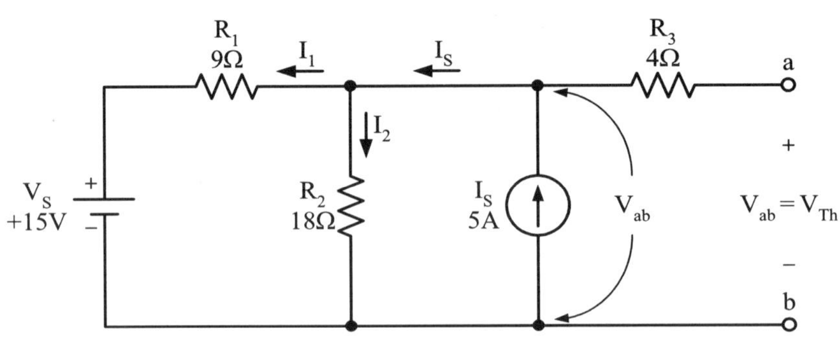

그림 9-10 Thévenin 등가전압(V_{Th})을 구하기 위한 회로(예2)

그림 9-10의 회로에서 V_{ab} 전압을 구하기 위해 키르히호프의 전류법칙(KCL)을 이

용한다. 그림 9-10에 표시된 전류 I_S, I_1, I_2에 대해 KCL을 적용하면 $I_S=I_1+I_2$의 전류 방정식이 성립한다. 전류 I_1과 전류 I_2를 구하면 각각 식 (9.5), 식 (9.6)과 같고, KCL에 의한 전류 방정식을 세우면 식 (9.7)과 같다. 식 (9.7)을 이용하여 Thévenin 등가전압 V_{ab}를 구하면 식 (9.8)과 같다.

$$I_1 = \frac{V_{ab} - V_S}{R_1} = \frac{V_{ab} - 15}{9} \tag{9.5}$$

$$I_2 = \frac{V_{ab}}{R_2} = \frac{V_{ab}}{18} \tag{9.6}$$

$$I_S = I_1 + I_2 = \frac{V_{ab} - 15}{9} + \frac{V_{ab}}{18} = \frac{3V_{ab} - 30}{18} = 5 \tag{9.7}$$

$$V_{ab} = 40\text{V} \tag{9.8}$$

또한 그림 9-11은 단자 a, b 사이의 구동 임피던스 즉 Thévenin 등가저항을 구하기 위한 회로이다. 그림 9-9의 회로에서 저항 R_L을 제거하고, 회로에 포함된 전압원은 단락시키고, 전류원은 개방시키면 그림 9-11의 회로가 된다. 그리고 그림 9-12의 회로는 Thévenin 등가저항을 구하기 위해 그림 9-11의 회로를 보다 간결하게 정리한 회로이다.

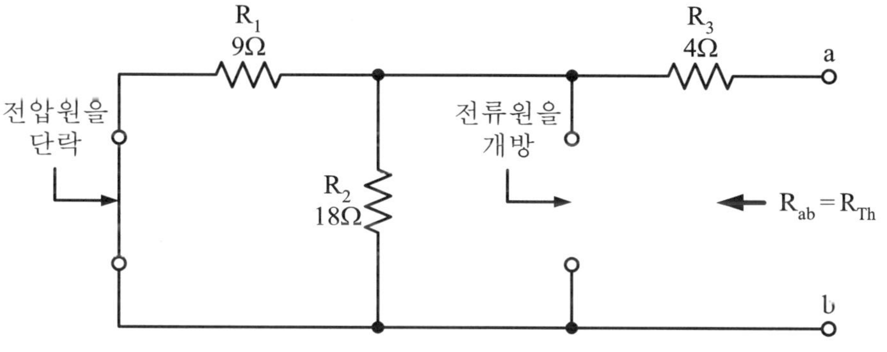

그림 9-11 Thévenin 등가저항 (R_{Th})을 구하기 위한 회로(예2)

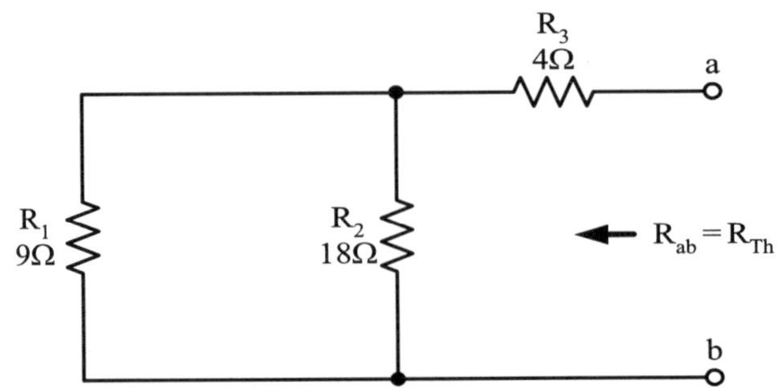

그림 9-12 Thévenin 등가저항을 구하기 위해 그림 9-11을 단순화한 회로(예2)

그림 9-12의 회로에서 Thévenin 등가저항 $R_{Th}=R_{ab}$를 구하면 식 (9.9)와 같다.

$$R_{Th} = R_{ab} = (R_1//R_2) + R_3 = (9//18) + 4 = 6 + 4 = 10\Omega \tag{9.9}$$

식 (9.8)의 Thévenin 등가전압과 식 (9.9)의 Thévenin 등가저항을 이용하여 두 번째 예제회로인 그림 9-9의 Thévenin 등가회로를 나타내면 그림 9-13과 같다.

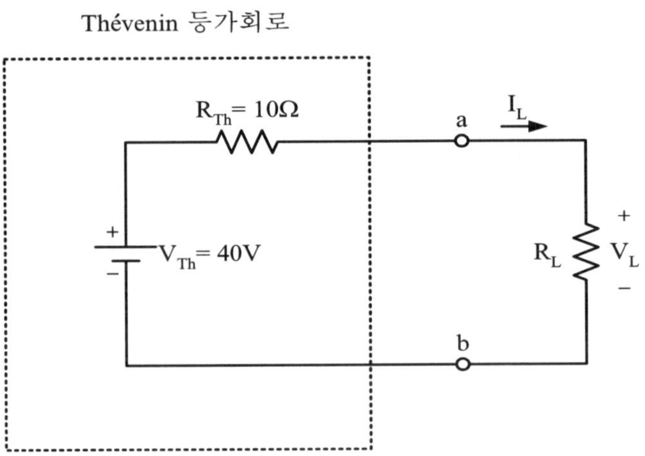

그림 9-13 Thévenin 등가회로(예2)

그림 9-13의 등가회로에서 저항 R_L의 변화에 따른 전류 I_L과 전압 V_L은 매우 쉽

게 구할 수 있다. 즉 저항 R_L이 결정되면 그림 9-13의 등가회로를 이용하여 저항 R_L에 흐르는 전류 I_L과 저항 R_L에 걸리는 전압 V_L을 간단히 구할 수 있다. 그림 9-9의 회로에서 부하저항이 R_{L1}=10Ω인 경우의 부하전류 I_{L1}, 출력전압 V_{L1}을 구하고, 또한 부하저항이 R_{L2}=30Ω인 경우의 부하전류 I_{L2}, 출력전압 V_{L2}를 그림 9-13 Thévenin 등가회로를 이용하면 식 (9.10), 식 (9.11)과 같이 쉽게 구할 수 있다.

$$I_{L1} = \frac{V_{Th}}{R_{Th} + R_{L1}} = \frac{40}{10+10} = 2A, \quad V_{L1} = R_{L1}I_{L1} = 10 \times 2 = 20V \tag{9.10}$$

$$I_{L2} = \frac{V_{Th}}{R_{Th} + R_{L2}} = \frac{40}{10+30} = 1A, \quad V_{L2} = R_{L2}I_{L2} = 30 \times 1 = 30V \tag{9.11}$$

2개의 예제회로에서 살펴본 바와 같이 2단자 선형 회로망에 연결된 외부 저항의 저항값이 변하더라도 이에 의한 전류 및 전압의 변화를 Thévenin 등가회로를 이용하여 매우 쉽게 구할 수 있다.

9.3 수행내용 / 부품 및 장비

부품 및 장비		규격 및 수량	
부 품	저항	330Ω	2개
		470Ω	1개
		1 kΩ	2개
		2.2 kΩ	2개
	가변저항	10 kΩ	1개
장 비		직류전원 공급장치(DC power supply)	
		디지털 멀티미터(DMM)	
		브레드 보드(bread board)	
기 타		jumper wire	
		wire stripper(또는 nipper)	

9.4 수행내용 / 수행순서

실험 1. Thévenin의 정리 실험

① 직류전원 공급장치(DC power supply)와 저항을 이용하여 그림 9-14의 실험회로를 구성하여라.

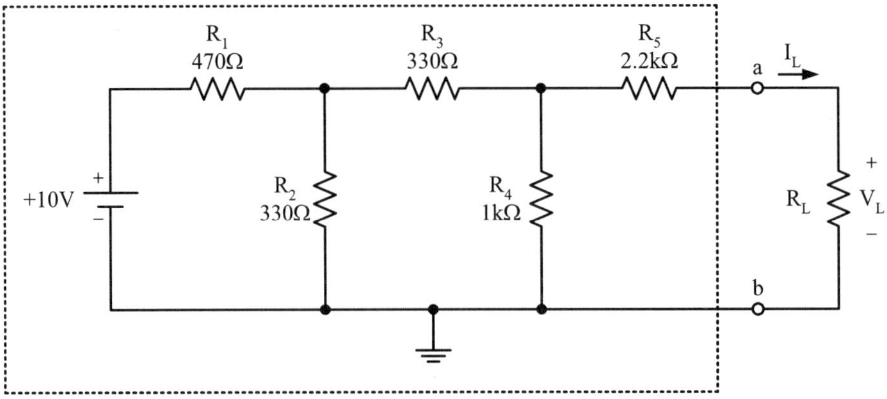

그림 9-14 Thévenin의 정리 실험회로

② 그림 9-14의 실험회로에서 저항 R_L을 R_L=1kΩ 저항으로 연결하여라.
저항 R_L에 흐르는 전류 I_L과 저항 R_L 양단의 전압 V_L을 측정하여 표 9-1에 기재하여라. 전류 I_L, 전압 V_L은 소수점 두 자리까지 측정하여라. 이하 모든 실험단계에서의 측정값은 소수점 두 자리까지 측정하여라.

③ 그림 9-14의 실험회로에서 저항 R_L을 R_L=2.2kΩ 저항으로 변경하여 연결하여라.
저항 R_L의 전류 I_L과 전압 V_L을 측정하여 표 9-1에 기재하여라.

④ 그림 9-14의 실험회로에서 Thévenin 등가전압을 측정하기 위해 그림 9-15와 같이 저항 R_L을 개방하여라.
저항 R_L이 제거된 단자 a, b 사이의 전압 즉 Thévenin 등가전압 V_{Th}를 측정하여 표 9-1에 기재하여라.

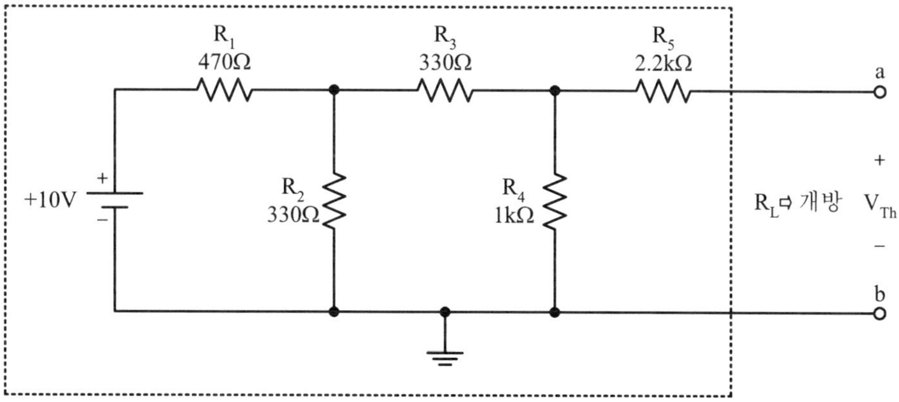

그림 9-15 Thévenin 등가전압을 구하기 위한 실험회로

⑤ 그림 9-14의 실험회로에서 Thévenin 등가저항을 측정하기 위해 그림 9-16과 같이 +10V의 직류전원은 제거하고, 대신 해당 회로부분은 도선을 이용하여 단락시켜라. 또한 저항 R_L도 실험회로에서 제거하여라. 단자 a, b 사이의 저항 즉 Thévenin 등가저항 R_{Th}를 측정하여 표 9-1에 기재하여라.

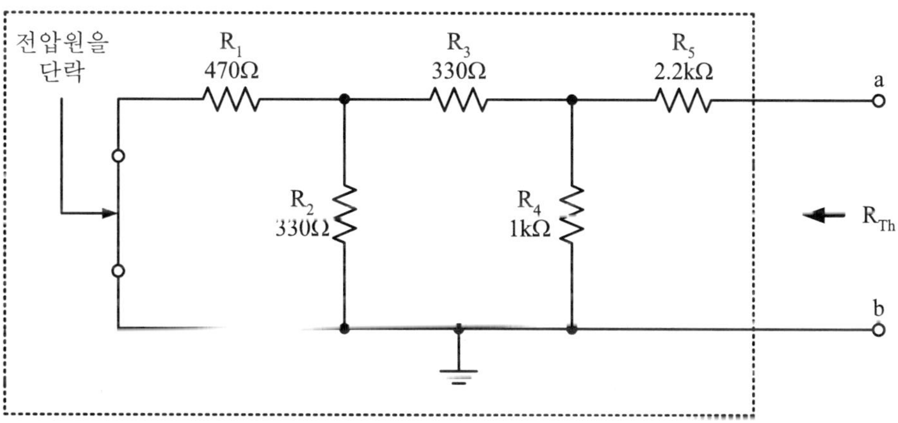

그림 9-16 Thévenin 등가저항을 구하기 위한 실험회로

⑥ 그림 9-14의 실험회로에서 a, b 두 단자에서의 Thévenin 등가전압 V_{Th}와

Thévenin 등가저항 R_{Th}의 이론값을 계산하여 표 9-1에 기재하여라.
또한 Thévenin 등가전압 V_{Th}와 Thévenin 등가저항 R_{Th}의 이론값이 실험단계 ④, ⑤의 측정값과 일치하는지 비교하여 표 9-1에 기재하여라.

⑦ 10kΩ 가변저항이 실험단계 ⑥에서 계산한 Thévenin 등가저항 R_{Th}가 되도록 디지털 멀티미터를 이용하여 가변저항을 정확히 조정하여라.

⑧ 직류전원 공급장치(V_{Th}), Thévenin 등가저항 R_{Th}(실험단계 ⑦에서 10kΩ 가변저항을 이용하여 조정), R_L=1kΩ 저항을 이용하여 그림 9-17의 Thévenin 등가회로를 구성하여라.
그림 9-17의 전압 V_{Th}는 직류전원 공급장치를 이용하여 0V에서 서서히 증가시키면서 실험단계 ⑥에서 구한 Thévenin 등가전압 V_{Th}의 이론값과 같아지도록 정확히 조정하여라.

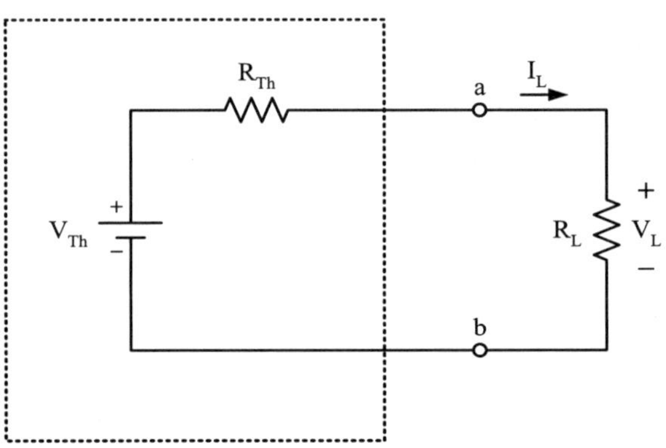

그림 9-17 실험회로의 Thévenin 등가회로

⑨ 그림 9-17의 Thévenin 등가회로에서 1kΩ 저항인 R_L의 전류 I_L과 전압 V_L을 측정하여 표 9-1에 기재하여라.

⑩ 그림 9-17의 Thévenin 등가회로에서 저항 R_L이 R_L=1kΩ인 경우 전류 I_L과 전압 V_L의 이론값을 구하여 표 9-1에 기재하여라.
Thévenin 등가회로의 V_{Th}와 R_{Th}는 실험단계 ⑥에서 구한 이론값을 이용하여 전류 I_L과 전압 V_L의 이론값을 구하여라.

⑪ R_L=1kΩ인 경우에 대해 실험단계 ②에서 측정한 그림 9-14 실험회로의 전류 I_L과 전압 V_L의 측정값과 실험단계 ⑨에서 측정한 Thévenin 등가회로의 전류 I_L과 전압 V_L의 측정값과 실험단계 ⑩에서 Thévenin 등가회로를 이용하여 구한 전류 I_L과 전압 V_L의 이론값이 모두 일치하는지 비교하여 표 9-1에 기재하여라.

⑫ 실험단계 ⑪에서 이론값과 측정값이 일치하는지 비교한 실험결과를 이용하여 Thévenin의 정리가 성립하는지 여부를 표 9-1에 기재하여라.

⑬ 그림 9-17의 Thévenin 등가회로에서 저항 R_L을 R_L=2.2kΩ 저항으로 변경하여 연결하여라.
저항 R_L의 전류 I_L과 전압 V_L을 측정하여 표 9-1에 기재하여라.

⑭ 그림 9-17의 Thévenin 등가회로에서 저항 R_L이 R_L=2.2kΩ인 경우 전류 I_L과 전압 V_L의 이론값을 구하여 표 9-1에 기재하여라.
Thévenin 등가회로의 V_{Th}와 R_{Th}는 실험단계 ⑥에서 구한 이론값을 이용하여 전류 I_L과 전압 V_L의 이론값을 구하여라.

⑮ R_L=2.2kΩ인 경우에 대해 실험단계 ③에서 측정한 그림 9-14 실험회로의 전류 I_L과 전압 V_L의 측정값과 실험단계 ⑬에서 측정한 Thévenin 등가회로의 전류 I_L과 전압 V_L의 측정값과 실험단계 ⑭에서 Thévenin 등가회로를 이용하여 구한 전류 I_L과 전압 V_L의 이론값이 모두 일치하는지 비교하여 표 9-1에 기재하여라.

⑯ 실험단계 ⑮에서 이론값과 측정값이 일치하는지 비교한 실험결과를 이용하여 Thévenin의 정리가 성립하는지 여부를 표 9-1에 기재하여라.

참고 가변저항의 저항조정 및 결선방법

가변저항은 3단자로 구성되어 있다. 10kΩ 가변저항을 예를 들어 설명하면 A단자와 B단자 사이의 저항 R_{AB}는 R_{AB}=10kΩ으로 고정되어 있고, A단자와 C단자 사이의 저항 R_{AC}와 B단자와 C단자 사이의 저항 R_{BC}는 가변저항을 조정함에 따라 0~10kΩ까지 가변된다. 디지털 멀티미터를 이용하여 R_{AC} 또는 R_{BC}가 원하는 저항이 되도록 조정한 후 사용하면 된다.

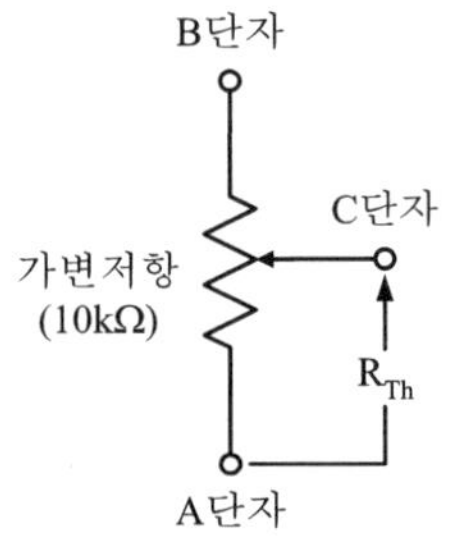

(a) 가변저항 내부회로

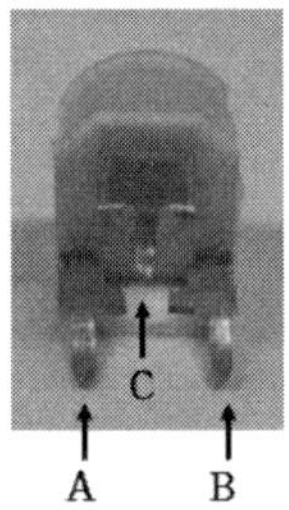

(b) 가변저항 단자

그림 9-18 가변저항

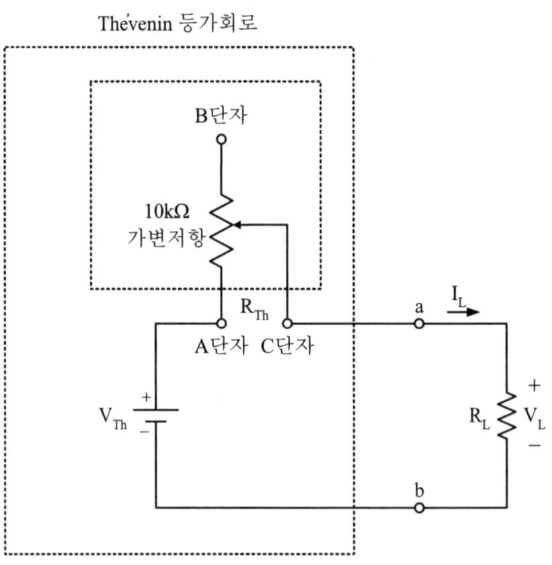

그림 9-19 가변저항을 이용한 실험회로의 Thévenin 등가회로

9.5 수행결과

실험 1. Thévenin의 정리 실험

표 9-1 Thévenin의 정리 실험 데이터

실험단계	구분	측정값		이론값	이론값과 측정값의 일치여부
		그림 9-14의 실험회로	그림 9-17의 실험회로	그림 9-17의 실험회로	
②⑨⑩⑪	I_L	[mA]	[mA]	[mA]	
	V_L	[V]	[V]	[V]	
③⑬⑭⑮	I_L	[mA]	[mA]	[mA]	
	V_L	[V]	[V]	[V]	
④⑤⑥	V_{Th}	[측정값]	[V]	[V]	
	R_{Th}	[측정값]	[kΩ]	[kΩ]	
⑫	Thévenin 정리의 성립여부				
⑯					

9.6 평가문제

1 Thévenin의 정리에서 Thévenin 등가전압을 구하는 방법을 설명하여라.

2 Thévenin의 정리에서 Thévenin 등가저항을 구하는 방법을 설명하여라.

3 실험단계 ⑥에서 구한 그림 9-14 실험회로의 Thévenin 등가전압 V_{Th}와 Thévenin 등가저항 R_{Th}의 이론값을 구하는 계산과정을 상세히 기재하여라.

4 그림 9-20의 회로를 Thévenin의 정리를 이용하여 단일 전압원과 단일 저항의 등가회로로 변환하고자 한다. 그림 9-20 회로의 Thévenin 등가전압 V_{Th}와 Thévenin 등가저항 R_{Th}를 구하여라.

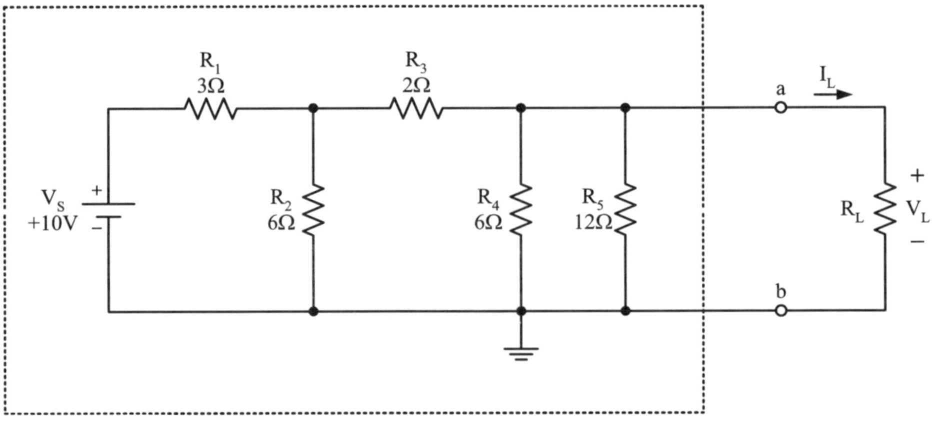

그림 9-20 Thévenin의 정리를 이용한 전기회로 해석

5 평가문제 **4**의 그림 9-20의 회로에서 부하저항이 R_L=3Ω인 경우와 R_L=8Ω인 경우의 부하전류 I_L과 출력전압 V_L을 평가문제 **4**에서 구한 Thévenin 등가회로를 이용하여 각각 구하여라.

6 실험에 대한 종합결론을 정리하고, 학습목표 성취도에 대해 학습자 스스로 평가하여라. 성취도는 A(우수), B(보통), C(미흡)의 3단계로 구분하여 평가하여라.

학습

10. Norton의 정리 실험하기

10.1 학습목표

- ▣ Norton의 정리를 이용하여 전기회로를 해석할 수 있다.
- ▣ Norton 등가전류와 Norton 등가저항의 병렬연결로 구성되는 Norton 등가회로를 실험할 수 있다.

10.2 필요지식

10.2.1 Norton의 정리

실험 9에서 살펴 본 Thévenin의 정리는 전압원 또는 전류원과 같은 전원을 포함하는 복잡한 2단자 선형 회로망을 Thévenin 등가전압과 Thévenin 등가저항을 이용하여 간단한 등가회로로 변환할 수 있는 정리이다. 즉 Thévenin의 정리는 복잡한 2단자 선형 회로망을 단일 등가전압과 단일 등가저항으로 등가화 할 수 있는 정리이다.

실험 10에서 살펴보고자 하는 Norton의 정리(Norton's theorem) 역시 2단자 선형 회로망을 간단한 등가회로로 변환할 수 있다. Norton의 정리는 2단자 선형 회로망을 Norton 등가전류와 Norton 등가저항을 이용하여 등가화 할 수 있으며, Norton 등가전류와 Norton 등가저항이 병렬로 연결된 간단한 등가회로로 변환할 수 있다.

Thévenin의 정리와 Norton의 정리를 비교하면 Thévenin의 정리는 2단자 선형 회로망을 등가화된 단일 전압원(V_{Th})과 단일 저항(R_{Th})이 직렬 연결된 등가회로로 나타낼 수 있고, Norton의 정리는 2단자 선형 회로망을 등가화된 단일 전류원(I_N)과 단일 저항(R_N)이 병렬 연결된 등가회로로 나타낼 수 있다는 차이점이 있다. 그러나 Thévenin 등가저항과 Norton 등가저항은 서로 동일하다는 공통점도 있다.

Norton의 정리에서 Norton 등가전류는 Norton의 정리를 이용하여 등가회로로 변환하고자 하는 2단자 선형 회로망의 외부에 연결된 부하 저항을 단락시킨 후 이에 흐르는 전류를 구하면 된다. 그리고 Norton 등가저항은 2단자 선형 회로망의 구동 임피던스(driving-point impedance)를 구하면 된다. Thévenin 등가저항 역시 구동 임피던스를 구하면 되므로 Norton 등가저항은 Thévenin 등가저항과 동일하다. 즉 동일한 회로에 대한 Thévenin 등가저항과 Norton 등가저항은 같다. 실험 9 Thévenin의 정리 실험에서 이미 설명한 바와 같이 Thévenin 등가저항을 구하는 경우 선형 회로망에 포함된 전압원은 모두 단락시키고, 전류원은 모두 개방시키고 구동 임피던스를 구한 것과 동일한 방법으로 Norton 등가저항을 구해야 한다.

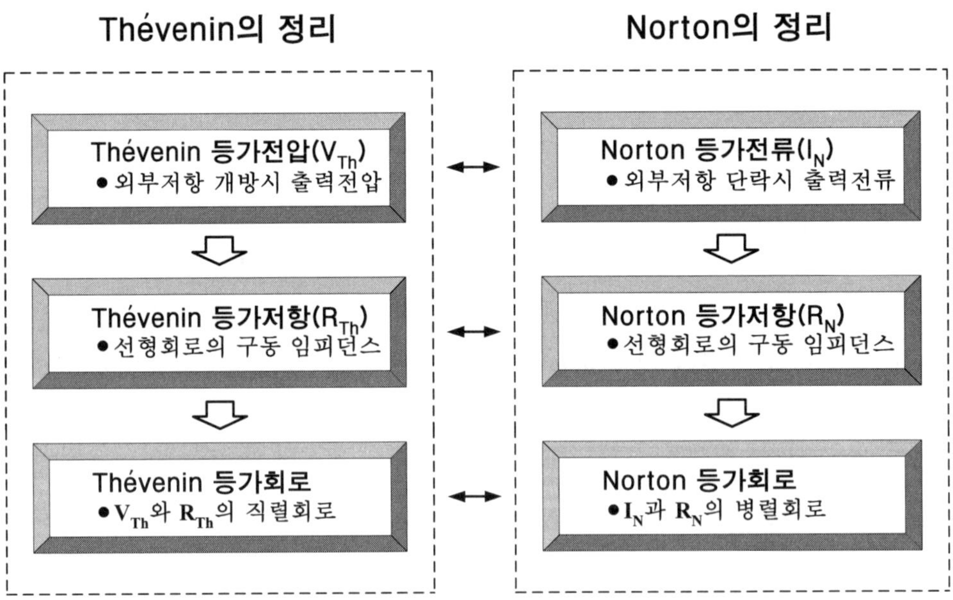

그림 10-1 Thévenin의 정리와 Norton의 정리의 비교

10.2.2 Norton의 등가회로

그림 10-2는 실험 9 Thévenin의 정리에서 첫 번째 예제회로로 살펴 본 회로이다.

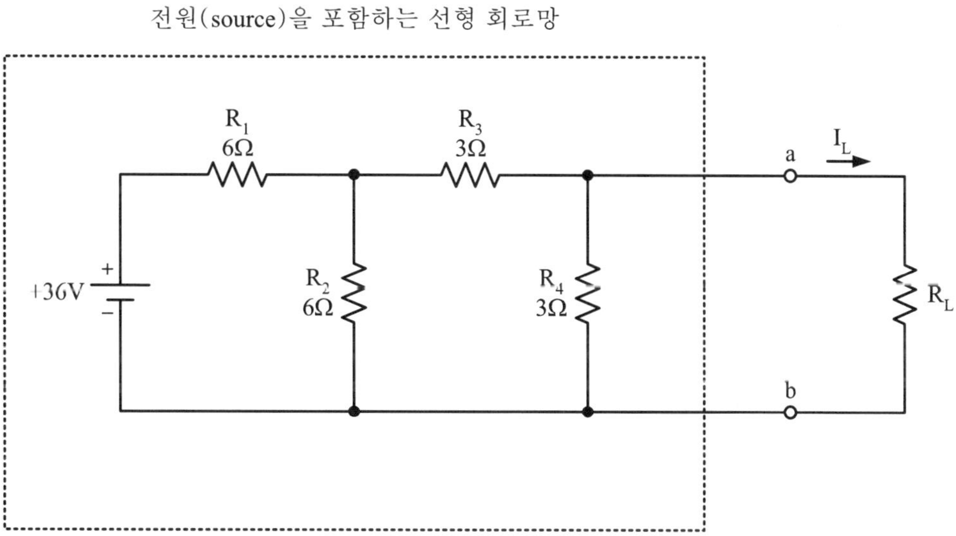

그림 10-2 Norton의 정리 적용을 위한 예제회로(예1)

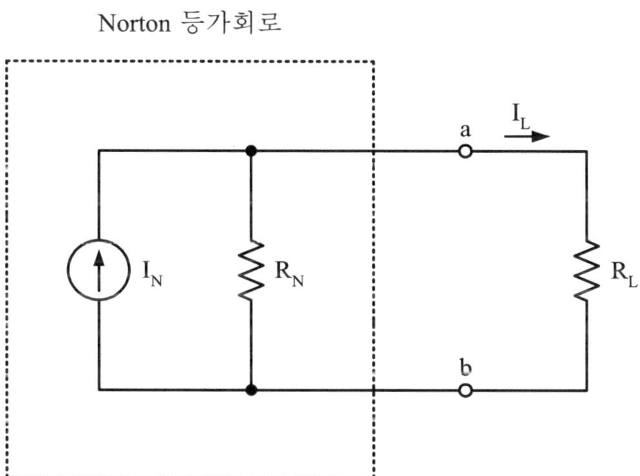

그림 10-3 Norton의 등가회로(예1)

그림 10-2의 예제회로를 Norton의 정리를 이용하여 나타내면 그림 10-3과 같이 Norton 등가전류(I_N)와 Norton 등가저항(R_N)이 병렬로 연결된 등가회로로 나타낼 수 있다. 그림 10-3과 같이 나타낼 수 있는 Norton 등가회로에서 Norton 등가전류(I_N)와 Norton 등가저항(R_N)을 구하는 방법을 살펴보자. Norton 등가전류는 노드 a와 노드 b 사이에 연결된 부하저항 R_L을 단락하고, 노드 a와 노드 b 사이에 흐르는 전류를 구하면 되고, Norton 등가저항은 노드 a와 노드 b에서의 구동 임피던스(driving-point impedance)를 구하면 된다. 구동 임피던스를 구하는 경우 선형 회로망에 포함된 전압원은 모두 단락시키고, 전류원은 모두 개방시키고 구동 임피던스를 구해야 한다.

Norton의 정리를 이용하여 그림 10-2의 선형 회로망을 Norton 등가회로로 나타내기 위해 Norton 등가전류와 Norton 등가저항을 구해보자. 그림 10-2의 회로에서 Norton 등가전류를 구하기 위한 회로는 그림 10-4와 같고, Norton 등가저항을 구하기 위한 회로는 그림 10-6과 같다.

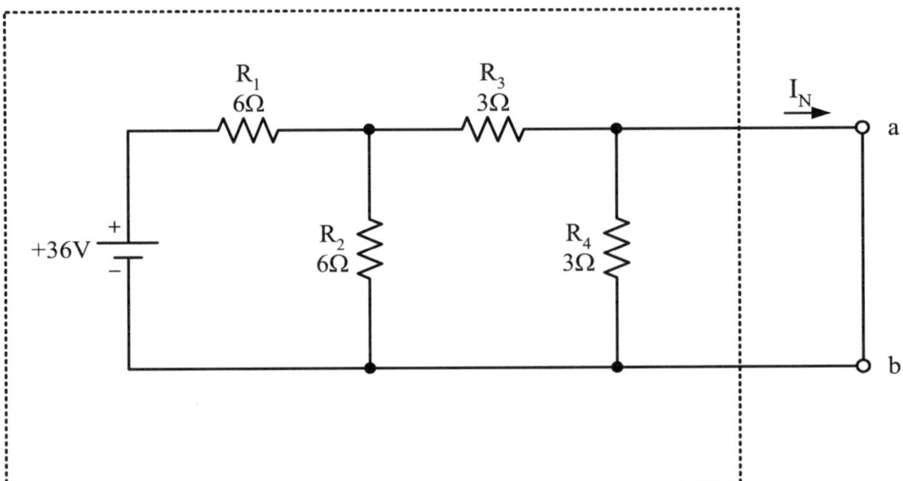

그림 10-4 Norton 등가전류(I_N)를 구하기 위한 회로(예1)

그림 10-4의 회로에서 저항 R_4는 노드 a와 노드 b의 단락된 부하저항과 병렬 연결되어 있으므로 Norton 등가전류 I_N을 구하는데 영향을 미치지 못한다. 따라서 Norton 등가전류 I_N을 구하기 위한 그림 10-4의 회로는 그림 10-5의 회로와 같이 저항 R_4를 제외할 수 있다.

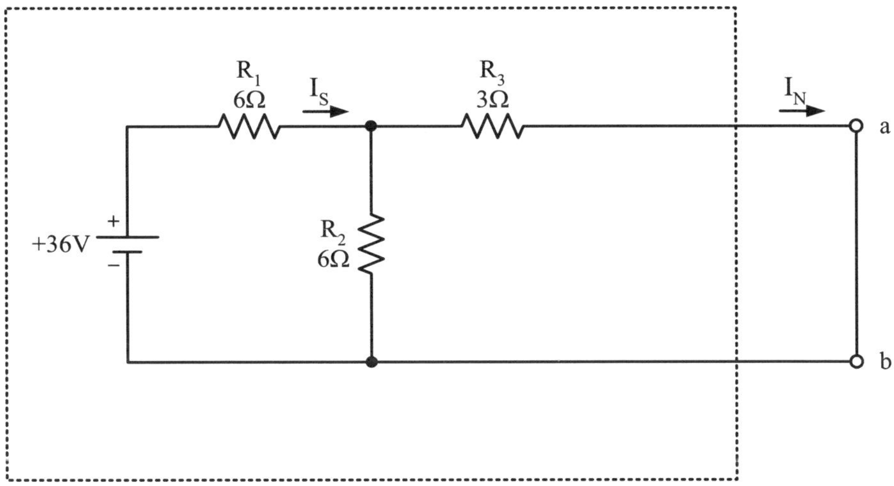

그림 10-5 Norton 등가전류(I_N)를 구하기 위해 간소화된 회로(예1)

그림 10-5의 회로에서 전체 합성저항 R_T를 구하면 식 (10.1)과 같다. 그리고 합성저항 R_T를 이용하여 회로에 흐르는 전체 전류 I_S를 구하면 식 (10.2)와 같다.

$$R_T = R_1 + (R_2 // R_3) = 6 + (6//3) = 8\Omega \tag{10.1}$$

$$I_S = \frac{36}{R_T} = \frac{36}{8} = 4.5A \tag{10.2}$$

식 (10.2)에서 구한 회로의 전체 전류 I_S를 이용하여 Norton 등가전류 I_N을 구하면 식 (10.3)과 같다. 병렬 연결된 저항회로에 흐르는 전류는 병렬 연결된 저항의 크기에 반비례한다. 따라서 Norton 등가전류 I_N은 식 (10.3)과 같이 구할 수 있다.

$$I_N = I_S \cdot \frac{R_2}{R_2 + R_3} = 4.5 \times \frac{6}{6+3} = 3A \tag{10.3}$$

또한 Norton 등가저항을 구하기 위한 회로는 그림 10-6과 같다. 그림 10-6은 Norton 등가저항을 구할 때 선형 회로망 내부의 모든 전압원은 단락, 모든 전류원은 개방시키고 Norton 등가저항을 구한다는 원칙을 적용하여 구한 회로이다.

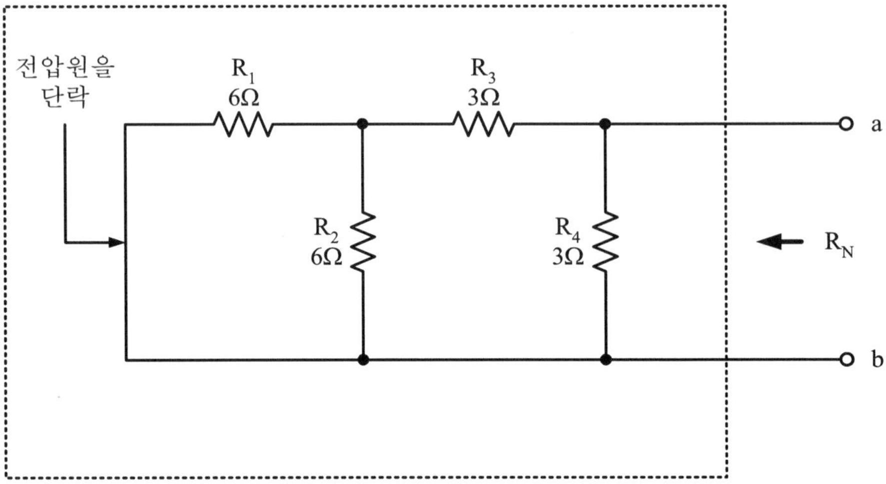

그림 10-6 Norton 등가저항(R_N)을 구하기 위한 회로(예1)

그림 10-6에서 노드 a와 노드 b에서 구한 구동 임피던스 즉 Norton 등가저항 R_N을 구하면 식 (10.4)와 같다. 따라서 Norton 등가회로는 그림 10-7과 같이 된다.

$$R_N = \{(R_1//R_2)+R_3\}//R_4 = \{(6//6)+3\}//3 = 2\Omega \tag{10.4}$$

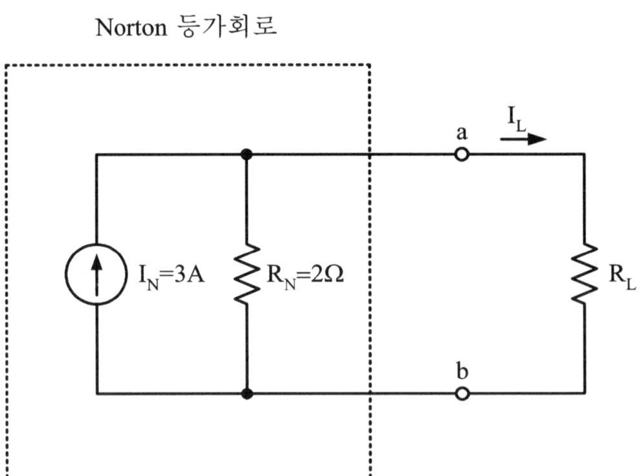

그림 10-7 Norton 등가회로(예1)

그림 10-7의 Norton 등가회로에서 부하저항이 R_L=1Ω인 경우의 부하전류(I_{L1})와 부하저항이 R_L=10Ω인 경우의 부하전류(I_{L2})를 구하면 각각 식 (10.5), 식 (10.6)과 같다.

$$I_{L1} = I_N \cdot \frac{R_N}{R_N + R_L} = 3 \times \frac{2}{2+1} = 2A \tag{10.5}$$

$$I_{L2} = I_N \cdot \frac{R_N}{R_N + R_L} = 3 \times \frac{2}{2+10} = 0.5A \tag{10.6}$$

식 (10.5)와 식 (10.6)의 결과는 실험 9 Thévenin의 정리 실험의 식 (9.3)과 식 (9.4)의 결과와 정확히 일치한다. 즉 그림 10-2의 예제회로를 Thévenin의 정리를 이용하여 부하전류를 구한 결과와 Norton의 정리를 이용하여 부하전류를 구한 결과가 서로 일치함을 의미한다.

이제 그림 10-7의 Norton 등가회로를 Thévenin의 정리를 이용하여 Thévenin 등가회로로 변환하고자 한다. 그림 10-7의 회로를 Thévenin 등가회로로 변환하기 위해서는 외부 저항 R_L을 개방하여 Thévenin 등가전압을 구하고, 노드 a와 노드 b에서의 구동 임피던스인 Thévenin 등가저항을 구하면 된다. 이와 같이 하여 Norton 등가회로를 Thévenin 등가회로로 변환한 것이 그림 10-8과 그림 10-9이다. 그림 10-9의 Thévenin 등가회로는 실험 9 Thévenin의 정리 실험의 그림 9-7과 일치한다.

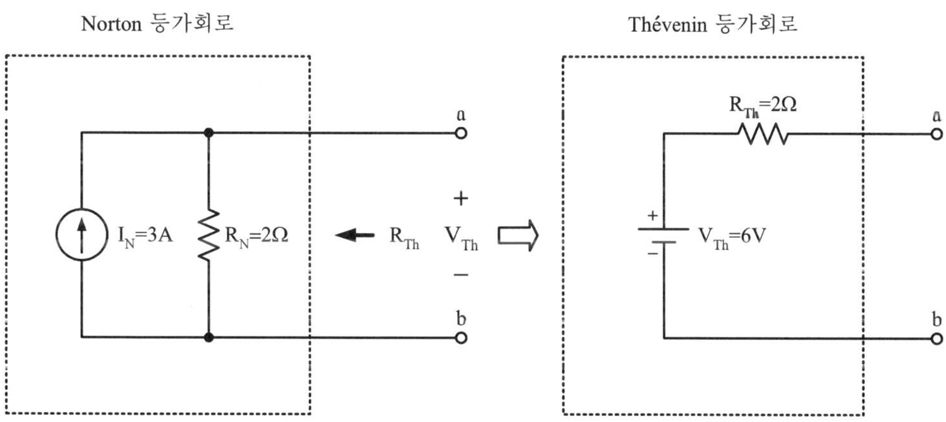

그림 10-8 Norton 등가회로를 Thévenin 등가회로로 변환

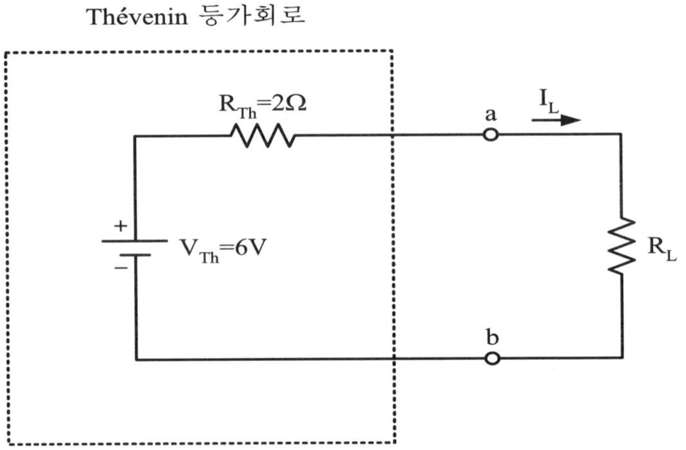

그림 10-9 Thévenin 등가회로(예1)

또한 그림 10-9의 Thévenin 등가회로를 Norton 등가회로로 변환해 보자. 그림 10-9의 회로를 Norton 등가회로로 변환하기 위해서는 외부 저항 R_L을 단락하여 Norton 등가전류를 구하고, 노드 a와 노드 b에서의 구동 임피던스인 Norton 등가저항을 구하면 된다. 이와 같이 하여 Thévenin 등가회로를 Norton 등가회로로 변환한 것이 그림 10-10이다. 그림 10-10의 Norton 등가회로는 그림 10-7과 일치한다.

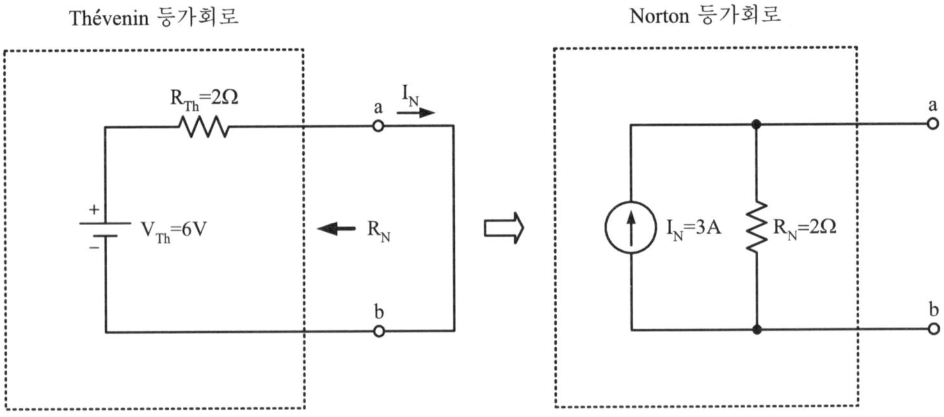

그림 10-10 Thévenin 등가회로를 Norton 등가회로로 변환

그림 10-8과 그림 10-10에서 알 수 있는 바와 같이 Thévenin 등가회로와 Norton 등가회로는 서로 쉽게 변환이 가능하다. 이와 같은 Thévenin의 정리와 Norton의 정리는 서로 쌍대(dual)의 관계에 있다고 한다. 전압과 전류, 저항과 컨덕턴스, 직렬과 병렬, 개방과 단락을 서로 대응시켜 하나의 등가회로가 구해지면 이에 의해 다른 등가회로를 구할 수 있는 이와 같은 관계를 회로에서 쌍대성(duality)이라고 한다.

Norton의 정리를 이해하고 응용하기 위해 그림 10-11의 회로를 Norton 등가회로의 두 번째 예로 살펴보기로 한다. 그림 10-11은 실험 9 Thévenin의 정리에서 두 번째 예제회로로 살펴 본 회로이다. Norton의 정리를 이용하여 그림 10-11의 회로에서 저항 R_L에 흐르는 전류 I_L과 저항 R_L 양단에 걸리는 전압 V_L을 구하고자 한다.

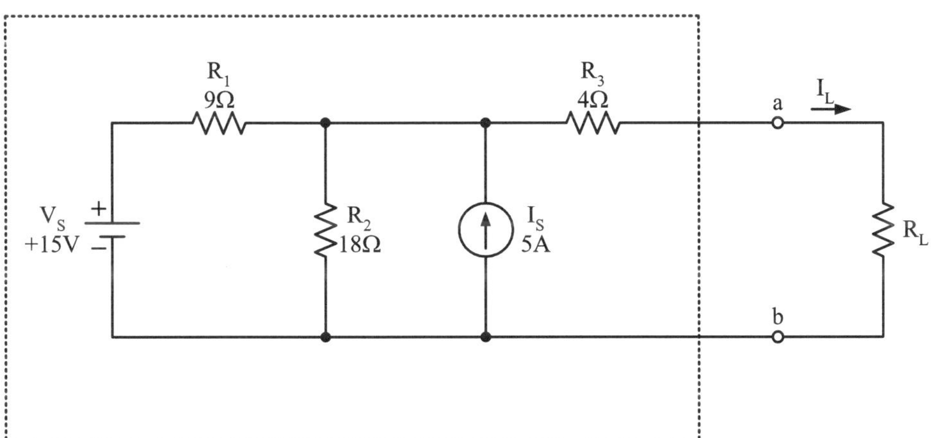

그림 10-11 Norton의 정리 적용을 위한 예제회로(예2)

Norton 등가회로를 구하기 위해 그림 10-11의 회로에서 저항 R_L를 우선 단락하고, Norton의 정리를 이용하여 단자 a, b 사이에 흐르는 전류 즉 Norton 등가전류와 단자 a, b 사이의 구동 임피던스 R_{ab} 즉 Norton 등가저항을 구한다.

그림 10-12는 Norton 등가전류 I_N을 구하기 위한 회로이다. 그림 10-11의 회로에서 저항 R_L을 단락한 경우 저항 R_3에 흐르는 전류 I_3이 Norton 등가전류 I_N이 된다. 그림 10-12의 회로에서 전류 방정식을 이용하여 우선 전압 V_{ab}를 구하고, 이 전압 V_{ab}를 이용하면 Norton 등가전류 I_N을 구할 수 있다.

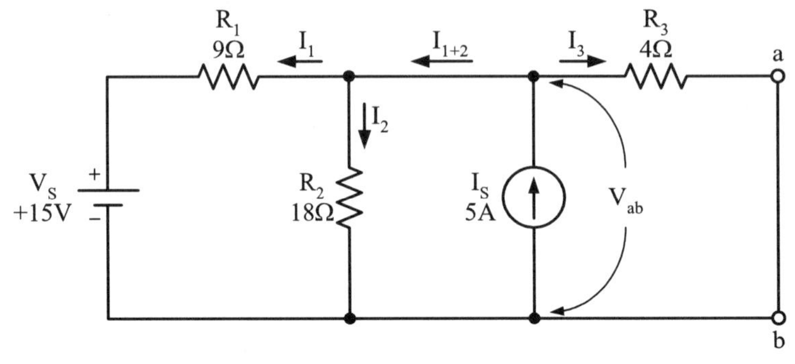

그림 10-12 Norton 등가전류(I_N)를 구하기 위한 회로(예2)

그림 10-12의 회로에서 V_{ab} 전압을 구하기 위해 키르히호프의 전류법칙(KCL)을 이용한다. 그림 10-12에 표시된 전류 I_S, I_1, I_2, I_3에 대해 KCL을 적용하면 $I_S=I_1+I_2+I_3$의 전류 방정식이 성립한다. 전류 I_1, I_2, I_3을 구하면 각각 식 (10.7), 식 (10.8), 식 (10.9)와 같고, KCL에 의한 전류 방정식을 세우면 식 (10.10)과 같다. 식 (10.10)을 이용하여 전압 V_{ab}를 구하면 식 (10.11)과 같다.

$$I_1 = \frac{V_{ab} - V_S}{R_1} = \frac{V_{ab} - 15}{9} \tag{10.7}$$

$$I_2 = \frac{V_{ab}}{R_2} = \frac{V_{ab}}{18} \tag{10.8}$$

$$I_3 = \frac{V_{ab}}{R_3} = \frac{V_{ab}}{4} \tag{10.9}$$

$$I_S = I_1 + I_2 + I_3 = \frac{V_{ab} - 15}{9} + \frac{V_{ab}}{18} + \frac{V_{ab}}{4} = 5 \tag{10.10}$$

$$V_{ab} = 16V \tag{10.11}$$

식 (10.11)의 전압 V_{ab}를 이용하여 Norton 등가전류를 구하면 식 (10.12)와 같다.

$$I_N = I_3 = \frac{V_{ab}}{R_3} = \frac{16}{4} = 4A \tag{10.12}$$

또한 그림 10-13은 단자 a, b 사이의 구동 임피던스 즉 Norton 등가저항을 구하기 위한 회로이다. 그림 10-11의 회로에서 저항 R_L을 제거하고, 회로에 포함된 전압원은 단락시키고, 전류원은 개방시키면 그림 10-13의 회로가 된다. 그리고 그림 10-14의 회로는 Norton 등가저항을 구하기 위해 그림 10-13의 회로를 보다 간결하게 정리한 회로이다.

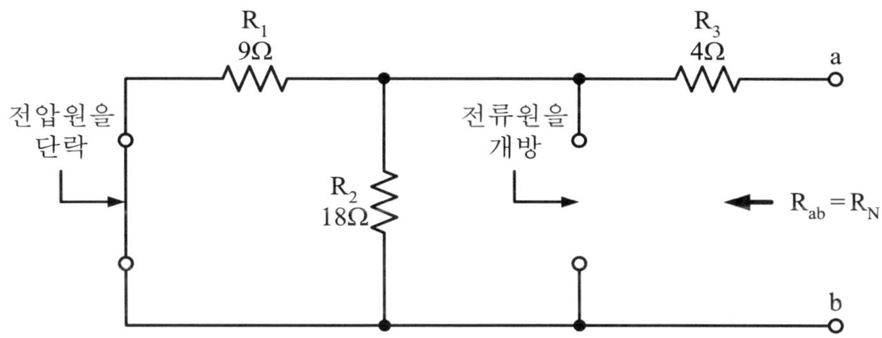

그림 10-13 Norton 등가저항 (R_N)을 구하기 위한 회로(예2)

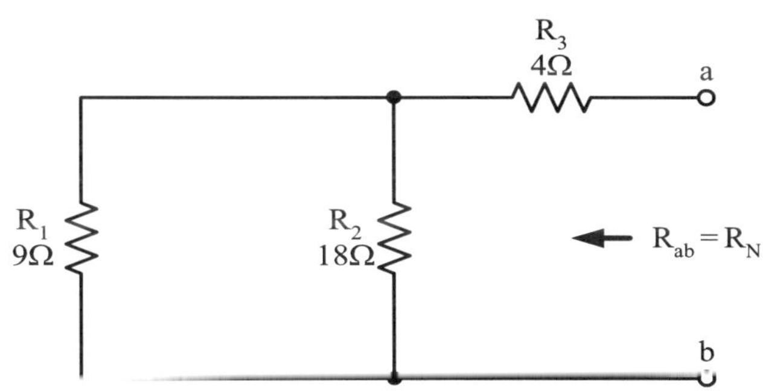

그림 10-14 Norton 등가저항을 구하기 위해 그림 10-13을 단순화한 회로(예2)

그림 10-14의 회로에서 Norton 등가저항 R_N=R_{ab}를 구하면 식 (10.13)과 같다.

$$R_N = R_{ab} = (R_1//R_2) + R_3 = (9//18) + 4 = 6 + 4 = 10\Omega \tag{10.13}$$

식 (10.12)의 Norton 등가전류와 식 (10.13)의 Norton 등가저항을 이용하여 그림 10-11 예제회로의 Norton 등가회로를 나타내면 그림 10-15와 같다. 또한 그림 10-15

의 Norton 등가회로를 이용하여 Thévenin 등가회로를 구하면 그림 10-16과 같다. 그림 10-16은 실험 9 Thévenin의 정리 실험의 그림 9-13과 일치한다.

그림 10-15의 등가회로에서 저항 R_L의 변화에 따른 전류 I_L과 전압 V_L은 매우 쉽게 구할 수 있다. 즉 저항 R_L이 결정되면 그림 10-15의 등가회로를 이용하여 저항 R_L에 흐르는 전류 I_L과 저항 R_L에 걸리는 전압 V_L을 간단히 구할 수 있다.

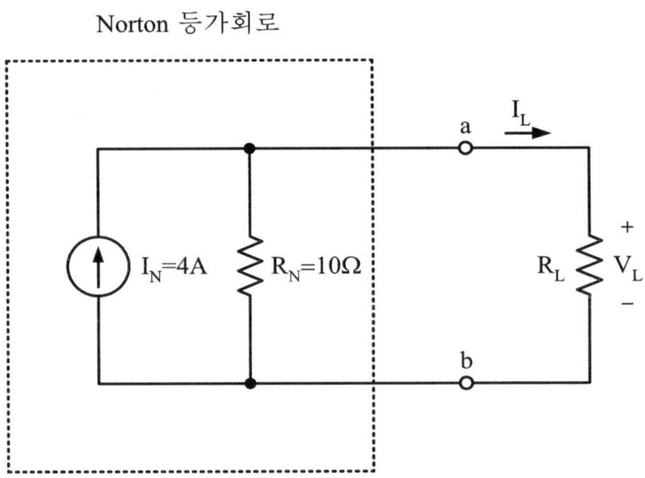

그림 10-15 Norton 등가회로(예2)

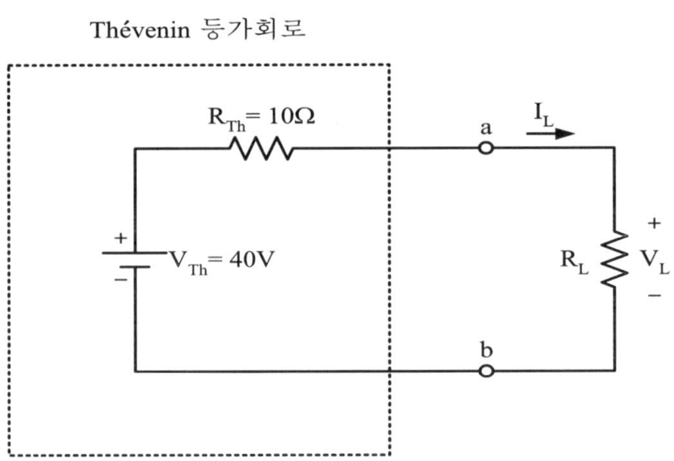

그림 10-16 Thévenin 등가회로(예2)

그림 10-11의 회로에서 부하저항이 R_{L1}=10Ω인 경우의 부하전류 I_{L1}, 출력전압 V_{L1}을 구하고, 또한 부하저항이 R_{L2}=30Ω인 경우의 부하전류 I_{L2}, 출력전압 V_{L2}를 그림 10-15의 Norton 등가회로를 이용하면 식 (10.14), 식 (10.15)와 같이 쉽게 구할 수 있다. 또한 Norton의 정리를 이용한 식 (10.14), 식 (10.15)의 결과와 Thévenin의 정리를 이용한 실험 9의 식 (9.10), 식 (9.11)의 결과를 비교하면 서로 일치하는 것을 확인할 수 있다. 그림 10-17에 2단자 선형 회로망을 Norton 등가전류와 Norton 등가저항이 병렬로 연결된 Norton 등가회로로 변환하는 방법을 정리하였다.

$$I_{L1} = I_N \cdot \frac{R_N}{R_N + R_{L1}} = 4 \times \frac{10}{10+10} = 2\text{A}, \quad V_{L1} = R_{L1} I_{L1} = 10 \times 2 = 20\text{V} \tag{10.14}$$

$$I_{L2} = I_N \cdot \frac{R_N}{R_N + R_{L2}} = 4 \times \frac{10}{10+30} = 1\text{A}, \quad V_{L2} = R_{L2} I_{L2} = 30 \times 1 = 30\text{V} \tag{10.15}$$

1단계 : Norton 등가전류(I_N) 계산
- **Norton** 등가회로를 구하고자 하는 2단자 회로망에 연결된 외부 저항은 단락
- 단락된 외부 저항에 흐르는 전류를 계산

⇩

2단계 : Norton 등가저항(R_N) 계산
- **Norton** 등가회로를 구하고자 하는 2단자 회로망에 연결된 외부 저항은 제거
- **Norton** 등가회로를 구하고자 하는 2단자 회로망에 포함된 전압원은 모두 단락, 전류원은 모두 개방
- 2단자에서의 구동 임피던스(합성 임피던스)를 계산

⇩

3단계 : Norton 등가회로 구성
- **Norton** 등가전류(**I_N**)와 **Norton** 등가저항(**R_N**)을 병렬로 연결하여 **Norton** 등가회로를 구성

그림 10-17 Norton 등가회로를 구하는 방법

본 실험에서는 두 개의 예제회로를 이용하여 Norton 등가회로와 Thévenin 등가회로를 이용한 해석 결과가 서로 완전히 일치하는 것을 입증함으로써 Norton의 정리와 Thévenin의 정리를 이용한 회로 해석이 타당함을 설명하였다. 그리고 Norton 등가회로와 Thévenin 등가회로가 서로 쌍대(dual) 관계에 있음도 살펴보았다. Norton 등가회로를 Thévenin 등가회로로 변환하는 관계식이 식 (10.16)이고, Thévenin 등가회로를 Norton 등가회로로 변환하는 관계식이 식 (10.17)이다.

$$V_{Th} = I_N \cdot R_N, \quad R_{Th} = R_N \tag{10.16}$$

$$I_N = \frac{V_{Th}}{R_{Th}}, \quad R_N = R_{Th} \tag{10.17}$$

10.3 수행내용 / 부품 및 장비

<table>
<tr><th colspan="2">부품 및 장비</th><th colspan="2">규격 및 수량</th></tr>
<tr><td rowspan="5">부 품</td><td rowspan="4">저항</td><td>330Ω</td><td>2개</td></tr>
<tr><td>470Ω</td><td>1개</td></tr>
<tr><td>1 kΩ</td><td>2개</td></tr>
<tr><td>2.2 kΩ</td><td>2개</td></tr>
<tr><td>가변저항</td><td>10 kΩ</td><td>1개</td></tr>
<tr><td colspan="2" rowspan="3">장 비</td><td colspan="2">직류전원 공급장치(DC power supply)</td></tr>
<tr><td colspan="2">디지털 멀티미터(DMM)</td></tr>
<tr><td colspan="2">브레드 보드(bread board)</td></tr>
<tr><td colspan="2" rowspan="2">기 타</td><td colspan="2">jumper wire</td></tr>
<tr><td colspan="2">wire stripper(또는 nipper)</td></tr>
</table>

10.4 수행내용 / 수행순서

실험 1. Norton의 정리 실험

① 직류전원 공급장치(DC power supply)와 저항을 이용하여 그림 10-18의 실험회로를 구성하여라.

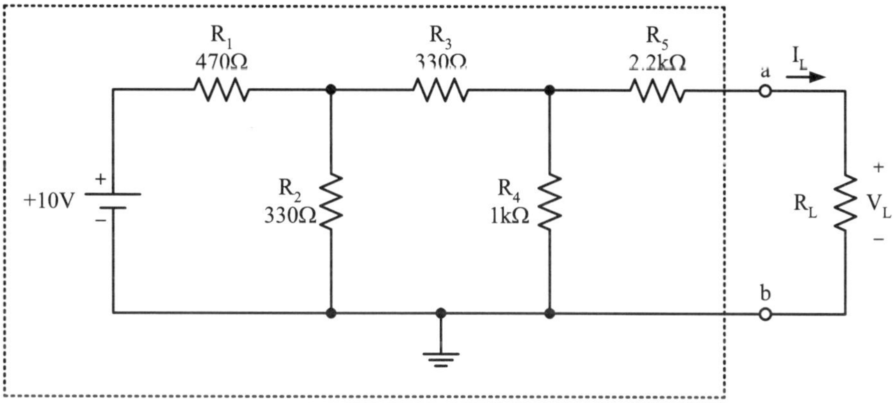

그림 10-18 Norton의 정리 실험회로

② 그림 10-18의 실험회로에서 저항 R_L을 R_L=1kΩ 저항으로 연결하여라.
저항 R_L의 전류 I_L과 전압 V_L을 측정하여 표 10-1에 기재하여라. 전류 I_L, 전압 V_L은 모두 소수점 두 자리까지 측정하여라. 이하 모든 실험단계에서의 측정값은 소수점 두 자리까지 측정하여라.

③ 그림 10-18의 실험회로에서 저항 R_L을 R_L=2.2kΩ 저항으로 변경하여 연결하여라.
저항 R_L의 전류 I_L과 전압 V_L을 측정하여 표 10-1에 기재하여라.

④ 그림 10-18의 실험회로에서 Norton 등가전류를 측정하기 위해 그림 10-19와 같이 저항 R_L을 R_L=0Ω으로 단락시켜라.
단락된 저항 R_L에 흐르는 Norton 등가전류 I_N을 측정하여 표 10-1에 기재하여라.

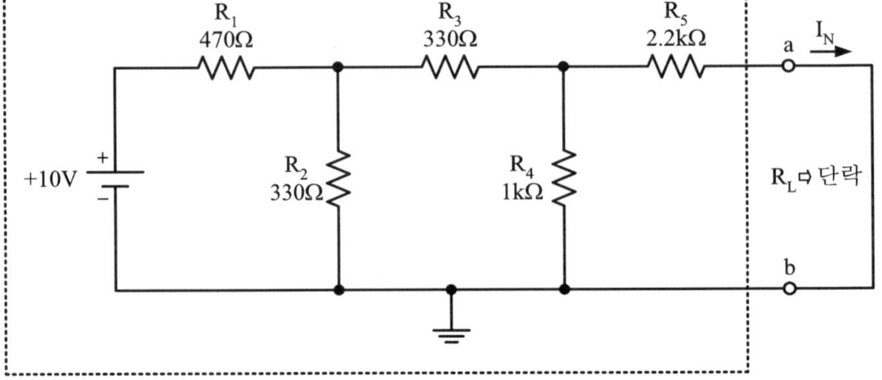

그림 10-19 Norton 등가전류를 구하기 위한 실험회로

⑤ 그림 10-18의 실험회로에서 Norton 등가저항을 측정하기 위해 그림 10-20과 같이 +10V의 직류전원은 제거하고, 대신 해당 회로부분은 도선을 이용하여 단락시켜라. 또한 저항 R_L도 실험회로에서 제거하여라. 단자 a, b 사이의 저항 즉 Norton 등가저항 R_N을 측정하여 표 10-1에 기재하여라.

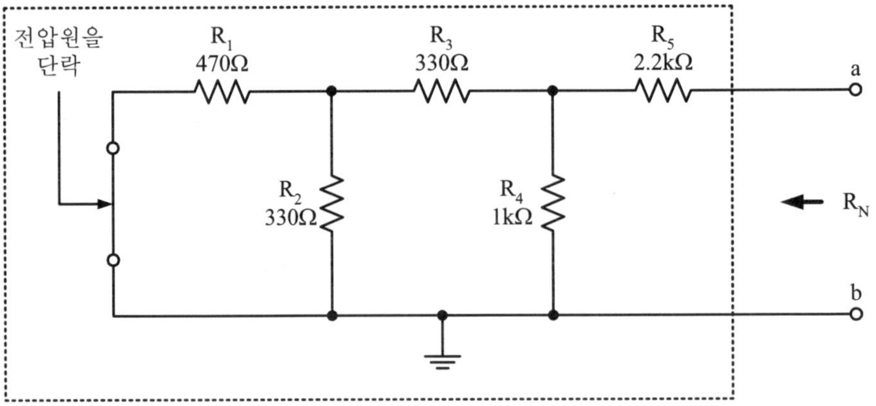

그림 10-20 Norton 등가저항을 구하기 위한 실험회로

⑥ 그림 10-18의 실험회로에서 a, b 두 단자에서의 Norton 등가전류 I_N과 Norton 등가저항 R_N의 이론값을 계산하여 표 10-1에 기재하여라.

또한 Norton 등가전류 I_N과 Norton 등가저항 R_N의 이론값이 실험단계 ④, ⑤의 측정값과 일치하는지 비교하여 표 10-1에 기재하여라.

⑦ 10kΩ 가변저항이 실험단계 ⑥에서 계산한 Norton 등가저항 R_N이 되도록 디지털 멀티미터를 이용하여 가변저항을 정확히 조정하여라.
10kΩ 가변저항을 이용하여 Norton 등가저항 R_N이 되도록 조정하는 방법은 실험 9의 가변저항의 저항조정 및 결선방법을 참고하여라.

⑧ 직류전원 공급장치(V_N), 전류계, Norton 등가저항 R_N(실험단계 ⑦에서 10kΩ 가변저항을 이용하여 조정), R_L=1kΩ 저항을 이용하여 그림 10-21의 Norton 등가회로를 구성하여라.
그림 10-21의 전압 V_N은 직류전원 공급장치를 이용하여 0V에서 서서히 증가시키면서 전류계에서 측정되는 전류가 실험단계 ⑥에서 구한 Norton 등가전류 I_N의 이론값과 같아지도록 정확히 조정하여라.

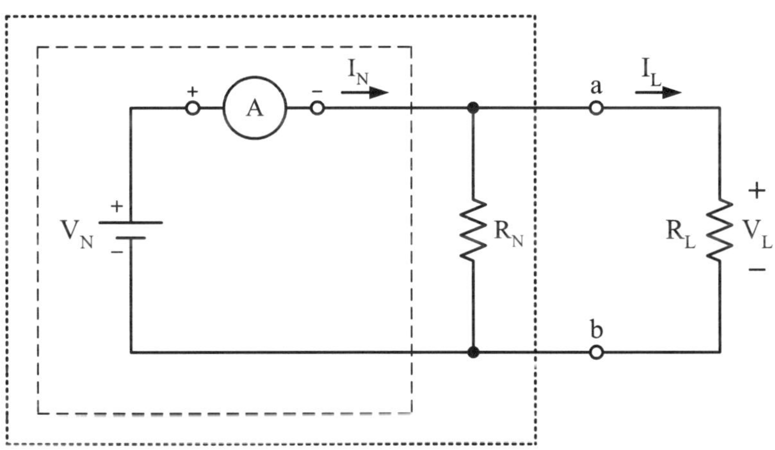

그림 10-21 실험회로의 Norton 등가회로

⑨ 그림 10-21의 Norton 등가회로에서 1kΩ 저항인 R_L의 전류 I_L과 전압 V_L을 측정하여 표 10-1에 기재하여라.

⑩ 그림 10-21의 Norton 등가회로에서 저항 R_L이 R_L=1kΩ인 경우 전류 I_L과 전압 V_L의 이론값을 구하여 표 10-1에 기재하여라.

Norton 등가회로의 I_N과 R_N은 실험단계 ⑥에서 구한 이론값을 이용하여 전류 I_L과 전압 V_L의 이론값을 구하여라.

⑪ R_L=1kΩ인 경우에 대해 실험단계 ②의 전류 I_L과 전압 V_L의 측정값과 실험단계 ⑨의 전류 I_L과 전압 V_L의 측정값과 실험단계 ⑩의 전류 I_L과 전압 V_L의 이론값이 모두 일치하는지 비교하여 표 10-1에 기재하여라.

⑫ 실험단계 ⑪에서 이론값과 측정값이 일치하는지 비교한 실험결과를 이용하여 Norton의 정리가 성립하는지 여부를 표 10-1에 기재하여라.

⑬ 그림 10-21의 Norton 등가회로에서 저항 R_L을 R_L=2.2kΩ 저항으로 변경하여 연결하여라.
그리고 그림 10-21의 전압 V_N은 직류전원 공급장치를 이용하여 0V에서 서서히 증가시키면서 전류계에서 측정되는 전류가 실험단계 ⑥에서 구한 Norton 등가전류 I_N의 이론값과 같아지도록 다시 정확히 조정하여라.

⑭ 그림 10-21의 Norton 등가회로에서 2.2kΩ 저항인 R_L의 전류 I_L과 전압 V_L을 측정하여 표 10-1에 기재하여라.

⑮ 그림 10-21의 Norton 등가회로에서 저항 R_L이 R_L=2.2kΩ인 경우 전류 I_L과 전압 V_L의 이론값을 구하여 표 10-1에 기재하여라.
Norton 등가회로의 I_N과 R_N은 실험단계 ⑥에서 구한 이론값을 이용하여 전류 I_L과 전압 V_L의 이론값을 구하여라.

⑯ R_L=2.2kΩ인 경우에 대해 실험단계 ③의 전류 I_L과 전압 V_L의 측정값과 실험단계 ⑭의 전류 I_L과 전압 V_L의 측정값과 실험단계 ⑮의 전류 I_L과 전압 V_L의 이론값이 모두 일치하는지 비교하여 표 10-1에 기재하여라.

⑰ 실험단계 ⑯에서 이론값과 측정값이 일치하는지 비교한 실험결과를 이용하여 Norton의 정리가 성립하는지 여부를 표 10-1에 기재하여라.

⑱ 그림 10-18 Norton의 정리 실험회로는 그림 9-14 Thévenin의 정리 실험회로와 동일하다.
저항 R_L=1kΩ인 경우에 대해 실험 9. Thévenin의 정리 실험의 실험단계 ⑩에서 구한 전류 I_L과 전압 V_L의 이론값을 확인하여 표 10-1에 기재하고, 본 실험의 실험단계 ⑩에서 Norton의 정리를 이용하여 구한 전류 I_L과 전압 V_L의 이론값과 일치하는지 비교하여 표 10-1에 기재하여라.

10.5 수행결과

실험 1. Norton의 정리 실험

표 10-1 Norton의 정리 실험 데이터

실험단계	구분	측정값		이론값	이론값과 측정값의 일치여부
		그림 10-18의 실험회로	그림 10-21의 실험회로	그림 10-21의 실험회로	
②⑨⑩⑪	I_L	[mA]	[mA]	[mA]	
	V_L	[V]	[V]	[V]	
③⑭⑮⑯	I_L	[mA]	[mA]	[mA]	
	V_L	[V]	[V]	[V]	
④⑤⑥	I_N	[측정값]	[mA]	[mA]	
	R_N	[측정값]	[kΩ]	[kΩ]	
⑫	Norton 정리의 성립여부				
⑰					
⑱	Norton 정리와 Thévenin 정리의 이론값 일치여부 (R_L=1kΩ)	I_L= [mA]		V_L= [V]	

10.6 평 가 문 제

1 Norton의 정리에서 Norton 등가전류를 구하는 방법을 설명하여라.

2 Norton의 정리에서 Norton 등가저항을 구하는 방법을 설명하여라.

3 실험단계 ⑥에서 구한 그림 10-18 실험회로의 Norton 등가전류 I_N과 Norton 등가저항 R_N의 이론값을 구하는 계산 과정을 상세히 기재하여라.

4 그림 10-22의 회로를 Norton의 정리를 이용하여 단일 전류원과 단일 저항의 등가회로로 변환하고자 한다. 그림 10-22 회로의 Norton 등가전류 I_N와 Norton 등가저항 R_N을 구하고, Norton 등가회로를 작성하여라.

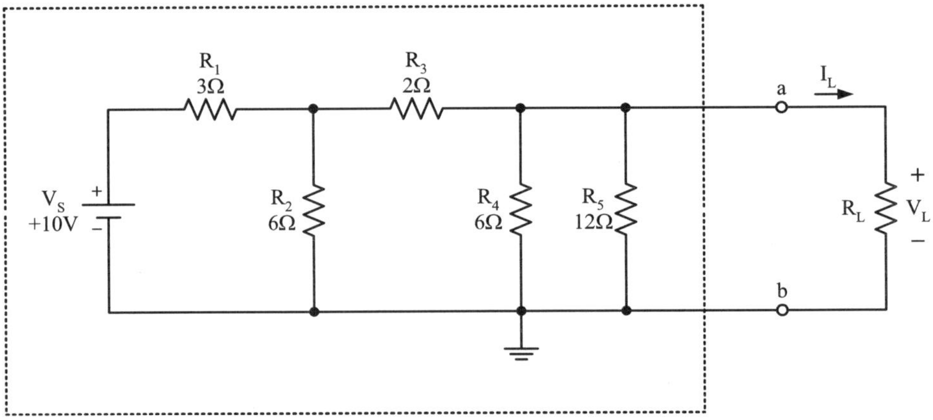

그림 10-22 Norton의 정리를 이용한 전기회로 해석

5 평가문제 **4**의 그림 10-22 회로에서 부하저항이 R_L=3Ω인 경우와 R_L=8Ω인 경우의 부하전류 I_L과 출력전압 V_L을 평가문제 **4**에서 구한 Norton 등가회로를 이용하여 각각 구하여라.

6 실험에 대한 종합결론을 정리하고, 학습목표 성취도에 대해 학습자 스스로 평가하여라. 성취도는 A(우수), B(보통), C(미흡)의 3단계로 구분하여 평가하여라.

학습

11. 중첩의 정리 실험하기

11.1 학 습 목 표

- ▣ 다수의 전원을 포함하는 선형회로의 해석에 유용한 중첩의 정리를 이용하여 전기회로를 해석할 수 있다.
- ▣ 각각의 전원이 독립적으로 존재하는 회로에 대한 해석결과를 모두 더한 것이 다수의 전원을 포함하는 선형회로의 해석결과라는 중첩의 정리를 실험할 수 있다.

11.2 필 요 지 식

11.2.1 중첩의 정리

전압원과 전류원 등 여러 개의 전원을 포함하는 선형회로의 해석결과는 각각의 전원이 단독으로 존재한다고 가정한 회로에 대한 해석결과를 모두 더한 것과 동일하다는 것이 중첩의 정리(superposition theorem)이다.

예를 들어 그림 11-1과 같이 V_{S1}, V_{S2}의 2개의 전원이 존재하는 선형회로에 대해 살펴보자. 물론 그림 11-1과 같이 다수의 전원을 포함하는 회로의 해석 역시 일반적으로 메쉬 해석법이나 노드 해석법을 이용하여 해석할 수 있다.

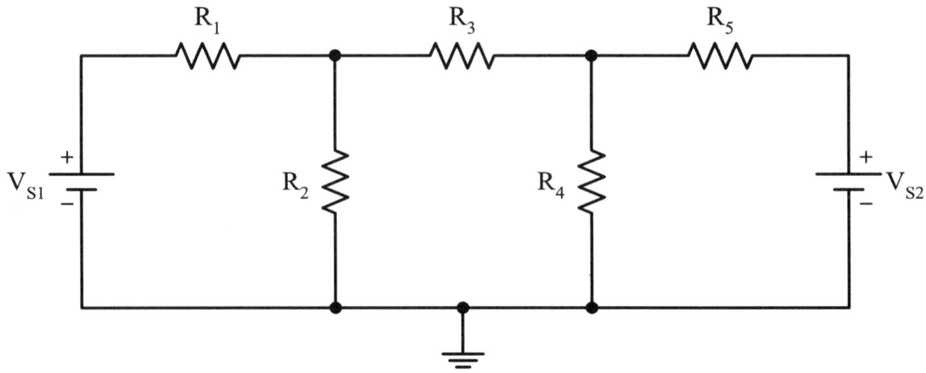

그림 11-1 2개의 전압원을 갖는 회로

그림 11-1의 회로를 중첩의 정리를 이용하여 해석하기 위해서는 우선 그림 11-2와 같이 전압원 V_{S1}만이 존재한다고 가정하고 회로를 해석하여 각 저항에 흐르는 전류와 각 저항 양단의 전압을 구한다. 또한 그림 11-3과 같이 전압원 V_{S2}만이 존재한다고 가정하고 회로를 해석하여 각 저항에 흐르는 전류와 각 저항 양단의 전압을 구한다. 그리고 2개의 해석결과를 더하면 V_{S1}, V_{S2}의 2개의 전원이 존재하는 회로의 해석결과를 얻을 수 있다는 것이 중첩의 정리이다. 중첩의 정리를 이용하여 회로를 해석하는 경우 주의할 점은 각각의 전원이 단독으로 존재한다고 가정하고 회로를 구성할 때 나머지의 모든 전원은 전압원은 단락, 전류원은 개방시켜야 한다는 것이다.

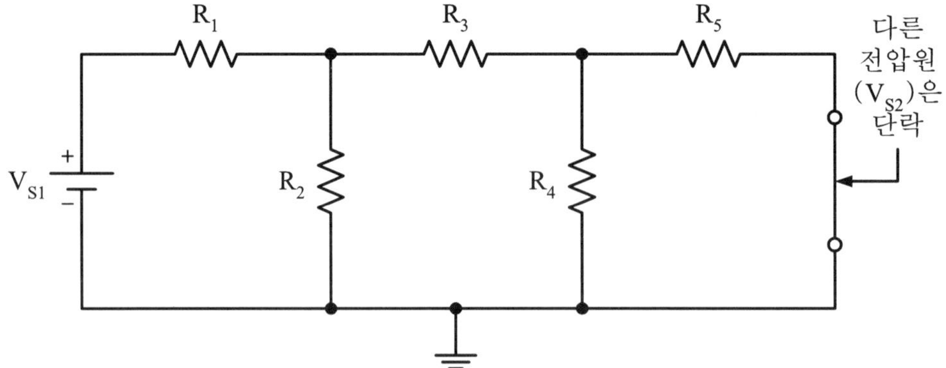

그림 11-2 전압원 V_{S1}만 존재한다고 가정한 회로

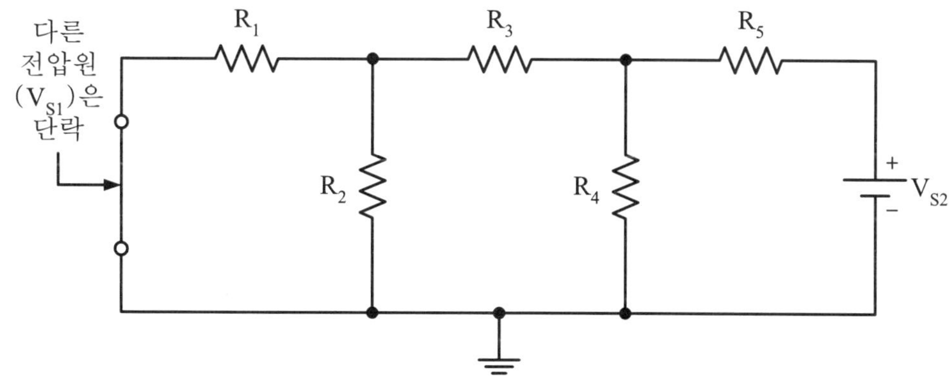

그림 11-3 전압원 V_{S2}만 존재한다고 가정한 회로

11.2.2 중첩의 정리를 이용한 전기회로 해석

중첩의 정리를 이용한 전기회로 해석의 첫 번째 예제회로로 그림 11-4의 회로를 살펴보자. 그림 11-4의 회로에서 각 저항의 전류와 전압을 중첩의 정리를 이용하여 구하는 것을 살펴보기로 한다.

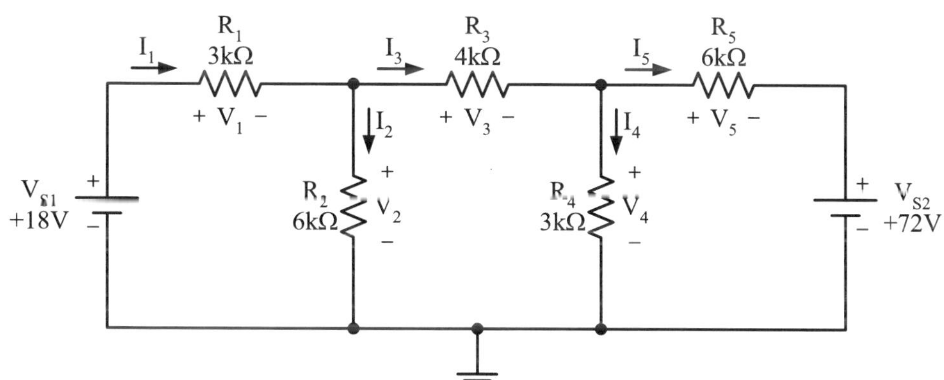

그림 11-4 중첩의 정리 적용을 위한 예제회로(예1)

중첩의 정리를 이용하여 회로를 해석하기 위해 우선 그림 11-5의 회로와 같이 전압원 V_{S1}만 존재한다고 가정하고 회로를 해석하여 각 저항의 전류와 전압을 구한다.

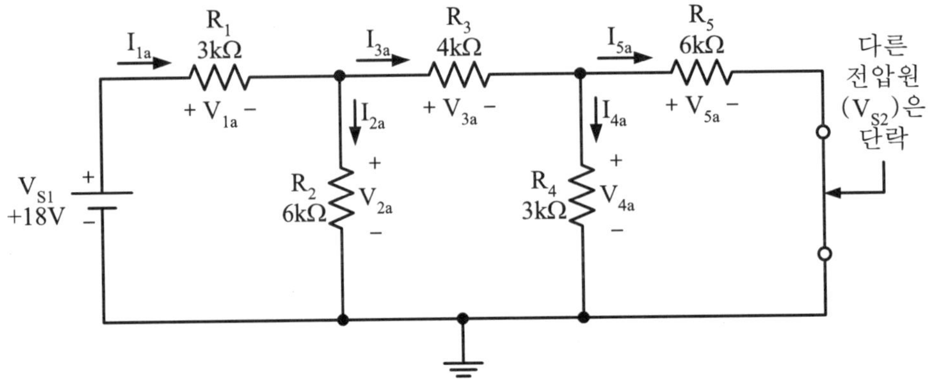

그림 11-5 전압원 V_{S1}만 존재한다고 가정한 예제회로(예1)

그림 11-5의 회로를 해석하기 위해 우선 전체 합성저항 R_T를 구하면 식 (11.1)과 같다. 전체 합성저항 R_T를 이용하여 전류 I_{1a}를 구하고, 순차적으로 전류 I_{2a}, I_{3a}, I_{4a}, I_{5a}를 구하면 식 (11.2)와 같다. 전류 I_{1a}는 옴의 법칙을 이용하여 구하고, I_{2a}, I_{3a}, I_{4a}, I_{5a}는 병렬회로에서 병렬연결된 각각의 저항에 흐르는 전류는 저항의 크기에 반비례한다는 특성을 이용하여 식 (11.2)와 같이 구할 수 있다.

$$\begin{aligned} R_T &= R_1 + [R_2//\{R_3 + (R_4//R_5)\}] \\ &= 3 + [6//\{4 + (3//6)\}] \\ &= 3 + (6//6) \\ &= 6\text{k}\Omega \end{aligned} \tag{11.1}$$

$$\begin{aligned} I_{1a} &= \frac{18\text{V}}{6\text{k}\Omega} = 3\text{mA} \\ I_{2a} &= I_{3a} = 3\text{mA} \times \frac{6}{6+6} = 1.5\text{mA} \\ I_{4a} &= 1.5\text{mA} \times \frac{6}{3+6} = 1\text{mA} \\ I_{5a} &= 1.5\text{mA} \times \frac{3}{3+6} = 0.5\text{mA} \end{aligned} \tag{11.2}$$

그림 11-5의 회로에서 각 저항 양단의 전압은 식 (11.2)에서 구한 각 저항의 전류와 옴의 법칙을 이용하면 식 (11.3)과 같이 구할 수 있다.

$$
\begin{aligned}
V_{1a} &= R_1 I_{1a} = 3k\Omega \times 3mA = 9V \\
V_{2a} &= R_2 I_{2a} = 6k\Omega \times 1.5mA = 9V \\
V_{3a} &= R_3 I_{3a} = 4k\Omega \times 1.5mA = 6V \\
V_{4a} &= R_4 I_{4a} = 3k\Omega \times 1mA = 3V \\
V_{5a} &= R_5 I_{5a} = 6k\Omega \times 0.5mA = 3V
\end{aligned} \tag{11.3}
$$

그림 11-5의 회로와 같이 전압원이 1개만 있는 회로는 식 (11.2), 식 (11.3)과 같이 쉽게 회로를 해석할 수 있다. 그림 11-5의 회로 역시 메쉬 해석법이나 노드 해석법을 이용하여 회로를 해석할 수 있다. 그러나 전압원이 1개만 있는 회로는 메쉬 해석법이나 노드 해석법을 이용하여 회로를 해석하는 것에 비해 전체 합성저항을 이용하여 식 (11.2), 식 (11.3)과 같이 보다 쉽게 회로를 해석할 수 있다.

또한 중첩의 정리를 이용하여 회로를 해석하기 위해 그림 11-6의 회로와 같이 전압원 V_{S2}만 존재한다고 가정하고 회로를 해석하여 각 저항의 전류와 전압을 구한다.

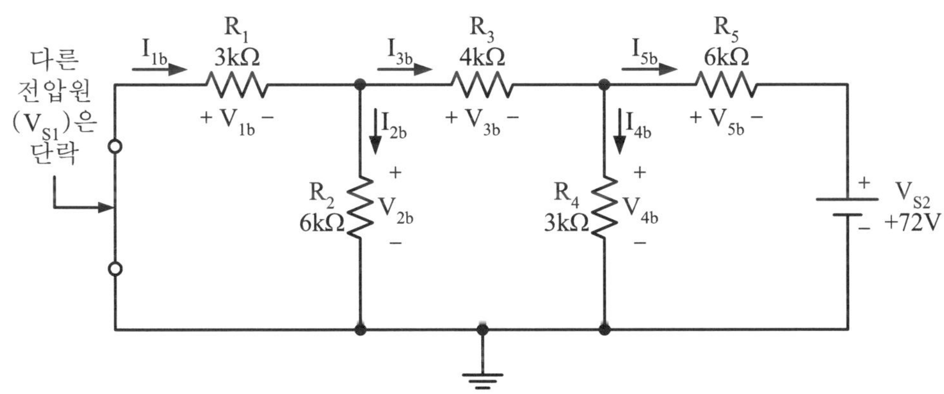

그림 11-6 전압원 V_{S2}만 존재한다고 가정한 예제회로(예1)

그림 11-6의 회로 역시 회로를 해석하기 위해 우선 전체 합성저항 R_T를 구하면 식 (11.4)와 같다. 전체 합성저항 R_T를 이용하여 전류 I_{5b}를 구하고, 순차적으로 전류 I_{1b}, I_{2b}, I_{3b}, I_{4b}를 구하면 식 (11.5)와 같다. 전류 I_{5b}는 옴의 법칙을 이용하여 구하고, I_{1b}, I_{2b}, I_{3b}, I_{4b}는 병렬회로에서 병렬연결된 각각의 저항에 흐르는 전류는 저항의 크기에 반비례한다는 특성을 이용하여 식 (11.5)와 같이 구할 수 있다.

$$R_T = R_5 + [R_4 // \{R_3 + (R_1 // R_2)\}]$$
$$= 6 + [3 // \{4 + (3 // 6)\}]$$
$$= 6 + (3 // 6) \tag{11.4}$$
$$= 8k\Omega$$

$$I_{5b} = -\frac{72V}{8k\Omega} = -9mA$$
$$I_{4b} = 9mA \times \frac{6}{3+6} = 6mA$$
$$I_{3b} = -9mA \times \frac{3}{3+6} = -3mA \tag{11.5}$$
$$I_{2b} = 3mA \times \frac{3}{3+6} = 1mA$$
$$I_{1b} = -3mA \times \frac{6}{3+6} = -2mA$$

그림 11-6의 회로에서 각 저항 양단의 전압은 식 (11.5)에서 구한 각 저항의 전류와 옴의 법칙을 이용하면 식 (11.6)과 같이 구할 수 있다.

$$V_{1b} = R_1 I_{1b} = 3k\Omega \times (-2mA) = -6V$$
$$V_{2b} = R_2 I_{2b} = 6k\Omega \times 1mA = 6V$$
$$V_{3b} = R_3 I_{3b} = 4k\Omega \times (-3mA) = -12V \tag{11.6}$$
$$V_{4b} = R_4 I_{4b} = 3k\Omega \times 6mA = 18V$$
$$V_{5b} = R_5 I_{5b} = 6k\Omega \times (-9mA) = -54V$$

이제 식 (11.2), 식 (11.3), 식 (11.5), 식 (11.6)의 결과를 이용하여 그림 11-4의 회로에 대한 해석결과를 정리하면 식 (11.7), 식 (11.8)과 같다. 중첩의 정리에 의해 그림 11-4의 각 저항에 흐르는 전류는 식 (11.2)와 식 (11.5)를 더하면 된다. 이와 같이 하여 식 (11.7)의 전류에 대한 회로해석 결과를 구할 수 있다. 또한 중첩의 정리에 의해 그림 11-4의 각 저항 양단의 전압은 식 (11.3)과 식 (11.6)을 더하면 된다. 이와 같이 하여 식 (11.8)의 전압에 대한 회로해석 결과를 구할 수 있다.

중첩의 정리를 이용하여 해석한 그림 11-4의 회로는 학습 8 노드 해석법 실험하기의 그림 8-5에서 노드 해석법을 이용하여 해석한 회로와 동일한 회로이다. 중첩의 정리를 이용하여 구한 결과식인 식 (11.7), 식 (11.8)은 노드 해석법을 이용하여 구한 결과식인 식 (8.4), 식 (8.5)와 일치하는 것을 알 수 있다.

$$
\begin{aligned}
I_1 &= I_{1a} + I_{1b} = 3mA + (-2mA) = 1mA \\
I_2 &= I_{2a} + I_{2b} = 1.5mA + 1mA = 2.5mA \\
I_3 &= I_{3a} + I_{3b} = 1.5mA + (-3mA) = -1.5mA \\
I_4 &= I_{4a} + I_{4b} = 1mA + 6mA = 7mA \\
I_5 &= I_{5a} + I_{5b} = 0.5mA + (-9mA) = -8.5mA
\end{aligned} \tag{11.7}
$$

$$
\begin{aligned}
V_1 &= V_{1a} + V_{1b} = 9V + (-6V) = 3V \\
V_2 &= V_{2a} + V_{2b} = 9V + 6V = 15V \\
V_3 &= V_{3a} + V_{3b} = 6V + (-12V) = -6V \\
V_4 &= V_{4a} + V_{4b} = 3V + 18V = 21V \\
V_5 &= V_{5a} + V_{5b} = 3V + (-54V) = -51V
\end{aligned} \tag{11.8}
$$

중첩의 정리를 이용하여 전기회로를 해석하기 위한 두 번째 예로 그림 11-7의 회로를 중첩의 정리를 이용하여 해석한다. 그림 11-4의 회로를 중첩의 정리를 이용하여 해석한 것과 동일한 방법으로 전원이 1개씩만 존재하는 것으로 순차적으로 가정하고 회로를 해석하여 그림 11-7 회로의 모든 전류와 전압을 구한다.

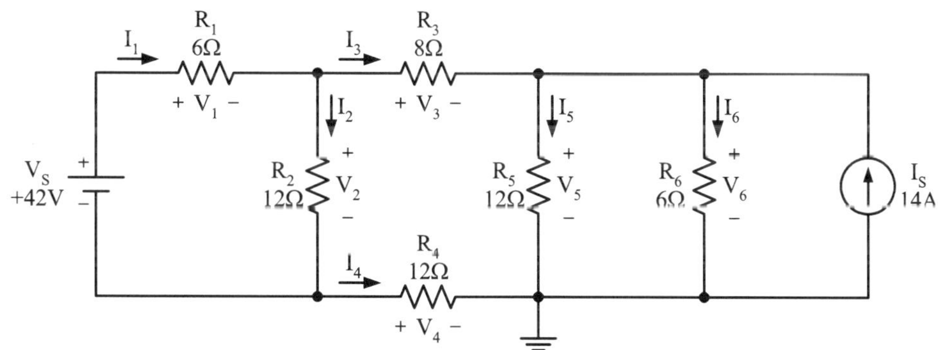

그림 11-7 중첩의 정리 적용을 위한 예제회로(예2)

중첩의 정리를 이용하여 회로를 해석하기 위해 우선 그림 11-8의 회로와 같이 전압원 V_S만 존재한다고 가정하고 회로를 해석하여 각 저항의 전류와 전압을 구한다.

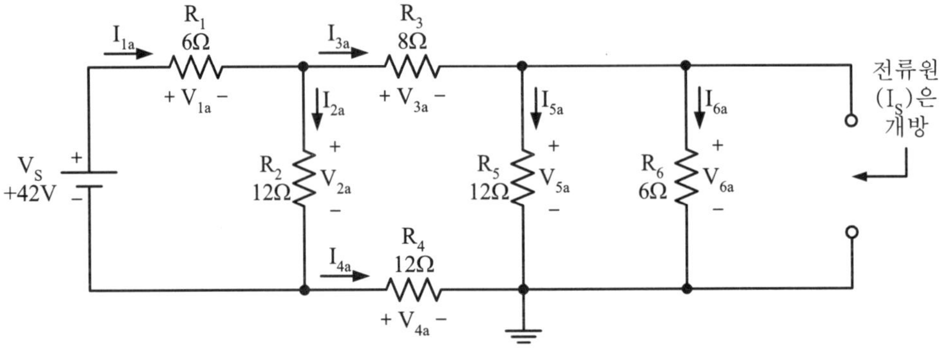

그림 11-8 전압원 V_S만 존재한다고 가정한 예제회로(예2)

그림 11-8의 회로를 해석하기 위해 우선 전체 합성저항 R_T를 구하면 식 (11.9)와 같다. 전체 합성저항 R_T를 구하면 전류 I_{1a}는 옴의 법칙을 이용하여 구할 수 있고, I_{2a}, I_{3a}, I_{4a}, I_{5a}, I_{6a}는 병렬회로에서 병렬연결된 각각의 저항에 흐르는 전류는 저항의 크기에 반비례한다는 특성을 이용하여 식 (11.10)과 같이 구할 수 있다.

$$\begin{aligned} R_T &= R_1 + [R_2 // \{R_3 + (R_5 // R_6) + R_4\}] \\ &= 6 + [12 // \{8 + (12 // 6) + 12\}] \\ &= 6 + (12 // 24) \\ &= 14\Omega \end{aligned} \tag{11.9}$$

$$\begin{aligned} I_{1a} &= \frac{42V}{14\Omega} = 3A \\ I_{2a} &= 3A \times \frac{24}{12+24} = 2A \\ I_{3a} &= 3A \times \frac{12}{12+24} = 1A \\ I_{5a} &= 1A \times \frac{6}{12+6} = \frac{1}{3}A \\ I_{6a} &= 1A \times \frac{12}{12+6} = \frac{2}{3}A \\ I_{4a} &= -(I_{5a} + I_{6a}) = -1A \end{aligned} \tag{11.10}$$

그림 11-8의 회로에서 각 저항 양단의 전압은 식 (11.10)에서 구한 각 저항의 전류와 옴의 법칙을 이용하면 식 (11.11)과 같이 구할 수 있다.

$$
\begin{aligned}
V_{1a} &= R_1 I_{1a} = 6\Omega \times 3A = 18V \\
V_{2a} &= R_2 I_{2a} = 12\Omega \times 2A = 24V \\
V_{3a} &= R_3 I_{3a} = 8\Omega \times 1A = 8V \\
V_{4a} &= R_4 I_{4a} = 12\Omega \times (-1A) = -12V \\
V_{5a} &= R_5 I_{5a} = 12\Omega \times \frac{1}{3}A = 4V \\
V_{6a} &= R_6 I_{6a} = 6\Omega \times \frac{2}{3}A = 4V
\end{aligned}
\qquad (11.11)
$$

그림 11-8의 회로와 같이 전압원이 1개만 있는 회로는 식 (11.10), 식 (11.11)과 같이 쉽게 회로를 해석할 수 있다. 그림 11-8의 회로 역시 메쉬 해석법이나 노드 해석법을 이용하여 회로를 해석할 수 있다. 그러나 그림 11-8의 회로와 같이 전압원이 1개만 있는 회로는 메쉬 해석법이나 노드 해석법을 이용하여 회로를 해석하는 것보다 전체 합성저항 등을 이용하여 식 (11.10), 식 (11.11)과 같이 회로를 해석하는 것이 보다 쉬운 방법이다.

또한 중첩의 정리를 이용하여 회로를 해석하기 위해 그림 11-9의 회로와 같이 전류원 I_S만 존재한다고 가정하고 회로를 해석하여 각 저항의 전류와 전압을 구한다.

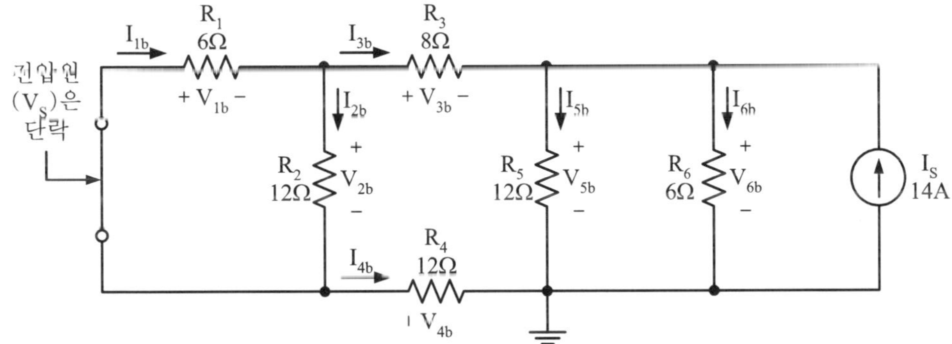

그림 11-9 전류원 I_S만 존재한다고 가정한 예제회로(예2)

그림 11-9와 같이 전원으로 전류원 1개만 존재하는 회로를 해석하기 위해 우선 저항 R_1, R_2, R_3, R_4의 합성저항 R_P를 구하면 식 (11.12)와 같다.

$$\begin{aligned} R_P &= R_3 + (R_1//R_2) + R_4 \\ &= 8 + (6//12) + 12 \\ &= 8 + 4 + 12 \\ &= 24\Omega \end{aligned} \tag{11.12}$$

그림 11-9의 회로는 저항 R_P, R_5, R_6의 3개의 저항이 병렬연결된 회로이고, 병렬회로에서 각 지로에 흐르는 전류는 식 (11.13)과 같이 병렬연결된 각각의 저항에 반비례한다. 그리고 저항 R_P, R_5, R_6에 흐르는 전류 $-I_{3b}$, I_{5b}, I_{6b}의 합은 KCL에 의해 식 (11.14)와 같이 전류원 I_S와 동일하다.

$$-I_{3b} : I_{5b} : I_{6b} = \frac{1}{24} : \frac{1}{12} : \frac{1}{6} \tag{11.13}$$

$$I_S = -I_{3b} + I_{5b} + I_{6b} = 14A \tag{11.14}$$

식 (11.13)과 식 (11.14)를 이용하여 전류 I_{3b}, I_{5b}, I_{6b}를 구할 수 있다. 또한 전류 I_{3b}를 이용하여 전류 I_{1b}, I_{2b}, I_{4b}를 구할 수 있다. 이와 같이 그림 11-9의 회로에서 전류를 모두 구하면 식 (11.15)와 같다.

$$\begin{aligned} I_{3b} &= -14A \times \frac{1}{7} = -2A \\ I_{5b} &= 14A \times \frac{2}{7} = 4A \\ I_{6b} &= 14A \times \frac{4}{7} = 8A \\ I_{1b} &= I_{3b} \times \frac{12}{6+12} = -2A \times \frac{12}{6+12} = -\frac{4}{3}A \\ I_{2b} &= -I_{3b} \times \frac{6}{6+12} = -(-2A) \times \frac{6}{6+12} = \frac{2}{3}A \\ I_{4b} &= -I_{1b} + I_{2b} = 2A \end{aligned} \tag{11.15}$$

그림 11-9의 회로에서 각 저항 양단의 전압은 식 (11.15)에서 구한 각 저항의 전류와 옴의 법칙을 이용하면 식 (11.16)과 같이 구할 수 있다.

$$\begin{aligned}
V_{1b} &= R_1 I_{1b} = 6\Omega \times \left(-\frac{4}{3}A\right) = -8V \\
V_{2b} &= R_2 I_{2b} = 12\Omega \times \frac{2}{3}A = 8V \\
V_{3b} &= R_3 I_{3b} = 8\Omega \times (-2A) = -16V \\
V_{4b} &= R_4 I_{4b} = 12\Omega \times 2A = 24V \\
V_{5b} &= R_5 I_{5b} = 12\Omega \times 4A = 48V \\
V_{6b} &= R_6 I_{6b} = 6\Omega \times 8A = 48V
\end{aligned} \tag{11.16}$$

이제 식 (11.10), 식 (11.11), 식 (11.15), 식 (11.16)을 이용하여 그림 11-7의 회로에 대한 해석결과를 구할 수 있다. 중첩의 정리에 의해 그림 11-7 회로의 각 저항에 흐르는 선류는 식 (11.10)과 식 (11.15)를 더하여 식 (11.17)과 같이 되고, 각 저항 양단의 전압은 식 (11.11)과 식 (11.16)을 더하여 식 (11.18)과 같이 된다.

$$\begin{aligned}
I_1 &= I_{1a} + I_{1b} = 3A + \left(-\frac{4}{3}A\right) = 1\frac{2}{3}A \\
I_2 &= I_{2a} + I_{2b} = 2A + \frac{2}{3}A = 2\frac{2}{3}A \\
I_3 &= I_{3a} + I_{3b} = 1A + (-2A) = -1A \\
I_4 &= I_{4a} + I_{4b} = -1A + 2A = 1A \\
I_5 &= I_{5a} + I_{5b} = \frac{1}{3}A + 4A = 4\frac{1}{3}A \\
I_6 &= I_{6a} + I_{6b} = \frac{2}{3}A + 8A = 8\frac{2}{3}A
\end{aligned} \tag{11.17}$$

$$\begin{aligned}
V_1 &= V_{1a} + V_{1b} = 18V + (-8V) = 10V \\
V_2 &= V_{2a} + V_{2b} = 24V + 8V = 32V \\
V_3 &= V_{3a} + V_{3b} = 8V + (-16V) = -8V \\
V_4 &= V_{4a} + V_{4b} = -12V + 24V = 12V \\
V_5 &= V_{5a} + V_{5b} = 4V + 48V = 52V \\
V_6 &= V_{6a} + V_{6b} = 4V + 48V = 52V
\end{aligned} \tag{11.18}$$

중첩의 정리를 이용하여 해석한 그림 11-7 예제회로의 해석 결과는 식 (11.17), 식 (11.18)과 같다.

1단계 : 다수의 전원이 존재하는 회로를 1개의 전원만 존재하는 회로로 순차적으로 해석
- 다른 전압원은 모두 단락(short)된 회로로 가정
- 다른 전류원은 모두 개방(open)된 회로로 가정

⇩

2단계 : 순차적으로 해석한 해석결과를 모두 중첩
- 각각의 회로 해석결과에서 전류 해석결과를 중첩
- 각각의 회로 해석결과에서 전압 해석결과을 중첩

그림 11-10 중첩의 정리를 이용한 회로 해석 방법

11.3 수행내용/부품 및 장비

부품 및 장비		규격 및 수량	
부 품	저항	2.2kΩ	1개
		3.3kΩ	1개
		4.7kΩ	1개
장 비		직류전원 공급장치(DC power supply)	
		디지털 멀티미터(DMM)	
		브레드 보드(bread board)	
기 타		jumper wire	
		wire stripper(또는 nipper)	

11.4 수행내용 / 수행순서

실험 1. 중첩의 정리 실험

① 직류전원 공급장치(DC power supply)와 저항을 이용하여 그림 11-11의 실험회로를 구성하여라.

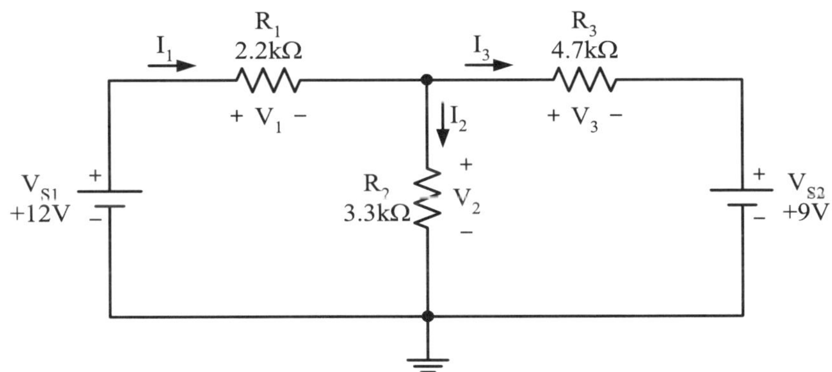

그림 11-11 중첩의 정리 실험회로

② 그림 11-11의 실험회로에서 저항 R_1, R_2, R_3 양단의 전압 V_1, V_2, V_3을 각각 측정하여 표 11-1에 기재하여라.
전압 측정시 극성은 반드시 그림 11-11에 표시된 전압 극성을 기준으로 측정하고, 전압은 소수점 두 자리까지 측정하여라. 이하 모든 실험단계에서의 측정값은 소수점 두 자리까지 측정하여라.

③ 그림 11-11의 실험회로에서 저항 R_1, R_2, R_3에 흐르는 전류 I_1, I_2, I_3을 각각 측정하여 표 11-1에 기재하여라. 전류 측정시 극성은 반드시 그림 11-11에 표시된 전류 방향의 극성을 기준으로 측정하여라.

④ 그림 11-11의 실험회로에서 전압원 V_{S2}를 제거하고, 대신 해당 회로부분을 도선을 이용하여 그림 11-12와 같이 단락시켜라. 즉 V_{S1}, V_{S2} 2개의 전압원이 존재하는 그림 11-11의 실험회로를 전압원 V_{S1}만 존재하는 실험회로로 변형하여라.

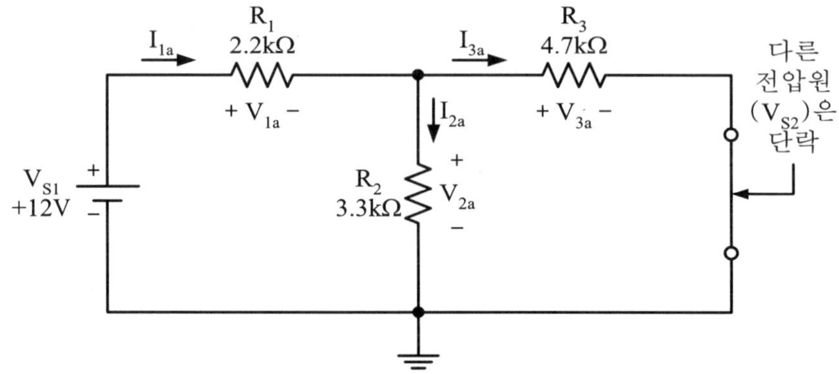

그림 11-12 전압원 V_{S1}만 존재한다고 가정한 실험회로

⑤ 그림 11-12의 실험회로에서 저항 R_1, R_2, R_3 양단의 전압 V_{1a}, V_{2a}, V_{3a}를 각각 측정하여 표 11-1에 기재하여라. 전압 측정시 극성은 반드시 그림 11-12에 표시된 전압 극성을 기준으로 측정하여라.

⑥ 그림 11-12의 실험회로에서 저항 R_1, R_2, R_3에 흐르는 전류 I_{1a}, I_{2a}, I_{3a}를 각각 측정하여 표 11-1에 기재하여라. 전류 측정시 극성은 반드시 그림 11-12에 표시된 전류 방향의 극성을 기준으로 측정하여라.

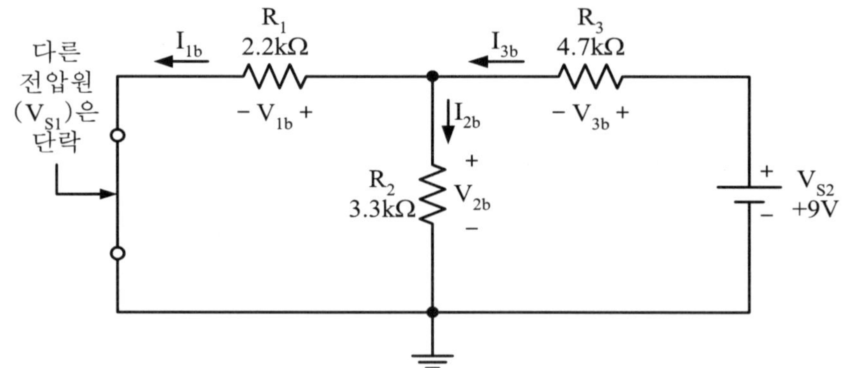

그림 11-13 전압원 V_{S2}만 존재한다고 가정한 실험회로

⑦ 그림 11-11의 실험회로에서 전압원 V_{S1}을 제거하고, 그림 11-13과 같이 해당 회로부분을 단락시켜라. 즉 V_{S1}, V_{S2} 2개의 전압원이 존재하는 그

림 11-11의 실험회로를 전압원 V_{S2}만 존재하는 실험회로로 변형하여라.

⑧ 그림 11-13의 실험회로에서 저항 R_1, R_2, R_3 양단의 전압 V_{1b}, V_{2b}, V_{3b}를 각각 측정하여 표 11-1에 기재하여라. 전압 측정시 극성은 반드시 그림 11-13에 표시된 전압 극성을 기준으로 측정하여라.

⑨ 그림 11-13의 실험회로에서 저항 R_1, R_2, R_3에 흐르는 전류 I_{1b}, I_{2b}, I_{3b}를 각각 측정하여 표 11-1에 기재하여라. 전류 측정시 극성은 반드시 그림 11-13에 표시된 전류 방향의 극성을 기준으로 측정하여라.

⑩ 그림 11-11 실험회로의 저항 R_1, R_2, R_3 양단의 전압 V_1, V_2, V_3을 실험단계 ⑤와 실험단계 ⑧에서 측정한 전압의 측정값과 중첩의 정리를 이용하여 각각 계산하여 표 11-1에 기재하여라.
중첩의 정리를 이용한 전압 계산시 극성은 반드시 그림 11-11에 표시된 전압 극성을 기준으로 계산하여라.

⑪ 실험단계 ②에서 측정한 전압 V_1, V_2, V_3과 실험단계 ⑩에서 중첩의 정리를 이용하여 계산한 전압 V_1, V_2, V_3이 서로 일치하는지 비교하여 표 11-1에 기재하여라.

⑫ 그림 11-11 실험회로의 저항 R_1, R_2, R_3에 흐르는 전류 I_1, I_2, I_3을 실험단계 ⑥과 실험단계 ⑨에서 측정한 전류의 측정값과 중첩의 정리를 이용하여 각각 계산하여 표 11-1에 기재하여라.
중첩의 정리를 이용한 전류 계산시 극성은 반드시 그림 11-11에 표시된 전류 방향의 극성을 기준으로 계산하여라.

⑬ 실험단계 ③에서 측정한 전류 I_1, I_2, I_3과 실험단계 ⑫에서 중첩의 정리를 이용하여 계산한 전류 I_1, I_2, I_3이 서로 일치하는지 비교하여 표 11-1에 기재하여라.

⑭ 실험단계 ⑪과 실험단계 ⑬의 측정값과 계산값을 비교한 결과를 이용하여 중첩의 정리가 성립하는지 여부를 표 11-1에 기재하여라.

11.5 수행결과

실험 1. 중첩의 정리 실험

표 11-1 중첩의 정리 실험 데이터

<table>
<tr><th rowspan="2">실험단계</th><th rowspan="2">구분</th><th>측정값</th><th>계산값</th><th rowspan="2">이론값과
측정값의
일치여부</th></tr>
<tr><th>그림 11-11의
실험회로</th><th>중첩의 정리 이용</th></tr>
<tr><td rowspan="3">②⑩⑪</td><td>V_1</td><td>[V]</td><td>[V]</td><td rowspan="3"></td></tr>
<tr><td>V_2</td><td>[V]</td><td>[V]</td></tr>
<tr><td>V_3</td><td>[V]</td><td>[V]</td></tr>
<tr><td rowspan="3">③⑫⑬</td><td>I_1</td><td>[mA]</td><td>[mA]</td><td rowspan="3"></td></tr>
<tr><td>I_2</td><td>[mA]</td><td>[mA]</td></tr>
<tr><td>I_3</td><td>[mA]</td><td>[mA]</td></tr>
<tr><th rowspan="2">실험단계</th><th rowspan="2">구분</th><th colspan="2">측정값</th><th rowspan="2">참고사항</th></tr>
<tr><th>그림 11-12의
실험회로</th><th>그림 11-13의
실험회로</th></tr>
<tr><td rowspan="3">⑤⑧</td><td>V_{1a}/V_{1b}</td><td>[V]</td><td>[V]</td><td rowspan="6">그림 11-12, 그림 11-13에 표시된 전압 극성과 전류 방향의 극성을 기준으로 각각 전압과 전류를 측정</td></tr>
<tr><td>V_{2a}/V_{2b}</td><td>[V]</td><td>[V]</td></tr>
<tr><td>V_{3a}/V_{3b}</td><td>[V]</td><td>[V]</td></tr>
<tr><td rowspan="3">⑥⑨</td><td>I_{1a}/I_{1b}</td><td>[mA]</td><td>[mA]</td></tr>
<tr><td>I_{2a}/I_{2b}</td><td>[mA]</td><td>[mA]</td></tr>
<tr><td>I_{3a}/I_{3b}</td><td>[mA]</td><td>[mA]</td></tr>
<tr><td>⑭</td><td>중첩의 정리
성립여부</td><td colspan="3"></td></tr>
</table>

11.6 평가문제

1. 중첩의 정리(superposition theorem)를 간단히 설명하여라.

2. 다수의 전원을 포함하는 회로를 중첩의 정리를 이용하여 해석하는 경우 순차적으로 단 1개의 전원만 있는 회로로 가정하고 해석한다. 이와 같이 중첩의 정리에서 단 1개의 전원만 있는 회로로 가정할 때 회로내의 다른 전압원들과 전류원들은 어떤 회로로 가정하는지 설명하여라.

3. 실험단계 ⑩에서 중첩의 정리를 이용하여 그림 11-11 실험회로의 전압 V_1, V_2, V_3을 구한 계산과정을 기재하여라. 즉 전압 V_1을 V_{1a}와 V_{1b}의 식, 전압 V_2를 V_{2a}와 V_{2b}의 식, 전압 V_3을 V_{3a}와 V_{3b}의 식으로 나타내어라.

4. 실험단계 ⑫에서 중첩의 정리를 이용하여 그림 11-11 실험회로의 전류 I_1, I_2, I_3을 구한 계산과정을 기재하여라. 즉 전류 I_1을 I_{1a}와 I_{1b}의 식, 전류 I_2를 I_{2a}와 I_{2b}의 식, 전류 I_3을 I_{3a}와 I_{3b}의 식으로 나타내어라.

5. 그림 11-14의 회로를 중첩의 정리를 이용하여 저항 R_1~R_5의 전압과 전류를 모두 구하여라. 중첩의 정리를 이용한 계산과정을 상세히 기재하여라.

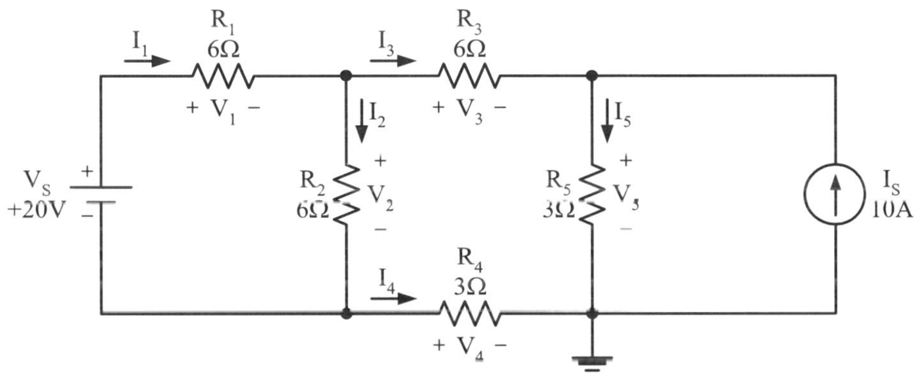

그림 11-14 중첩의 정리를 이용한 전기회로 해석

6. 실험에 대한 종합결론을 정리하고, 학습목표 성취도에 대해 학습자 스스로 평가하여라. 성취도는 A(우수), B(보통), C(미흡)의 3단계로 구분하여 평가하여라.

NOTE

학습

12. 계측장비 활용하기

12.1 학 습 목 표

■ 계측장비 기능을 확인하여 정비 종류별 적정 계측 장비를 선택할 수 있다. (1901080305_14v2.4.1)

전기전자분야의 주요 실험장비 사용법과 관련하여 학습 1에서 브레드 보드(bread board), 디지털 멀티미터(digital multimeter : DMM), 직류전원 공급장치(DC power supply) 등을 먼저 살펴보았다. 이제 학습 12에서는 추가적으로 필요한 실험장비인 오실로스코프(oscilloscope)와 신호발생기(signal generator) 등의 활용법에 대해 살펴보기로 한다.

전기회로실험 등에서 이들 실험장비들이 전체적으로 필요한 이유에 대해 살펴본다. 전기회로실험을 위해 필요한 요소는 크게 3가지로 나눌 수 있다. 첫째는 실험회로 자체이고, 둘째는 실험회로에 인가되는 입력이며, 셋째는 실험회로의 출력이다. 이 3가지 요소는 일반적인 전기전자 시스템에서도 동일하다.

본 학습에서는 오실로스코프와 신호발생기와 같이 다양한 모델의 계측장비를 매뉴얼 등을 이용하여 계측장비 기능을 활용할 수 있고, 적절한 계측장비를 선택할 수 있고, 운용할 수 있는 능력을 키우는데 중점을 두고, 다양한 실습으로 구성한다. 이를 위해 가장 대표적인 계측장비인 오실로스코프에 대해서는 아날로그 오실로스코프와 디지털 오실로스코프의 2가지에 대해 학습하여 적정 계측 장비를 선택할 수 있는 수행능력을 가질 수 있도록 한다.

12.2 오실로스코프 활용하기

오실로스코프(oscilloscope)는 시간에 따라 주기적으로 변하는 전압파형을 측정할 수 있는 계측장비이다. 디지털 멀티미터를 이용하여 전압을 측정하면 직류전압인 경우는 평균값으로 단순히 표시되고, 교류전압인 경우는 실효값으로 단순히 표시되므로 디지털 멀티미터에서 측정한 전압이 동일한 값이라고 해도 전압파형은 전혀 다를 수 있다. 따라서 오실로스코프를 이용하여 전압파형을 직접 측정하는 것이 매우 중요하며, 오실로스코프는 전기전자회로 등을 실험할 때 매우 필수적인 실험장비이다.

오실로스코프는 크게 나누어 아날로그 타입과 디지털 타입이 있다. 오실로스코프의 원리를 이해하기에는 아날로그 오실로스코프가 유리하고, 사용법은 디지털 오실로스코프가 쉽다. 본 실험에서는 임의 모델의 아날로그 오실로스코프를 한 예로 들어 사용법을 설명한다. 실제는 다양한 모델의 장비를 사용하고 있으므로 실제 사용하고 있는 장비의 사용법을 적절히 익히는 것이 필요하다. 그리고 최종적으로 오실로스코프와 신호발생기의 사용법을 위한 실습은 실습 9의 신호발생기와 오실로스코프 사용법 종합실습을 통해 확인할 수 있다.

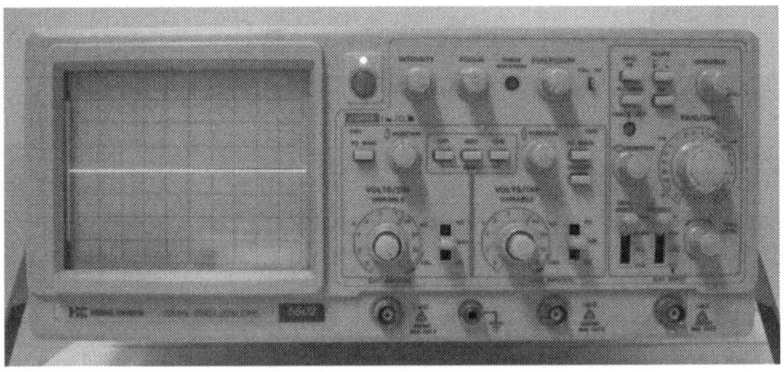

그림 12-1 오실로스코프

오실로스코프는 전압파형을 측정하는 장비이다. 따라서 전압파형을 정확히 측정할 수 있도록 오실로스코프를 적절히 조정하고, 올바르게 사용하지 않으면 측정 데이터에 오류가 발생한다. 오실로스코프의 정확한 사용을 위해 화면 조정, 전압파형 위치 조정, 입력결합(input coupling), 교정(calibration), 전압 눈금계수 조정(volts/div), 시간 눈금계수 조정(time/div), 동기(trigger) 조정 등에 대하여 설명한다.

12.2.1 화면 조정(Display) : Intensity, Focus, Trace Rotation, Scale Illumination

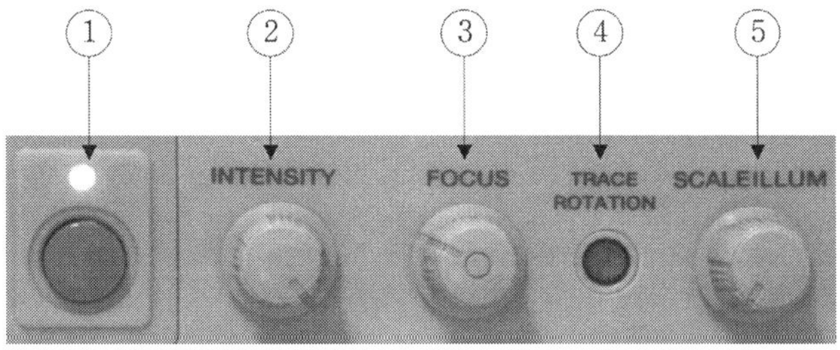

그림 12-2 화면부 조정 손잡이

표 12-1 화면부 조정 손잡이 기능

순번	명 칭	기 능
1	전원 스위치(power)	오실로스코프의 전원을 ON/OFF한다.
2	휘도 조정(intensity)	오실로스코프 화면에 표시되는 파형의 밝기(휘도)를 조정한다.
3	초점 조정(focus)	오실로스코프 화면에 표시되는 파형의 초점을 맞추는 데 사용한다.
4	휘선기울기 조정 (trace rotation)	오실로스코프 화면의 휘선이 기울어진 경우 휘선의 수평편향을 조절하여 휘선이 수평을 유지하도록 조정한다.
5	눈금조명 조정 (scalc illumination)	어두운 곳에서 파형을 관측하거나, 관측파형을 사진 촬영하는 경우 오실로스코프 화면의 눈금선이 잘 보이게 하는 조명 역할을 한다.

실습 1. 화면 조정 확인실습

오실로스코프의 전원(power)을 켜고, 오실로스코프 휘선의 밝기(intensity), 초점(focus), 눈금조명(scale illumination), 휘선기울기(trace rotation) 등을 직접 조정해 보고, 오실로스코프 휘선이 최상의 상태가 되도록 조정하여라.

12.2.2 위치 조정(Position) : ⇳ Position, ⇔ Position

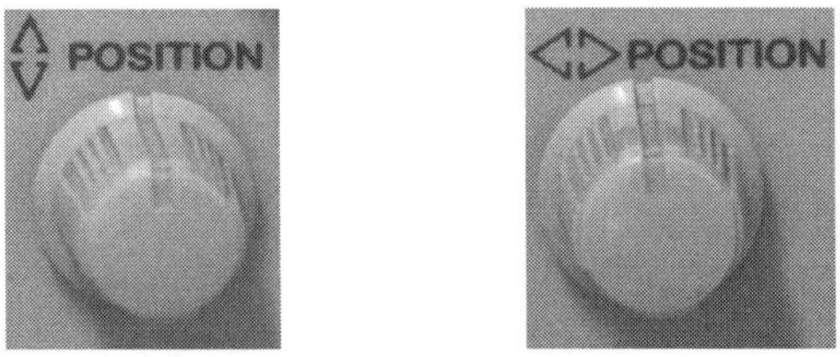

(a) 수직위치 조정 손잡이　　(b) 수평위치 조정 손잡이

그림 12-3 위치 조정 손잡이

표 12-2 위치 조정 손잡이 기능

순번	명 칭	기 능
1	수직위치 조정 (vertical position)	오실로스코프 화면상의 휘선을 원하는 위치로 상하 이동할 때 사용하며, 입력 채널이 여럿인 경우 입력 채널별로 각기 수직위치 조정이 가능하다.
2	수평위치 조정 (horizontal position)	오실로스코프 화면상의 휘선을 원하는 위치로 좌우 이동할 때 사용한다.

실습 2. 위치 조정 확인실습

오실로스코프의 수직위치와 수평위치를 임의로 조정해 보고, 오실로스코프의 휘선이 오실로스코프 화면의 정중앙에 위치하도록 조정하여라.

12.2.3 입력결합(Input Coupling) : GND, AC, DC

입력결합은 입력신호와 오실로스코프 화면의 수직축을 연결하는 방법이다. GND를 선택하면 입력 채널의 0 V의 수직위치를 확인할 수 있다. GND 입력결합을 선택한 상태에서 수직위치 조정기능을 이용하면 0 V의 상하위치를 임의 조정할 수 있다. AC 입력결합은 입력신호에서 DC 성분은 제거하고, AC 성분만 관측할 수 있도록 하는 입력결합 방법이며, DC 입력결합은 입력신호의 AC 성분뿐만 아니라 DC 성분도 모두 관측할 수 있도록 하는 입력결합 방법이다.

따라서 입력신호를 신호 그대로 정확하게 측정하는 경우는 DC 입력결합을 선택하고, 입력신호의 AC 성분만을 측정하는 경우는 AC 입력결합을 선택하여야 한다.

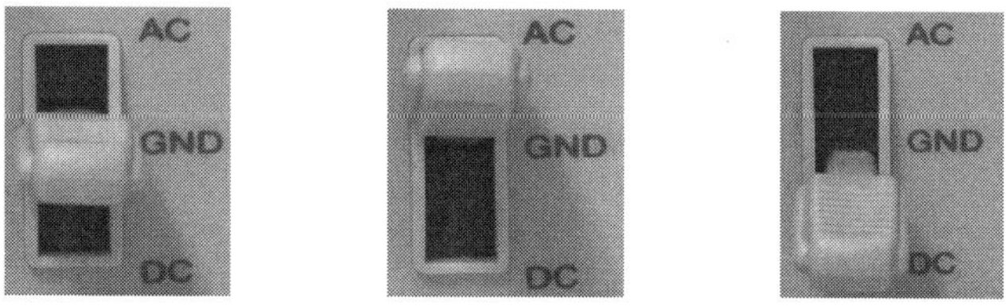

(a) GND (b) AC (c) DC

그림 12-4 입력결합 스위치

표 12-3 입력결합 스위치 기능

순번	명 칭	기 능
1	GND	입력결합 스위치를 GND(ground)로 선택하면 입력 채널의 0 V 위치를 확인할 수 있다.
2	AC	입력신호 중 DC 성분은 차단하고, AC 성분만 측정이 가능한 입력결합이다. 즉, 입력결합 스위치 AC를 선택하면 입력신호의 AC 성분만 측정할 수 있다.
3	DC	입력신호의 DC 성분을 포함하는 모든 성분을 관측할 수 있는 입력결합이다. 즉, 입력결합 스위치 DC를 선택하면 입력신호를 있는 그대로 측정할 수 있다.

12.2.4 교정단자(Calibration) : CAL

오실로스코프는 시간에 따라 주기적으로 변하는 파형의 전압과 주파수 등을 측정하는 데 사용하는 계측장비이다. 따라서 오실로스코프를 이용하여 측정하는 전압과 주파수가 정확한지를 확인하고, 교정할 수 있도록 오실로스코프에는 특정한 전압과 특정한 주파수를 갖는 교정신호를 발생하는 교정단자가 있다. 이 단자를 측정하여 오실로스코프의 정확성을 확인하고, 필요시 오실로스코프가 정확하도록 조정하는 교정(calibration)을 할 수 있다. 교정단자의 전압과 주파수는 오실로스코프에 따라 다를 수 있으므로 사용하는 오실로스코프의 매뉴얼과 교정단자에 표시된 값을 확인하여야 한다. 본 교재에서는 편의상 교정단자의 피크-피크값(peak-to-peak value) 전압이 $V_{p\text{-}p} = 0.5\ V$이고, 주파수가 $f = 1\ kHz$이며, 구형파인 오실로스코프를 가정하도록 한다.

그림 12-5 교정단자

표 12-4 교정단자 기능

순번	명 칭	기 능
1	CAL	오실로스코프 내부에서 특정 전압과 특정 주파수의 신호를 발생하는 단자이다. 오실로스코프의 정확성을 확인하기 위해 필요하다.

실습 3. 교정단자(CAL) 파형관측 및 입력결합기능 확인실습

① 한쪽은 BNC 커넥터, 다른 한쪽은 클립(clip) 또는 훅 팁(hook tip)으로 되어 있는 측정용 프로브(probe)를 이용하여 교정단자를 측정한다. 측정용 프로브의 BNC 커넥터는 오실로스코프 CH1 입력에 연결하고, (+)의 클립 또는 (+)의 훅 팁은 교정단자(CAL)에 연결하여라. 교정단자의 출력 중 접지단자는 내부에서 이미 접지(GND)와 연결되어 있으므로 측정용 프로브의 접지(GND) 클립은 연결하지 않은 상태로 그대로 두어라.

② 입력결합을 GND 스위치를 선택하여 CH1 입력의 0 V 위치를 확인하고, CH1 수직위치 조정 손잡이를 조정하여 0 V 위치가 수직위치의 정중앙에 오도록 조정하여라.

③ 입력결합을 DC 스위치를 선택하여 교정단자의 전압파형을 관찰하여라. 교정단자의 전압파형을 잘 관측하기 위하여 VOLTS/DIV 스위치와 TIME/DIV 스위치를 적절히 조정하여라.

④ 입력결합을 AC 스위치를 선택하여 교정단자의 전압파형을 관찰하여라. 교정단자의 전압파형을 잘 관측하기 위하여 VOLTS/DIV 스위치와 TIME/DIV 스위치를 적절히 조정하여라.

⑤ 위의 실습단계 ③, ④의 교정단자 전압파형의 차이점을 비교하여 AC 입력결합 스위치와 DC 입력결합 스위치의 기능을 확인하여라. 또한 다음 실습을 위하여 실습 3의 종료 후에도 측정용 프로브를 연결한 상태로 두어라.

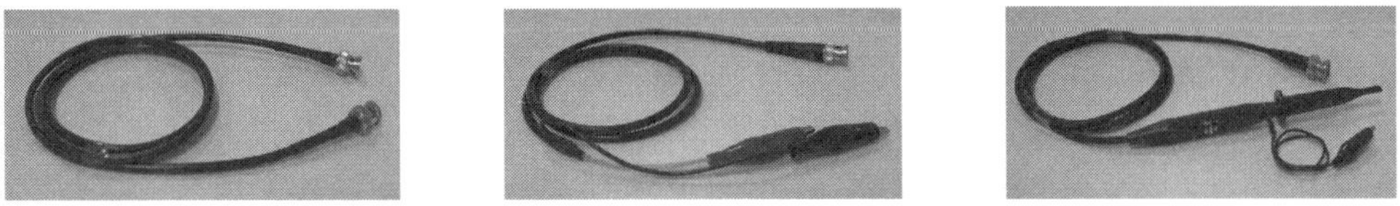

(a) BNC＋BNC (b) BNC＋Clip (c) BNC＋Hook Tip

그림 12-6 오실로스코프 측정용 프로브

12.2.5 수직축 전압 눈금계수 조정(Vertical Sensitivity) : VOLTS/DIV

VOLTS/DIV 스위치는 오실로스코프 화면상의 수직축의 한 눈금의 전압크기를 조정한다. VOLTS/DIV에서 "/DIV"는 1칸당(per division)이라는 의미이므로 1칸당의 전압(volts)을 나타낸다. 오실로스코프의 종류에 따라 약간의 차이는 있으나 일반적으로 수 mV에서 수 V까지 조정이 가능하다. 예를 들어 10 mV/div로 설정하였다면 화면의 수직 1칸이 10 mV를 나타낸다. 또한 5 V/div로 설정하였다면 수직 1칸이 5 V를 나타낸다. 따라서 오실로스코프를 이용하여 전압파형을 정확히 측정하기 위해서는 가장 적합한 VOLTS/DIV을 설정하여야 한다.

전압 눈금계수를 조정하는 VOLTS/DIV 스위치의 가운데에는 가변 손잡이(variable knob 또는 calibration knob)가 있다. 이는 VOLTS/DIV의 눈금계수를 연속적으로 가변시킬 있는 조정 손잡이이다. 오실로스코프의 교정단자 전압을 측정하여 정확한 전압을 측정할 수 있도록 VOLTS/DIV 가변 손잡이를 조정한 상태에서 고정하여 사용하여야 한다. 측정실험 중에 VOLTS/DIV 가변 손잡이를 임의로 조정하면 오실로스코프 측정결과에 오차가 발생하므로 각별히 주의하여야 한다.

오실로스코프를 이용하여 전압을 측정할 때 정확한 측정 데이터를 얻지 못하는 가장 큰 이유가 VOLTS/DIV 가변 손잡이를 이용하여 교정단자의 전압이 정확히 측정되도록 교정을 하지 않는 경우와 VOLTS/DIV 가변 손잡이가 임의의 위치에 있는 상태에서 전압을 측정하는 경우이다. VOLTS/DIV 가변 손잡이가 임의의 위치에 있는 상태에서 전압을 측정하면 모든 측정전압이 틀린 전압이 되므로 특히 주의하여야 한다.

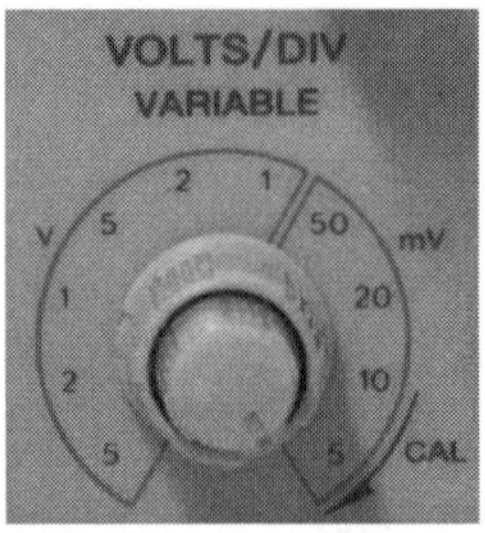

그림 12-7 전압 눈금계수 조정 스위치

표 12-5 전압 눈금계수 조정 스위치 기능

순번	명 칭	기 능
1	VOLTS/DIV	오실로스코프 화면 수직축 한 눈금의 전압크기를 단계적으로 조정한다. 5 V/div을 설정한 경우 한 눈금이 5 V를 나타낸다.
2	variable VOLTS/DIV	오실로스코프 화면 수직축 한 눈금의 전압크기를 연속적으로 조정한다. 정확한 전압을 측정할 수 있도록 교정하기 위해 일반적으로 사용한다.

실습 4. 전압 눈금계수 조정(VOLTS/DIV)기능 확인실습

앞에서 설명한 바와 같이 편의상 교정단자(CAL)의 전압파형은 피크-피크값 전압이 $V_{p\text{-}p} = 0.5$ V이고, 주파수가 $f = 1$ kHz이며, 파형의 모양은 구형파인 것으로 가정하였다.

① 측정용 프로브의 BNC 커넥터는 오실로스코프 CH1 입력에 연결하고, (+)의 클립 또는 (+)의 훅 팁은 교정단자(CAL)에 연결하고, 입력결합은 DC 스위치를 선택하여라.

② VOLTS/DIV을 0.5 V/div을 선택하여 교정단자의 피크-피크값 전압 $V_{p\text{-}p}$를 측정하여라. 측정한 전압이 교정단자의 피크-피크값 전압과 일치하는지 확인하고, 일치하지 않는 경우 variable VOLTS/DIV 손잡이를 이용하여 일치하도록 조정하여라.

③ VOLTS/DIV을 0.2 V/div을 선택하여 교정단자의 피크-피크값 전압 V_{p-p}를 측정하여라. 측정한 전압이 교정단자의 피크-피크값 전압과 일치하는지 확인하고, 일치하지 않는 경우 variable VOLTS/DIV 손잡이를 이용하여 일치하도록 조정하여라.

④ VOLTS/DIV을 0.5 V/div으로 설정한 경우와 0.2 V/div으로 설정한 경우의 전압파형의 차이점을 비교하여 VOLTS/DIV의 기능을 확인하여라. 또한 2가지의 설정 중 어느 쪽이 더욱 적합한 VOLTS/DIV 설정인지 설명하여라.

⑤ VOLTS/DIV을 다양하게 변화시키면서 교정단자의 전압파형이 변화되는 것을 관찰하고, 측정하기에 가장 적합한 VOLTS/DIV을 설정하여라. 이 경우에도 역시 측정한 전압이 교정단자의 피크-피크값 전압과 일치하는지 확인하고, 일치하지 않는 경우 variable VOLTS/DIV 손잡이를 이용하여 일치하도록 조정하여라.

⑥ 오실로스코프 각 입력 채널이 정확한 전압을 측정할 수 있도록 교정하기 위해 위의 실험단계 ⑤를 모든 입력 채널에 대하여 수행하여라. 예를 들어 2채널 오실로스코프인 경우 CH2에 대하여도 수행하여라.

12.2.6 수평축 시간 눈금계수 조정(Sweep Speed) : TIME/DIV

TIME/DIV은 오실로스코프 화면상의 수평축, 즉 시간축의 한 눈금의 시간간격을 조정한다. 수직축의 VOLTS/DIV 스위치와 마찬가지로 시간축의 눈금계수는 조정이 가능하며, 한 눈금당 시간간격은 TIME/DIV 스위치를 이용하여 조정할 수 있다. 오실로스코프의 종류에 따라 차이는 있으나 일반적으로 사용하는 오실로스코프의 경우 1칸당 0.1～0.2 ㎲에서 0.1～0.2 s 정도까지 조정이 가능하다.

예를 들어 1 ㎲/div로 설정하였다면 화면의 수평 1칸이 1 ㎲를 나타낸다. 또한 5 ms/div로 설정하였다면 수평 1칸이 5 ms를 나타낸다. 따라서 오실로스코프를 이용하여 주기와 주파수를 정확히 측정하기 위해서는 가장 적합한 TIME/DIV을 설정하여야 한다. 시간축 눈금계수를 조정하는 TIME/DIV 스위치에 대한 가변 손잡이(variable knob 또는 calibration knob)가 있다. 이는 TIME/DIV의 눈금계수를 연속적으로 가변시킬 수 있는 조정 손잡이이다.

오실로스코프의 교정단자의 주파수를 측정하여 정확한 주파수를 측정할 수 있도록 TIME/DIV 가변 손잡이를 조정한 상태에서 고정하여 사용하여야 한다. 측정실험 중에 TIME/DIV 가변 손잡이를 임의로 조정하면 오실로스코프 측정결과에 오차가 발생하므로 각별히 주의하여야 한다. 오실로스코프를 이용하여 측정하는 경우 교정을 하지 않거나, VOLTS/DIV이나 TIME/DIV의 가변 손잡이를 임의의 위치에 놓고 측정하여 측정결과에 오차가 발생하는 일은 오실로스코프 이용시 피해야 할 가장 커다란 실수이다. 이런 실수가 발생하지 않도록 항상 주의하여야 한다.

그림 12-8 시간 눈금계수 조정 스위치

표 12-6 시간 눈금계수 조정 스위치 기능

순번	명 칭	기 능
1	TIME/DIV	오실로스코프 화면 수평축 한 눈금의 시간간격을 단계적으로 조정한다. 5 ms/div을 설정한 경우 한 눈금이 5 ms를 나타낸다.
2	variable TIME/DIV	오실로스코프 화면 수평축 한 눈금의 시간간격을 연속적으로 조정한다. 정확한 시간을 측정할 수 있도록 교정하기 위해 일반적으로 사용한다.

실습 5. 시간 눈금계수 조정(TIME/DIV)기능 확인실습

앞에서 설명한 바와 같이 본 교재에서는 편의상 교정단자의 피크-피크값 전압이 $V_{p\text{-}p} = 0.5$ V이고, 주파수가 $f = 1$ kHz이며, 구형파인 것으로 가정하였다.

① 측정용 프로브의 BNC 커넥터는 오실로스코프 CH1 입력에 연결하고,

(+)의 클립 또는 (+)의 훅 팁은 교정단자(CAL)에 연결하고, 입력결합은 DC 스위치를 선택하여라.

② TIME/DIV을 1 ms/div을 선택하여 교정단자 구형파 신호의 주기 T를 측정하여라. 측정한 주기가 교정단자 발생신호의 정해진 주기와 일치하는지 확인하고, 일치하지 않는 경우 variable TIME/DIV 손잡이를 이용하여 일치하도록 조정하여라.

③ TIME/DIV을 0.2 ms/div을 선택하여 교정단자 구형파 신호의 주기 T를 측정하여라. 측정한 주기가 교정단자 발생신호의 정해진 주기와 일치하는지 확인하고, 일치하지 않는 경우 variable TIME/DIV 손잡이를 이용하여 일치하도록 조정하여라.

④ TIME/DIV을 0.2 ms/div으로 설정한 경우와 1 ms/div으로 설정한 경우의 파형의 차이점을 비교하여 TIME/DIV의 기능을 확인하여라. 또한 2가지의 설정 중 어느 쪽이 더욱 적합한 TIME/DIV 설정인지 설명하여라.

⑤ TIME/DIV을 다양하게 변화시키면서 교정단자의 전압파형이 변화되는 것을 관찰하고, 측정하기에 가장 적합한 TIME/DIV을 설정하여라. 이 경우에도 역시 측정한 주기 및 주파수가 교정단자에서 출력되는 신호의 정해진 주기 및 주파수와 일치하는지 확인하고, 일치하지 않는 경우 variable TIME/DIV 손잡이를 이용하여 일치하도록 조정하여라.

12.2.7 동기 조정(Trigger) : Trigger Source, Trigger Mode, Trigger Level

시간에 따라 계속적으로 변화하는 전압파형을 오실로스코프 화면에서 정지되어 있는 안정된 화면으로 나타내는 것은 오실로스코프 기능에 있어 매우 중요하다. 이를 위해서는 각 신호의 그래프를 파형의 동일한 지점에서 시작하여 화면에 나타내도록 하는 것이 필요하며, 이를 동기(trigger)라 한다. 동기를 위해서는 동기신호원(trigger source), 동기 모드(trigger mode), 동기 레벨(trigger level) 등이 필요하다.

(1) 동기신호원(Trigger Source)

동기신호원은 동기신호를 어디서 공급하느냐에 CH1, CH2, LINE, EXT 등과 같이 분류된다. 일반적인 오실로스코프 사용시 CH1을 선택하는 것이 가장 일반적이며,

CH1은 INT로 표시되기도 한다. 따라서 일반적인 경우 실험 시작시 오실로스코프의 동기신호원이 CH1 또는 INT로 설정되어 있는지 확인하여야 한다. 그러나 표 12-7과 같이 CH2, LINE, EXT에서 동기신호를 받는 경우도 있으므로 필요시 해당되는 동기신호원을 선택하여야 한다.

표 12-7 동기신호원 기능

순번	명 칭	기 능
1	CH1(또는 INT)	CH1에서 공급되는 신호를 동기신호로 이용하고자 하는 경우 선택한다. 가장 일반적으로 사용하는 동기신호원이다.
2	CH2	CH2에서 공급되는 신호를 동기신호로 이용하고자 하는 경우 선택한다.
3	LINE	오실로스코프 입력전원에 동기시키고자 하는 경우 사용한다.
4	EXT	외부에서 별도로 제공하는 신호를 동기신호로 사용하고자 하는 경우 사용한다.

(2) 동기 모드(Trigger Mode)

동기 모드는 AUTO, NORM, TV, Single Sweep 등의 모드가 있으며, 일반적으로 AUTO와 NORM을 가장 많이 사용한다. 일반적인 오실로스코프 사용시 동기 모드를 AUTO로 선택하는 것이 가장 일반적이므로 실험 시작시 동기 모드가 AUTO로 설정되어 있는지 확인한다.

(3) 동기 레벨(Trigger Level)

동기기울기(slope)는 신호의 상승부와 하강부 중 어느 것을 동기점으로 할지를 결정하고, 동기 레벨은 결정한 기울기상에서 특정한 어느 점을 동기점으로 할지를 결정한다. 따라서 동기 레벨은 동기점(trigger point)을 결정하는 역할을 한다. 오실로스코프를 이용하여 관측한 화면이 정지된 안정한 화면으로 나타나지 않는 경우 동기 레벨을 조정하면 정지된 안정한 파형을 측정할 수 있다.

12.3 신호발생기 활용하기

신호발생기(signal generator)는 정현파, 삼각파, 구형파 등의 신호원(signal source)을 전자회로에 입력신호로 인가하고자 하는 경우에 사용하는 장비이다. 신호발생기는 신호원의 파형, 전압크기, 주파수 등을 조정할 수 있으며, 이를 함수발생기(function generator)라고도 한다.

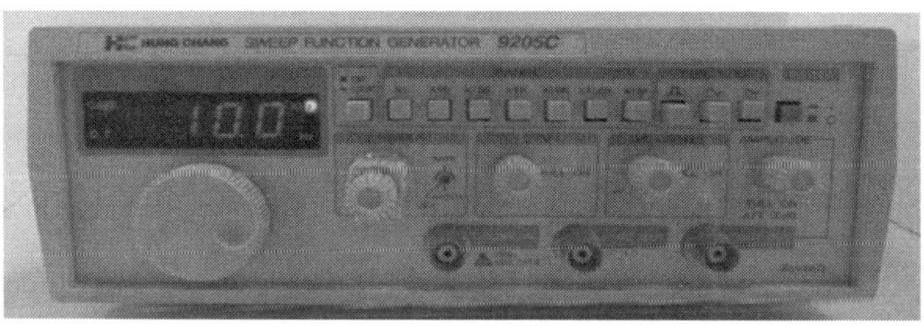

그림 12-9 신호발생기

12.3.1 신호발생기의 파형 조정

신호발생기는 신호원의 파형으로 정현파(sinusoidal wave), 삼각파(triangular wave), 구형파(square wave) 등을 선택할 수 있다. 신호발생기는 일반적으로 위의 3가지 파형을 선택할 수 있는 기능(function)버튼을 가지고 있으며, 실험에 필요한 입력신호의 파형에 해당하는 기능버튼을 선택하면 된다.

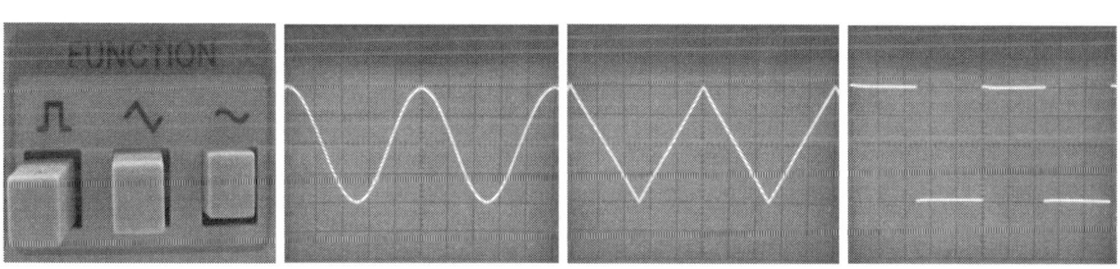

(a) 선택버튼 (b) 정현파 (c) 삼각파 (d) 구형파

그림 12-10 신호발생기 파형 조정

실습 6. 신호발생기 파형 조정기능 확인실습

신호발생기의 파형 조정기능을 확인하기 위하여 신호발생기 출력단자와 오실로스코프 입력단자를 연결하여야 한다.

① 신호발생기 출력(output)과 오실로스코프 입력(CH1)을 BNC 케이블을 이용하여 연결하여라. 신호발생기의 출력파형을 정확히 측정할 수 있도록 오실로스코프를 정확히 조정하여라.

② 신호발생기 출력파형이 정현파가 되도록 기능(function)버튼을 선택하고, 오실로스코프에 정현파가 나타나는지 확인하여라.

③ 신호발생기 출력파형이 삼각파와 구형파가 되도록 차례로 기능버튼을 선택하고, 오실로스코프에 이들 파형이 나타나는지 확인하여라.

12.3.2 신호발생기의 전압크기 조정

신호발생기의 출력전압의 크기는 전압크기(amplitude)를 조정할 수 있는 손잡이(knob)를 이용하여 조정할 수 있다. 일반적으로 이 손잡이 상단에는 amplitude라고 표기되어 있다.

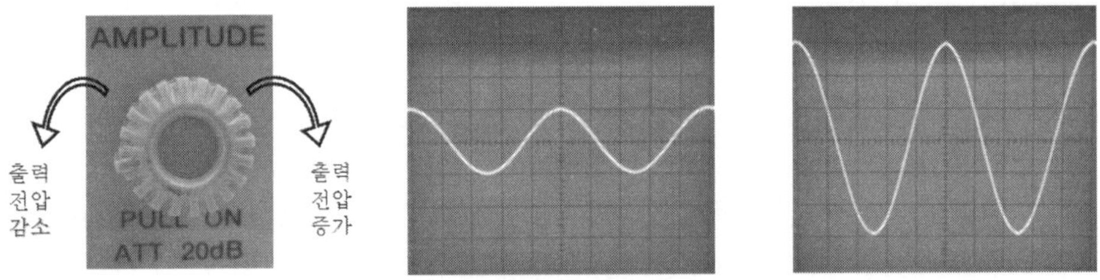

(a) 조정 손잡이 (b) 전압 감소 (c) 전압 증가

그림 12-11 신호발생기 전압크기 조정

실습 7. 신호발생기 전압크기 조정기능 확인실습

① 신호발생기 출력(output)과 오실로스코프 입력(CH1)을 BNC 케이블을 이용하여 연결하여라. 신호발생기의 출력파형을 정확히 측정할 수 있도록 오실로스코프를 정확히 조정하여라.

② 신호발생기 출력파형이 정현파가 되도록 기능버튼을 선택하여라.

③ 신호발생기 출력파형의 전압크기를 변경하기 위하여 전압크기 조정 손잡이(amplitude knob)를 좌우로 조정하여라. 신호발생기 전압크기가 증가 또는 감소하는 것을 확인하여라.

④ 신호발생기 출력파형의 피크-피크값 전압(V_{p-p})이 6 V가 되도록 전압크기를 조정하여라. 피크-피크값 전압(V_{p-p})이 6 V인 신호발생기 전압파형을 측정하기에 가장 적합한 오실로스코프의 VOLTS/DIV을 설정하여라.

12.3.3 신호발생기의 주파수 조정

신호발생기의 주파수는 주파수 범위를 단계적으로 선택할 수 있는 버튼(frequency range)과 선택된 주파수 범위 내에서 주파수를 연속적으로 조정할 수 있는 조정 손잡이(frequency dial)를 이용하여 조정할 수 있다. 설정하고자 하는 주파수에 적합한 주파수 범위를 우선 주파수 선택버튼(frequency range)을 이용하여 선택하고, 정확한 주파수는 미세 조정 손잡이(frequency dial)를 이용하여 조정한다.

(a) 주파수 범위 선택버튼

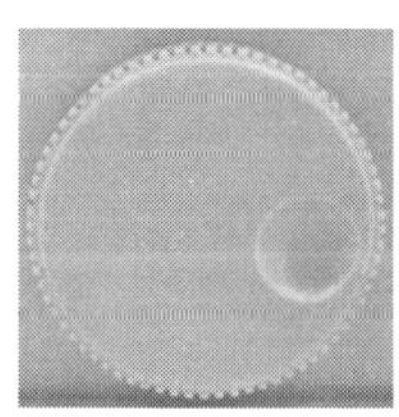

(b) 미세 조정 손잡이

그림 12-12 신호발생기 주파수 조정

실습 8. 신호발생기 주파수 조정기능 확인실습

① 신호발생기 출력(output)과 오실로스코프 입력(CH1)을 BNC 케이블을 이용하여 연결하여라. 신호발생기의 출력파형을 정확히 측정할 수 있도록 오실로스코프를 정확히 조정하여라.

② 신호발생기 출력파형이 구형파가 되도록 기능버튼을 선택하여라.

③ 신호발생기 출력파형의 피크-피크값 전압(V_{p-p})이 5 V가 되도록 전압크기를 조정하여라. 피크-피크값 전압(V_{p-p})이 5 V인 신호발생기 전압파형을 측정하기에 가장 적합한 오실로스코프의 VOLTS/DIV을 설정하여라.

④ 신호발생기 출력파형의 주파수 범위를 단계적으로 선택할 수 있는 버튼(frequency range)을 눌러 주파수가 10배씩 증가 또는 감소하는 것을 확인하여라. 주파수 증가 또는 감소에 따라 파형을 측정하기에 적합하도록 오실로스코프의 TIME/DIV를 조정하여라.

⑤ 신호발생기 출력파형의 주파수가 1 kHz가 되도록 주파수 범위를 단계적으로 선택할 수 있는 버튼(frequency range)과 선택된 주파수 범위 내에서 주파수를 연속적으로 조정할 수 있는 미세 조정 손잡이(frequency dial)를 이용하여 조정하여라.

실습 9. 신호발생기와 오실로스코프 사용법 종합실습

① 오실로스코프의 교정단자를 이용하여 오실로스코프가 전압과 주파수를 정확히 측정할 수 있도록 교정하여라.

② 신호발생기와 오실로스코프를 이용하여 신호발생기의 정현파 출력의 최대값(V_m)이 3 V이고, 주파수가 500Hz가 되도록 정확히 조정하고, 파형은 표 12-8에 기록하여라. 오실로스코프는 가장 적합한 VOLTS/DIV과 TIME/DIV을 설정하고, 설정한 VOLTS/DIV과 TIME/DIV 역시 표 12-8에 기록하여라.

③ 신호발생기와 오실로스코프를 이용하여 신호발생기의 구형파 출력의 최

대값(V_m)이 6 V이고, 주파수가 20kHz가 되도록 정확히 조정하고, 파형은 표 12-9에 기록하여라. 오실로스코프는 가장 적합한 VOLTS/DIV과 TIME/DIV을 설정하고, 설정한 VOLTS/DIV과 TIME/DIV 역시 표 12-9에 기록하여라.

표 12-8 V_m=3V, f=500Hz인 정현파 실습파형 (실험단계 ②)

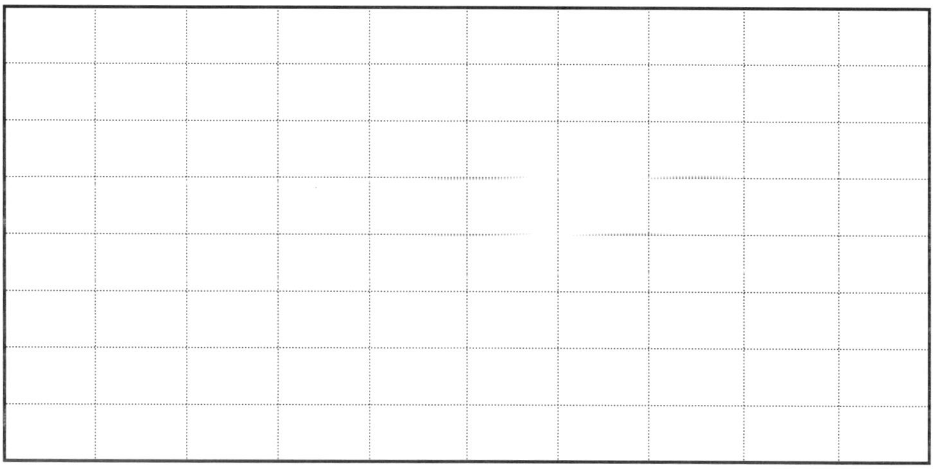

● 전압 스케일 : [ ] /div ● 시간 스케일 : [ ]/div

표 12-9 V_m=6V, f=20kHz인 구형파 실습파형 (실험단계 ③)

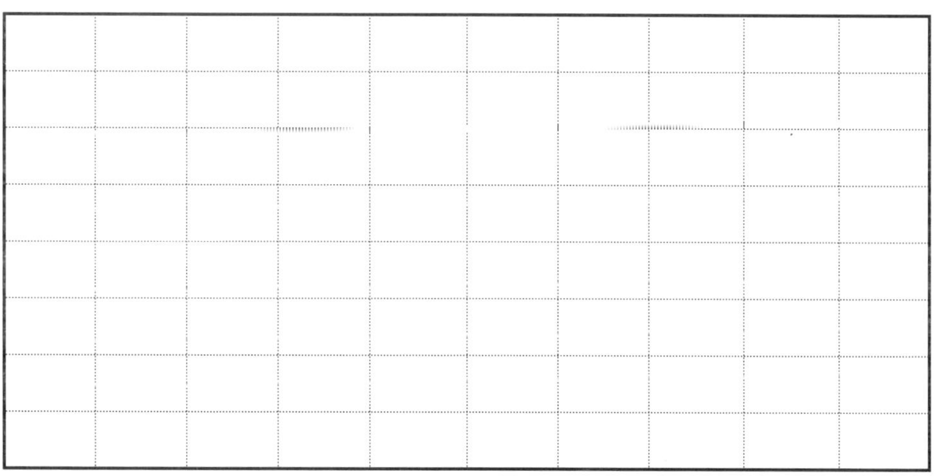

● 전압 스케일 : [ ] /div ● 시간 스케일 : [ ]/div

12.4 디지털 오실로스코프 활용하기

오실로스코프의 원리를 이해하고 사용법을 실습하기 위해 12.1 오실로스코프에서 아날로그 타입의 오실로스코프에 대하여 자세히 살펴보았다. 그러나 실제 사용하는 오실로스코프는 아날로그 타입의 오실로스코프뿐만 아니라 디지털 타입의 오실로스코프도 많이 사용하고 있다. 따라서 디지털 오실로스코프의 사용법을 간단히 소개하기 위하여 임의 모델의 디지털 오실로스코프를 한 예로 들어 실습 방법을 소개한다.

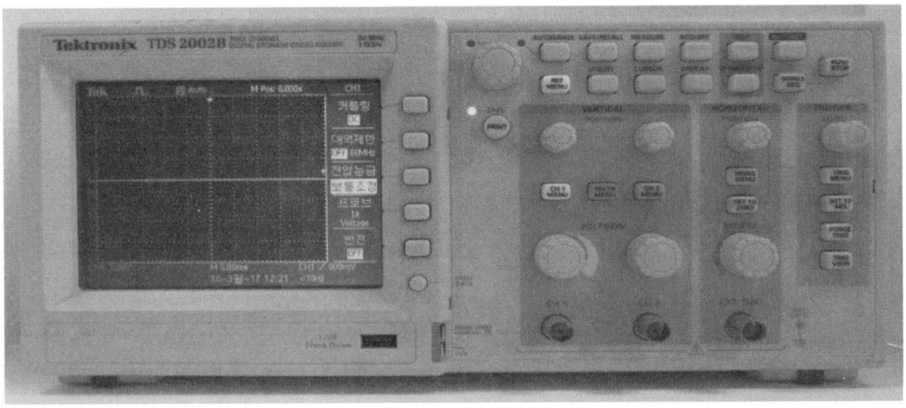

그림 12-13 디지털 오실로스코프

실습 10. 디지털 오실로스코프의 사용법 실습

① 오실로스코프 전원을 켜라.

② 오실로스코프 프로브를 CH1에 연결하고, 프로브 팁과 기준 리드선(GND 단자)을 오실로스코프의 PROBE COMP 터미널에 연결하여라.

③ PROBE CHECK 버튼을 눌러 CH1에서 PROBE 검사를 실시하여라. 디스플레이 화면 하단에 아래와 같이 검사 결과가 정상적으로 나오는지 확인하여라. 전용 프로브를 사용하지 않는 경우 프로브 감쇠 계수 설정을 1X로 변경하도록 안내가 나올 수 있다. 이 경우 프로브 감쇠 계수를 1X로 변경하여라.

CH1에서 프로브 검사 합격

④ AUTOSET 버튼을 눌러 첨두치(V_{p-p}), 평균치(V_{dc}), 주기(T), 주파수(f)를 측정하여 표 12-10에 기록하여라. 측정결과가 구형파, 5V, 1kHz의 표준 신호와 일치하는지 확인하여라. 측정시 CH1 MENU 버튼을 이용하여 입력 coupling이 DC인지 확인하여라.

⑤ CH1 MENU 버튼을 두 번 눌러 CH1을 제거하고, CH2 MENU 버튼을 한 번 눌러 CH2를 선택하여라.
프로브 팁과 기준 리드선(GND단자)은 오실로스코프의 PROBE COMP 터미널에 그대로 연결된 상태에서 오실로스코프 프로브를 CH2로 연결하고, PROBE CHECK 버튼을 다시 눌러 CH2에서 PROBE 검사를 실시하여라. 디스플레이 화면 하단에 아래와 같이 검사 결과가 정상적으로 나오는지 확인하여라. 전용 프로브를 사용하지 않는 경우 프로브 감쇠 계수 설정을 1X로 변경하도록 안내가 나올 수 있다. 이 경우 프로브 감쇠 계수를 1X로 변경하여라.

CH2에서 프로브 검사 합격

⑥ AUTOSET 버튼을 눌러 첨두치(V_{p-p}), 평균치(V_{dc}), 주기(T), 주파수(f)를 측정하여 표 12-10에 기록하여라. 측정결과가 구형파, 5V, 1kHz의 표준 신호와 일치하는지 확인하여라. 측정시 CH2 MENU 버튼을 이용하여 입력 coupling이 DC인지 확인하여라.

실습 11. 디지털 오실로스코프와 신호발생기 사용법 종합실습

⑦ 신호발생기 출력과 오실로스코프 입력(CH1)을 서로 연결하여라.

⑧ 신호발생기 출력이 다음의 파형이 되도록 신호발생기를 적절히 조정하여라. FUNCTION 버튼, RANGE 버튼과 다이얼, AMPLITUDE 조정 노브(knob)를 이용하여 조정하여라.

ⓘ 파형(wave) : 정현파(sine wave)

ⓘⓘ 주파수(frequency) : f=5kHz

ⓘⓘⓘ 전압크기(amplitude) : $V_{p\text{-}p}$=4V

⑨ 오실로스코프의 AUTOSET 버튼을 눌러 첨두치($V_{p\text{-}p}$), 실효치(V_{ac}), 주기(T), 주파수(f)를 측정하여 표 12-10에 기록하고, 파형은 표 12-11에 기록하여라.

⑩ 신호발생기 출력이 다음의 파형이 되도록 신호발생기를 적절히 조정하여라. FUNCTION 버튼, RANGE 버튼과 다이얼, AMPLITUDE 조정 노브(knob)를 이용하여 조정하여라.

ⓘ 파형(wave) : 구형파(square wave)

ⓘⓘ 주파수(frequency) : f=2kHz

ⓘⓘⓘ 전압크기(amplitude) : $V_{p\text{-}p}$=6V

⑪ 오실로스코프의 AUTOSET 버튼을 눌러 첨두치($V_{p\text{-}p}$), 실효치(V_{ac}), 주기(T), 주파수(f)를 측정하여 표 12-10에 기록하고, 파형은 표 12-12에 기록하여라.

⑫ 신호발생기 출력이 다음의 파형이 되도록 신호발생기를 적절히 조정하여라. FUNCTION 버튼, RANGE 버튼과 다이얼, AMPLITUDE 조정 노브(knob)를 이용하여 조정하여라.

ⓘ 파형(wave) : 삼각파(triangular wave)

ⓘⓘ 주파수(frequency) : f=20kHz

ⓘⓘⓘ 전압크기(amplitude) : $V_{p\text{-}p}$=4.6V

⑬ 오실로스코프의 AUTOSET 버튼을 눌러 첨두치($V_{p\text{-}p}$), 실효치(V_{ac}), 주기(T), 주파수(f)를 측정하여 표 12-10에 기록하고, 파형은 표 12-13에 기록하여라.

표 12-10 전압과 주파수 측정 데이터

실험단계	첨두치(V_{p-p})	평균치(DC)/ 실효치(AC)	주기	주파수	참고사항
④		평균치			
⑥		평균치			
⑨		실효치			
⑪		실효치			
⑬		실효치			

표 12-11 V_{p-p}=4V, f=5kHz인 정현파 실습파형 (실험단계 ⑨)

● 전압 스케일 : [ ] /div ● 시간 스케일 : [ ]/div

표 12-12 V_{p-p}=6V, f=2kHz인 구형파 실습파형 (실험단계 ⑪)

● 전압 스케일 : [ ] /div ● 시간 스케일 : [ ]/div

표 12-13 V_{p-p}=4.6V, f=20kHz인 삼각파 실습파형 (실험단계 ⑬)

● 전압 스케일 : [ ] /div ● 시간 스케일 : [ ]/div

학습

13. 직류전압 · 교류전압 측정하기

13.1 학 습 목 표

- ▣ 정의식을 이용하여 직류전압과 교류전압을 계산할 수 있다.
- ▣ 사용하기 어려운 특정 장비운영을 위해서 제작사에 기술지원을 요청할 수 있다. (1901080305_14v2.3.4)

13.2 필 요 지 식

13.2.1 직류전압(DC)

전원 또는 신호원에는 직류(direct current : DC)와 교류(alternating current : AC)의 2가지가 있다. 직류와 교류에 대한 정의를 정확히 이해하는 것은 회로관련 공부를 하는데 있어 매우 중요하다. 직류와 교류 중 직류에 대해 먼저 살펴보기로 한다.

$$V_{dc} = \frac{1}{T}\int_{0}^{T} v(t)dt \tag{13.1}$$

직류전압은 식 (13.1)과 같이 평균값(average value)으로 정의된다. 식 (13.1)은 전압 v(t)의 직류전압의 크기를 구하기 위해서는 전압 v(t)를 1주기 T에 대해 정적분하고, 이를 주기 T로 나누어야 한다는 것이다. 정적분은 함수 v(t)가 적분구간에 대해 둘러

싸인 면적이 되므로 이를 주기 T로 나누어 주면 평균적인 전압의 크기를 구할 수 있다. 즉 전압의 순시값(instantaneous value)이 변하는 전압 v(t)의 직류전압은 1주기 동안의 전압의 평균값으로 정의된다는 의미이다.

평균값으로 정의되는 직류전압을 보다 쉽고 정확하게 이해하기 위한 첫 번째 예로 그림 13-1과 같은 구형파 전압 v(t)의 직류전압을 구한다.

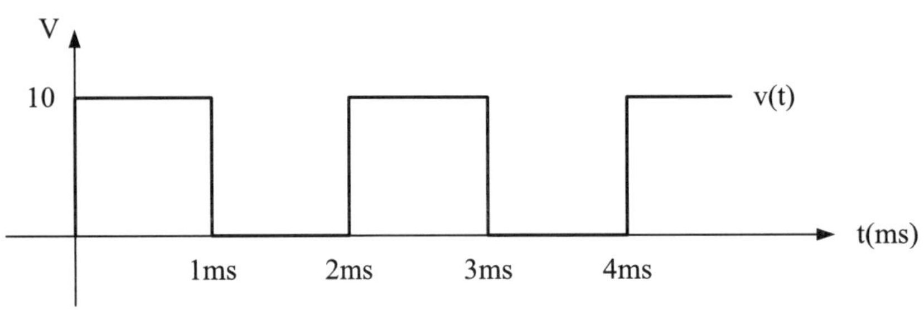

그림 13-1 구형파 전압 v(t)의 직류전압

식 (13.1)은 직류전압에 대한 정의식이므로 모든 전압파형의 직류전압은 식 (13.1)을 이용하여 구할 수 있다. 그림 13-1에서 주어진 주기 T와 전압 v(t)를 식 (13.1)에 대입하여 직류전압을 구하면 식 (13.2)와 같다.

$$
\begin{aligned}
V_{dc} &= \frac{1}{T}\int_0^T v(t)dt \\
&= \frac{1}{2\times 10^{-3}}\int_0^{0.001} 10\,dt \\
&= \frac{10\times 0.001}{0.002} \\
&= 5V
\end{aligned}
\tag{13.2}
$$

식 (13.2)의 결과를 통해 그림 13-1 구형파 전압의 직류전압이 5V임을 알 수 있다. 평균값으로 정의되는 직류전압이 식 (13.1)과 같이 정적분을 이용하여 정의된 것은 1주기의 적분구간에 대해 전압 v(t)의 면적을 일반적으로 구하기 위함이다. 따라서 그림 13-1과 같은 구형파의 경우는 직류전압의 정의식의 의미를 정확하게 이해했다면 굳이 정적분을 하지 않고서도 식 (13.3)과 같이 1주기의 면적을 쉽게 구할 수 있다. 그림 13-1의 구형파 전압의 1주기에 대한 전압 v(t)의 면적은 S=10V×1ms이고 주기는 T=2ms임을 쉽게 구할 수 있기 때문이다.

$$
\begin{aligned}
V_{dc} &= \frac{S}{T} \\
&= \frac{10V \times 1ms}{2ms} \qquad (13.3) \\
&= 5V
\end{aligned}
$$

직류전압을 이해하기 위한 두 번째 예로 그림 13-2와 같은 삼각파 전압 v(t)의 직류전압을 구한다.

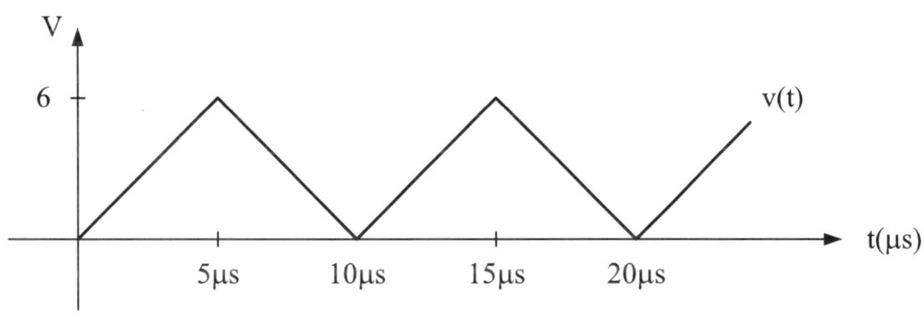

그림 13-2 삼각파 전압 v(t)의 직류전압

그림 13-2 삼각파 전압 v(t)의 직류전압 역시 식 (13.1)의 정의식을 이용하여 구할 수 있다. 그러나 그림 13-2의 삼각파 전압은 식 (13.1)의 정의식을 이용하지 않고서도 삼각파 전압 v(t)의 1주기에 대한 면적을 쉽게 구할 수 있으므로 식 (13.4)와 같이 면적 S와 주기 T를 이용하여 직류전압을 구할 수 있다. 이와 같이 정적분을 하지 않고서도 전압 v(t)의 1주기의 면적 S를 구할 수 있으면 식 (13.1)의 정의식을 이용하지 않고 1주기 면적 S를 이용하여 직류전압의 평균값을 쉽게 구할 수 있다.

$$
\begin{aligned}
V_{dc} &= \frac{S}{T} \\
&= \frac{0.5 \times 6V \times 10\mu s}{10\mu s} \qquad (13.4) \\
&= 3V
\end{aligned}
$$

직류전압을 이해하기 위한 세 번째 예로 그림 13-3과 같은 반주기 정현파 전압 v(t)의 직류전압을 구한다. 반주기 정현파 전압 v(t)의 1주기에 대한 면적은 구형파 전압 등과 같이 쉽게 구할 수 없으므로 식 (13.1)의 정의식을 이용해야 한다.

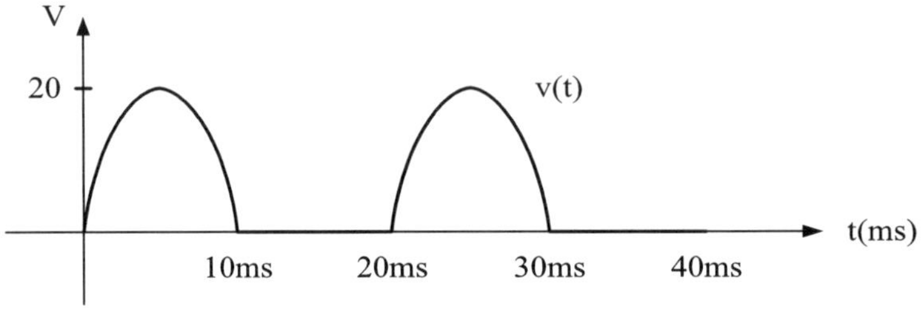

그림 13-3 반주기 정현파 전압 v(t)의 직류전압

그림 13-3에서 주어진 주기 T와 반주기의 정현파 전압 v(t)를 식 (13.1)의 정의식에 대입하여 직류전압을 구하면 식 (13.5)와 같다. 반주기 동안은 정현파 전압과 동일하고, 나머지 반주기 동안은 전압이 0인 그림 13-3과 같은 전압 v(t)에 대한 직류전압을 식 (13.5)의 결과를 이용하여 일반적으로 나타내면 식 (13.6)과 같다.

$$
\begin{aligned}
V_{dc} &= \frac{1}{T}\int_0^T v(t)dt \\
&= \frac{1}{T}\int_0^{\frac{T}{2}} V_m \sin\omega t\, dt \qquad \left(\rightarrow \omega = 2\pi f = \frac{2\pi}{T} = \frac{\pi}{0.01}\right) \\
&= \frac{1}{0.02}\int_0^{0.01} 20\sin\left(\frac{\pi}{0.01}t\right)dt \\
&= -1000\times\frac{0.01}{\pi}\left[\cos\left(\frac{\pi}{0.01}t\right)\right]_{t=0}^{t=0.01} \\
&= -\frac{10}{\pi}(\cos\pi - \cos 0) \\
&= \frac{20}{\pi}
\end{aligned}
\tag{13.5}
$$

$$
V_{dc} = \frac{V_m}{\pi} \quad (\text{반주기 정현파 전압의 직류전압 평균값}) \tag{13.6}
$$

13.2.2 교류전압(AC)

그림 13-4와 같이 순시전압이 연속적으로 변하는 정현파 교류전압을 어떤 대푯값으로 전압의 크기를 나타낼 수 있는지 살펴보자.

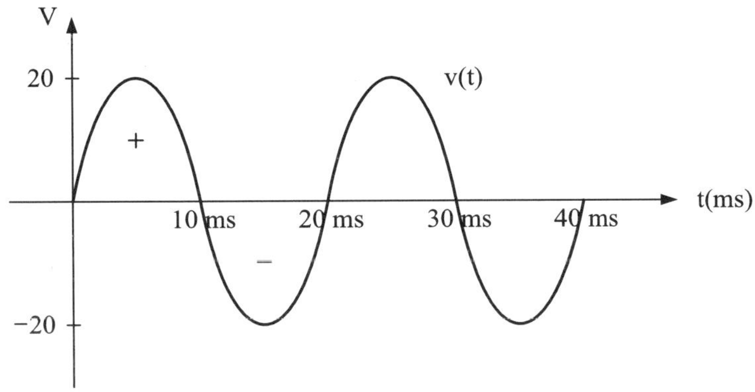

그림 13-4 최대값이 20V인 정현파 전압 v(t)

그림 13-1에서 그림 13-3까지의 예에서 순시전압이 변하는 주기함수의 전압파형에 대한 전압의 크기를 평균값으로 정의하는 직류전압에 살펴보았으므로 그림 13-4와 같은 정현파 전압에 대해서도 우선 직류전압의 평균값을 구해 보기로 한다. 식 (13.7)과 같이 정현파 교류전압의 직류전압 평균값은 0이다. 그 이유는 그림 13-4의 정현파 전압은 0~T/2까지의 정적분 결과와 T/2~T까지의 정적분 결과를 비교하면 절대값은 동일하고, 부호는 서로 반대가 되어 1주기에 대한 정적분 결과가 0이 되기 때문이다. 정현파 전압파형에 대한 이와 같은 직류전압의 평균값 결과는 정의식을 이용하여 실제 직류전압의 평균값을 구해도 확인할 수 있다.

$$V_{dc} = \frac{1}{T}\int_0^T v(t)dt = \frac{1}{0.02}\int_0^{0.02} 20\sin\omega t dt = 0 \qquad (13.7)$$

식 (13.3)과 식 (13.4)에서 직류전압의 평균값을 V_{dc}=S/T로 표현하였다. 여기서 S는 정적분한 결과이므로 정적분하는 함수의 부호에 따라 양수 또는 음수가 되는 값이다. 일반적인 도형에서의 면적 S는 항상 양수이다. 그러나 직류전압의 평균값을 구하기 위한 V_{dc}=S/T에서의 S는 1주기에 대한 정적분 결과에 의해 (+) 또는 (−)의 부호를 가지므로 주의하여야 한다.

그림 13-5와 같이 그림 13-4와 최대값(maximum value)이 다른 정현파 전압의 1주기에 대한 정적분 역시 0이 되므로 직류전압 평균값은 식 (13.8)과 같이 V_{dc}=0이다.

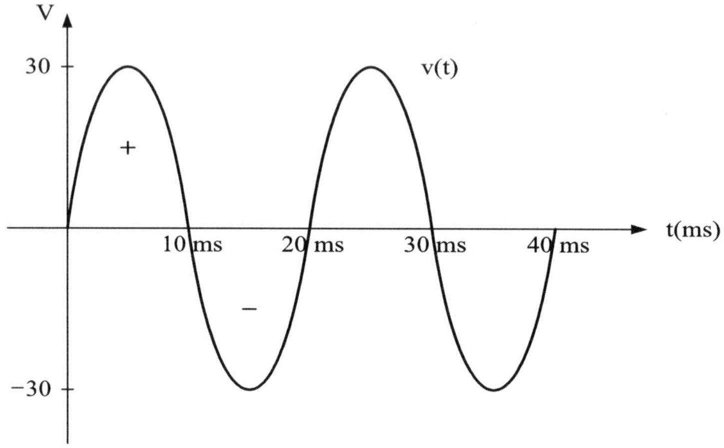

그림 13-5 최대값이 30V인 정현파 전압 v(t)

$$V_{dc} = \frac{1}{T}\int_0^T v(t)dt = \frac{1}{0.02}\int_0^{0.02} 30\sin\omega t dt = 0 \tag{13.8}$$

그림 13-4와 그림 13-5와 같은 정현파 교류전압은 최대값 V_m과 주기 T에 무관하게 직류전압의 평균값이 항상 0이 된다. 따라서 교류 전압파형에 대해서는 전압의 부호는 무시하고 전압의 크기에 의해 결정되는 새로운 전압 대푯값을 정의할 필요가 있다. 전력은 교류전압의 부호와는 무관하고 교류전압의 크기에 의해 결정되므로 전력의 관점에서 정현파 교류전압의 대푯값을 정의한다. 저항 R에 정현파 교류전압 v(t)가 인가된 경우 1주기 동안의 소비전력의 평균값 P_{ac}와 동일한 저항 R에 평활한 직류전압 V가 인가된 경우의 소비전력 P_{dc}가 서로 동일하게 되는 직류전압 V를 교류전압의 실효값(root mean square : RMS)이라고 정의한다.

$$P_{ac} = \frac{1}{T}\int_0^T \left\{\frac{v^2(t)}{R}\right\}dt \qquad \left(\rightarrow \frac{v^2(t)}{R} \ : \ \text{순시전력}\right) \tag{13.9}$$

$$P_{dc} = \frac{V^2}{R} \tag{13.10}$$

식 (13.9)는 전력 P_{ac}, 식 (13.10)은 전력 P_{dc}를 나타낸다. 식 (13.9)와 식 (13.10)에서 $P_{dc}=P_{ac}$가 되는 직류전압 V를 교류전압의 실효값이라고 정의하고, 이를 정현파 교류전압의 전압 대푯값으로 사용한다. 식 (13.11)은 $P_{dc}=P_{ac}$라는 정의에 의해 교류전압의 실효값을 구하는 정의식을 나타낸다.

$$\frac{V^2}{R}=\frac{V_{rms}^2}{R}=\frac{1}{T}\int_0^T\left\{\frac{v^2(t)}{R}\right\}dt \text{ 가 되는 전압 } V_{rms}\text{를 구하면}$$

$$V_{rms}=\sqrt{\frac{1}{T}\int_0^T v^2(t)dt} \tag{13.11}$$

이제 그림 13-4와 같은 정현파 교류전압의 실효값을 식 (13.11)의 정의식을 이용하여 구하면 식 (13.12)와 같다.

$$\begin{aligned} V_{rms} &= \sqrt{\frac{1}{T}\int_0^T v^2(t)dt} \\ &= \sqrt{\frac{1}{T}\int_0^T (V_m \sin\omega t)^2\,dt} \qquad \left(\rightarrow \sin^2\alpha = \frac{1-\cos 2\alpha}{2}\right) \\ &= \sqrt{\frac{V_m^2}{T}\int_0^T \frac{1-\cos 2\omega t}{2}dt} \qquad \left(\rightarrow \omega = 2\pi f = \frac{2\pi}{T}\right) \\ &= \sqrt{\frac{V_m^2}{T}\left[\frac{1}{2}t-\frac{1}{2}\left(\frac{T}{4\pi}\right)\sin\left(\frac{4\pi}{T}t\right)\right]_{t=0}^{t=T}} \\ &= \sqrt{\frac{V_m^2}{T}\left\{\left(\frac{T}{2}-\frac{T}{8\pi}\sin 4\pi\right)-\left(0-\frac{T}{8\pi}\sin 0\right)\right\}} \\ &= \frac{V_m}{\sqrt{2}} \end{aligned} \tag{13.12}$$

식 (13.12)에서 정현파 전압의 실효값과 최대값 사이의 관계를 유도했다. 따라서 정현파 전압의 실효값을 구하기 위해 매번 식 (13.11)의 정의식을 이용할 필요는 없다. 예를 들어 그림 13-4와 같이 최대값이 20V인 정현파 전압과 그림 13-5와 같이 최대값이 30V인 정현파 전압의 실효값을 구하면 각각 식 (13.13), 식 (13.14)와 같다.

$$V_{rms} = \frac{V_m}{\sqrt{2}} = \frac{20}{\sqrt{2}} = 14.1V \tag{13.13}$$

$$V_{rms} = \frac{V_m}{\sqrt{2}} = \frac{30}{\sqrt{2}} = 21.2V \tag{13.14}$$

교류전압을 이해하기 위한 다른 예로 그림 13-6과 같은 구형파 교류전압 v(t)의 실효값 구한다. 식 (13.15)에서 구형파 교류전압의 실효값이 V_{rms}=V라는 결과를 확인할 수 있다. 순시전압이 반주기 간격으로 +V, −V를 교번하는 경우의 소비전력과 전압이 평활한 직류전압 +V로 일정한 경우의 소비전력이 서로 동일하기 때문이다.

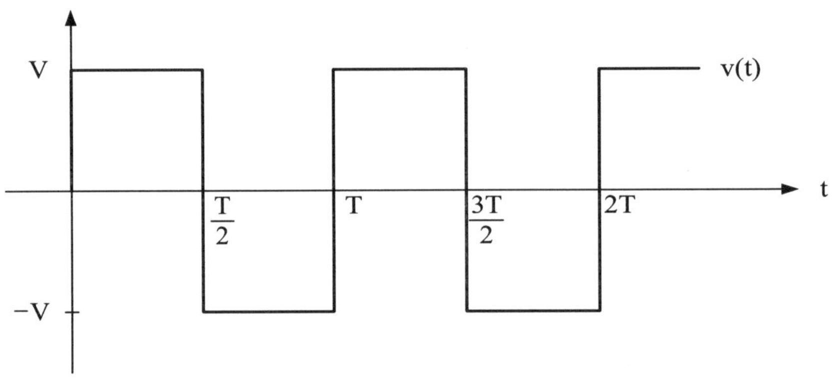

그림 13-6 구형파 교류전압 v(t)

$$\begin{aligned} V_{rms} &= \sqrt{\frac{1}{T}\int_0^T v^2(t)dt} \\ &= \sqrt{\frac{1}{T}\left\{\int_0^{\frac{T}{2}} V^2 dt + \int_{\frac{T}{2}}^{T} (-V)^2 dt\right\}} \\ &= \sqrt{\frac{1}{T}\int_0^T V^2 dt} \\ &= \sqrt{\frac{1}{T}(V^2 T)} \\ &= V \end{aligned} \tag{13.15}$$

13.2.3 직류전압(DC)과 교류전압(AC)의 측정

그림 13-7은 최대값이 V_m=10V이고, 주파수가 f=500Hz인 정현파 전압을 오실로스코프와 디지털 멀티미터를 이용하여 측정한 결과이다.

(a) 오실로스코프 측정파형 (b) DMM 측정모드 : AC전압 선택 (c) DMM 측정모드 : DC전압 선택

그림 13-7 오실로스코프와 디지털 멀티미터를 이용한 정현파 전압파형의 측정

그림 13-7(a)는 오실로스코프를 이용한 측정파형이다. 그림 13-7(b)의 상단은 디지털 멀티미터의 측정모드를 교류전압(AC)을 선택하여 측정한 전압이고, 그림 13-7(b)의 하단은 식 (13.16)에 의해 구한 교류전압의 이론값이다. 2가지 값을 비교하면 교류전압의 이론값과 측정값이 거의 일치하는 것을 알 수 있다.

$$V_{rms} = \frac{V_m}{\sqrt{2}} = \frac{10}{\sqrt{2}} = 7.071\text{V} \tag{13.16}$$

그림 13-7(c)의 상단은 디지털 멀티미터의 측정모드를 직류전압(DC)을 선택하여 측정한 전압이고, 그림 13-7(c)의 하단은 식 (13.17)에 의해 구한 직류전압의 이론값이다. 2가지 값을 비교하면 직류전압의 이론값과 측정값 역시 거의 일치하는 것을 알 수 있다.

$$V_{dc} = \frac{1}{T}\int_0^T v(t)dt = \frac{1}{T}\int_0^T V_m \sin\omega t dt = 0 \tag{13.17}$$

그림 13-8은 최대값이 V_m=10V이고, 주파수가 f=500Hz인 구형파 교류전압을 오실로스코프와 디지털 멀티미터를 이용하여 측정한 결과이다.

(a) 오실로스코프 측정파형 (b) DMM 측정모드 : AC전압 선택 (c) DMM 측정모드 : DC전압 선택

그림 13-8 오실로스코프와 디지털 멀티미터를 이용한 구형파 전압파형의 측정

그림 13-8(a)는 오실로스코프를 이용한 측정파형이다. 그림 13-8(b)의 상단은 디지털 멀티미터를 교류전압(AC) 측정모드를 선택하여 측정한 교류전압으로 이론값과 측정값이 거의 일치한다. 그림 13-8(c)는 디지털 멀티미터를 이용하여 측정한 직류전압(DC)으로 직류전압 역시 이론값과 측정값이 거의 일치하는 것을 알 수 있다.

디지털 오실로스코프를 이용한 첫 번째 실험을 진행하면서 매뉴얼을 이용하여 활용법을 익히고, 매뉴얼만으로 부족한 경우에는 제작사에 문의하여 필요한 자료를 요청하거나 기술지원을 요청하여 디지털 오실로스코프를 활용할 수 있도록 한다.

13.3 수행내용 / 부품 및 장비

부품 및 장비		규격 및 수량	
부 품	저항	2.2kΩ	1개
		3.3kΩ	1개
장 비		신호발생기(signal generator)	
		오실로스코프(oscilloscope)	
		디지털 멀티미터(DMM)	
		브레드 보드(bread board)	
기 타		jumper wire	
		wire stripper(또는 nipper)	

13.4 수행내용 / 수행순서

실험 1. 직류전압 · 교류전압 측정 실험

① 신호발생기와 오실로스코프를 이용하여 신호발생기의 정현파 출력이 최대값(V_m)이 6V이고, 주파수가 1kHz인 교류전압이 되도록 조정하여라.

② 실험단계 ①에서 정확히 조정한 신호발생기의 정현파 교류전압을 입력전압 v_i로 사용하여 그림 13-9의 실험회로를 구성하여라. 실험회로 구성 시 그림 13-10을 참고하여라.

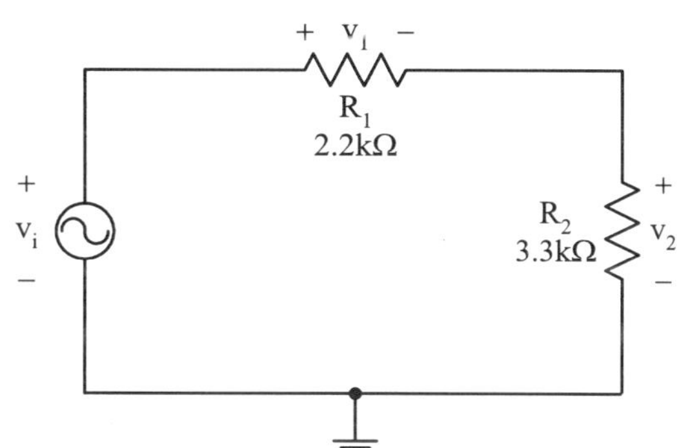

그림 13-9 직류전압 · 교류전압 측정 실험회로

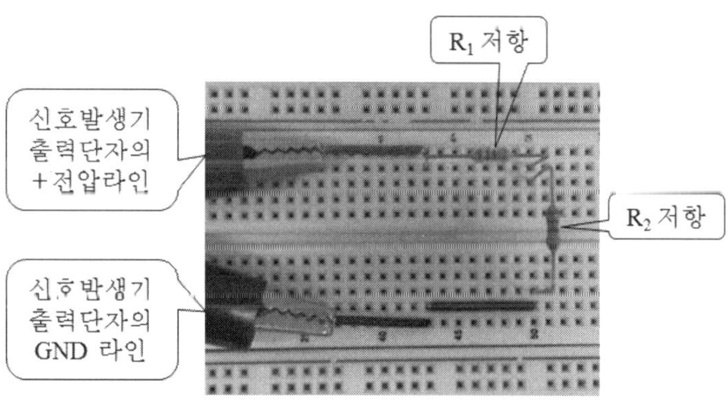

그림 13-10 직류전압 · 교류전압 측정 실험회로 구성

③ 그림 13-9의 실험회로에서 전압 v_i, v_1, v_2의 전압파형을 오실로스코프를 이용하여 각각 측정하여 표 13-1에 기재하여라. 또한 전압 v_i, v_1, v_2의 최대값(V_m)을 오실로스코프를 이용하여 각각 측정하여 표 13-2에 기재하여라. 전압파형 측정시 극성은 반드시 그림 13-9에 표시된 전압 극성을 기준으로 측정하여라. 오실로스코프를 이용하여 전압 v_i, v_1, v_2의 전압파형 측정시 그림 13-11을 참고하여라.

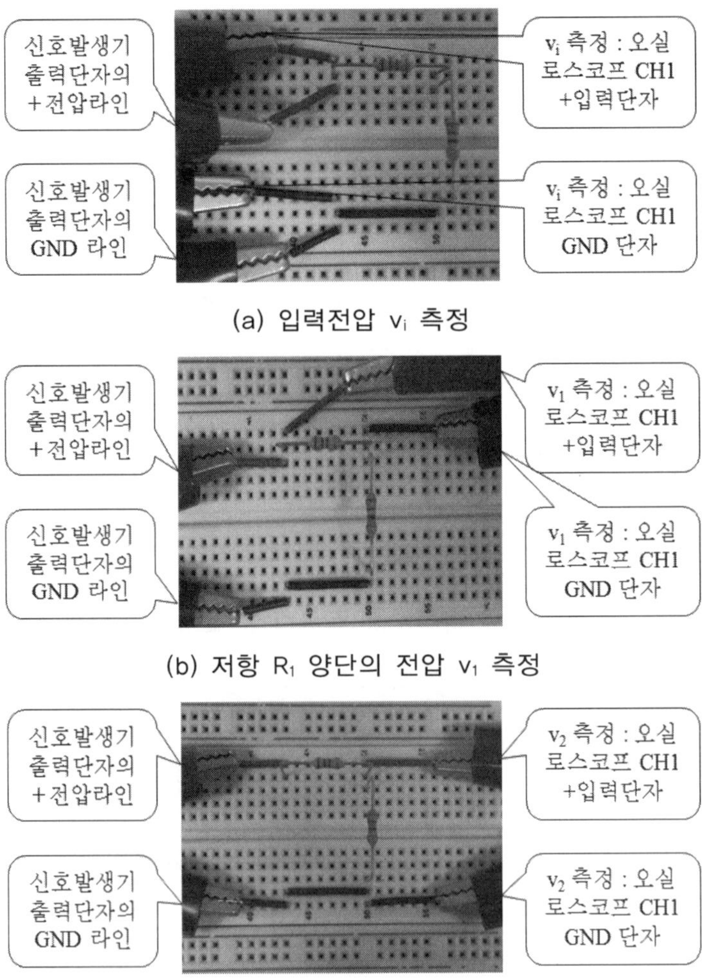

그림 13-11 오실로스코프를 이용한 전압 v_i, v_1, v_2 측정

④ 그림 13-9의 실험회로에서 전압 v_i, v_1, v_2의 최대값(V_m)의 이론값을 계산하여 표 13-2에 기재하여라. 또한 전압 v_i, v_1, v_2의 최대값(V_m)의 이론값이 실험단계 ③에서 측정한 최대값과 일치하는지 비교하여 표 13-2에 기재하여라.

⑤ 그림 13-9의 실험회로에서 전압 v_i, v_1, v_2를 디지털 멀티미터의 교류전압(AC) 측정모드를 이용하여 각각 측정하여 표 13-2에 기재하여라. 전압은 소수점 두 자리까지 측정하여라.

⑥ 그림 13-9의 실험회로에서 전압 v_i, v_1, v_2를 디지털 멀티미터의 직류전압(DC) 측정모드를 이용하여 각각 측정하여 표 13-2에 기재하여라. 전압은 소수점 두 자리까지 측정하여라.

⑦ 실험단계 ③에서 오실로스코프를 이용하여 측정한 실험결과를 검토하여 $v_i=v_1+v_2$가 성립하는지 여부를 표 13-2에 기재하여라.

⑧ 실험단계 ⑤에서 디지털 멀티미터의 교류전압(AC) 측정모드를 이용하여 측정한 실험결과를 검토하여 $v_i=v_1+v_2$가 성립하는지 여부를 표 13-2에 기재하여라.

⑨ 실험단계 ⑥에서 디지털 멀티미터의 직류전압(DC) 측정모드를 이용하여 측정한 실험결과를 검토하여 v_i, v_1, v_2에 대해 세울 수 있는 식을 표 13-2에 기재하여라.

⑩ 실험단계 ③에서 오실로스코프를 이용하여 측정한 최대값(V_m)과 실험단계 ⑤에서 디지털 멀티미터의 교류전압(AC) 측정모드를 이용하여 측정한 전압(V_{rms})이 서로 다른 이유를 생각해 보고, 두 전압 V_m과 V_{rms} 사이의 이론적인 관계식을 표 13-2에 기재하여라.

⑪ 실험단계 ③에서 측정한 최대값(V_m)과 실험단계 ⑤에서 측정한 실효값(V_{rms}) 사이에 실험단계 ⑩에서 기재한 V_m과 V_{rms}의 관계식이 성립하는지 여부를 기재하여라.

⑫ 전압 v_i, v_1, v_2의 교류전압 실효값과 직류전압 평균값의 이론값을 계산하여 표 13-2에 기재하여라. 또한 실험단계 ⑤, ⑥에서 디지털 멀티미터를 이용하여 구한 측정값과 일치하는지 비교하여 표 13-2에 기재하여라.

13.5 수행결과

실험 1. 직류전압 · 교류전압 측정 실험

표 13-1 오실로스코프로 측정한 v_i, v_1, v_2의 전압파형 (실험단계 ③)

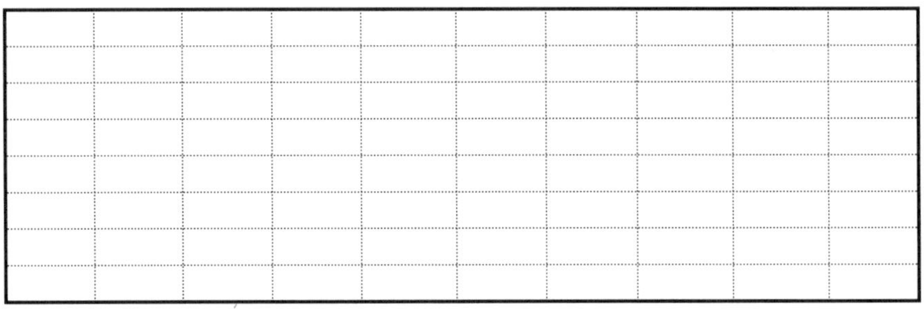

● 전압 스케일 : 2V/div ● 시간 스케일 : 0.2ms/div

(a) 실험단계 ③의 입력전압 v_i의 전압파형

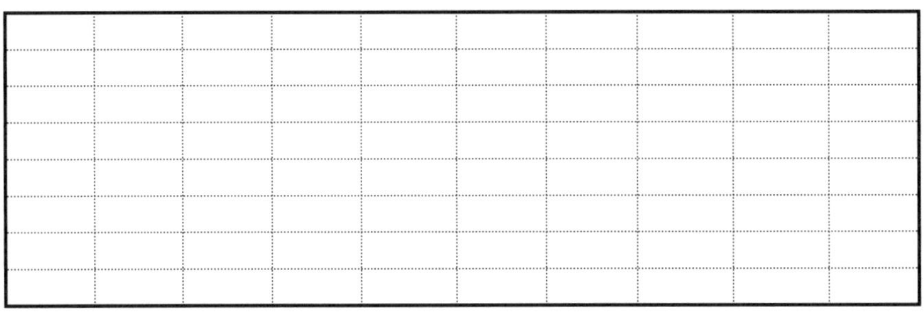

● 전압 스케일 : 2V/div ● 시간 스케일 : 0.2ms/div

(b) 실험단계 ③의 전압 v_1의 전압파형

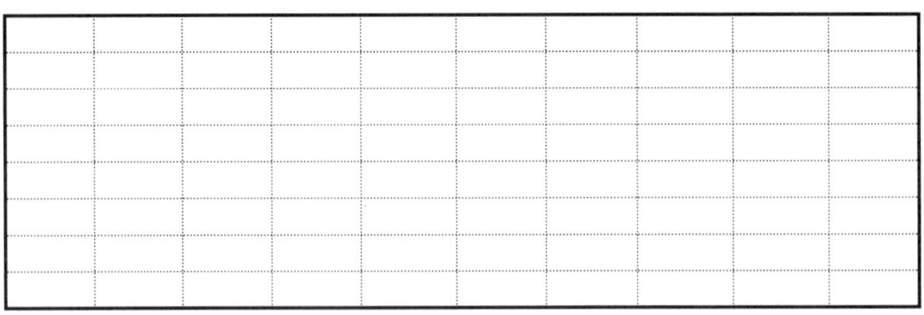

● 전압 스케일 : 2V/div ● 시간 스케일 : 0.2ms/div

(c) 실험단계 ③의 전압 v_2의 전압파형

표 13-2 직류전압 · 교류전압 측정 실험 데이터

실험단계	구분		측정값	이론값	이론값과 측정값의 일치여부
			그림 13-9의 실험회로	그림 13-9의 실험회로	
③④	최대값 (V_m)	v_i	[V]	[V]	
		v_1	[V]	[V]	
		v_2	[V]	[V]	
⑤⑫	AC 전압 (V_{rms})	v_i	[V]	[V]	
		v_1	[V]	[V]	
		v_2	[V]	[V]	
⑥⑫	DC 전압 (V_{dc})	v_i	[V]	[V]	
		v_1	[V]	[V]	
		v_2	[V]	[V]	
⑦	$v_i=v_1+v_2$의 성립여부				
⑧					
⑨	v_i, v_1, v_2에 대한 식				
⑩	V_m과 V_{rms}의 이론적인 관계식				
⑪	실험단계 ⑩ 관계식의 성립여부				

13.6 평 가 문 제

1 직류전압의 평균값(average value) 정의에 대하여 설명하여라.

2 교류전압의 실효값(root mean square value) 정의에 대하여 설명하여라.

3 그림 13-12 전압파형의 직류전압 평균값을 정의식을 이용하여 유도하여라.

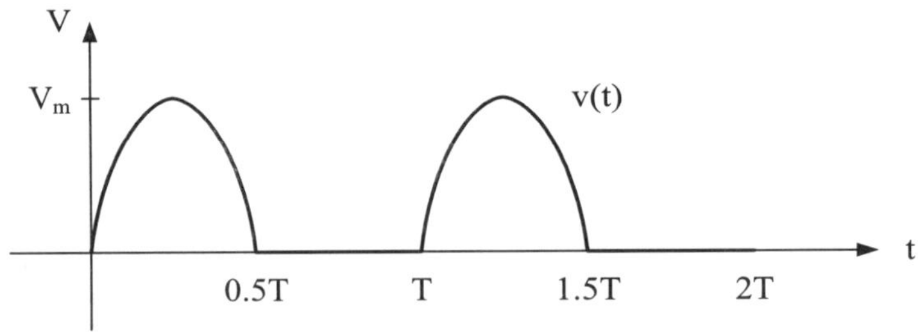

그림 13-12 반주기 정현파 전압파형의 평균값

4 그림 13-13 정현파 전압파형의 실효값을 정의식을 이용하여 유도하여라.

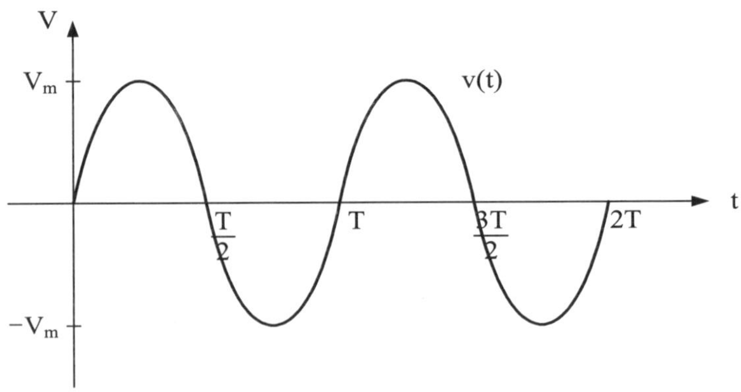

그림 13-13 정현파 전압파형의 실효값

5 실험에 대한 종합결론을 정리하고, 학습목표 성취도에 대해 학습자 스스로 평가하여라. 성취도는 A(우수), B(보통), C(미흡)의 3단계로 구분하여 평가하여라.

학습

14. RC 직렬회로 실험하기

14.1 학 습 목 표

▣ RC 직렬회로의 주파수 변화에 따른 출력전압과 위상차 특성을 해석하고 실험할 수 있다.

▣ 전력변환기 설계를 위하여 부품의 종류와 사용방법 등을 확인할 수 있다. (1901050105_16v3.1.3)

14.2 필 요 지 식

14.2.1 커패시터

전기회로를 구성하는 가장 대표적인 수동소자(passive component)는 저항(resistor), 커패시터(capacitor), 인덕터(inductor) 등 3가지이다. 본 학습에서는 전력변환기 설계 등에 유용하게 사용되는 부품인 커패시터의 종류와 사용방법 등을 상세히 확인한다.

커패시터는 회로에서 전하를 충전(charge)하여 에너지를 모으고, 또한 충전된 전하를 다시 방전(discharge)하여 에너지를 방출하는 기능 등을 가진 소자이다. 커패시터는 유전체의 종류에 따라 세라믹 커패시터, 알루미늄 전해 커패시터, 플라스틱 필름 커패시터 등 다양한 종류가 있다. 그림 14-1에 이들 주요 커패시터의 종류를 나타내었다.

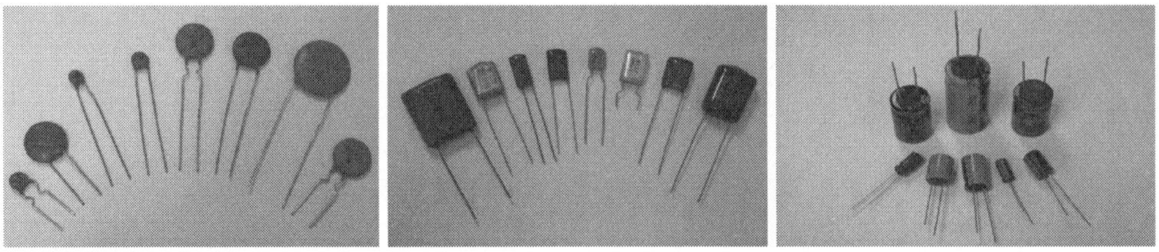

(a) 세라믹 커패시터 (b) 플라스틱 필름 커패시터 (c) 알루미늄 전해 커패시터

그림 14-1 커패시터의 종류

세라믹 커패시터(ceramic capacitor)는 $BaTiO_3$, TiO_2, $SrTiO_3$ 등의 소결체를 유전체로 사용하는 커패시터이다. 세라믹 커패시터는 극성의 구분이 없는 무극성 커패시터로써 다른 커패시터에 비해 고주파 특성이 우수하여 고주파 회로에 적합하고, 가장 일반적으로 사용되는 커패시터의 하나이다.

알루미늄 전해 커패시터(aluminum electrolytic capacitor)는 Al_2O_3을 유전체로 하고, 전해 산화한 금속을 양극, 전해질을 음극으로 하는 커패시터이다. 알루미늄 전해 커패시터는 특히 정전용량이 크기 때문에 에너지 축전용량이 크고 평활효과가 뛰어나서 전원의 평활회로, 저주파 바이패스 회로 등에 많이 사용한다. 알루미늄 전해 커패시터는 줄여서 전해 커패시터라고도 부른다. 전해 커패시터는 (+)와 (−)의 극성 구분이 있는 극성 커패시터이고, 2개의 리드선 중 긴 쪽이 (+)극성이다.

플라스틱 필름 커패시터(plastic film capacitor)는 폴리에스테르(polyester), 폴리프로필렌(polypropylene) 등의 유전체를 사용한다. 유전체의 종류에 따라 폴리에스테르 필름 커패시터와 폴리프로필렌 필름 커패시터 등으로 구분된다. 우리가 많이 사용하는 마일러 커패시터(mylar capacitor)가 폴리에스테르 필름 커패시터의 일종으로 마일러(Mylar)라는 명칭이 바로 폴리에스테르 필름의 특정 상표명이다. 플라스틱 필름 커패시터는 세라믹 커패시터와 마찬가지로 무극성 커패시터이지만 세라믹 커패시터와는 달리 고주파 특성이 우수하지 않아 주로 저주파 회로용으로 사용한다. 플라스틱 필름 커패시터는 전자회로의 충·방전 커플링(coupling)용, 저주파 바이패스(bypass)용, 평활회로용 등의 용도로 많이 사용된다.

탄탈 커패시터(tantalum capacitor)는 탄탈을 산화시켜서 양극으로 하고, 유전체로 한 커패시터이다. 탄탈은 도체이지만 산화물이 되면 우수한 절연체가 되는 특성을 가지고 있다. 탄탈 커패시터는 알루미늄 전해 커패시터와 마찬가지로 극성이 있는 커패시터이고, 2개의 리드선 중 긴 쪽이 (+)극성이다. 전해 커패시터의 일종인 탄탈 커패시터는 알루미늄 전해 커패시터에 비해 주파수 특성이 우수하고, 커플링용, 바이패스용, 노이즈 진폭 제한용, 전원 필터용 등의 용도로 주로 사용된다.

커패시터의 용량(capacitance)을 나타내는 단위는 F(farad)이고, 실제적으로 주로 사용하는 단위는 μF(=10^{-6}F)와 pF(=10^{-12}F)이다. 커패시터의 용량 표시는 전해 커패시터 등의 경우는 커패시터에 용량을 직접 숫자로 표시한다. 그러나 세라믹 커패시터 등의 경우는 커패시터의 크기가 작아 용량을 직접 표시하기 어려우므로 기호를 이용하여 용량, 정격전압, 오차 등의 규격을 표기한다. 그림 14-2에 여러 종류의 커패시터의 규격을 판독하는 방법을 나타내었다.

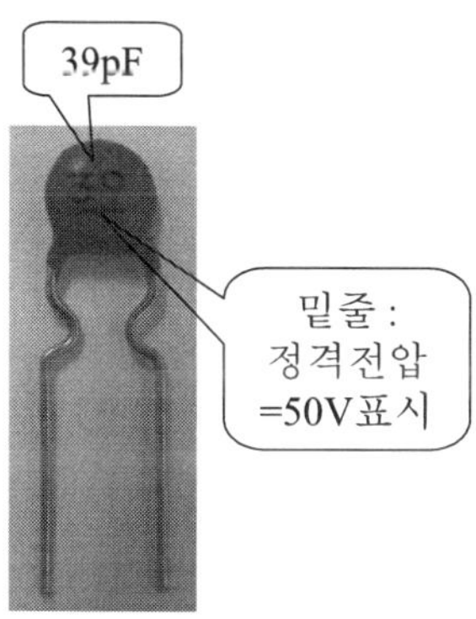

(a) 세라믹 커패시터(2자릿수 표기)

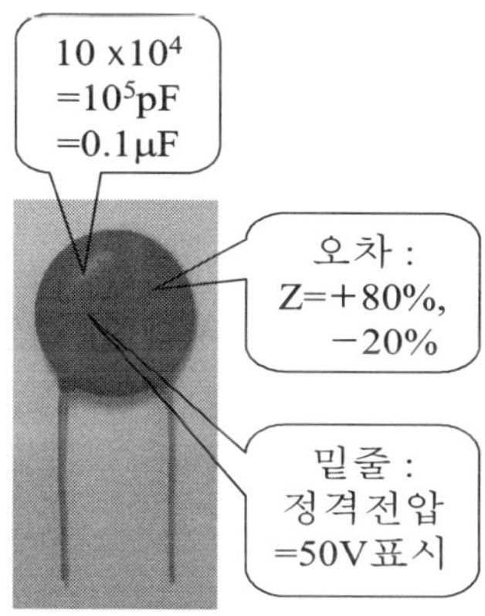

(b) 세라믹 커패시터(3자릿수 표기)

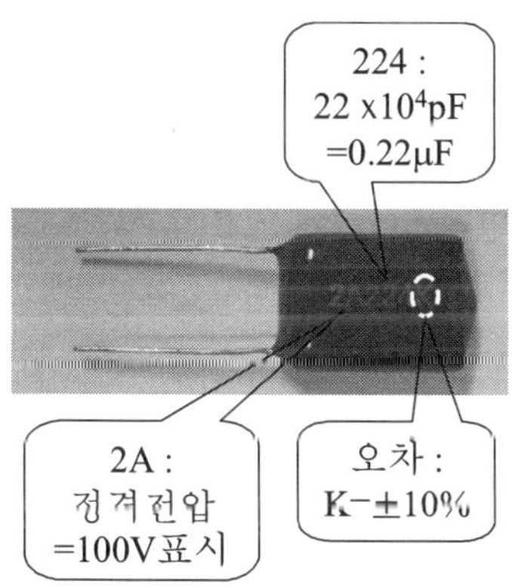

(c) 플라스틱 필름 커패시터

(d) 알루미늄 전해 커패시터

그림 14-2 커패시터의 규격 표시

그림 14-2(a)와 그림 14-2(b)는 세라믹 커패시터의 규격을 표시한 예로써 세라믹 커패시터의 용량을 두 자릿수로 표기하는 경우와 세 자릿수로 표기하는 경우를 나타내고 있다. 그림 14-2(a)에 표기된 2자리의 수는 커패시터의 용량을 의미한다. 즉 두 자리의 수가 39이므로 커패시터의 용량이 39pF임을 의미하는 것이다. 그리고 그림 14-2(b)와 같이 세 자릿수로 표기하는 경우는 앞의 두 자리의 수는 유효숫자이고, 세 번째 자리의 수는 승수를 의미한다. 즉 그림 14-2(b)에서 세 자릿수가 104이므로 커패시터 용량이 10×10^4pF=10^5pF=0.1μF임을 의미하는 것이다.

$$\text{세 자릿수(ABC)인 경우 : 커패시터 용량 } C = AB \times 10^{C}\,\text{pF} \tag{14.1}$$

그림 14-2(a)와 그림 14-2(b)의 경우 용량을 나타내는 숫자에 모두 밑줄이 표시되어 있다. 이는 커패시터의 내압인 정격전압을 표시하는 것으로 숫자에 표시된 밑줄은 정격전압이 50V임을 의미한다. 그리고 용량을 표기하는 숫자에 밑줄이 생략되어 있는 경우는 정격전압이 500V임을 의미한다. 그 이상의 정격전압에 대해서는 세라믹 커패시터에 1kV, 2kV, 3kV, 6kV, 10kV 등의 정격전압이 숫자로 직접 표기된다.

또한 그림 14-2(b)에 표기된 문자 Z는 허용오차를 표기하는 것으로 문자 Z는 커패시터 용량의 허용오차가 −20%~+80%임을 의미한다. 허용오차에 대한 규격은 표 14-1과 같다.

표 14-1 커패시터의 허용오차에 대한 규격

문자	허용오차	문자	허용오차	문자	허용오차
C	±0.25pF	J	±5%	P	+100%, −0%
D	±0.5pF	K	±10%	Z	+80%, −20%
F	±1.0pF	M	±20%		

그림 14-2(c)는 플라스틱 필름 커패시터의 규격을 표시한 예로써 커패시터의 규격이 2A224J라고 표기되어 있다. 세 자릿수 224는 커패시터의 용량을 표기하는 것으로 식 (14.1)에 의해 커패시터의 용량이 22×10^4pF=0.22μF임을 알 수 있다. 그리고 문자 J는 허용오차에 대한 규격으로 표 14-1에서 허용오차가 ±5%이다. 또한

2A224J에서 2A는 정격전압을 표기한다. 세라믹 커패시터의 경우와는 달리 문자를 이용하여 정격전압의 규격을 나타내고 있는 예이다. 정격전압을 문자로 표기하는 규격은 표 14-2와 같다. 표 14-2에서 2A인 경우 정격전압이 100V임을 알 수 있다.

표 14-2 커패시터의 정격전압에 대한 규격

규격	A	B	C	D	E	F	G	H	J	K
1	10V	12.5V	16V	20V	25V	31.5V	40V	50V	63V	80V
2	100V	125V	160V	200V	250V	315V	400V	500V	630V	800V
3	1kV	1.25kV	1.6kV	2kV	2.5kV	3.15kV	4kV	5kV	6.3kV	8kV
4	10kV	12.5kV	16kV	20kV	25kV	31.5kV	40kV	50kV	63kV	80kV

그림 14-2(d)와 같이 알루미늄 전해 커패시터는 용량과 정격전압을 커패시터에 직접 표기한다. 그림 14-2(d)의 예에서는 용량이 3300μF이고, 정격전압이 25V로 표기되어 있다. 앞에서 설명한 바와 같이 알루미늄 전해 커패시터는 극성이 있는 커패시터로 긴 리드선이 (+)극성이고, 짧은 리드선이 (−)극성이다. 그리고 커패시터 옆면에 (−)극성이 직접 표시되어 있으므로 (−)극성인 리드선을 쉽게 확인할 수 있다.

이제 규격을 통해 판독한 커패시터의 용량을 측정할 수 있는 측정장비에 대해 살펴보자. 커패시터를 사용하기 위해서는 표기된 규격의 용량이 정확한지 계측장비를 이용하여 확인할 필요가 있다. 커패시터 C의 커패시턴스(capacitance)나 인덕터 L의 인덕턴스(inductance)를 측정할 수 있는 장비가 그림 14-3과 같은 LCR 미터이다.

그림 14-3 LCR 미터

그림 14-4에 LCR 미터를 이용하여 커패시터의 용량을 측정하는 방법과 커패시턴스 측정결과를 예로 제시하였다. 그리고 그림 14-5에는 100μF의 동일한 커패시터 2개를 직렬 연결한 경우와 병렬 연결한 경우의 합성 커패시턴스 측정결과를 제시하여 직렬연결과 병렬연결에 의한 합성 커패시턴스의 변화를 이해할 수 있도록 하였다.

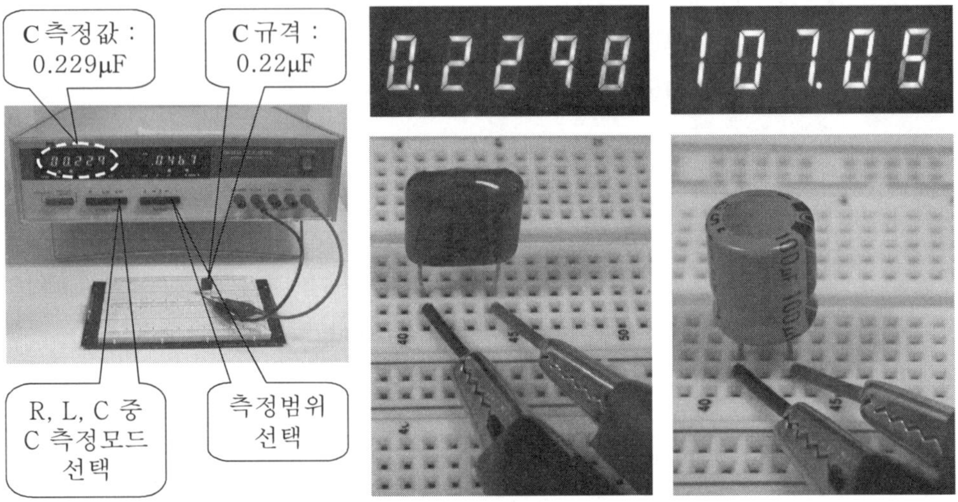

(a) 커패시턴스 측정　　(b) C=0.22μF　　(c) C=100μF

그림 14-4 커패시터의 용량 측정

(a) 합성 커패시턴스 측정　　(b) C의 직렬연결　　(c) C의 병렬연결

그림 14-5 직·병렬 커패시터의 합성 용량 측정

14.2.2 RC 직렬회로

커패시터(capacitor : C)가 포함된 회로의 특성을 이해하기 위해 그림 14-6과 같은 RC 직렬회로의 특성을 살펴보기로 한다. 그림 14-6의 RC 직렬회로에 정현파 교류 신호가 입력으로 인가되는 경우의 회로의 특성을 살펴본다.

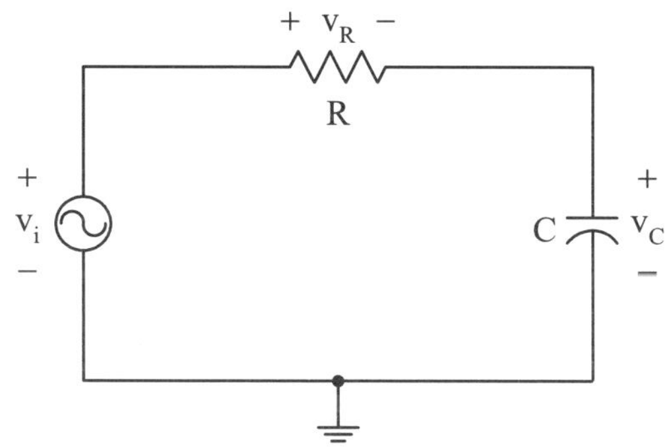

그림 14-6 RC 직렬회로

C를 포함하는 회로의 해석에 있어서 식 (14.2)의 용량성 리액턴스(capacitive reactance) 식은 대단히 중요하다. 식 (14.2)에서 C의 리액턴스는 C에 인가되는 신호의 주파수에 따라 변하며, 특히 주파수에 반비례한다는 것을 알 수 있다.

$$X_C = \frac{1}{j\omega C} = -j\frac{1}{\omega C} = -j\frac{1}{2\pi fC} = -jX_C \propto \frac{1}{f} \qquad (14.2)$$

저항으로 구성된 회로의 경우에는 입력신호의 전압 변화에 의해서 출력전압의 크기가 변하지만 입력신호의 주파수 변화에 의해서는 출력전압의 크기가 변하지 않는다. 또한 입력전압과 출력전압 사이에 위상차도 존재하지 않는다. 그러나 C가 포함된 회로의 경우는 식 (14.2)와 같이 C의 리액턴스 $\mathbf{X_C}$가 입력전압의 주파수에 따라 변화하고, 리액턴스가 복소수이므로 커패시터 전압의 크기 및 위상차가 입력신호의 주파수 변화에 의해 달라지는 특성을 갖게 된다.

주파수 변화에 대한 RC 직렬회로의 특성을 쉽게 이해할 수 있도록 실험결과를 그림 14-7에 예시하였다. 그림 14-7은 입력신호의 주파수 변화에 의해 커패시터 전압이 어떻게 변하는지를 실험파형으로 보여주고 있다. 그림 14-6의 RC 직렬회로에서 저항 R=1kΩ, 커패시터 C=0.22μF, 정현파 입력신호의 최대값 V_m=3V로 고정하였다. 즉 R=1kΩ, C=0.22μF이고, 입력신호의 최대값은 V_m=3V로 일정하고, 입력신호의 주파수 f만 변화시키면서 RC 직렬회로의 커패시터 전압 v_C의 변화를 측정한 것이다.

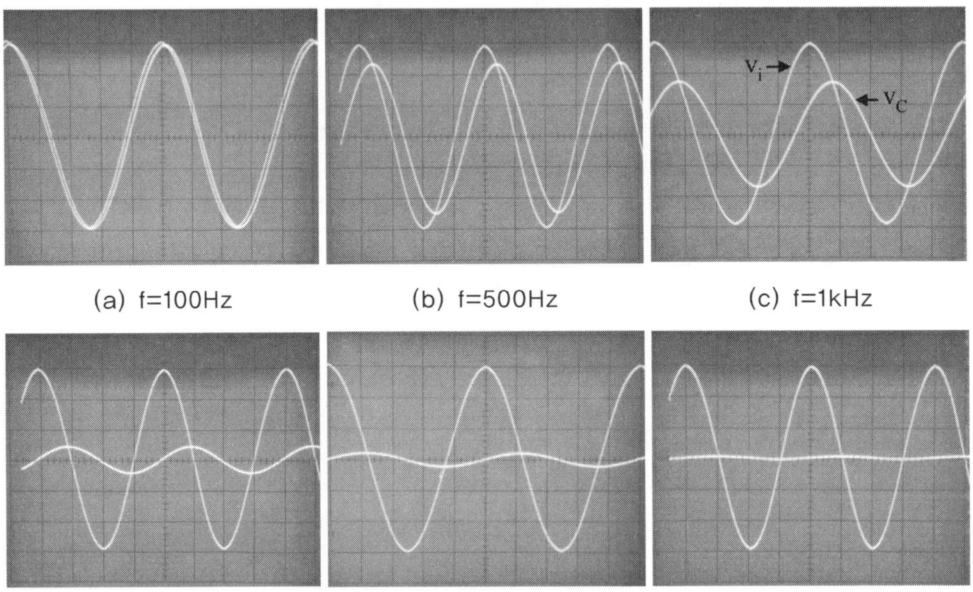

(a) f=100Hz (b) f=500Hz (c) f=1kHz

(d) f=5kHz (e) f=10kHz (f) f=50kHz

그림 14-7 정현파 입력신호의 주파수 변화에 의한 커패시터 전압(v_c)의 변화
(RC 직렬회로 : V_m=3V, R=1kΩ, C=0.22μF)

그림 14-7에서 최대값이 V_m=3V이고, 주파수만 변화하는 정현파가 입력신호 v_i이고, 위상차에 의해 입력신호의 오른쪽에 있는 정현파가 커패시터 전압 v_C이다. 그림 14-7에서 주파수가 증가함에 따라 커패시터 전압의 크기는 감소하고, 위상차는 증가하는 것을 알 수 있다. 주파수가 f=100Hz인 그림 14-7(a)에서 v_C는 v_i와 전압의 크기 및 위상이 거의 동일하다. 이는 C의 리액턴스가 저항 R=1kΩ에 비해 훨씬 크다는 것을 의미한다. 또한 주파수가 f=50kHz인 그림 14-7(f)에서 v_C의 전압 크기는 거의 0V에 가깝고, 위상차는 거의 90°에 가깝다. 이는 C의 리액턴스가 저항 R=1kΩ에 비해 훨씬 작다는 것을 의미한다. C의 리액턴스가 주파수 f에 반비례한다는 식 (14.2)의 특성을 그림 14-7의 실험파형을 통해 확인할 수 있다.

그림 14-8은 C의 용량 변화에 대한 RC 직렬회로의 특성을 실험결과를 이용하여

나타낸 것이다. 그림 14-6의 RC 직렬회로에서 저항 R=1kΩ이고, 입력신호는 최대값 V_m=3V, 주파수 f=1kHz로 일정하고, 커패시터 C의 용량만 변화시킨 경우의 RC 직렬회로의 커패시터 전압 v_C의 변화를 측정한 것이다.

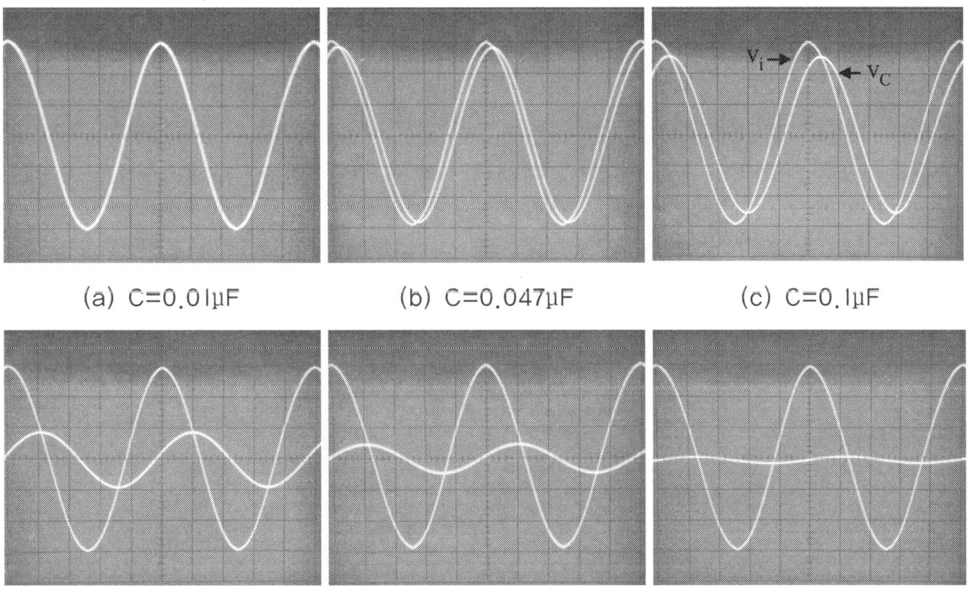

(a) C=0.01μF (b) C=0.047μF (c) C=0.1μF

(d) C=0.47μF (e) C=1μF (f) C=4.7μF

그림 14-8 RC 직렬회로의 C 용량 변화에 의한 커패시터 전압(v_c)의 변화
(RC 직렬회로 : V_m=3V, f=1kHz, R=1kΩ)

그림 14-8을 살펴보면 C의 용량이 증가함에 따라 커패시터 전압의 크기는 감소하고, 위상차는 증가하는 것을 알 수 있다. C=0.01μF인 그림 14-8(a)에서 v_C는 v_i와 전압의 크기 및 위상이 동일하다. 이는 C의 리액턴스가 저항 R=1kΩ에 비해 훨씬 크다는 것을 의미한다. 또한 C=4.7μF인 그림 14-8(f)에서 v_C의 전압 크기는 거의 0V에 가깝고, 위상차는 거의 90°에 가깝다. 이는 C의 리액턴스가 저항 R=1kΩ에 비해 훨씬 작다는 것을 의미한다. C의 리액턴스가 C의 용량에 반비례한다는 식 (14.2)의 특성 역시 그림 14-8의 실험파형을 통해 확인할 수 있다.

이제 그림 14-6의 RC 직렬회로에서 커패시터 전압 v_C를 이론적으로 해석해 보자. 회로에 C 또는 L의 수동소자가 포함되어 있으면 회로의 전압, 전류, 임피던스 등을 복소평면에서 표현하고, 해석하여야 한다. 이와 같은 커패시터 전압을 해석하는 방법에 여러 가지가 있지만 본 절에서는 간편한 방법인 페이저(phasor) 표시법을 이용한 방법을 설명하기로 한다. 페이저 표시법을 이용한 해석법을 설명하기 위해 우선 정현파 교류전압을 페이저 표시법으로 표현하고, 저항과 커패시터 등의 임피던스를 극좌표(polar form) 형식으로 표현하는 방법을 설명한다. 식 (14.3)은 정현파 교류전압 v_i를 페이저 표시법으로 표현한 것이고, 식 (14.4), 식 (14.5)는 저항 R과 커패시터 C를 극좌표 형식으로 표현한 것이다. 또한 식 (14.6)은 직렬로 연결된 R과 C의 합성 임피던스 **Z**의 극좌표 형식이다.

$$v_i(t) = V_m \sin(\omega t + \theta) \quad \rightarrow \quad V_i = V_m \angle \theta \tag{14.3}$$

$$R = R + j0 = R \angle 0^\circ \tag{14.4}$$

$$X_C = \frac{1}{j\omega C} = -j\frac{1}{\omega C} = 0 - j\frac{1}{\omega C} = \frac{1}{\omega C} \angle (-90^\circ) \tag{14.5}$$

$$Z = R + X_C = R - j\frac{1}{\omega C} = \sqrt{R^2 + \left(\frac{1}{\omega C}\right)^2} \angle \tan^{-1}\left(-\frac{1}{\omega RC}\right) \tag{14.6}$$

회로에 포함된 C나 L을 복소수 형태의 임피던스로 정확히 표현하면 C나 L이 포함된 회로의 해석도 직·병렬 저항회로와 유사한 방법으로 해석할 수 있다. 예를 들어 그림 14-9의 회로에서 임피던스 $\mathbf{Z}_2$의 전압 $\mathbf{V}_2$는 식 (14.7)과 같다.

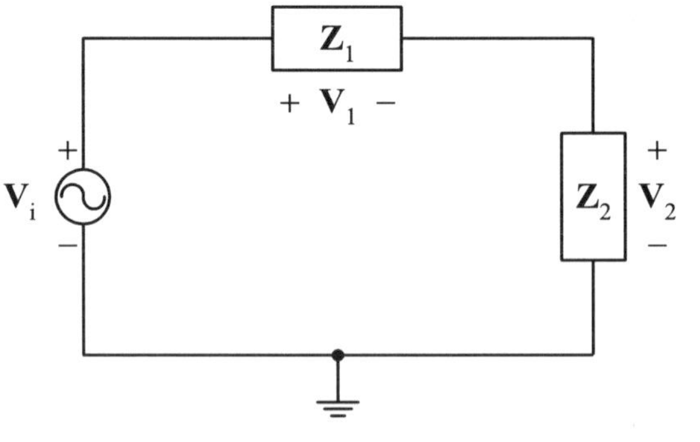

그림 14-9 임피던스 직렬회로

$$V_2 = \frac{Z_2}{Z_1 + Z_2} \cdot V_i \tag{14.7}$$

식 (14.7)을 참고하여 RC 직렬회로의 커패시터 전압을 구하면 식 (14.8)과 같다.

$$
\begin{aligned}
V_C &= \frac{X_C}{R+X_C}\cdot V_i \\
&= \frac{X_C}{Z}\cdot V_i \\
&= \frac{-j\dfrac{1}{\omega C}}{R-j\dfrac{1}{\omega C}}\cdot V_i \\
&= \frac{\dfrac{1}{\omega C}\angle(-90^\circ)}{\sqrt{R^2+\left(\dfrac{1}{\omega C}\right)^2}\angle\tan^{-1}\left(-\dfrac{1}{\omega RC}\right)}\cdot V_m\angle 0 \quad (\because \theta=0) \\
&= \frac{\dfrac{V_m}{\omega C}}{\sqrt{R^2+\left(\dfrac{1}{\omega C}\right)^2}}\angle\left\{(-90^\circ)-\tan^{-1}\left(-\dfrac{1}{\omega RC}\right)\right\} \\
&= V_{Cm}\angle\theta_C \qquad (\text{단 } V_{Cm} : V_C\text{의 최대값},\ \theta_C : V_C\text{의 위상})
\end{aligned}
\tag{14.8}
$$

RC 직렬회로의 V_m, ω, R, C를 식 (14.8)에 대입하면 주어진 조건에서의 커패시터 전압의 페이저를 구하여 RC 직렬회로의 커패시터 전압을 해석할 수 있다.

표 14-3 RC 직렬회로의 커패시터 전압 해석 (V_m=3V, R=1kΩ, C=0.22μF)

입력신호의 주파수(f)	커패시터 전압 V_C의 페이저(phasor)	
	V_C의 최대값	V_C의 위상
f=100Hz	$0.99V_m$=2.97V	$-90^\circ+82.1^\circ=-7.9^\circ$
f=500Hz	$0.82V_m$=2.46V	$-90^\circ+55.4^\circ=-34.6^\circ$
f=1kHz	$0.59V_m$=1.77V	$-90^\circ+35.9^\circ=-54.1^\circ$
f=5kHz	$0.14V_m$=0.42V	$-90^\circ+8.2^\circ=-81.8^\circ$
f=10kHz	$0.072V_m$=0.22V	$-90^\circ+4.1^\circ=-85.9^\circ$
f=50kHz	$0.014V_m$=0.042V	$-90^\circ+0.8^\circ=-89.2^\circ$

표 14-3의 이론적인 해석결과를 그림 14-7의 실험결과와 비교하면 커패시터 전압

의 크기와 위상이 거의 일치하는 것을 알 수 있다. 예를 들어 표 14-3에서 입력신호의 주파수가 f=1kHz인 경우의 해석결과는 커패시터 전압의 최대값은 1.77V이고, 커패시터 전압의 위상은 입력전압의 위상을 0°기준으로 하였을 때 −54.1°이다. 이에 대한 실험결과인 그림 14-7(c)를 살펴보면 커패시터 전압의 최대값이 약 1.8V 정도이고, 위상은 대략 −55° 근처임을 알 수 있다. 위상에 대한 계산은 커패시터 전압의 순시값이 최대값이 되는 순간의 위상을 계산하면 그림 14-7(c)에서 한주기 5칸이 360°이고, 커패시터 전압의 최대값은 입력전압의 최대값을 기준으로 오른쪽으로 약 0.8칸 정도이다. 이를 계산하면 대략 −55° 정도의 위상을 구할 수 있다.

위상의 부호는 커패시터 전압 v_C가 입력전압 v_i보다 오른쪽에 위치하므로 위상이 뒤진다는 것을 알 수 있다. 정현파 전압파형이 상대적으로 오른쪽에 위치한다는 것은 그 만큼 위상이 뒤진다는 의미이고, 이를 지상(lagging phase angle)이라고 부른다. 그리고 정현파 전압파형이 상대적으로 왼쪽에 위치한다는 것은 그 만큼 위상이 앞선다는 의미이고, 이를 진상(leading phase angle)이라고 부른다.

14.3 수행내용 / 부품 및 장비

부품 및 장비		규격 및 수량	
부 품	저항	560Ω	1개
		1kΩ	1개
		3.3kΩ	1개
	커패시터	0.047μF	1개
		0.22μF	1개
장 비		신호발생기(signal generator)	
		오실로스코프(oscilloscope)	
		디지털 멀티미터(DMM)	
		브레드 보드(bread board)	
기 타		jumper wire	
		wire stripper(또는 nipper)	

14.4 수행내용 / 수행순서

실험 1. RC 직렬회로 실험

① 커패시터의 용량을 판독하는 방법을 정확히 숙지하고, 실험에서 사용할 0.047μF(473), 0.22μF(224)의 커패시터를 각각 1개씩 준비하여라.

② 신호발생기와 오실로스코프를 이용하여 신호발생기 정현파 출력의 최대값(V_m)이 3V이고, 주파수가 5kHz인 교류전압이 되도록 조정하여라.

③ 실험단계 ②에서 정확히 조정한 신호발생기의 정현파 교류전압을 입력전압 v_i로 사용하여 그림 14-10의 실험회로를 구성하여라. 그림 14-10의 실험회로에서 R=560Ω, C=0.047μF를 이용하여 실험회로를 구성하여라.

④ 그림 14-10의 실험회로에서 입력전압 v_i와 커패시터 전압 v_C의 전압파형을 오실로스코프 듀얼모드를 이용해 측정하여 표 14-5(a)에 기재하여라. 입력전압과 커패시터 전압의 정확한 비교를 위해 CH1과 CH2의 접지(GND) 전압 위치가 모두 오실로스코프 화면의 가운데가 되도록 수직위치조정기를 조정하고, 전압 스케일 역시 동일하게 설정하여라.

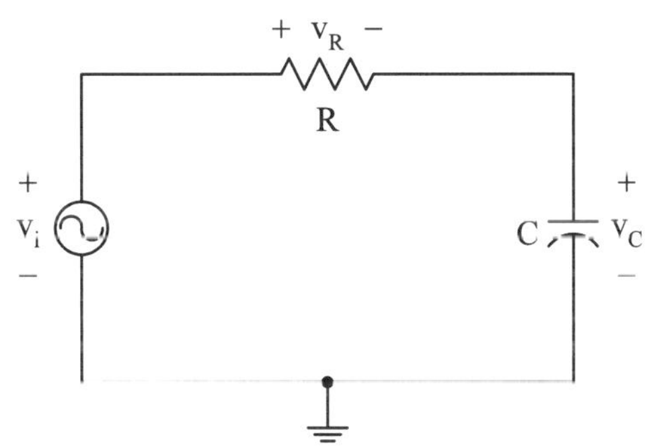

그림 14-10 RC 직렬회로 실험회로

⑤ 실험단계 ④의 커패시터 전압 v_C의 최대값 V_{Cm}과 위상차 θ_C를 정확히 측정하여 표 14-4에 기재하여라. 위상차 θ_C는 입력전압 v_i를 0^o기준으로 하여 기재하고, 위상차가 지상인 경우는 (−)부호, 진상인 경우는 (+)부호를 위상각에 반드시 표시하여라.

또한 식 (14-8)을 이용하여 커패시터 전압 v_C의 최대값 V_{Cm}과 위상차 θ_C의 이론값을 계산하여 표 14-4에 기재하고, 이론값이 측정값과 일치하는지 비교하여라.

⑥ 그림 14-10의 실험회로에서 저항 R=560Ω은 그대로 두고, 커패시터는 C=0.22μF로 변경한 후 실험단계 ④를 반복하여 표 14-5(b)에 기재하여라. 또한 실험단계 ⑤를 반복하여 표 14-4에 기재하여라.

⑦ 실험단계 ④, ⑤, ⑥은 RC 직렬회로에서 커패시터 용량만 C=0.047μF에서 C=0.22μF로 변화시킨 실험이다. 표 14-4에 기재한 실험 데이터와 표 14-5에 기재한 실험파형에서 커패시터 전압 v_C의 최대값과 위상의 증감 변화를 관찰하고, 이와 같은 변화가 타당한지 검토하여라.

⑧ 그림 14-10의 실험회로에서 커패시터 C=0.22μF는 그대로 두고, 저항은 R=1kΩ으로 변경한 후 실험단계 ④를 반복하여 표 14-6(a)에 기재하여라. 또한 실험단계 ⑤를 반복하여 표 14-4에 기재하여라.

⑨ 그림 14-10의 실험회로에서 커패시터 C=0.22μF는 그대로 두고, 저항은 R=3.3kΩ으로 변경한 후 실험단계 ④를 반복하여 표 14-6(b)에 기재하여라. 또한 실험단계 ⑤를 반복하여 표 14-4에 기재하여라.

⑩ 실험단계 ⑧, ⑨는 RC 직렬회로에서 저항만 R=1kΩ에서 R=3.3kΩ으로 변화시킨 실험이다. 표 14-4에 기재한 실험 데이터와 표 14-6에 기재한 실험파형에서 커패시터 전압 v_C의 최대값과 위상의 증감 변화를 관찰하고, 이와 같은 변화가 타당한지 검토하여라.

14.5 수 행 결 과

실험 1. RC 직렬회로 실험

표 14-4 RC 직렬회로 실험 데이터

실험단계	구분	측정값		이론값		이론값과 측정값의 일치여부
		V_{Cm}	θ_C	V_{Cm}	θ_C	
⑤	R=560Ω C=0.047μF					
⑥	R=560Ω C=0.22μF					
⑦	⑤, ⑥ 실험결과의 타당성					
⑧	R=1kΩ C=0.22μF					
⑨	R=3.3kΩ C=0.22μF					
⑩	⑧, ⑨ 실험결과의 타당성					

표 14-5 RC 직렬회로 실험파형 (실험단계 ④,⑥)

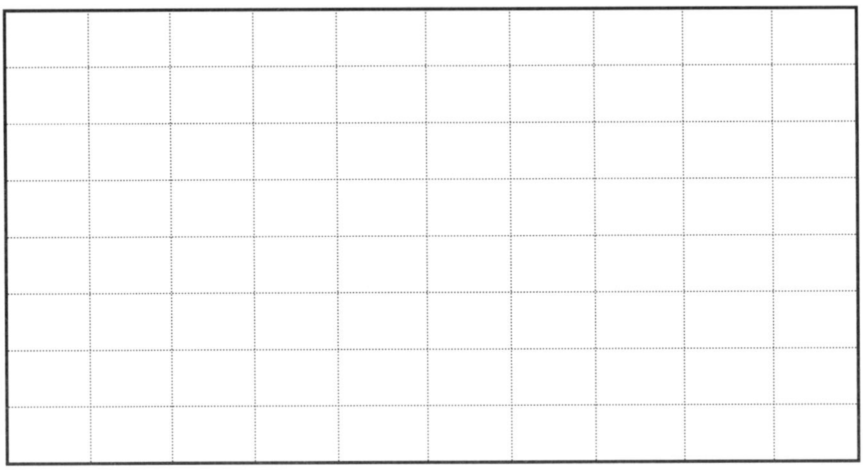

● 전압 스케일 : 1V/div ● 시간 스케일 : 50μs/div

(a) R=560Ω, C=0.047μF인 실험단계 ④의 v_i, v_C 전압파형

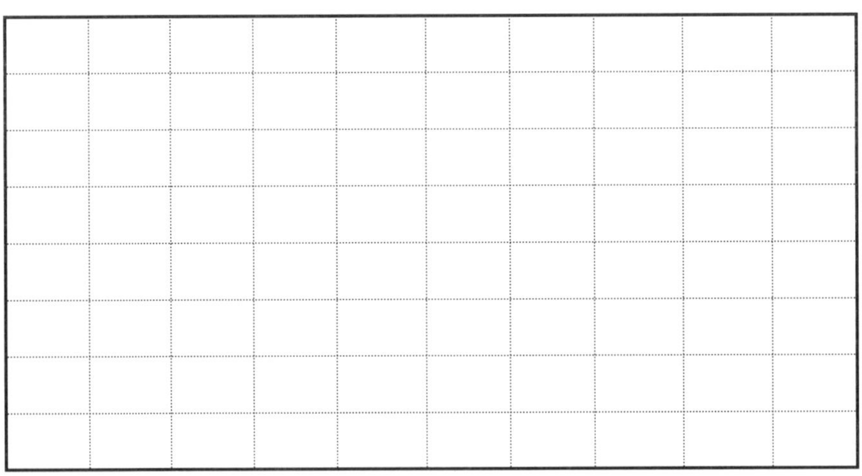

● 전압 스케일 : 1V/div ● 시간 스케일 : 50μs/div

(b) R=560Ω, C=0.22μF인 실험단계 ⑥의 v_i, v_C 전압파형

표 14-6 RC 직렬회로 실험파형 (실험단계 ⑧,⑨)

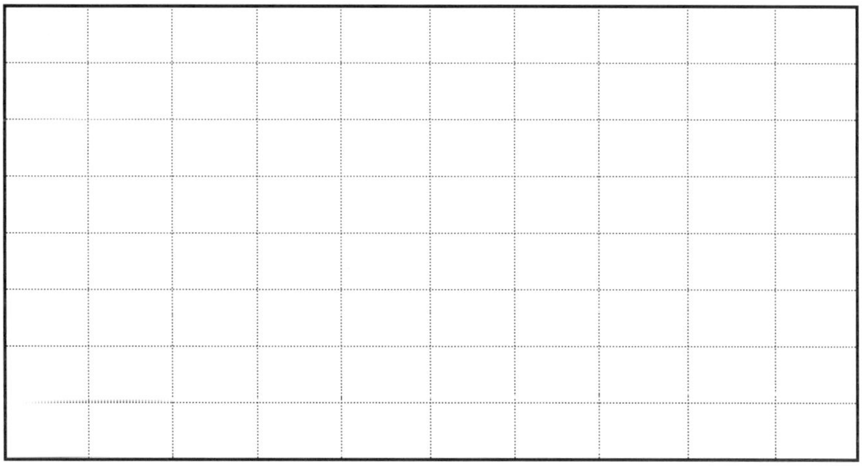

● 전압 스케일 : 1V/div ● 시간 스케일 : 50μs/div

(a) R=1kΩ, C=0.22μF인 실험단계 ⑧의 v_i, v_C 전압파형

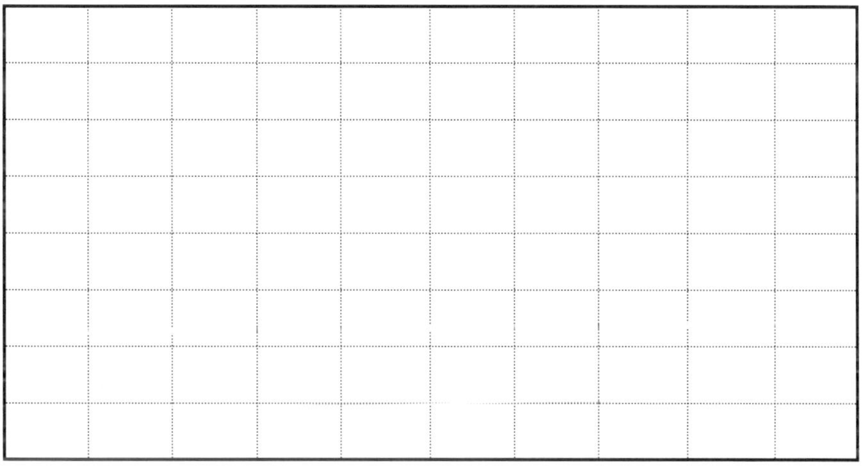

● 전압 스케일 : 1V/div ● 시간 스케일 : 50μs/div

(b) R=3.3kΩ, C=0.22μF인 실험단계 ⑨의 v_i, v_C 전압파형

14.6 평가문제

1 본 학습에서는 대표적인 수동소자이고, 전력변환기 설계 등에 매우 유용하게 사용되는 부품인 커패시터의 종류와 사용방법 등을 상세히 확인하였다. 그림 14-11의 커패시터에 대하여 커패시터의 종류, 정전용량, 정격전압(내압), 오차 등을 표 14-7에 기재하여라.

(a) 커패시터 C_1 (681J) (b) 커패시터 C_2 (2A334J) (c) 커패시터 C_3 (333Z)

그림 14-11 커패시터의 규격

표 14-7 커패시터의 규격 판독

구분	종류	정전용량(μF)	정격전압(V)	오차(%)
C_1				
C_2				
C_3				

2 임의의 커패시터 C_1, C_2, C_3을 직렬로 연결한 합성 커패시턴스 C_S를 식으로 나타내어라. 또한 임의의 커패시터 C_1, C_2, C_3을 병렬로 연결한 합성 커패시턴스 C_P를 식으로 나타내어라.

3 그림 14-12는 RC 직렬회로의 입력전압 v_i와 커패시터 전압 v_C이다. 입력전압 v_i의 페이저가 $\mathbf{V}_i=8V\angle 0^o$인 경우 커패시터 전압 v_C의 페이저 $\mathbf{V}_C$를 구하여라.

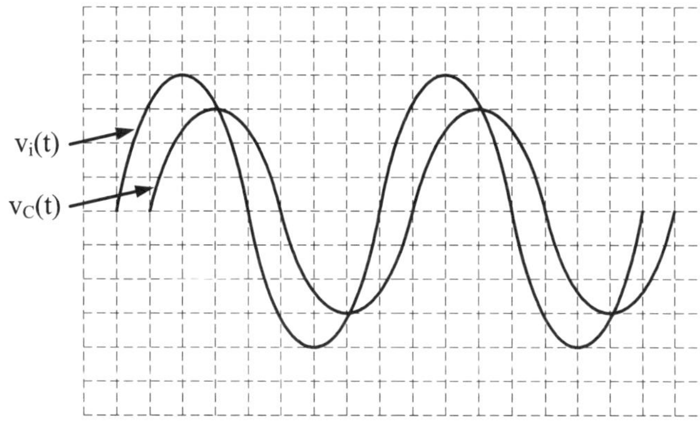

그림 14-12 RC 직렬회로의 입·출력 전압파형

4 그림 14-10 실험회로의 실험단계 ⑤, ⑥, ⑧, ⑨의 입력전압의 페이저(phasor) $\mathbf{V}_i=V_m\angle\theta$, 주파수 f, 저항 R, 커패시터 C를 표 14-8에 정리하였다. 각 실험단계에 대하여 커패시터 전압의 페이저 $\mathbf{V}_C=V_{Cm}\angle\theta_C$의 이론값을 구하는 계산과정을 상세히 기재하고, 계산결과를 표 14-8에 기재하여라.

표 14-8 RC 직렬회로의 커패시터 전압의 페이저(phasor)

실험단계	입력전압		R	C	출력전압 $V_C=V_{Cm}\angle\theta_C$	
	$V_i=V_m\angle\theta$	f			V_{Cm} [V]	θ_C [deg]
⑤	$3\angle 0^o$	5kHz	R=560Ω	C=0.047μF		
⑥				C=0.22μF		
⑧			R=1kΩ	C=0.22μF		
⑨			R=3.3kΩ			

5 실험에 대한 종합결론을 정리하고, 학습목표 성취도에 대해 학습자 스스로 평가하여라. 성취도는 A(우수), B(보통), C(미흡)의 3단계로 구분하여 평가하여라.

NOTE

학습

15. RL 직렬회로 실험하기

15.1 학습목표

- ▣ RL 직렬회로의 주파수 변화에 따른 출력전압과 위상차 특성을 해석하고 실험할 수 있다.
- ▣ 전력변환기 설계를 위하여 부품의 종류와 사용방법 등을 확인할 수 있다. (1901050105_16v3.1.3)

15.2 필요지식

15.2.1 인덕터

본 학습에서는 대표적인 수동소자이고, 전력변환기 설계 등에 매우 유용하게 사용되는 부품인 인덕터의 원리와 종류와 사용방법 등을 상세히 확인하고자 한다.

코일의 유도기전력(induced electromotive force)은 자기장의 변화를 상쇄하는 방향으로 발생한다는 렌츠의 법칙(Lenz's law)이 인덕터에 적용된다. 렌츠의 법칙에 의해 인덕터는 전류의 변화를 억제하여 전류를 안정시키려는 특성을 갖는다. 식 (15.1)은 인덕터의 유도기전력과 전류와의 관계식으로 인덕터의 활용하고, 인덕터를 포함하는 회로의 해석에 있어 매우 중요한 식이다. 인덕터의 종류에 대해 상세히 살펴보기 위해 그림 15-1에는 다양한 종류의 인덕터를 나타내었다.

$$v_L(t) = L\frac{di_L(t)}{dt} \tag{15.1}$$

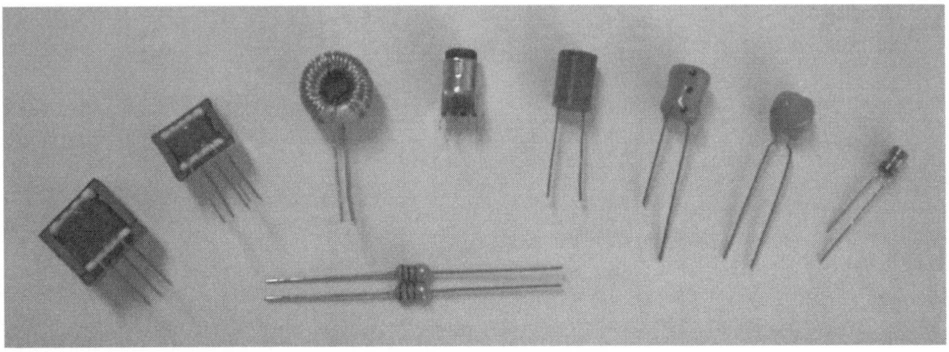

그림 15-1 여러 종류의 인덕터

식 (15.1)에서 비례상수 L이 인덕터의 고유한 성질을 나타내는 인덕턴스(inductance)이다. 인덕턴스를 나타내는 단위는 H(henry)이고, 많이 사용하는 인덕턴스의 단위는 mH(=10^{-3}H)와 μH(=10^{-6}H)이다. 일반적으로 인덕터의 크기가 작아 인덕턴스를 인덕터에 직접 표시하기 어려우므로 기호를 이용하거나 색 코드를 이용하여 규격을 표시한다. 그림 15-2에 여러 종류의 인덕터 규격 표시법을 나타내었다.

그림 15-2(a)는 인덕턴스를 기호를 이용하여 표시하는 예이다. 인덕터 표면에 103K라고 표시되어 있다. 103은 인덕턴스가 L=10×10^3μH=10mH, K는 오차가 ±10%임을 표시한다. 인덕터에 표시하는 인덕턴스의 기본 단위는 일반적으로 μH이다. 그리고 오차를 표시하는 기호 K는 표 14-1과 같이 ±10%의 허용오차를 의미한다.

그림 15-2(b)~(d)는 모두 색 코드를 이용하여 인덕턴스를 표시하는 예이다. 그림 15-2(b)는 색 코드가 102이므로 인덕턴스가 L=10×10^2μH=1mH이다. 또한 그림 15-2(c)와 같이 오차를 포함하여 4색 코드를 점으로 표시하고 있는 인덕터의 경우에는 오차를 표시하는 4번째 색 코드가 왼쪽에 오도록 인덕터를 놓고, 왼쪽부터 차례대로 3자리의 색 코드를 판독하면 된다. 즉 오차를 표시하는 금색이 왼쪽에 오도록 하고 읽은 색 코드가 473이므로 인덕턴스는 L=47×10^3μH=47mH이고, 오차는 금색이므로 ±5%이다. 그리고 그림 15-2(d)는 저항과 동일한 색띠를 이용하고 있다. 색 코드가 102이므로 인덕턴스는 L=10×10^2μH=1mH, 오차는 은색이므로 ±10%이다.

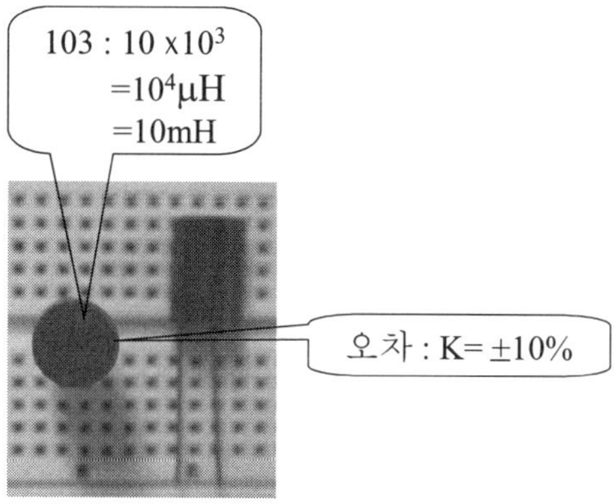

(a) 기호이용 규격 표시

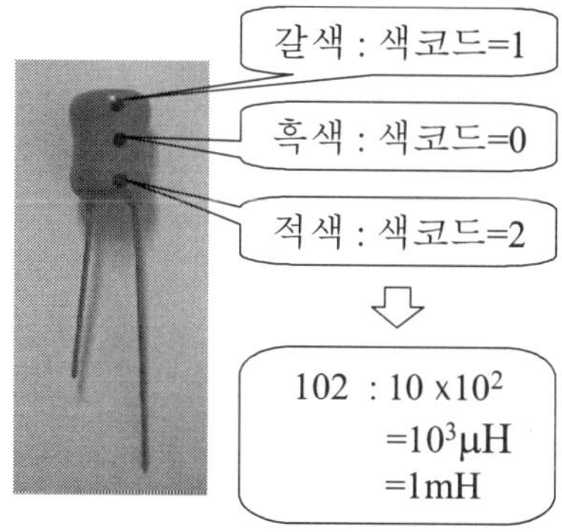

(b) 3색 코드이용 규격 표시

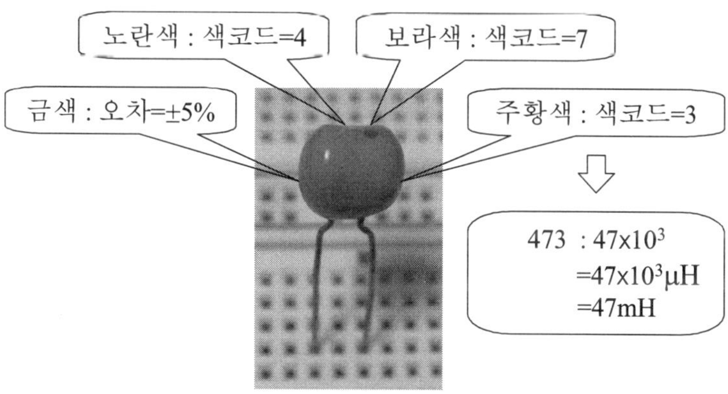

(c) 4색 코드이용 규격 표시(가장 왼쪽이 오차인 제4색 코드)

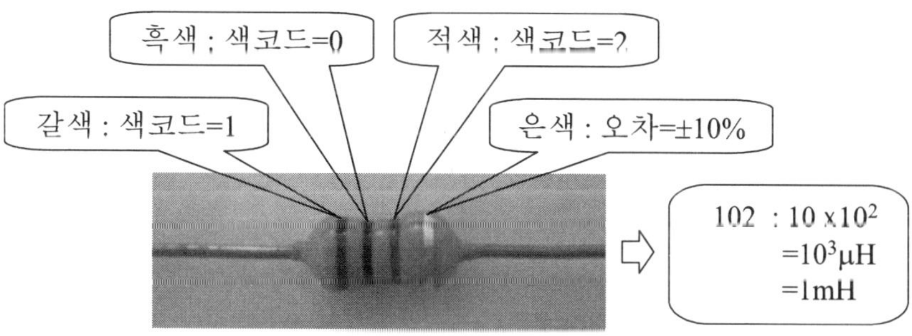

(d) 4색 코드이용 규격 표시

그림 15-2 인덕터의 규격 표시

그림 15-2(b), 그림 15-2(c), 그림 15-2(d)와 같이 색 코드를 이용하여 세 자릿수로 인덕턴스를 표시하는 경우 앞의 두 자리의 수는 유효숫자이고, 세 번째 자리의 수는 승수를 의미한다.

$$\text{세 자릿수(ABC)인 경우 : 인덕터 용량 } L = AB \times 10^{C}\,\mu H \tag{15.2}$$

인덕터에 따라서는 인덕턴스가 기호나 색 코드 등을 이용하여 표시되지 않는 경우도 많다. 이와 같은 경우는 그림 15-3과 같은 LCR 미터를 이용하여 인덕턴스를 직접 측정해야 한다. 또한 그림 15-2와 같이 인덕턴스를 판독할 수 있는 경우에도 표시된 인덕턴스가 정확한지 LCR 미터를 이용하여 확인할 필요가 있다.

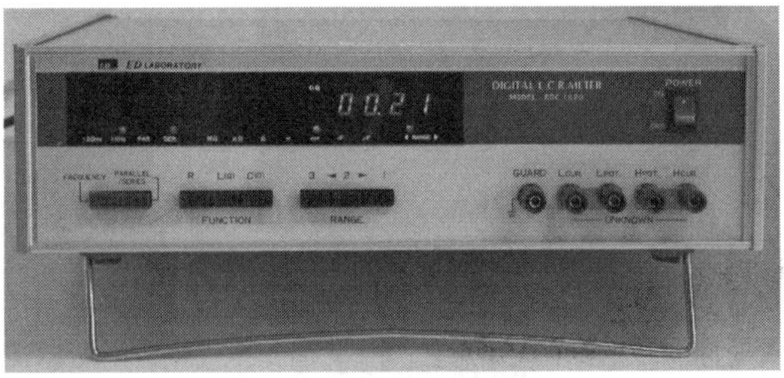

그림 15-3 LCR 미터

그림 15-4에 LCR 미터를 이용하여 인덕턴스를 측정하는 방법과 인덕턴스 측정결과의 예를 나타내었다. 인덕턴스를 측정하기 위해서는 그림 15-4(a)와 같이 LCR 미터의 측정모드를 L로 선택하고, 적절한 측정범위를 선택하면 된다. 인덕턴스를 측정한 그림 15-4(b)와 그림 15-4(c)는 그림 15-2(a)의 10mH 인덕터와 그림 15-2(b)의 1mH 인덕터의 인덕턴스를 각각 측정한 결과이다.

그림 15-5는 그림 15-2(a)와 같은 10mH 인덕터 2개를 직렬 연결한 경우와 병렬 연결한 경우의 합성 인덕턴스 측정결과를 나타낸 것이다. 인덕터를 직렬 연결하는 경우의 합성 인덕턴스의 일반식은 식 (15.3)과 같고, 인덕터를 병렬 연결하는 경우의 합성 인덕턴스의 일반식은 식 (15.4)와 같다.

$$L_s = L_1 + L_2 + L_3 + \cdots + L_n = \sum_{i=1}^{n} L_i \tag{15.3}$$

$$\frac{1}{L_p} = \frac{1}{L_1} + \frac{1}{L_2} + \frac{1}{L_3} + \cdots + \frac{1}{L_n} = \sum_{i=1}^{n} \frac{1}{L_i} \tag{15.4}$$

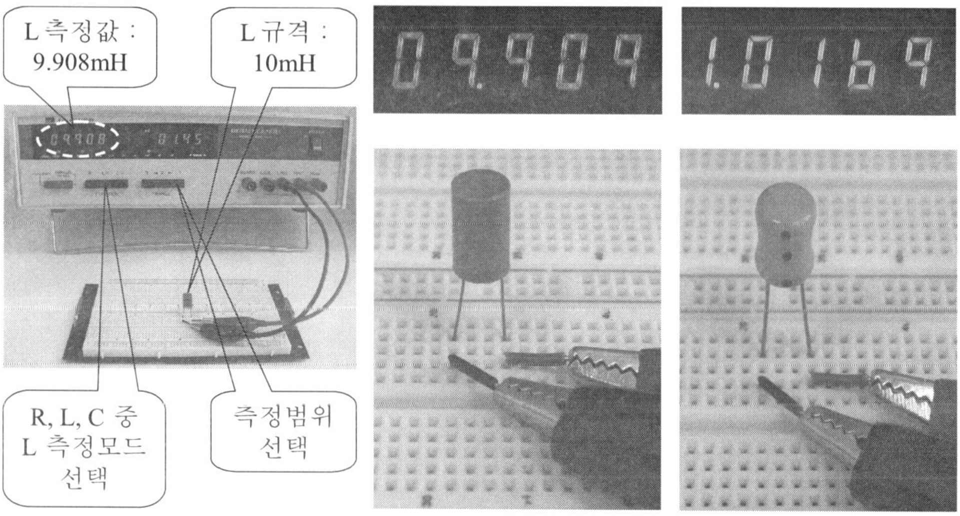

(a) 인덕턴스 측정 (b) L=10mH (c) L=1mH

그림 15-4 인덕터의 인덕턴스 측정

(a) 합성 인덕턴스 측정 (b) L의 직렬연결 (c) L의 병렬연결

그림 15-5 직·병렬 인덕터의 합성 인덕턴스 측정

15.2.2 RL 직렬회로

인덕터(inductor : L)가 포함된 회로의 특성을 이해하기 위해 그림 15-6과 같은 RL 직렬회로의 특성을 살펴보기로 한다. 그림 15-6의 RL 직렬회로에 정현파 교류신호가 입력으로 인가되는 경우의 회로의 특성을 살펴본다.

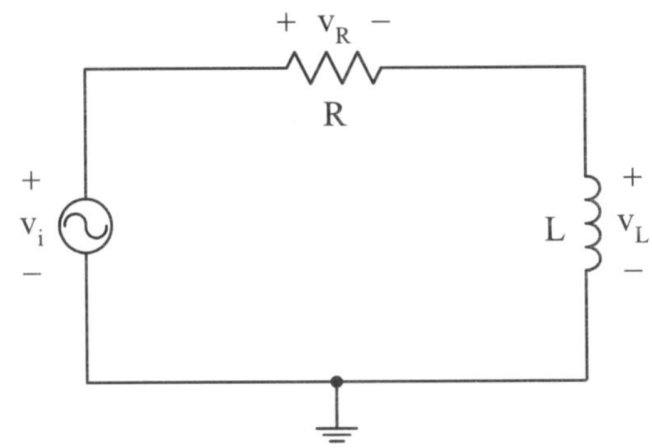

그림 15-6 RL 직렬회로

L을 포함하는 회로의 해석에 있어서 식 (15.5)의 유도성 리액턴스(inductive reactance) 식은 대단히 중요하다. 식 (15.5)에서 L의 리액턴스는 L에 인가되는 신호의 주파수에 따라 변하고, 특히 주파수에 비례한다는 것을 알 수 있다.

$$\mathbf{X}_L = jX_L = j\omega L = j2\pi fL \propto f \tag{15.5}$$

저항으로 구성된 회로의 경우에는 입력신호의 전압 변화에 의해서 출력전압의 크기가 변하지만 입력신호의 주파수 변화에 의해서는 출력전압의 크기가 변하지 않는다. 또한 입력전압과 출력전압 사이에 위상차도 존재하지 않는다. 그러나 L이 포함된 회로의 경우는 식 (15.5)와 같이 L의 리액턴스 $\mathbf{X}_L$이 입력전압의 주파수에 따라 변화하고, 리액턴스가 복소수이므로 인덕터 전압의 크기 및 위상차가 입력신호의 주파수 변화에 의해 달라지는 특성을 갖게 된다.

주파수 변화에 대한 RL 직렬회로의 특성을 쉽게 이해할 수 있도록 실험결과를 그림 15-7에 예시하였다. 그림 15-7은 입력신호의 주파수 변화에 의해 인덕터 전압 v_L이 어떻게 변하는지를 실험파형으로 보여주고 있다. 그림 15-6의 RL 직렬회로에서 저항 R=510Ω, 인덕터 L=33mH, 정현파 입력신호의 최대값 V_m=3V로 고정하였다. 즉 R=510Ω, L=33mH이고, 입력신호의 최대값은 V_m=3V로 일정하고, 입력신호의 주파수 f만 변화시키면서 RL 직렬회로의 인덕터 전압 v_L의 변화를 측정한 것이 그림 15-7의 전압파형들이다.

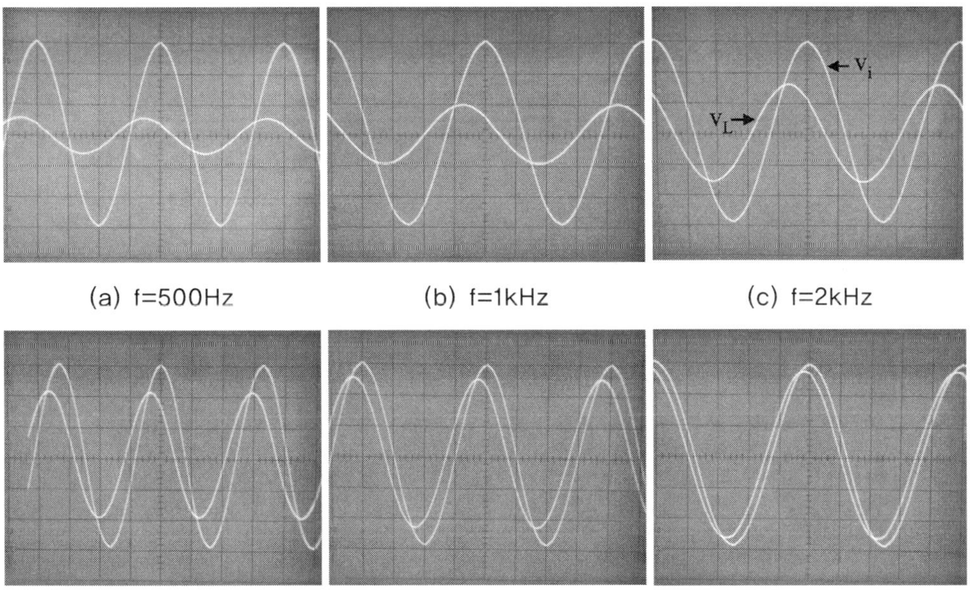

(a) f=500Hz (b) f=1kHz (c) f=2kHz

(d) f=3kHz (e) f=5kHz (f) f=10kHz

그림 15-7 정현파 입력신호의 주파수 변화에 의한 인덕터 전압(v_L)의 변화
(RL 직렬회로 : V_m=3V, R=510Ω, L=33mH)

그림 15-7에서 최대값이 V_m=3V이고, 주파수만 변화하는 정현파가 입력신호 v_i이고, 위상차에 의해 입력신호의 왼쪽에 있는 정현파가 인덕터 전압 v_L이다. 그림 15-7에서 주파수가 증가함에 따라 인덕터 전압의 크기는 증가하고, 위상차는 감소하는 것을 알 수 있다. 주파수가 f=500Hz인 그림 15-7(a)에서 v_L은 v_i에 비해 전압 크기는 매우 작고, 위상차는 크게 나는 것을 알 수 있다. 이는 L의 리액턴스가 저항 R=510Ω에 비해 매우 작다는 것을 의미한다. 또한 주파수가 f=10kHz인 그림 15-7(f)에서 v_L은 v_i와 전압의 크기 및 위상이 거의 동일하다. 이는 L의 리액턴스가 저항 R=510Ω에 비해 상당히 크다는 것을 의미한다. L의 리액턴스가 주파수 f에 비례한다는 식 (15.5)의 특성을 그림 15-7의 실험파형을 통해 확인할 수 있다.

그림 15-8은 L의 인덕턴스 변화에 대한 RL 직렬회로의 특성을 실험결과를 이용하여 나타낸 것이다. 그림 15-6의 RL 직렬회로에서 저항 R=510Ω이고, 입력신호는 최대값 V_m=3V, 주파수 f=10kHz로 일정하고, 인더터 L의 인덕턴스만 변화시킨 경우의 RL 직렬회로의 인덕터 전압 v_L의 변화를 측정한 것이다.

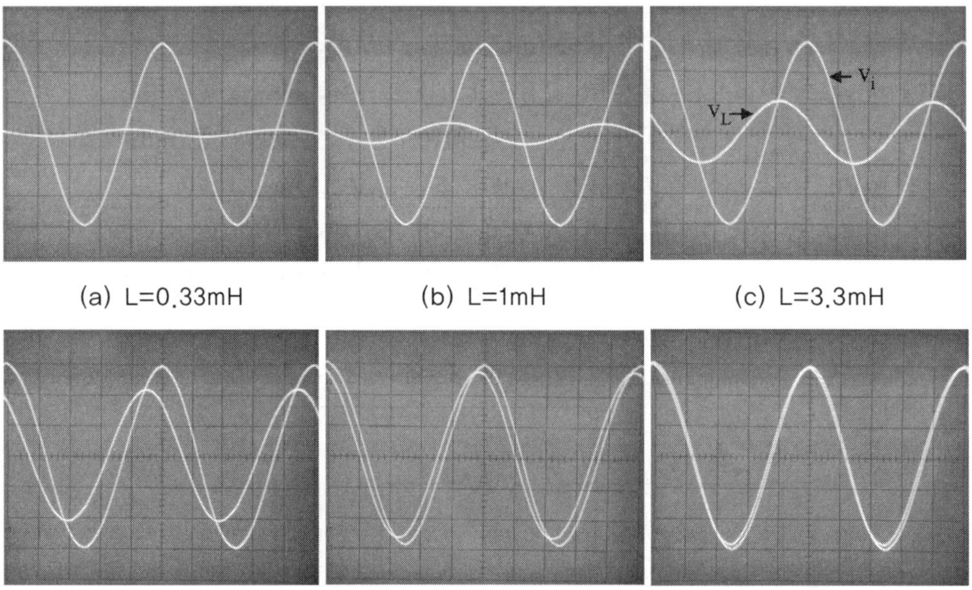

(a) L=0.33mH (b) L=1mH (c) L=3.3mH

(d) L=10mH (e) L=33mH (f) L=100mH

그림 15-8 RL 직렬회로의 인덕턴스(L) 변화에 의한 인덕터 전압(v_L)의 변화
(RL 직렬회로 : V_m=3V, f=10kHz, R=510Ω)

그림 15-8을 살펴보면 L의 인덕턴스가 증가함에 따라 인덕터 전압의 크기는 증가하고, 위상차는 감소하는 것을 알 수 있다. L=0.33mH인 그림 15-8(a)에서 v_L은 v_i에 비해 전압 크기는 매우 작고, 위상차는 거의 90°에 가깝다. 이는 L의 리액턴스가 저항 R=510Ω에 비해 매우 작다는 것을 의미한다. 또한 L=100mH인 그림 15-8(f)에서 v_L은 v_i와 전압의 크기 및 위상이 거의 동일하다. 이는 L의 리액턴스가 저항 R=510Ω에 비해 훨씬 크다는 것을 의미한다. L의 리액턴스가 L의 인덕턴스에 비례한다는 식 (15.5)의 특성 역시 그림 15-8의 실험파형을 통해 확인할 수 있다.

이제 그림 15-6의 RL 직렬회로에서 인덕터 전압 v_L을 이론적으로 해석해 보자. 회로에 L 또는 C의 수동소자가 포함되어 있으면 회로의 전압, 전류, 임피던스 등을 복소평면에서 표현하고, 해석하여야 한다. 이와 같은 인덕터 전압을 해석하는 방법에 여러 가지가 있지만 학습 14 RC 직렬회로 실험하기에서와 마찬가지로 간편한 방법인 페이저(phasor) 표시법을 이용한 방법을 설명하기로 한다. 페이저 표시법을 이용한 해석법을 설명하기 위해 우선 정현파 교류전압을 페이저 표시법으로 표현하고, 저항과 인덕터 등의 임피던스를 극좌표(polar form) 형식으로 표현하는 방법을 설명한다. 식 (15.6)은 정현파 교류전압 v_i를 페이저 표시법으로 표현한 것이고, 식 (15.7), 식 (15.8)은 저항 R과 인덕터 L을 극좌표 형식으로 표현한 것이다. 또한 식 (15.9)는 직렬로 연결된 R과 L의 합성 임피던스 **Z**의 극좌표 형식이다.

$$v_i(t) = V_m \sin(\omega t + \theta) \quad \rightarrow \quad V_i = V_m \angle \theta \tag{15.6}$$

$$R = R + j0 = R \angle 0^{\circ} \tag{15.7}$$

$$X_L = j\omega L = 0 + j\omega L = \omega L \angle 90^{\circ} \tag{15.8}$$

$$Z = R + X_L = R + j\omega L = \sqrt{R^2 + (\omega L)^2} \angle \tan^{-1}\left(\frac{\omega L}{R}\right) \tag{15.9}$$

회로에 포함된 인덕터 L이나 커패시터 C를 복소수 형태의 임피던스로 정확히 표현하면 L이나 C가 포함된 회로의 해석도 직·병렬 저항회로와 유사한 방법으로 해석할 수 있다. 예를 들어 그림 15-9의 회로에서 임피던스 $\mathbf{Z}_2$의 전압 $\mathbf{V}_2$는 식 (15.10)과 같이 임피던스의 비에 의해 전압 $\mathbf{V}_2$를 구할 수 있다.

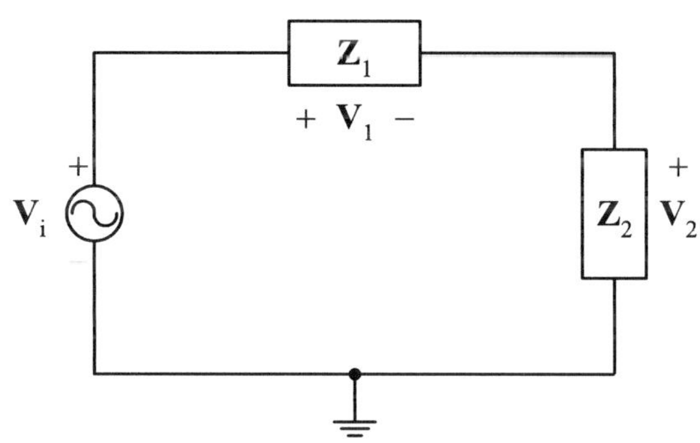

그림 15-9 임피던스 직렬회로

$$V_2 = \frac{Z_2}{Z_1 + Z_2} \cdot V_i \tag{15.10}$$

식 (15.10)을 참고하여 RL 직렬회로의 인덕터 전압을 구하면 식 (15.11)과 같다.

$$\begin{aligned} V_L &= \frac{X_L}{R+X_L} \cdot V_i \\ &= \frac{X_L}{Z} \cdot V_i \\ &= \frac{j\omega L}{R+j\omega L} \cdot V_i \\ &= \frac{\omega L \angle 90^o}{\sqrt{R^2+(\omega L)^2} \angle \tan^{-1}\left(\frac{\omega L}{R}\right)} \cdot V_m \angle 0 \quad (\because \theta = 0) \\ &= \frac{\omega L V_m}{\sqrt{R^2+(\omega L)^2}} \angle \left\{ 90^o - \tan^{-1}\left(\frac{\omega L}{R}\right)\right\} \\ &= V_{Lm} \angle \theta_L \quad (\text{단 } V_{Lm} : V_L\text{의 최대값}, \ \theta_L : V_L\text{의 위상}) \end{aligned} \tag{15.11}$$

RL 직렬회로의 V_m, ω, R, L을 식 (15.11)에 대입하면 주어진 조건에서의 인덕터 전압의 페이저를 구하여 인덕터 전압을 해석할 수 있다. 이제 식 (15.11)을 이용하여 인덕터 전압을 해석하고, 그림 15-7의 실험결과가 타당한지 비교한다.

표 15-1 RL 직렬회로의 인덕터 전압 해석 (V_m=3V, R=510Ω, L=33mH)

입력신호의 주파수(f)	인덕터 전압 V_L의 페이저(phasor)	
	V_L의 최대값	V_L의 위상
f=500Hz	$0.20V_m$=0.60V	$90^o - 11.5^o = 78.5^o$
f=1kHz	$0.38V_m$=1.14V	$90^o - 22.1^o = 67.9^o$
f=2kHz	$0.63V_m$=1.89V	$90^o - 39.1^o = 50.9^o$
f=3kHz	$0.77V_m$=2.31V	$90^o - 50.7^o = 39.3^o$
f=5kHz	$0.90V_m$=2.70V	$90^o - 63.8^o = 26.2^o$
f=10kHz	$0.97V_m$=2.91V	$90^o - 76.2^o = 13.8^o$

표 15-1의 이론적인 해석결과를 그림 15-7의 실험결과와 비교하면 인덕터 전압의 크기와 위상이 대체로 일치하는 것을 알 수 있다. 예를 들어 표 15-1에서 입력신호의 주파수가 f=2kHz인 경우의 해석결과는 인덕터 전압의 최대값은 1.89V이고, 인덕터 전압의 위상은 입력전압의 위상을 0°기준으로 하였을 때 +50.9°이다. 이에 대한 실험결과인 그림 15-7(c)를 살펴보면 인덕터 전압의 최대값이 약 1.7V 정도이고, 위상은 대략 +50° 근처임을 알 수 있다. 위상에 대한 계산은 인덕터 전압의 순시값이 최대값이 되는 순간의 위상을 계산하면 그림 15-7(c)에서 한주기 5칸(division)이 360°이고, 인덕터 전압의 최대값은 입력전압의 최대값을 기준으로 왼쪽으로 약 0.7칸(division) 지점에 위치한다. 이를 계산하면 대략 +50° 정도의 위상을 구할 수 있다.

위상의 부호는 인덕터 전압 v_L이 입력전압 v_i보다 왼쪽에 위치하므로 위상이 앞선다는 것을 알 수 있다. 정현파 전압파형이 상대적으로 왼쪽에 위치한다는 것은 그 만큼 위상이 앞선나는 의미이고, 이를 진상(leading phase angle)이라고 부른다. 그리고 정현파 전압파형이 상대적으로 오른쪽에 위치한다는 것은 그 만큼 위상이 뒤진다는 의미이고, 이를 지상(lagging phase angle)이라고 부른다.

15.3 수행내용 / 부품 및 장비

부품 및 장비		규격 및 수량	
부 품	저항	330Ω	1개
		1kΩ	1개
	인덕터	10mH	2개
장 비		신호발생기(signal generator)	
		오실로스코프(oscilloscope)	
		디지털 멀티미터(DMM)	
		브레드 보드(bread board)	
기 타		jumper wire	
		wire stripper(또는 nipper)	

15.4 수행내용 / 수행순서

실험 1. RL 직렬회로 실험 (인덕턴스 L 변화)

① 인덕터의 인덕턴스 L을 판독하는 방법을 정확히 숙지하고, 실험에서 사용할 10mH(103) 인덕터 2개를 준비하여라.

② 신호발생기와 오실로스코프를 이용하여 신호발생기 정현파 출력의 최대값(V_m)이 3V이고, 주파수가 5kHz인 교류전압이 되도록 조정하여라.

③ 실험단계 ②에서 정확히 조정한 신호발생기의 정현파 교류전압을 입력전압 v_i로 사용하여 그림 15-10의 실험회로를 구성하여라. 그림 15-10의 실험회로에서 R=330Ω, L=10mH를 이용하여 실험회로를 구성하여라.

④ 그림 15-10의 실험회로에서 입력전압 v_i와 인덕터 전압 v_L의 전압파형을 오실로스코프의 듀얼모드를 이용해 측정하여 표 15-3(a)에 기재하여라. 입력전압과 인덕터 전압의 정확한 비교를 위해 CH1과 CH2의 접지(GND) 전압 위치가 모두 오실로스코프 화면의 가운데가 되도록 수직위치조정기를 조정하고, 전압 스케일 역시 동일하게 설정하여라.

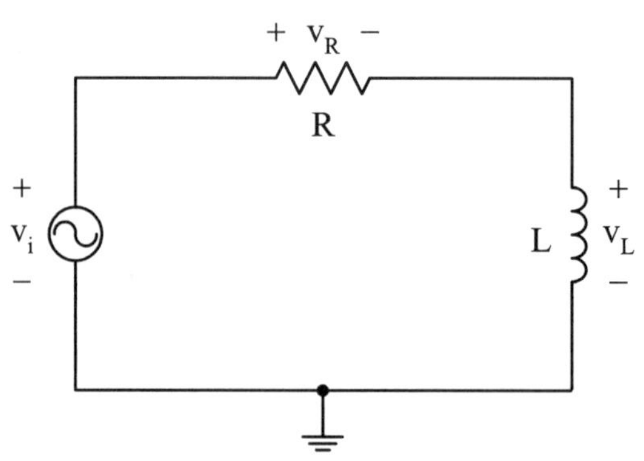

그림 15-10 RL 직렬회로 실험회로

⑤ 실험단계 ④의 인덕터 전압 v_L의 최대값 V_{Lm}과 위상차 θ_L을 정확히 측정하여 표 15-2에 기재하여라. 위상차 θ_L은 입력전압 v_i를 0^o기준으로 하여 기재하고, 위상차가 진상인 경우는 (+)부호, 지상인 경우는 (−)부호를 위상각에 반드시 표시하여라.

또한 식 (15-11)을 이용하여 인덕터 전압 v_L의 최대값 V_{Lm}과 위상차 θ_L의 이론값을 계산하여 표 15-2에 기재하고, 이론값이 측정값과 일치하는지 비교하여라.

⑥ 그림 15-10의 실험회로에서 저항 R=330Ω은 그대로 두고, 인덕터는 L=20mH로 변경한 후 실험단계 ④를 반복하여 표 15-3(b)에 기재하여라. 또한 실험단계 ⑤를 반복하여 표 15-2에 기재하여라. 인덕터 L=20mH는 L=10mH 인덕터 2개를 이용하여라.

⑦ 실험단계 ④, ⑤, ⑥은 RL 직렬회로에서 L의 인덕턴스만 L=10mH에서 L=20mH로 변화시킨 실험이다. 표 15-2에 기재한 실험 데이터와 표 15-3에 기재한 실험파형에서 인덕터 전압 v_L의 최대값과 위상의 증감 변화를 관찰하고, 이와 같은 변화가 타당한지 검토하여라.

실험 2. RL 직렬회로 실험 (주파수 변화)

⑧ 신호발생기와 오실로스코프를 이용하여 신호발생기 정현파 출력의 최대값(V_m)이 3V이고, 주파수가 1kHz인 교류전압이 되도록 조정하여라.

⑨ 실험단계 ⑧에서 정확히 조정한 신호발생기의 정현파 교류전압을 입력전압 v_i로 사용하여 그림 15-10의 실험회로를 구성하여라. 그림 15-10의 실험회로에서 R=1kΩ, L=20mH를 이용하여 실험회로를 구성하여라.

⑩ 그림 15-10의 실험회로에서 입력전압 v_i와 인덕터 전압 v_L의 전압파형을 오실로스코프의 듀얼모드를 이용해 측정하여 표 15-4(a)에 기재하여라. 오실로스코프는 듀얼모드를 이용하여 CH1은 입력전압 v_i, CH2는 인덕터 전압 v_L을 동시에 측정하여라.

⑪ 실험단계 ⑩의 인덕터 전압 v_L의 최대값 V_{Lm}과 위상차 θ_L을 정확히 측

정하여 표 15-2에 기재하여라. 위상차 θ_L은 입력전압 v_i를 0^o기준으로 하여 기재하고, 위상차가 진상인 경우는 (+)부호, 지상인 경우는 (−)부호를 위상각에 반드시 표시하여라.

또한 식 (15-11)을 이용하여 인덕터 전압 v_L의 최대값 V_{Lm}과 위상차 θ_L의 이론값을 계산하여 표 15-2에 기재하고, 이론값이 측정값과 일치하는지 비교하여라.

⑫ 그림 15-10의 실험회로에서 정현파 입력전압 v_i의 주파수만 f=10kHz로 변경한 후 실험단계 ⑩을 반복하여 표 15-4(b)에 기재하여라. 또한 실험단계 ⑪을 반복하여 표 15-2에 기재하여라.

⑬ 실험단계 ⑩, ⑪, ⑫는 RL 직렬회로에서 정현파 입력전압 v_i의 주파수만 f=1kHz에서 f=10kHz로 변화시킨 실험이다. 표 15-2에 기재한 실험 데이터와 표 15-4에 기재한 실험파형에서 인덕터 전압 v_L의 최대값과 위상의 증감 변화를 관찰하고, 이와 같은 변화가 타당한지 검토하여라.

15.5 수행결과

실험 1. RL 직렬회로 실험 (인덕턴스 L 변화)

표 15-2 RL 직렬회로 실험 데이터

실험단계	구분	측정값		이론값		이론값과 측정값의 일치여부
		V_{Lm}	θ_L	V_{Lm}	θ_L	
⑤	R=330Ω L=10mH					
⑥	R=330Ω L=20mH					
⑦	④, ⑤, ⑥ 실험결과의 타당성					
⑪	f=1kHz					
⑫	f=10kHz					
⑬	⑩, ⑪, ⑫ 실험결과의 디당성					

표 15-3 RL 직렬회로 실험파형 (실험단계 ④,⑥)

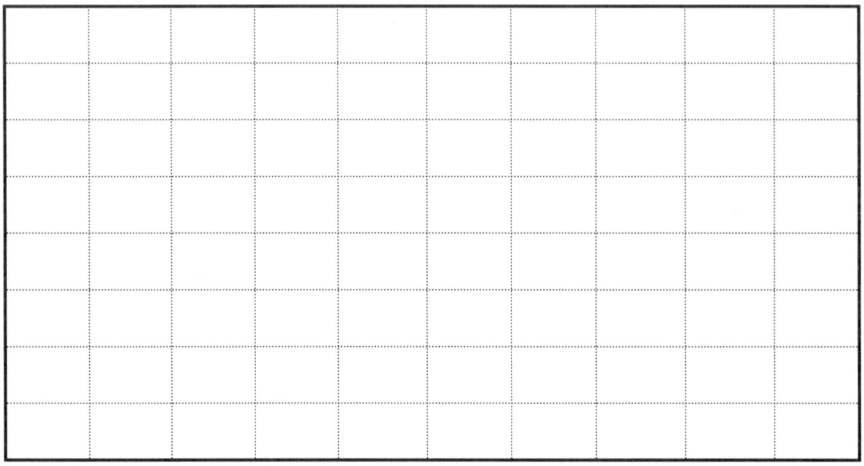

● 전압 스케일 : 1V/div　　● 시간 스케일 : 50μs/div

(a) R=330Ω, L=10mH인 실험단계 ④의 v_i, v_L 전압파형

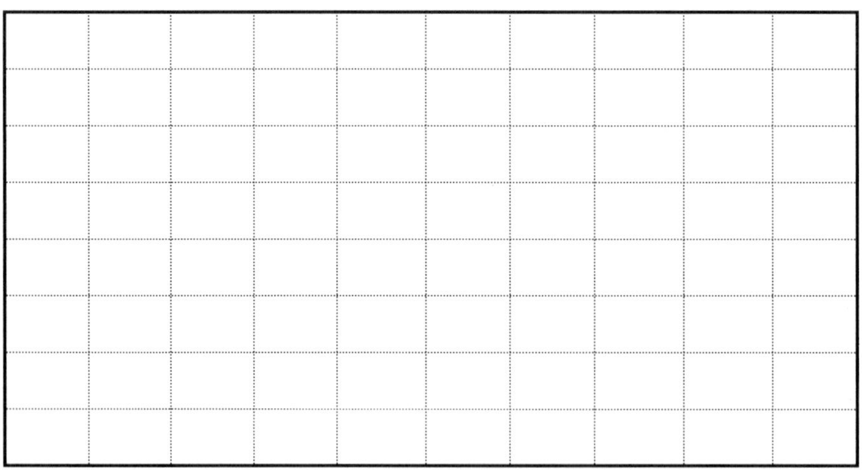

● 전압 스케일 : 1V/div　　● 시간 스케일 : 50μs/div

(b) R=330Ω, L=20mH인 실험단계 ⑥의 v_i, v_L 전압파형

실험 2. RL 직렬회로 실험 (주파수 변화)

표 15-4 RL 직렬회로 실험파형(실험단계 ⑩,⑫)

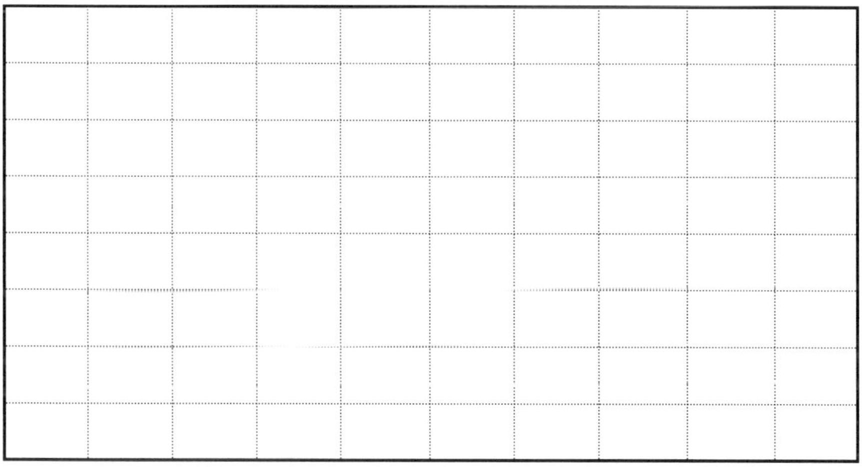

● 전압 스케일 : 1V/div ● 시간 스케일 : 0.2ms/div

(a) f=1kHz인 실험단계 ⑩의 v_i, v_L 전압파형 (R=1kΩ, L=20mH)

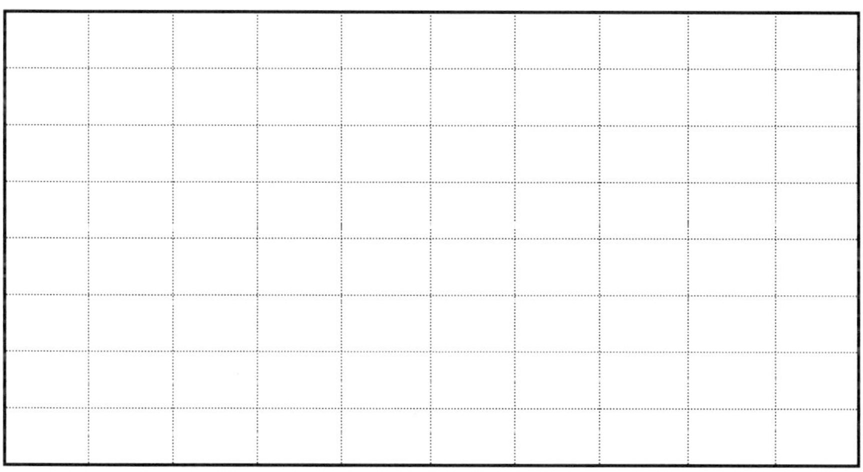

● 전압 스케일 : 1V/div ● 시간 스케일 : 20μs/div

(b) f=10kHz인 실험단계 ⑫의 v_i, v_L 전압파형 (R=1kΩ, L=20mH)

15.6 평가문제

1 본 학습에서는 대표적인 수동소자의 하나이고, 전력변환기 설계 등에 매우 유용하게 사용되는 부품인 인덕터의 원리와 종류와 사용방법 등을 상세히 확인하였다. 이에 대한 평가를 위해 그림 15-11에 2가지의 인덕터 규격을 표시하였다. 그림 15-11의 2가지 인덕터에 대하여 규격을 판독하여 인덕턴스와 오차를 표 15-5에 기재하여라.

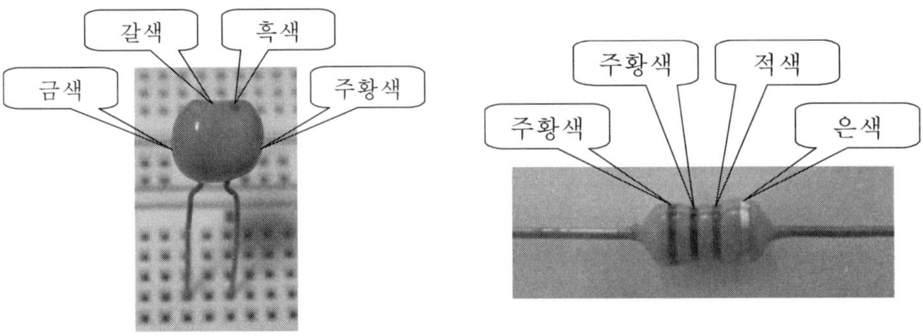

(a) 인덕터 L_1　　(b) 인덕터 L_2

그림 15-11 인덕터의 규격

표 15-5 인덕터의 규격 판독

구분	인덕턴스(mH)	오차(%)
L_1		
L_2		

2 그림 15-12는 RL 직렬회로의 입력전압 v_i와 인덕터 출력전압 v_o이다. 입력전압 v_i의 페이저가 $\mathbf{V}_i = 25V\angle 0°$인 경우 인덕터 전압 v_o의 페이저 $\mathbf{V}_o$를 구하여라.

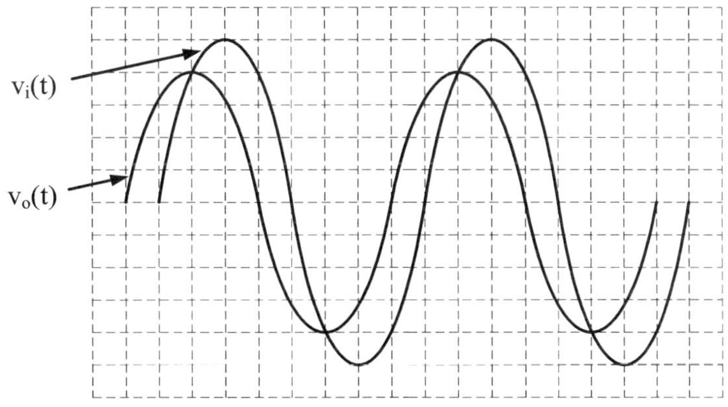

그림 15-12 RL 직렬회로의 입·출력 전압파형

3 그림 15-10 실험회로의 실험단계 ⑤, ⑥의 입력전압의 페이저(phasor) $\mathbf{V}_i = V_m \angle \theta$, 주파수 f, 저항 R, 인덕터 L을 표 15-6에 정리하였다. 각 실험단계에 대하여 인덕터 전압의 페이저 $\mathbf{V}_L = V_{Lm} \angle \theta_L$의 이론값을 구하는 계산과정을 상세히 기재하고, 계산결과를 표 15-6에 기재하여라.

표 15-6 RL 직렬회로의 인덕터 전압의 페이저(phasor)

실험단계	입력전압		R	L	출력전압 $V_L=V_{Lm}\angle\theta_L$	
	$V_i=V_m\angle\theta$	f			V_{Lm} [V]	θ_L [deg]
⑤	$3\angle 0^\circ$	5kHz	R=330Ω	L=10mH		
⑥				L=20mH		

4 실험에 대한 종합결론을 정리하고, 학습목표 성취도에 대해 학습자 스스로 평가하여라. 성취도는 A(우수), B(보통), C(미흡)의 3단계로 구분하여 평가하여라.

NOTE

학습

16. RLC 직렬회로 실험하기

16.1 학습목표

- RLC 직렬회로의 리액턴스 및 임피던스 특성을 해석하고, 주파수 변화에 따른 전압과 전류와 위상 특성 등을 실험할 수 있다.
- 유지관리를 위하여 결선도에 따라 라벨링 작업을 할 수 있다.
(1901080214_16v2.2.2)

16.2 필요지식

16.2.1 RLC 직렬회로

커패시터(capacitor)와 인덕터(inductor)가 함께 포함된 회로의 특성을 이해하기 위해 그림 16-1과 같은 RLC 직렬회로의 특성을 살펴보기로 한다. 학습 14 RC 직렬회로 실험하기에서 커패시터를 포함하는 회로의 특성을 살펴보았고, 학습 15 RL 직렬회로 실험하기에서는 인덕터를 포함하는 회로의 특성을 살펴보았다. 따라서 이를 종합하여 커패시터와 인덕터를 포함하는 그림 16-1과 같은 RLC 직렬회로의 특성을 이해할 수 있다. 학습 14와 학습 15에서 커패시터와 인덕터에 대한 특성을 자세히 설명하였으므로 본 실험에서는 커패시터와 인덕터에 대한 설명은 생략하기로 한다. 그러나 그림 16-1과 같은 RLC 직렬회로의 이해를 위해 필요한 경우 학습 14와 학습 15의 내용을 다시 학습하여 커패시터와 인덕터에 대한 특성을 이해하여야 한다.

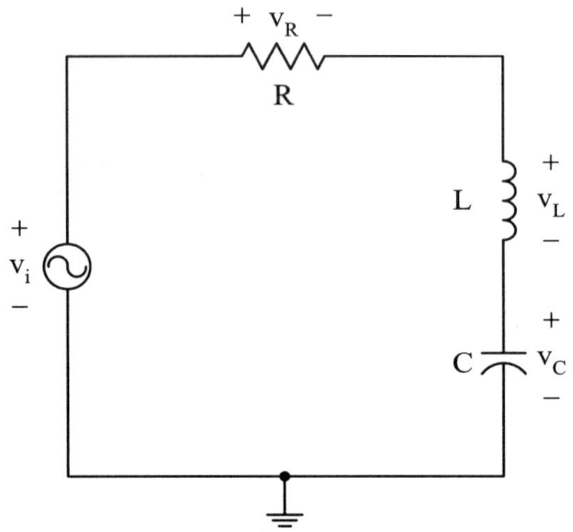

그림 16-1 RLC 직렬회로

인덕터 L을 포함하는 회로의 해석에 있어서는 식 (16.1)의 유도성 리액턴스(inductive reactance) 식이 매우 중요하다. 식 (16.1)에서 L의 리액턴스는 L에 인가되는 입력전원 또는 입력신호의 주파수에 비례한다는 것을 알 수 있다. 또한 커패시터 C를 포함하는 회로의 해석에 있어서는 식 (16.2)의 용량성 리액턴스(capacitive reactance) 식이 매우 중요하다. 식 (16.2)에서 C의 리액턴스는 C에 인가되는 입력전원 또는 입력신호의 주파수에 반비례한다는 것을 알 수 있다.

$$X_L = j\omega L = j2\pi fL = jX_L \propto f \tag{16.1}$$

$$X_C = \frac{1}{j\omega C} = -j\frac{1}{\omega C} = -j\frac{1}{2\pi fC} = -jX_C \propto \frac{1}{f} \tag{16.2}$$

$$\begin{aligned} X &= X_L + X_C \\ &= jX_L - jX_C \\ &= j\left(\omega L - \frac{1}{\omega C}\right) \\ &= j\left(2\pi fL - \frac{1}{2\pi fC}\right) \end{aligned} \tag{16.3}$$

인덕터 L과 커패시터 C의 합성 리액턴스 **X**를 식 (16.1)과 식 (16.2)를 이용하여 표현하면 식 (16.3)과 같다. 식 (16.3)에서 합성 리액턴스 **X**는 X_L과 X_C의 크기에 따라 합성 리액턴스 **X**가 유도성 리액턴스가 될 수도 있고, 용량성 리액턴스가 될 수도 있다. 표 16-1에 정리한 바와 같이 $X_L > X_C$인 경우는 합성 리액턴스 **X**가 유도성 리액턴스(inductive reactance)가 되고, $X_L < X_C$인 경우는 합성 리액턴스 **X**가 용량성 리액턴스(capacitive reactance)가 된다.

표 16-1 리액턴스 X_L과 X_C의 크기에 따른 합성 리액턴스 X의 특성

리액턴스 X_L, X_C의 대소	합성 리액턴스 X의 특성		
$X_L > X_C$인 경우	$\omega L - \frac{1}{\omega C} > 0$	$X = jX$	유도성 리액턴스
$X_L < X_C$인 경우	$\omega L - \frac{1}{\omega C} < 0$	$X = -jX$	용량성 리액턴스

* 합성 리액턴스 **X**의 크기(절대값) $X = \left|\omega L - \frac{1}{\omega C}\right|$

그림 16-1 RLC 직렬회로의 전체 합성 임피던스 **Z**는 식 (16.4)와 같다. 그리고 표 16-1에서 살펴 본 바와 같이 RLC 직렬회로에서 $X_L > X_C$인 경우와 $X_L < X_C$인 경우의 합성 임피던스 **Z**를 구별하여 나타내면 각각 식 (16.5), 식 (16.6)과 같다. RLC 직렬회로를 저항 R과 합성 리액턴스 **X(=X$_L$+X$_C$)**의 직렬회로로 생각하면 $X_L > X_C$인 경우는 식 (16.5)와 같이 RLC 직렬회로를 RL 직렬회로로 등가화 할 수 있고, $X_L < X_C$인 경우는 식 (16.6)과 같이 RLC 직렬회로를 RC 직렬회로로 등가화 할 수 있다.

$$Z = R + X = R + j(X_L - X_C) = R + j\left(\omega L - \frac{1}{\omega C}\right) \tag{16.4}$$

$$X_L > X_C \text{인 경우} \rightarrow \quad Z = R + X = R + j\left(\omega L - \frac{1}{\omega C}\right) = R + jX, \quad \text{단 } X = \left|\omega L - \frac{1}{\omega C}\right| \tag{16.5}$$

$$X_L < X_C \text{인 경우} \rightarrow \quad Z = R + X = R + j\left(\omega L - \frac{1}{\omega C}\right) = R - jX, \quad \text{단 } X = \left|\omega L - \frac{1}{\omega C}\right| \tag{16.6}$$

그림 16-1의 RLC 직렬회로를 임피던스로 표현한 RLC 직렬회로를 그림 16-2에 나타내었다. 그림 16-2에서 인덕터 L의 리액턴스는 $\mathbf{X}_L$, L 양단의 전압은 $\mathbf{V}_L$로 나타내고, 커패시터 C의 리액턴스는 $\mathbf{X}_C$, C 양단의 전압은 $\mathbf{V}_C$로 나타내고, L과 C의 합성 리액턴스는 **X**, 합성 리액턴스 양단의 전압은 $\mathbf{V}_X$로 나타내었다. 그림 16-2에서 임피던스 **R**, $\mathbf{X}_L$, $\mathbf{X}_C$, **X**는 극좌표(polar form) 표시법으로 표기하고, 전압 $\mathbf{V}_R$, $\mathbf{V}_L$, $\mathbf{V}_C$, $\mathbf{V}_X$, $\mathbf{V}_i$와 전류 **I**는 페이저(phasor) 표시법으로 표기한 벡터(vector)들이다. 즉 크기뿐만 아니라 방향까지를 갖는 물리량들이다. 이와 비교하여 이들 값들을 방향은 무시하고 크기만으로 나타내면 스칼라(scalar)가 된다. 그림 16-2에 표기된 벡터량의 임피던스와 전압과 전류를 크기만 갖는 스칼라량으로 표시하면 임피던스의 절대값은 R, X_L, X_C, X가 되고, 전압의 최대값은 V_R, V_L, V_C, V_X, $V_i(=V_m)$가 되고, 전류의 최대값은 I_m이 된다. 표기된 물리량이 벡터량으로 표기된 것인지 스칼라량으로 표기된 것인지를 정확히 구별하는 것은 매우 중요하다.

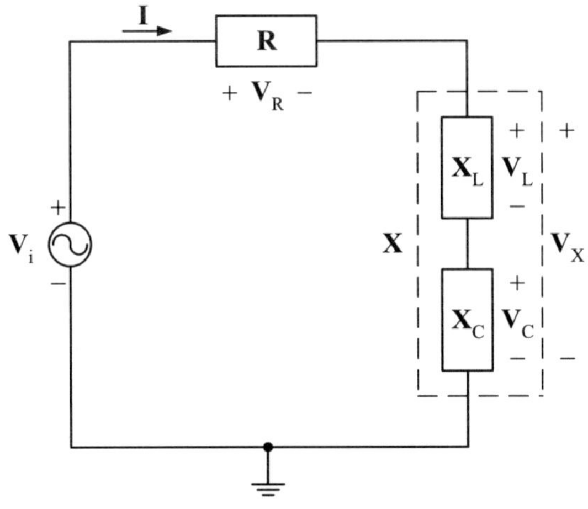

그림 16-2 RLC 임피던스 직렬회로

그림 16-2의 임피던스 **R**, $\mathbf{X}_L$, $\mathbf{X}_C$, **X**를 벡터 다이어그램(vector diagram)으로 나타내면 그림 16-3과 같다. 그림 16-3(a)는 $X_L>X_C$인 경우, 그림 16-3(b)는 $X_L<X_C$인 경우의 임피던스의 벡터 다이어그램이다. 임피던스 **Z**는 저항 **R**과 리액턴스를 **X**를 합성하여 구할 수 있고, RLC 직렬회로의 전체 합성 임피던스이다. 그림 16-3에서 합성 리액턴스 **X**와 합성 임피던스 **Z**는 모두 벡터를 합성하는 방법에 의해 구할 수 있다. 합성 리액턴스 **X**의 방향을 살펴보면 $X_L>X_C$인 그림 16-3(a)는 유도성 리액턴스

가 되고, $X_L<X_C$인 그림 16-3(b)는 용량성 리액턴스가 되는 것을 알 수 있다. 그림 16-3(a)는 RL 직렬회로의 합성 임피던스의 벡터 다이어그램과 동일한 모양이고, 그림 16-3(b)는 RC 직렬회로의 합성 임피던스의 벡터 다이어그램과 동일한 모양이다.

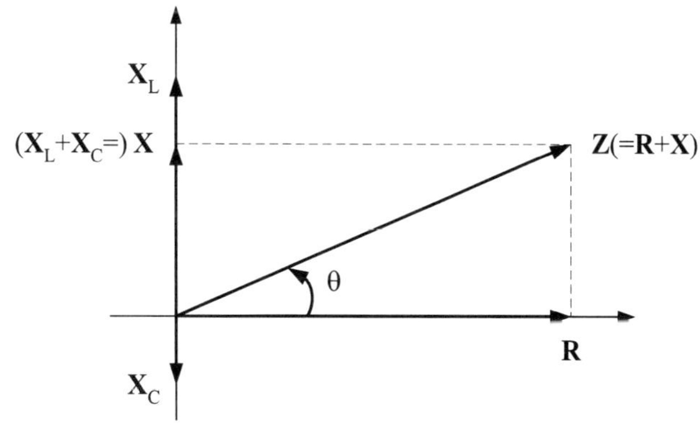

(a) $X_L > X_C$ 인 경우

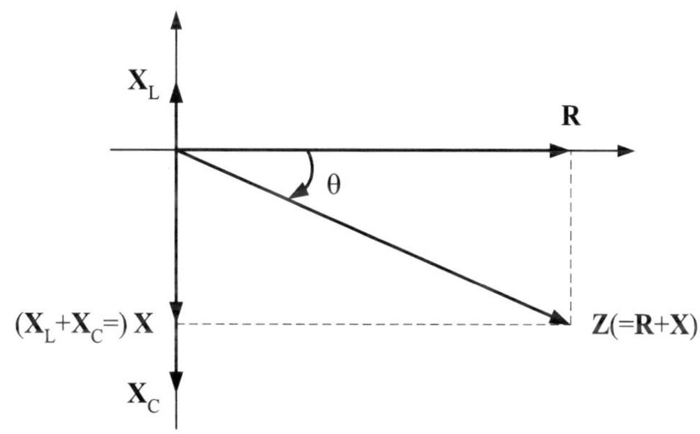

(b) $X_L < X_C$ 인 경우

그림 16-3 임피던스의 벡터 다이어그램

그림 16-3의 임피던스에 전류를 곱하면 전압의 페이저 다이어그램(phasor diagram)을 구할 수 있다. 그림 16-4에 전압의 페이저 다이어그램을 나타내었다. 그림 16-4(a)는 $X_L>X_C$인 경우, 그림 16-4(b)는 $X_L<X_C$인 경우의 전압의 페이저 다이어그램이다. 그림 16-4(a)의 $X_L>X_C$인 경우는 합성 리액턴스 **X**가 유도성 리액턴스가 되므로 전압 $\mathbf{V}_X$가 전압 $\mathbf{V}_R$보다 위상이 90° 앞선다. 그리고 그림 16-4(b)의 $X_L<X_C$인 경우는 합성 리액턴스 **X**가 용량성 리액턴스가 되므로 전압 $\mathbf{V}_X$가 전압 $\mathbf{V}_R$보다 위상

이 90° 뒤진다. 또한 입력전압 $\mathbf{V}_i$와 전류 **I** 사이에는 위상차 θ가 존재한다. 합성 리액턴스 **X**가 유도성 리액턴스인 경우는 입력전압 $\mathbf{V}_i$가 전류 **I**보다 위상이 θ 만큼 앞서고, 합성 리액턴스가 용량성 리액턴스인 경우는 입력전압 $\mathbf{V}_i$가 전류 **I**보다 위상이 θ 만큼 뒤진다.

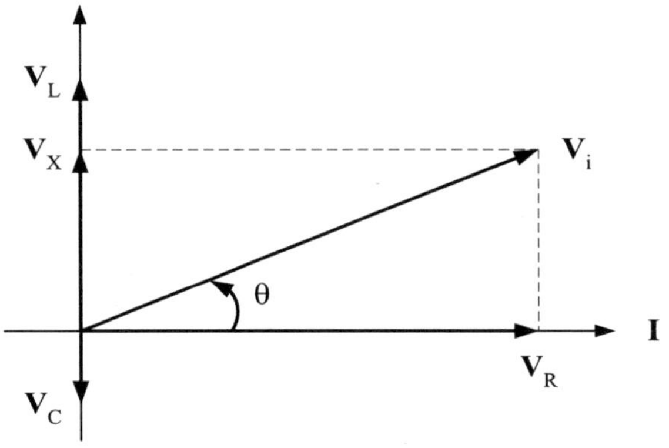

(a) $X_L > X_C$ 인 경우

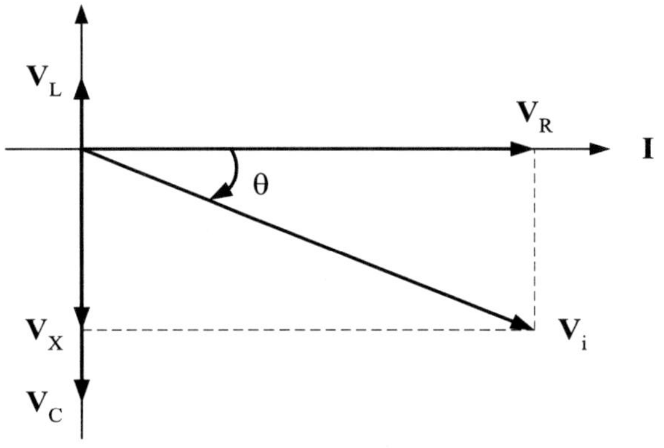

(b) $X_L < X_C$ 인 경우

그림 16-4 전압의 페이저 다이어그램

이제 입력전압 $\mathbf{V}_i$가 식 (16.7)과 같은 정현파 교류전압인 경우 그림 16-2 RLC 임피던스 직렬회로에서 각각의 임피던스 **R**, $\mathbf{X}_L$, $\mathbf{X}_C$, **X**에 인가되는 전압 $\mathbf{V}_R$, $\mathbf{V}_L$, $\mathbf{V}_C$, $\mathbf{V}_X$를 구하고, 또한 전류 **I**와 위상차 θ도 구해 보자. 우선 임피던스 **R**, $\mathbf{X}_L$, $\mathbf{X}_C$, **X**, **Z**를 극좌표 형식으로 표현하면 각각 식 (16.8), 식 (16.9), 식 (16.10), 식 (16.11), 식 (16.12)와 같다.

$$v_i(t) = V_m \sin(\omega t + \theta_v) \quad \rightarrow \quad V_i = V_m \angle \theta_v \quad (\text{단 } \theta_v = 0\text{으로 가정}) \tag{16.7}$$

$$R = R + j0 = R \angle 0^\circ \tag{16.8}$$

$$X_L = j\omega L = 0 + j\omega L = \omega L \angle 90^\circ \tag{16.9}$$

$$X_C = \frac{1}{j\omega C} = 0 - j\frac{1}{\omega C} = \frac{1}{\omega C} \angle (-90^\circ) \tag{16.10}$$

$$\begin{aligned} \omega L > \frac{1}{\omega C}\text{인 경우 } X = j\left(\omega L - \frac{1}{\omega C}\right) = \left|\omega L - \frac{1}{\omega C}\right| \angle 90^\circ \\ \omega L < \frac{1}{\omega C}\text{인 경우 } X = j\left(\omega L - \frac{1}{\omega C}\right) = \left|\omega L - \frac{1}{\omega C}\right| \angle (-90^\circ) \end{aligned} \tag{16.11}$$

$$Z = R + X = R + j\left(\omega L - \frac{1}{\omega C}\right) = \sqrt{R^2 + \left(\omega L - \frac{1}{\omega C}\right)^2} \angle \tan^{-1}\left(\frac{\omega L - \frac{1}{\omega C}}{R}\right) \tag{16.12}$$

그림 16-2 RLC 임피던스 직렬회로에서 각각의 임피던스 **R**, $\mathbf{X_L}$, $\mathbf{X_C}$, **X**에 인가되는 전압은 임피던스 직렬회로이므로 식 (16.13)과 같이 전체 합성 임피던스에 대한 각각의 임피던스의 비로 표현할 수 있다.

$$\begin{aligned} V_R &= \frac{R}{Z} \cdot V_i \\ V_L &= \frac{X_L}{Z} \cdot V_i \\ V_C &= \frac{X_C}{Z} \cdot V_i \\ V_X &= \frac{X}{Z} \cdot V_i \end{aligned} \tag{16.13}$$

따라서 식 (16.7)의 입력전압과 식 (16.8)에서 식 (16.12)까지의 임피던스를 식 (16.13)에 대입하여 전압 $\mathbf{V_R}$, $\mathbf{V_L}$, $\mathbf{V_C}$, $\mathbf{V_X}$를 구하면 각각 식 (16.14), 식 (16.15), 식 (16.16), 식 (16.17), 식 (16.18)과 같다. 식 (16.17)은 $X_L > X_C$인 경우의 전압 $\mathbf{V_X}$를 구한 식이고, 식 (16.18)은 $X_L < X_C$인 경우의 전압 $\mathbf{V_X}$를 구한 식이다.

$$
\begin{aligned}
V_R &= \frac{R}{Z} \cdot V_i \\
&= \frac{R \angle 0^\circ}{\sqrt{R^2 + \left(\omega L - \frac{1}{\omega C}\right)^2} \angle \tan^{-1}\left(\frac{\omega L - \frac{1}{\omega C}}{R}\right)} \cdot V_m \angle 0^\circ \quad (\because \theta_v = 0) \\
&= \frac{R V_m}{\sqrt{R^2 + \left(\omega L - \frac{1}{\omega C}\right)^2}} \angle \left\{ -\tan^{-1}\left(\frac{\omega L - \frac{1}{\omega C}}{R}\right) \right\} \\
&= V_R \angle \theta_R \quad (\text{단 } V_R : V_R\text{의 최대값}, \ \theta_R : V_R\text{의 위상})
\end{aligned}
\tag{16.14}
$$

$$
\begin{aligned}
V_L &= \frac{X_L}{Z} \cdot V_i \\
&= \frac{\omega L \angle 90^\circ}{\sqrt{R^2 + \left(\omega L - \frac{1}{\omega C}\right)^2} \angle \tan^{-1}\left(\frac{\omega L - \frac{1}{\omega C}}{R}\right)} \cdot V_m \angle 0^\circ \quad (\because \theta_v = 0) \\
&= \frac{\omega L V_m}{\sqrt{R^2 + \left(\omega L - \frac{1}{\omega C}\right)^2}} \angle \left\{ 90^\circ - \tan^{-1}\left(\frac{\omega L - \frac{1}{\omega C}}{R}\right) \right\} \\
&= V_L \angle \theta_L \quad (\text{단 } V_L : V_L\text{의 최대값}, \ \theta_L : V_L\text{의 위상})
\end{aligned}
\tag{16.15}
$$

$$
\begin{aligned}
V_C &= \frac{X_C}{Z} \cdot V_i \\
&= \frac{\frac{1}{\omega C} \angle (-90^\circ)}{\sqrt{R^2 + \left(\omega L - \frac{1}{\omega C}\right)^2} \angle \tan^{-1}\left(\frac{\omega L - \frac{1}{\omega C}}{R}\right)} \cdot V_m \angle 0^\circ \quad (\because \theta_v = 0) \\
&= \frac{\frac{V_m}{\omega C}}{\sqrt{R^2 + \left(\omega L - \frac{1}{\omega C}\right)^2}} \angle \left\{ -90^\circ - \tan^{-1}\left(\frac{\omega L - \frac{1}{\omega C}}{R}\right) \right\} \\
&= V_C \angle \theta_C \quad (\text{단 } V_C : V_C\text{의 최대값}, \ \theta_C : V_C\text{의 위상})
\end{aligned}
\tag{16.16}
$$

$\omega L > \dfrac{1}{\omega C}$인 경우

$$
\begin{aligned}
V_X &= \frac{X}{Z} \cdot V_i \\
&= \frac{\sqrt{\left(\omega L - \frac{1}{\omega C}\right)^2} \angle 90^\circ}{\sqrt{R^2 + \left(\omega L - \frac{1}{\omega C}\right)^2} \angle \tan^{-1}\left(\frac{\omega L - \frac{1}{\omega C}}{R}\right)} \cdot V_m \angle 0^\circ \quad (\because \theta_v = 0) \qquad (16.17) \\
&= \frac{\sqrt{\left(\omega L - \frac{1}{\omega C}\right)^2} \cdot V_m}{\sqrt{R^2 + \left(\omega L - \frac{1}{\omega C}\right)^2}} \angle \left\{90^\circ - \tan^{-1}\left(\frac{\omega L - \frac{1}{\omega C}}{R}\right)\right\} \\
&= V_X \angle \theta_X \qquad (\text{단 } V_X : V_X \text{의 최대값}, \ \theta_X : V_X \text{의 위상})
\end{aligned}
$$

$\omega L < \dfrac{1}{\omega C}$인 경우

$$
\begin{aligned}
V_X &= \frac{X}{Z} \cdot V_i \\
&= \frac{\sqrt{\left(\omega L - \frac{1}{\omega C}\right)^2} \angle (-90^\circ)}{\sqrt{R^2 + \left(\omega L - \frac{1}{\omega C}\right)^2} \angle \tan^{-1}\left(\frac{\omega L - \frac{1}{\omega C}}{R}\right)} \cdot V_m \angle 0^\circ \quad (\because \theta_v = 0) \qquad (16.18) \\
&= \frac{\sqrt{\left(\omega L - \frac{1}{\omega C}\right)^2} \cdot V_m}{\sqrt{R^2 + \left(\omega L - \frac{1}{\omega C}\right)^2}} \angle \left\{-90^\circ - \tan^{-1}\left(\frac{\omega L - \frac{1}{\omega C}}{R}\right)\right\} \\
&= V_X \angle \theta_X \qquad (\text{단 } V_X : V_X \text{의 최대값}, \ \theta_X : V_X \text{의 위상})
\end{aligned}
$$

또한 회로에 흐르는 전류 **I**를 구하자. 전류 **I**를 구하기 위한 식은 식 (16.19)와 같다. 저항 직렬회로에서 전류를 입력전압과 합성저항의 비로 구할 수 있는 것과 마찬가지로 임피던스 직렬회로에서는 식 (16.19)와 같이 입력전압을 합성 임피던스로 나누어 주면 전류를 구할 수 있다. 그리고 RLC 직렬회로 해석의 마지막으로 전류 **I**를 기준으로 하여 입력전압 $\mathbf{V}_i$와 전류 **I**의 위상차 θ를 구하면 식 (16.20)과 같다.

$$\begin{aligned} I &= \frac{V_i}{Z} \\ &= \frac{V_m \angle 0^{\circ}}{\sqrt{R^2 + \left(\omega L - \frac{1}{\omega C}\right)^2} \angle \tan^{-1}\left(\frac{\omega L - \frac{1}{\omega C}}{R}\right)} \\ &= \frac{V_m}{\sqrt{R^2 + \left(\omega L - \frac{1}{\omega C}\right)^2}} \angle \left\{-\tan^{-1}\left(\frac{\omega L - \frac{1}{\omega C}}{R}\right)\right\} \\ &= I_m \angle \theta_i \quad (\text{단 } I_m : I\text{의 최대값}, \ \theta_i : I\text{의 위상}) \end{aligned} \tag{16.19}$$

$$\theta = -\theta_i = \angle \tan^{-1}\left(\frac{\omega L - \frac{1}{\omega C}}{R}\right) \tag{16.20}$$

식 (16.14)에서 식 (16.18)까지는 각 임피던스 양단의 전압을 구한 것이다. 그리고 식 (16.19)는 회로 전체에 흐르는 전류 **I**를 구하고, 식 (12.20)은 입력전압 $\mathbf{V}_i$와 전류 **I** 사이의 위상차를 구한 것이다.

16.2.2 RLC 직렬회로의 해석

그림 16-5는 입력전압이 $v_i = V_m \sin\omega t = 3\sin\omega t$이고, R=4.7kΩ, L=0.1H, C=0.033μF인 RLC 직렬회로이다. 식 (16.14)에서 식 (16.20)까지의 식들을 살펴보면 모든 식들이 R, L, C, V_m, ω만의 함수로 이루어진 것을 알 수 있다. 즉 RLC 직렬회로에서 R, L, C, V_m, ω의 값이 주어지면 회로를 해석할 수 있다는 의미이다. 그림 16-5의 회로에서 각주파수(angular frequency) ω를 제외한 나머지 회로상수는 V_m=3V, R=4.7kΩ, L=0.1H, C=0.033μF로 주어졌다. 따라서 입력전압의 주파수만 주어지면 회로를 해석할 수 있다. RLC 직렬회로의 특성을 살펴보기 위해 입력전압의 주파수가 f=1kHz인 경우와 f=10kHz인 2가지 경우에 대하여 RLC 직렬회로의 특성을 해석한다.

우선 입력전압 주파수가 f=1kHz인 경우에 대하여 RLC 직렬회로를 해석한다. RLC 직렬회로를 해석하기 위해 가장 먼저 해야 할 일은 식 (16.7)을 이용하여 입력전압을 페이저 표시법으로 나타내고, 또한 식 (16.8)에서 식 (16.12)를 이용하여 각 임피던스를 극좌표 표시법으로 나타내는 것이다. 표 16-2에 계산결과를 정리하고, 그림

16-6에는 표 16-2에서 구한 임피던스의 벡터 다이어그램을 나타내었다.

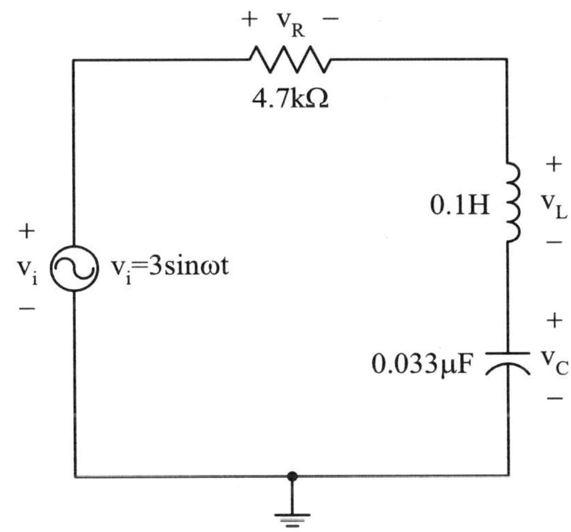

그림 16-5 RLC 직렬회로 (R=4.7kΩ, L=0.1H, C=0.033μF)

표 16-2 입력전압의 페이저 및 임피던스의 극좌표
(X_L<X_C인 경우 : f=1kHz, V_m=3V, R=4.7kΩ, L=0.1H, C=0.033μF)

구분	이용하는 식	입력전압과 임피던스 계산결과	단위
입력전압 $\mathbf{V_i}$	식 (16.7)	$V_i = V_m \angle \theta_v = 3\angle 0^\circ$	V
저항 **R**	식 (16.8)	$R = R\angle 0^\circ = 4700\angle 0^\circ$	Ω
리액턴스 $\mathbf{X_L}$	식 (16.9)	$X_L = \omega L \angle 90^\circ = 628\angle 90^\circ$	Ω
리액턴스 $\mathbf{X_C}$	식 (16.10)	$X_C = \frac{1}{\omega C}\angle(-90^\circ) = 4823\angle(-90^\circ)$	Ω
리액턴스 **X**	식 (16.11)	$X - (4823-628)\angle(-90^\circ)$ $= 4195\angle(-90^\circ)$	Ω
임피던스 **Z**	식 (16.12)	$Z = \sqrt{R^2+X^2}\angle \tan^{-1}\frac{X}{R}$ $= \sqrt{4700^2+4195^2}\angle \tan^{-1}\frac{4195}{4700}$ $= 6300\angle(-41.8^\circ)$	Ω

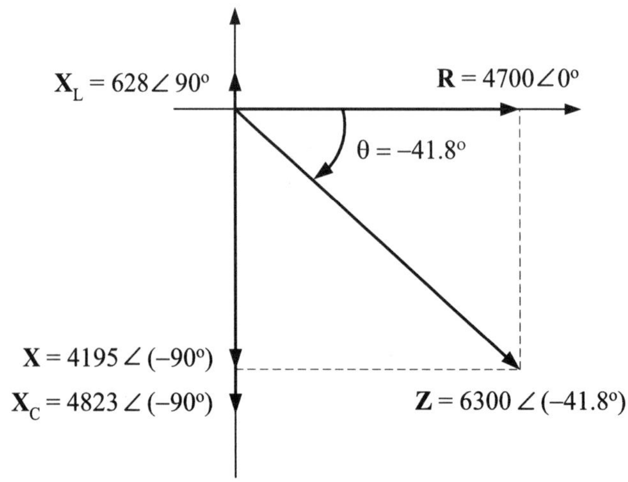

그림 16-6 임피던스의 벡터 다이어그램
(X_L<X_C인 경우 : f=1kHz, V_m=3V, R=4.7kΩ, L=0.1H, C=0.033μF)

표 16-2에서 RLC 직렬회로의 임피던스들을 구했으므로 이를 식 (16.13)에 대입하면 표 16-3과 같이 임피던스 양단에 인가된 전압의 페이저들을 구할 수 있다. 또한 식 (16.19)를 이용하여 회로에 흐르는 전류 **I**를 구할 수 있고, 식 (16.20)을 이용하여 입력전압 $\mathbf{V}_i$와 전류 **I**와의 위상차 θ를 구할 수 있다. 위상차는 θ=−41.8°이다.

표 16-3 임피던스 양단의 전압과 전류 페이저
(X_L<X_C인 경우 : f=1kHz, V_m=3V, R=4.7kΩ, L=0.1H, C=0.033μF)

구분	이용하는 식	임피던스 양단 전압의 계산결과	단위
$\mathbf{V}_R$	식 (16.13)	$V_R = \frac{4700\angle 0^\circ}{6300\angle(-41.8^\circ)} 3\angle 0^\circ = 2.2\angle 41.8^\circ$	V
$\mathbf{V}_L$		$V_L = \frac{628\angle 90^\circ}{6300\angle(-41.8^\circ)} 3\angle 0^\circ = 0.3\angle 131.8^\circ$	V
$\mathbf{V}_C$		$V_C = \frac{4823\angle(-90^\circ)}{6300\angle(-41.8^\circ)} 3\angle 0^\circ = 2.3\angle(-48.2^\circ)$	V
$\mathbf{V}_X$		$V_X = \frac{4195\angle(-90^\circ)}{6300\angle(-41.8^\circ)} 3\angle 0^\circ = 2.0\angle(-48.2^\circ)$	V
I	식 (16.19)	$I = \frac{V_i}{Z} = \frac{3\angle 0^\circ}{6300\angle(-41.8^\circ)} = 0.48\times 10^{-3}\angle 41.8^\circ$	A

그림 16-7에는 표 16-3에서 구한 전압과 전류의 페이저 다이어그램을 나타내었다.

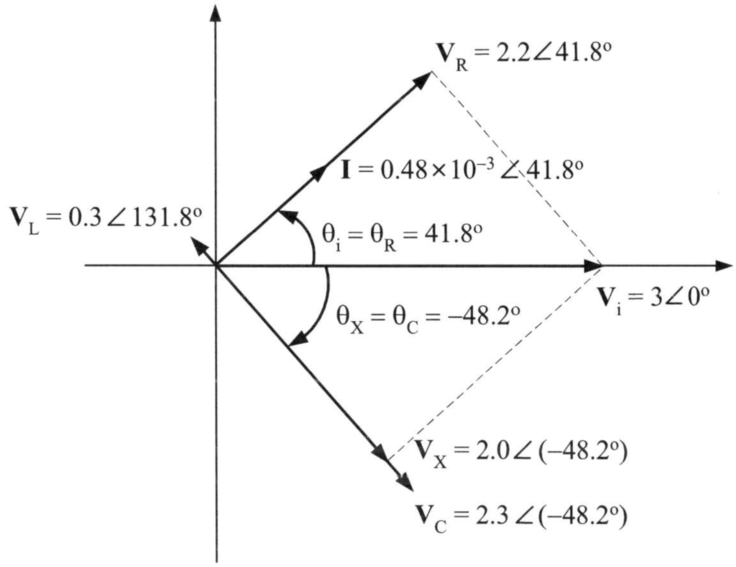

그림 16-7 입력전압을 기준으로 한 전압과 전류의 페이저 다이어그램
(X_L<X_C인 경우 : f=1kHz, V_m=3V, R=4.7kΩ, L=0.1H, C=0.033μF)

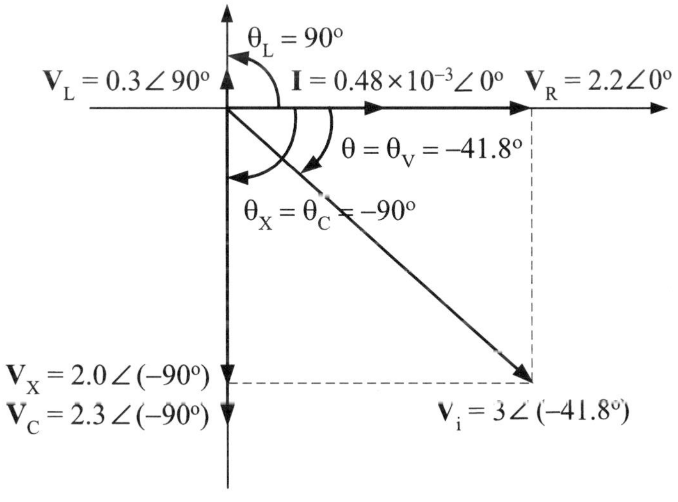

그림 16-8 전류를 기준으로 한 전압과 전류의 페이저 다이어그램
(X_L<X_C인 경우 : f=1kHz, V_m=3V, R=4.7kΩ, L=0.1H, C=0.033μF)

표 16-3에서 구한 전압과 전류의 페이저는 표 16-2에서 구한 입력전압 $\mathbf{V}_i$의 페이저를 기준으로 구한 것이다. 즉 입력전압 $\mathbf{V}_i$의 위상 $\theta_V=0°$를 기준으로 구한 것이다. 입력전압 $\mathbf{V}_i$의 위상 $\theta_V=0°$를 기준으로 한 그림 16-7과는 달리 그림 16-8은 전류 **I**를 기준으로 하는 페이저 다이어그램이다. 따라서 그림 16-7의 페이저 다이어그램을 시계 방향으로 41.8° 만큼 회전하여 전류 **I**를 기준으로 하는 전압과 전류의 페이저 다이어그램으로 나타내면 그림 16-8과 같이 된다. 즉 그림 16-8은 전류 **I**의 위상 $\theta_i=0°$를 기준으로 전압과 전류의 페이저를 나타낸 것이다. 그림 16-8에 표시된 위상 $\theta=-41.8°$가 입력전압과 전류 사이의 위상차이고, 이는 식 (16.20)을 이용하여 구한 결과와 일치한다. 이와 같이 하여 f=1kHz에 대한 RLC 직렬회로를 해석하였다.

이제 두 번째로 입력전압의 주파수가 f=10kHz인 경우에 대하여 RLC 직렬회로를 해석한다. f=1kHz인 경우와 동일한 방법으로 해석하면 된다. 따라서 f=10kHz인 경우에 대하여 해석하기 위해 가장 먼저 할 일은 식 (16.8)에서 식 (16.12)를 이용하여 각 임피던스를 극좌표 표시법으로 나타내는 것이다. 표 16-4에 계산결과를 정리하고, 그림 16-9에는 표 16-4에서 구한 임피던스의 벡터 다이어그램을 나타내었다.

표 16-4 입력전압의 페이저 및 임피던스의 극좌표
(X_L>X_C인 경우 : f=10kHz, V_m=3V, R=4.7kΩ, L=0.1H, C=0.033μF)

구분	이용하는 식	입력전압과 임피던스 계산결과	단위
입력전압 $\mathbf{V}_i$	식 (16.7)	$V_i = V_m \angle \theta_v = 3\angle 0°$	V
저항 **R**	식 (16.8)	$R = R\angle 0° = 4700\angle 0°$	Ω
리액턴스 $\mathbf{X}_L$	식 (16.9)	$X_L = \omega L\angle 90° = 6283\angle 90°$	Ω
리액턴스 $\mathbf{X}_C$	식 (16.10)	$X_C = \frac{1}{\omega C}\angle(-90°) = 482\angle(-90°)$	Ω
리액턴스 **X**	식 (16.11)	$X = (6283-482)\angle 90°$ $= 5801\angle 90°$	Ω
임피던스 **Z**	식 (16.12)	$Z = \sqrt{R^2+X^2}\angle\tan^{-1}\frac{X}{R}$ $= \sqrt{4700^2+5801^2}\angle\tan^{-1}\frac{5801}{4700}$ $= 7466\angle 51.0°$	Ω

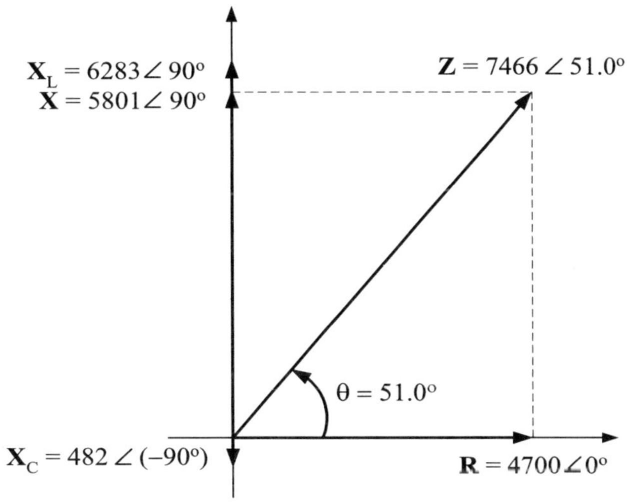

그림 16-9 임피던스의 벡터 다이어그램
(X_L>X_C인 경우 : f=10kHz, V_m=3V, R=4.7kΩ, L=0.1H, C=0.033μF)

표 16-4의 임피던스 계산결과를 식 (16.13)에 대입하면 표 16-5와 같이 임피던스 양단에 인가된 전압의 페이저들을 구할 수 있다. 또한 식 (16.19)를 이용하여 회로에 흐르는 전류 **I**를 구할 수 있고, 식 (16.20)을 이용하여 입력전압 $\mathbf{V}_i$와 전류 **I**와의 위상차 θ를 구할 수 있다. 식 (16.20)을 이용하여 구한 위상차는 θ=51.0°이다.

표 16-5 임피던스 양단의 전압과 전류 페이저
(X_L>X_C인 경우 : f=10kHz, V_m=3V, R=4.7kΩ, L=0.1H, C=0.033μF)

구분	이용하는 식	임피던스 양단 전압의 계산결과	단위
$\mathbf{V}_R$	식 (16.13)	$V_R = \dfrac{4700\angle 0^o}{7466\angle 51.0^o} 3\angle 0^o = 1.9\angle(-51.0^o)$	V
$\mathbf{V}_L$		$V_L = \dfrac{6283\angle 90^o}{7466\angle 51.0^o} 3\angle 0^o = 2.5\angle 39.0^o$	V
$\mathbf{V}_C$		$V_C = \dfrac{482\angle(-90^o)}{7466\angle 51.0^o} 3\angle 0^o = 0.2\angle(-141.0^o)$	V
$\mathbf{V}_X$		$V_X = \dfrac{5801\angle 90^o}{7466\angle 51.0^o} 3\angle 0^o = 2.3\angle 39.0^o$	V
I	식 (16.19)	$I = \dfrac{V_i}{Z} = \dfrac{3\angle 0^o}{7466\angle 51.0^o} = 0.4\times 10^{-3}\angle(-51.0^o)$	A

그림 16-10은 표 16-5에서 구한 전압과 전류의 페이저 다이어그램이다.

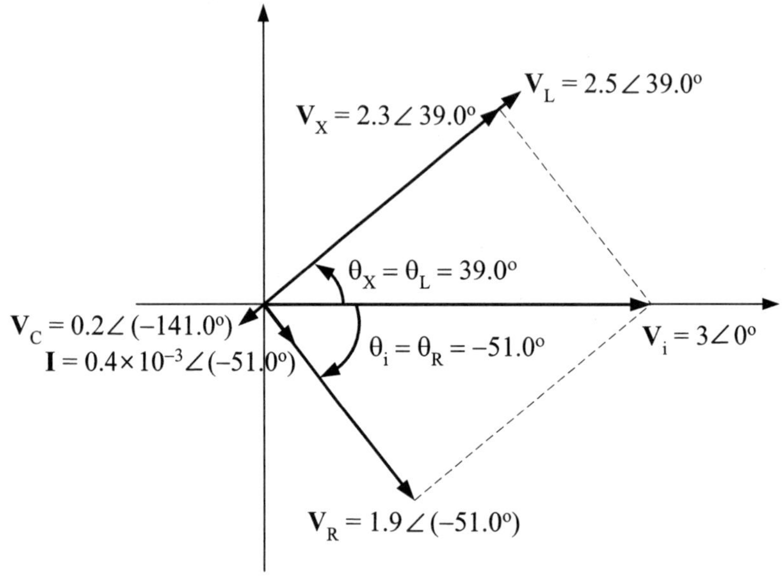

그림 16-10 입력전압을 기준으로 한 전압과 전류의 페이저 다이어그램
(X_L>X_C인 경우 : f=10kHz, V_m=3V, R=4.7kΩ, L=0.1H, C=0.033μF)

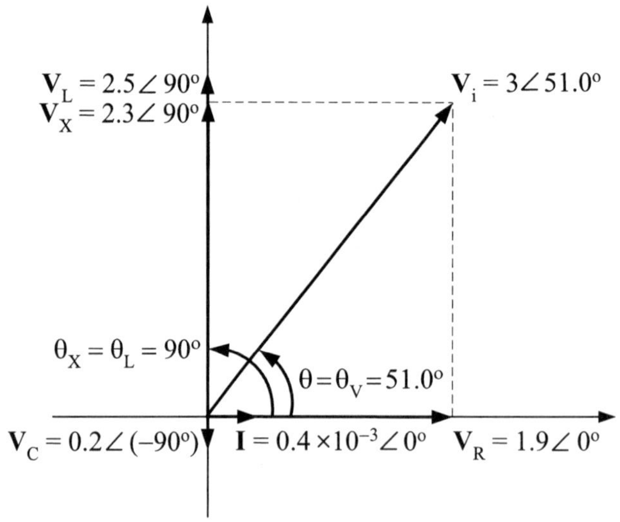

그림 16-11 전류를 기준으로 한 전압과 전류의 페이저 다이어그램
(X_L>X_C인 경우 : f=10kHz, V_m=3V, R=4.7kΩ, L=0.1H, C=0.033μF)

표 16-5에서 구한 전압과 전류의 페이저는 표 16-4에서 구한 입력전압 $\mathbf{V}_i$의 페이저를 기준으로 구한 것이다. 따라서 그림 16-10은 입력전압 $\mathbf{V}_i$의 위상 $\theta_V=0^o$를 기준으로 한 페이저 다이어그램이다. 그림 16-10을 전류 $\mathbf{I}$를 기준으로 하는 페이저 다이어그램으로 변환하기 위해서는 그림 16-10을 반시계 방향으로 51.0^o 만큼 회전하면 된다. 이와 같이 전류 $\mathbf{I}$를 기준으로 한 전압과 전류의 페이저 다이어그램이 그림 16-11이다. 그림 16-11에 표시된 위상 $\theta=51.0^o$가 입력전압과 전류 사이의 위상차이고, 이는 식 (16.20)을 이용하여 구한 결과와 일치한다.

RLC 직렬회로의 특성을 구체적으로 살펴보기 위해 R=4.7kΩ, L=0.1H, C=0.033μF이고, 정현파 입력전압의 주파수가 f=1kHz와 f=10kHz인 2가지 경우에 대해 해석하였다. 이제 이와 같은 이론적인 결과를 실험적인 결과와 비교해 보고자 한다. 그림 16-12는 R=4.7kΩ, L=0.1H, C=0.033μF이고, 입력전압의 주파수가 f=1kHz인 경우에 대한 측정결과이다.

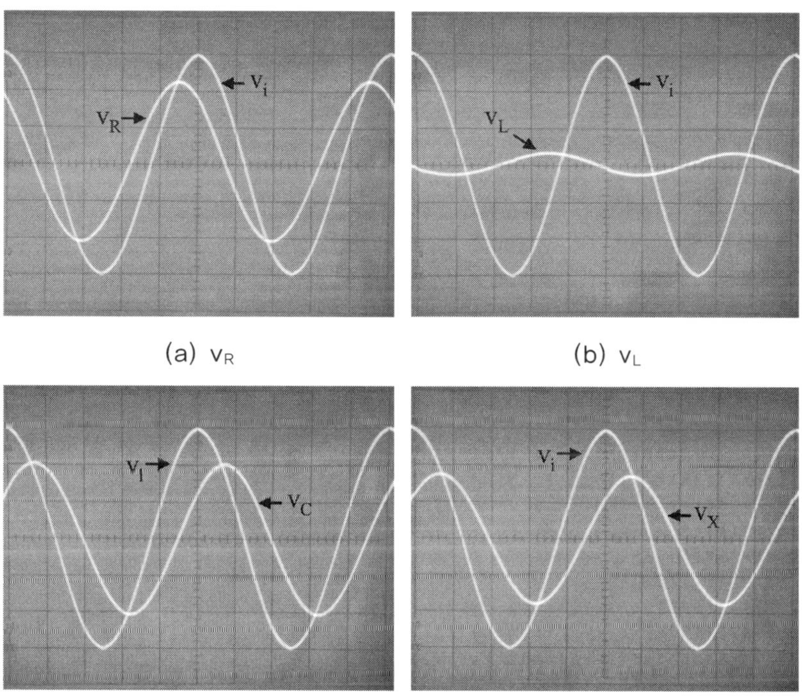

(a) v_R (b) v_L

(c) v_C (d) v_X

그림 16-12 RLC 직렬회로의 임피던스 양단의 전압
(X_L<X_C인 경우 : f=1kHz, V_m=3V, R=4.7kΩ, L=0.1H, C=0.033μF)

그림 16-12는 최대값이 V_m=3V이고, 주파수가 f=1kHz인 입력전압 v_i를 기준으로 v_R, v_L, v_C, v_X 전압을 측정한 결과이다. 그림 16-12의 측정결과를 동일한 회로상수에 대한 이론적인 결과인 표 16-3의 계산결과와 비교하면 실험회로에서 사용한 R, L, C 값의 오차 등을 고려하면 대체로 일치하는 것을 확인할 수 있다.

또한 그림 16-13은 두 번째 경우로 R=4.7kΩ, L=0.1H, C=0.033μF이고, 입력전압의 주파수가 f=10kHz인 경우에 대한 측정결과이다. 그림 16-13의 측정결과 역시 동일한 회로정수에 대한 이론적인 결과인 표 16-5의 계산결과와 비교하면 잘 일치하는 것을 확인할 수 있다.

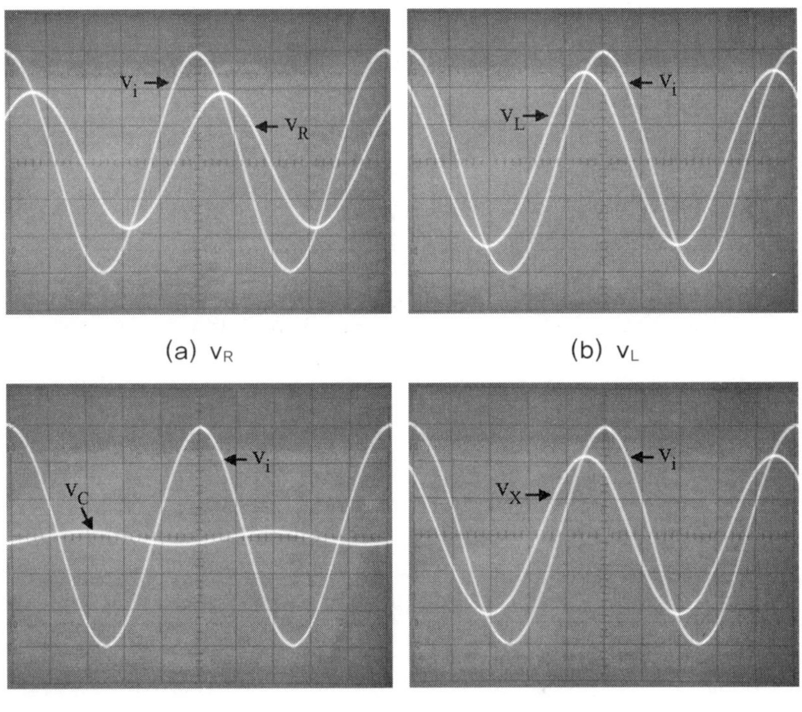

(a) v_R (b) v_L

(c) v_C (d) v_X

그림 16-13 RLC 직렬회로의 임피던스 양단의 전압
(X_L>X_C인 경우 : f=10kHz, V_m=3V, R=4.7kΩ, L=0.1H, C=0.033μF)

RLC 직렬회로의 특성에 대하여 자세히 살펴보았다. 이미 살펴본 바와 같이 RLC 직렬회로의 특성은 $X_L>X_C$인 경우와 $X_L<X_C$인 경우의 2가지로 크게 구분할 수 있다. 표 16-6에 RLC 직렬회로의 임피던스, 전압, 전류, 위상의 주요 특성을 정리하였다.

표 16-6 RLC 직렬회로의 주요 특성
(V_R, I의 위상을 0° 기준으로 가정)

구분	$X_L < X_C$ 인 경우	$X_L > X_C$ 인 경우
RLC 직렬회로	RC 직렬회로와 유사	RL 직렬회로와 유사
임피던스 $\mathbf{R}, \mathbf{X_L}, \mathbf{X_C}, \mathbf{X}, \mathbf{Z}$	$\mathbf{X}=\mathbf{X_L}+\mathbf{X_C}$: 용량성 리액턴스	$\mathbf{X}=\mathbf{X_L}+\mathbf{X_C}$: 유도성 리액턴스
전압 $\mathbf{V_R}, \mathbf{V_L}, \mathbf{V_C}, \mathbf{V_X}, \mathbf{V_i}$	$V_L < V_C$	$V_L > V_C$
	$\theta_R = 0^o,\ \theta_L = 90^o,\ \theta_C = -90^o$	
	$\theta_X = \theta_C = -90^o$ $-90^o < \theta_v < 0^o$	$\theta_X = \theta_L = 90^o$ $0^o < \theta_v < 90^o$
전류 **I**	$\theta_i = \theta_R = 0^o$	
위상 θ	$\theta_v < \theta_i$ $-90^o < \theta\ (= \theta_v - \theta_i) < 0^o$	$\theta_v > \theta_i$ $0^o < \theta\ (= \theta_v - \theta_i) < 90^o$

* $\mathbf{R} = R\angle\theta_R$, $\mathbf{X_L} = X_L\angle\theta_L$, $\mathbf{X_C} = X_C\angle\theta_C$, $\mathbf{X} = X\angle\theta_X$, $\mathbf{Z} = Z\angle\theta$
* $\mathbf{V_R} = V_R\angle\theta_R$, $\mathbf{V_L} = V_L\angle\theta_L$, $\mathbf{V_C} = V_C\angle\theta_C$, $\mathbf{V_X} = V_X\angle\theta_X$
* $\mathbf{V_i} = V_m\angle\theta_v$, $\mathbf{I} = I_m\angle\theta_i$, $\theta = \theta_v - \theta_i$

16.3 수행내용 / 부품 및 장비

부품 및 장비		규격 및 수량	
부 품	저항	1kΩ	1개
	인덕터	0.01H	1개
	커패시터	0.1μF	1개
장 비		신호발생기(signal generator)	
		오실로스코프(oscilloscope)	
		디지털 멀티미터(DMM)	
		브레드 보드(bread board)	
기 타		jumper wire	
		wire stripper(또는 nipper)	

16.4 수행내용 / 수행순서

실험 1. RLC 직렬회로 실험

① 신호발생기와 오실로스코프를 이용하여 신호발생기 정현파 출력의 최대값(V_m)이 3V이고, 주파수가 2kHz인 교류전압이 되도록 조정하여라.

② 실험단계 ①에서 정확히 조정한 신호발생기의 정현파 교류전압을 입력전압 v_i로 사용하여 그림 16-14의 실험회로를 구성하여라. 실험회로의 R, L, C 순서는 반드시 그림 16-14와 같이 구성하고, R=1kΩ, L=0.01H(103), C=0.1μF(104)를 이용하여 실험회로를 구성하여라.

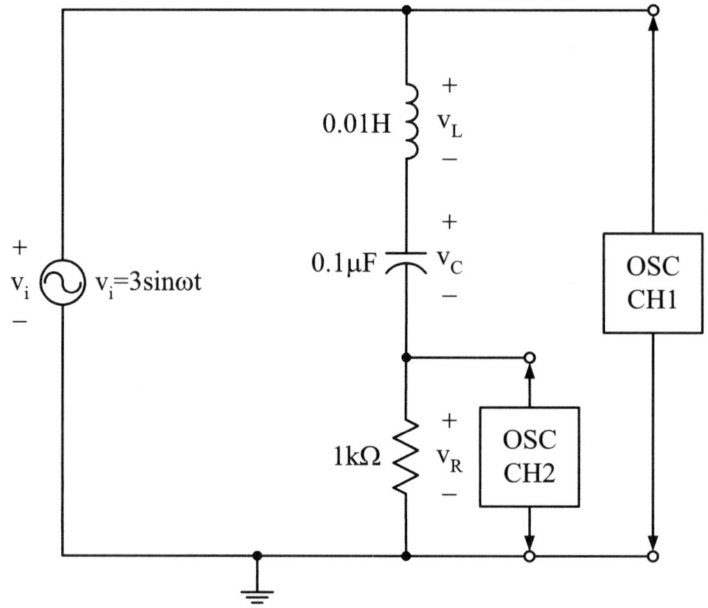

그림 16-14 RLC 직렬회로 실험회로 (v_i와 v_R 측정)

③ 그림 16-14의 실험회로에서 입력전압 v_i와 저항 양단의 전압 v_R의 전압 파형을 오실로스코프의 듀얼모드를 이용해 측정하여 표 16-7에 기재하여라.

오실로스코프는 듀얼모드를 이용하여 CH1은 입력전압 v_i, CH2는 저항 양단 전압 v_R을 동시에 측정하여라. 또한 입력전압 v_i와 저항 양단 전압 v_R의 정확한 비교를 위해 CH1과 CH2의 접지(GND) 전압 위치가 모두 오실로스코프 화면의 가운데가 되도록 CH1과 CH2 각각의 수직 위치조정기를 조정하고, 전압 스케일 역시 동일하게 설정하여라. 또한 저항 양단 전압 v_R의 위상 θ_R을 입력전압 v_i를 기준으로 측정하기 위해 그림 16-12와 같이 입력전압 v_i 파형의 +피크값이 오실로스코프 화면의 정중앙이 되도록 수평 위치조정기를 조정하여라.

④ 실험단계 ③의 저항 양단 전압 v_R의 최대값 V_R과 위상 θ_R을 정확히 측정하여 표 16-11에 기재하여라. 위상 θ_R은 입력전압 v_i를 0° 기준으로 하여 기재하고, 위상이 진상인 경우는 (+)부호, 지상인 경우는 (−)부호를 위상각에 반드시 표시하여라.

⑤ 그림 16-14의 실험회로에서 저항 R과 인덕터 L의 위치를 서로 바꾸어 그림 16-15와 같이 실험회로를 구성하여라.

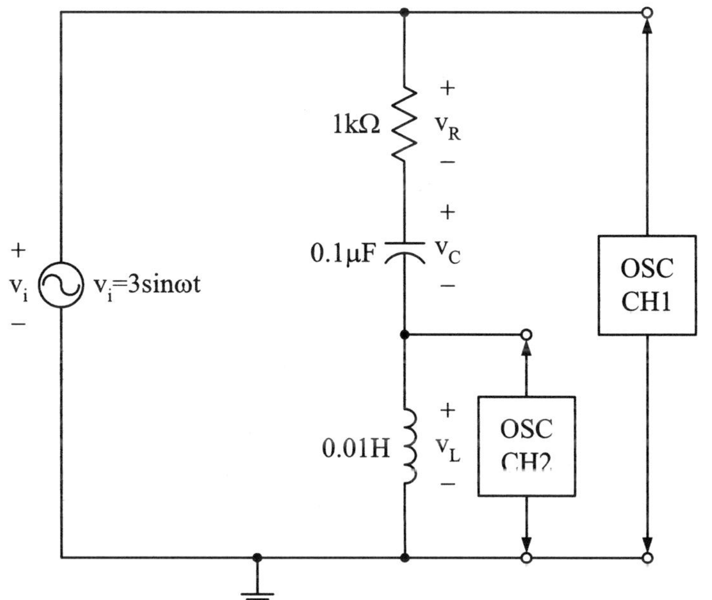

그림 16-15 RLC 직렬회로 실험회로 (v_i와 v_L 측정)

⑥ 그림 16-15의 실험회로에서 입력전압 v_i와 인덕터 전압 v_L의 전압파형을 오실로스코프의 듀얼모드를 이용해 측정하여 표 16-8에 기재하여라.

⑦ 실험단계 ⑥의 인덕터 전압 v_L의 최대값 V_L과 위상 θ_L을 정확히 측정하여 표 16-11에 기재하여라. 위상 θ_L은 입력전압 v_i를 0° 기준으로 하여 기재하고, 위상이 진상인 경우는 (+)부호, 지상인 경우는 (−)부호를 위상각에 반드시 표시하여라.

⑧ 그림 16-15의 실험회로에서 인덕터 L과 커패시터 C의 위치를 서로 바꾸어 그림 16-16과 같이 실험회로를 구성하여라.

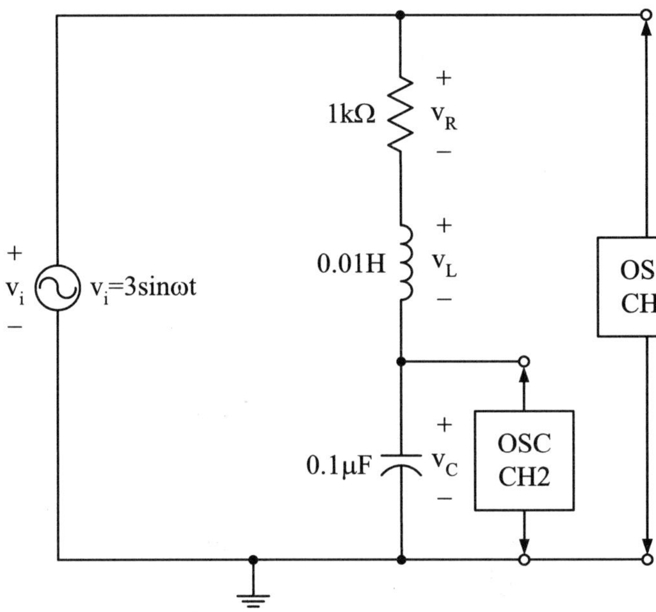

그림 16-16 RLC 직렬회로 실험회로 (v_i와 v_C 측정)

⑨ 그림 16-16의 실험회로에서 입력전압 v_i와 커패시터 전압 v_C의 전압파형을 오실로스코프의 듀얼모드를 이용해 측정하여 표 16-9에 기재하여라.

⑩ 실험단계 ⑨의 커패시터 전압 v_C의 최대값 V_C와 위상 θ_C를 정확히 측정하여 표 16-11에 기재하여라. 위상 θ_C는 입력전압 v_i를 0° 기준으로 하여 기재하고, 위상이 진상인 경우는 (+)부호, 지상인 경우는 (−)부호를 위상각에 반드시 표시하여라.

⑪ 그림 16-17과 같이 인덕터 L과 커패시터 C 양단의 리액턴스 전압 v_X를 측정하도록 오실로스코프 CH2의 측정단자를 변경하여라.

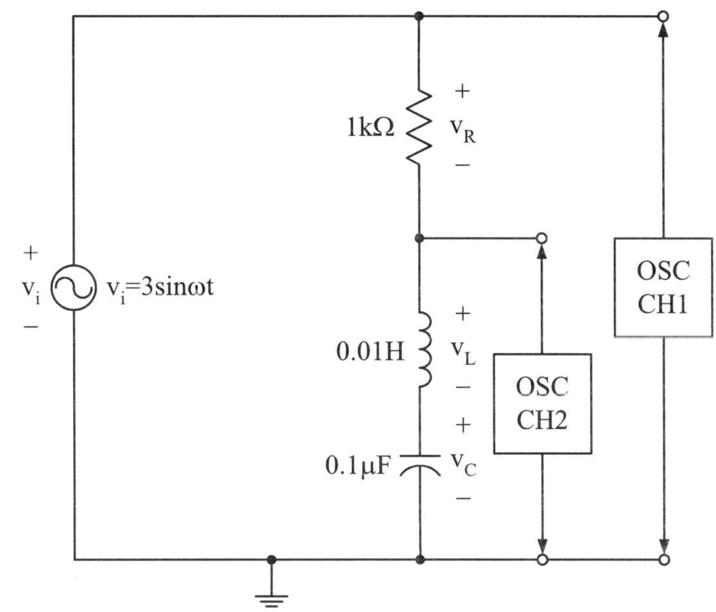

그림 16-17 RLC 직렬회로 실험회로 (v_i와 v_X 측정)

⑫ 그림 16-17의 실험회로에서 입력전압 v_i와 리액턴스 전압 v_X의 전압파형을 오실로스코프의 듀얼모드를 이용해 측정하여 표 16-10에 기재하여라.

⑬ 실험단계 ⑫의 리액턴스 전압 v_X의 최대값 V_X와 위상 θ_X를 정확히 측정하여 표 16-11에 기재하여라. 위상 θ_X는 입력전압 v_i를 0° 기준으로 하여 기재하고, 위상이 진상인 경우는 (+)부호, 지상인 경우는 (−)부호를 위상각에 반드시 표시하여라.

⑭ 임피던스 **R**, $\mathbf{X_L}$, $\mathbf{X_C}$, $\mathbf{X}(=\mathbf{X_L}+\mathbf{X_C})$, $\mathbf{Z}(=\mathbf{R}+j\mathbf{X})$의 이론값을 계산하여 표 16-12에 기재하여라. 임피던스는 극좌표 표시법을 이용하여 나타내고, 각 임피던스의 위상은 저항 **R**의 위상을 0° 기준으로 하여 표시하여라.

⑮ 임피던스 양단의 전압 $\mathbf{V_R}$, $\mathbf{V_L}$, $\mathbf{V_C}$, $\mathbf{V_X}$와 전류 **I**의 이론값을 계산하여 표 16-13에 기재하여라. 전압과 전류는 모두 페이저 표시법을 이용하여 나타내고, 전압과 전류의 위상은 입력전압의 페이저 $\mathbf{V_i}$의 위상을 0° 기

준으로 하여 표시하여라.

⑯ 입력전압 $\mathbf{V}_i$와 전류 $\mathbf{I}$ 사이의 위상차 θ의 이론값을 식 (16.20)을 이용하여 계산하여 표 16-14에 기재하여라. 또한 표 16-11에서 측정한 θ_R의 부호를 반전시킨 $-\theta_R$을 θ의 측정값으로 표 16-14에 기재하여라.

⑰ 실험단계 ⑯에서 구한 입력전압 $\mathbf{V}_i$와 전류 $\mathbf{I}$ 사이의 위상차 θ의 이론값과 측정값이 일치하는지 비교하여 표 16-14에 기재하여라.

⑱ 임피던스 양단의 전압 $\mathbf{V}_R$, $\mathbf{V}_L$, $\mathbf{V}_C$, $\mathbf{V}_X$의 이론값과 측정값이 일치하는지 비교하여 표 16-14에 기재하여라. 측정값인 표 16-11 실험 데이터와 이론값인 표 16-13 계산 데이터의 최대값과 위상을 서로 비교하여 일치하는지 비교하여라.

16.5 수행결과

실험 1. RLC 직렬회로 실험

표 16-7 RLC 직렬회로 실험파형 (실험단계 ③의 v_i, v_R 전압파형)

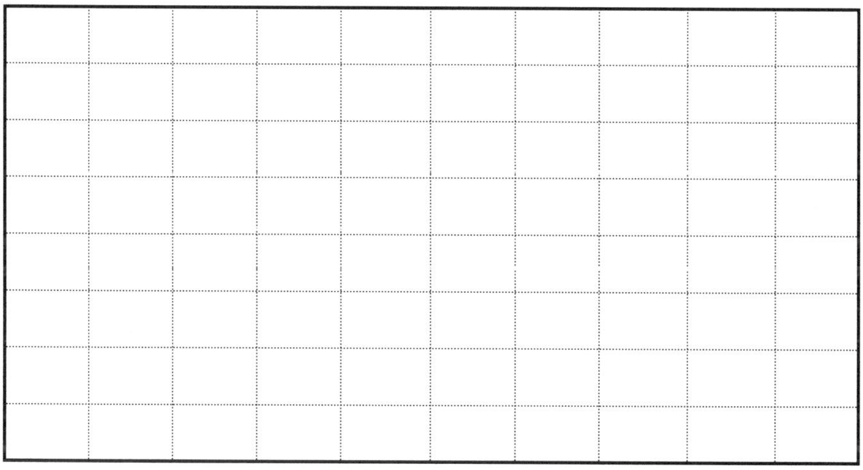

● 전압 스케일 : 1V/div ● 시간 스케일 : 0.1ms/div

표 16-8 RLC 직렬회로 실험파형 (실험단계 ⑥의 v_i, v_L 전압파형)

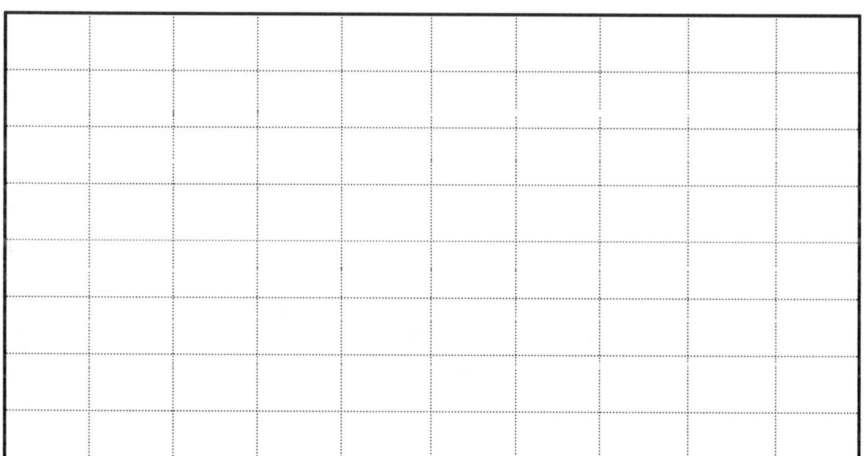

● 전압 스케일 : 1V/div ● 시간 스케일 : 0.1ms/div

표 16-9 RLC 직렬회로 실험파형(실험단계 ⑨의 v_i, v_C 전압파형)

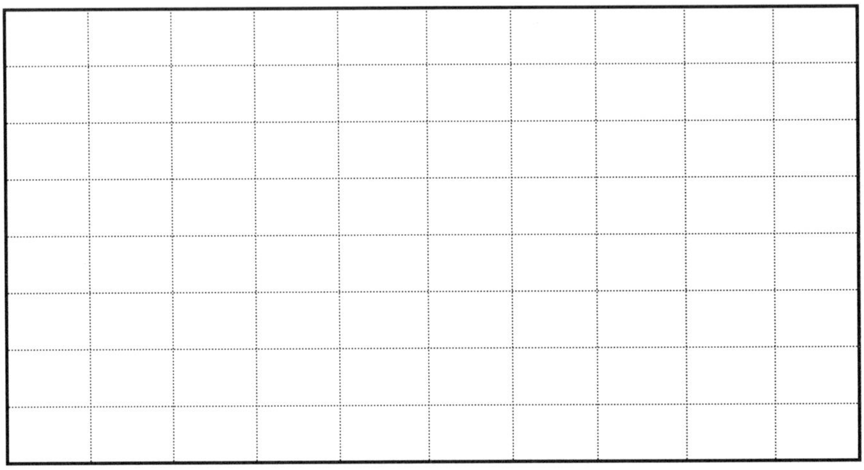

● 전압 스케일 : 1V/div ● 시간 스케일 : 0.1ms/div

표 16-10 RLC 직렬회로 실험파형(실험단계 ⑫의 v_i, v_X 전압파형)

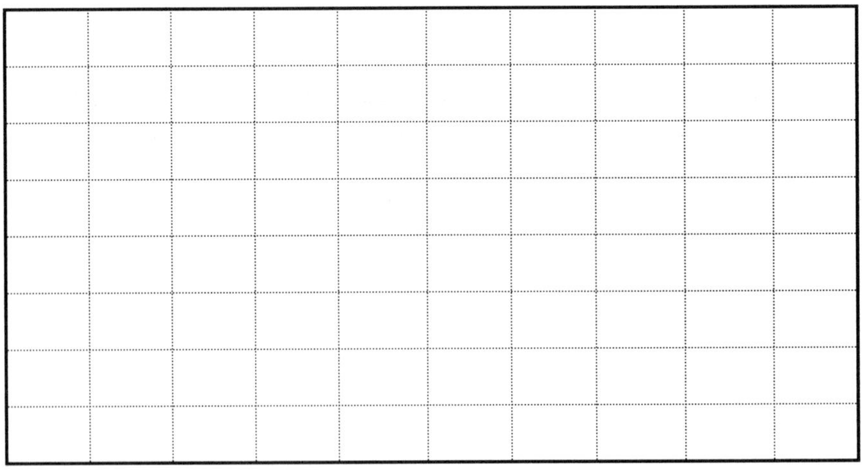

● 전압 스케일 : 1V/div ● 시간 스케일 : 0.1ms/div

표 16-11 RLC 직렬회로 실험 데이터

실험단계	구분	측정값		참고사항
		최대값 (V_R, V_L, V_C, V_X)	위상 (θ_R, θ_L, θ_C, θ_X)	
-	v_i 측정	$V_m = 3V$	$\theta_v = 0^\circ$	θ_v : 위상기준
④	v_R 측정	V_R = [ ] V	θ_R = [ ] deg	입력전압의 위상 $\theta_v=0^\circ$를 기준으로 각 전압의 위상을 측정
⑦	v_L 측정	V_L = [ ] V	θ_L = [ ] deg	
⑩	v_C 측정	V_C = [ ] V	θ_C = [ ] deg	
⑬	v_X 측정	V_X = [ ] V	θ_X = [ ] deg	

표 16-12 극좌표 표시법에 의한 임피던스의 계산 데이터 (실험단계 ⑭)
(f=2kHz, V_m=3V, R=1kΩ, L=0.01H, C=0.1μF)

구분	임피던스 이론값 (계산과정 포함)	단위	참고사항 (이용하는 식)
입력전압 $\mathbf{V}_i$	$\mathbf{V}_i = V_m \angle \theta_v = 3 \angle 0^\circ$	V	식 (16.7)
저항 **R**	R =	Ω	식 (16.8)
리액턴스 $\mathbf{X}_L$	X_L =	Ω	식 (16.9)
리액턴스 $\mathbf{X}_C$	X_C =	Ω	식 (16.10)
리액턴스 **X**	X =	Ω	식 (16.11)
임피던스 **Z**	Z =	Ω	식 (16.12)

* 임피던스는 극좌표 표시법으로 나타내고, 계산과정을 간단히 기재

표 16-13 전압과 전류 페이저의 계산 데이터 (실험단계 ⑮)
(f=2kHz, V_m=3V, R=1kΩ, L=0.01H, C=0.1μF)

구분	전압과 전류의 이론값 (계산과정 포함)	단위	참고사항 (이용하는 식)
$\mathbf{V_i}$	$V_i = V_m \angle \theta_v = 3 \angle 0^{\circ}$	V	식 (16.7)
$\mathbf{V_R}$	$V_R =$	V	식 (16.13)
$\mathbf{V_L}$	$V_L =$	V	
$\mathbf{V_C}$	$V_C =$	V	
$\mathbf{V_X}$	$V_X =$	V	
I	$I =$	A	식 (16.19)

* 전압과 전류는 페이저 표시법으로 나타내고, 계산과정을 간단히 기재

표 16-14 RLC 직렬회로 실험 데이터 비교 (실험단계 ⑯,⑰,⑱)

실험단계	구분	측정값	이론값	이론값과 측정값의 일치여부
⑯⑰	θ	[deg]	[deg]	
⑱	$\mathbf{V_R}$	표 16-11의 실험 데이터 참조	표 16-13의 계산 데이터 참조	
	$\mathbf{V_L}$			
	$\mathbf{V_C}$			
	$\mathbf{V_X}$			

16.6 평가문제

1. 실험단계 ⑭, ⑮는 그림 16-17 RLC 직렬회로 실험회로(f=2kHz, V_m=3V, R=1kΩ, L=0.01H, C=0.1μF)에서 임피던스 **R**, $\mathbf{X_L}$, $\mathbf{X_C}$, **X**(=$\mathbf{X_L}$+$\mathbf{X_C}$), **Z**(=**R**+j**X**)와 전압 $\mathbf{V_R}$, $\mathbf{V_L}$, $\mathbf{V_C}$, $\mathbf{V_X}$와 전류 **I**의 이론값을 계산하여 표 16-12와 표 16-13에 기재하는 실험단계이다. 즉 RLC 직렬회로 실험회로의 이론값을 구하는 과정이다. 표 16-12와 표 16-13에 계산과정을 기재하고, 이론값을 구하여라. 만약 표 16-12와 표 16-13이 계산과정을 기재하기에 칸이 부족한 경우에는 표를 이용하지 말고 계산과정을 별도로 기재하여라.

2. 실험단계 ⑱은 그림 16-17 RLC 직렬회로 실험회로(f=2kHz, V_m=3V, R=1kΩ, L=0.01H, C=0.1μF)에서 전압 $\mathbf{V_R}$, $\mathbf{V_L}$, $\mathbf{V_C}$, $\mathbf{V_X}$의 측정값과 이론값을 비교하는 실험단계이다. 즉 실험결과가 이론값과 일치하는지를 비교하는 매우 중요한 실험단계이다. 표 16-11의 전압 측정값이 표 16-13의 전압 이론값과 일치하는지를 비교하여 표 16-14에 기재하여라. 만약 이론값과 측정값이 일치하지 않는 경우에는 그 원인을 분석하여 설명하여라.

3. 그림 16-18은 RLC 직렬회로의 입력전압 v_i와 저항 양단 전압 v_R이다. 입력전압의 페이저가 $\mathbf{V_i}$=5V∠0°인 경우 저항 양단 전압의 페이저 $\mathbf{V_R}$을 구하여라.

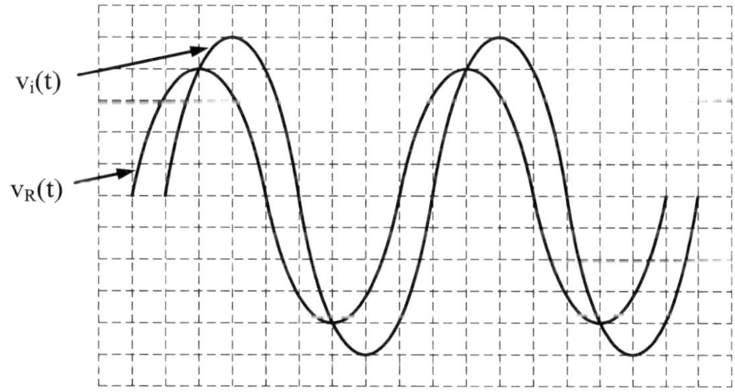

그림 16-18 RLC 직렬회로의 v_i, v_R 전압파형

4 평가문제 3의 RLC 직렬회로에서 리액턴스 $\mathbf{X}(=\mathbf{X}_L+\mathbf{X}_C)$는 유도성 리액턴스인지 용량성 리액턴스인지 설명하여라. 또한 입력전압의 주파수가 높게 증가할수록 리액턴스 $\mathbf{X}$는 용량성과 유도성의 어느 방향으로 변화하는지 설명하여라.

5 평가문제 1에서 구한 표 16-12의 임피던스 $\mathbf{R}$, $\mathbf{X}_L$, $\mathbf{X}_C$, $\mathbf{X}$, $\mathbf{Z}$의 벡터 다이어그램과 표 16-13의 전압 $\mathbf{V}_R$, $\mathbf{V}_L$, $\mathbf{V}_C$, $\mathbf{V}_X$, $\mathbf{V}_i$와 전류 $\mathbf{I}$의 페이저 다이어그램을 정확히 작성하여라. 임피던스의 벡터 다이어그램은 표 16-12의 계산 데이터에서 구한 바와 같이 저항 $\mathbf{R}$의 위상 $\theta_R=0°$를 기준으로 작성하여라. 또한 전압과 전류의 페이저 다이어그램은 입력전압 $\mathbf{V}_i$의 위상 $\theta_v=0°$가 기준인 표 16-13의 계산 데이터를 모두 전류 $\mathbf{I}$의 위상 $\theta_i=0°$를 기준으로 변환하여 작성하여라.

6 실험에 대한 종합결론을 정리하고, 학습목표 성취도에 대해 학습자 스스로 평가하여라. 성취도는 A(우수), B(보통), C(미흡)의 3단계로 구분하여 평가하여라.

학습

17. RLC 병렬회로 실험하기

17.1 학 습 목 표

- ▣ RLC 병렬회로의 리액턴스 및 임피던스 특성을 해석할 수 있다.
- ▣ RLC 병렬회로의 주파수 변화에 따른 전압과 전류와 위상 특성 등을 실험할 수 있다.

17.2 필 요 지 식

17.2.1 RLC 병렬회로

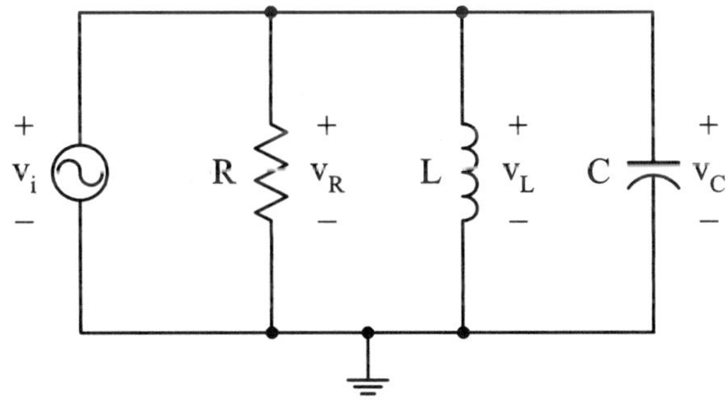

그림 17-1 RLC 병렬회로

그림 17-1과 같은 RLC 병렬회로의 특성을 살펴보기로 한다. RLC 병렬회로 역시 인덕터 L과 커패시터 C를 포함하는 회로이므로 RLC 직렬회로와 마찬가지로 식 (17.1)과 식 (17.2)의 리액턴스 식이 매우 중요하다.

$$X_L = j\omega L = j2\pi fL = jX_L \tag{17.1}$$

$$X_C = \frac{1}{j\omega C} = -j\frac{1}{\omega C} = -j\frac{1}{2\pi fC} = -jX_C \tag{17.2}$$

$$\begin{aligned} X &= X_L // X_C \\ &= jX_L // (-jX_C) \\ &= \frac{jX_L \cdot (-jX_C)}{jX_L - jX_C} \\ &= -j\frac{X_L X_C}{X_L - X_C} \end{aligned} \tag{17.3}$$

병렬 연결된 인덕터 L과 커패시터 C의 합성 리액턴스 **X**를 식 (17.1)과 식 (17.2)를 이용하여 표현하면 식 (17.3)과 같다. 식 (17.3)에서 합성 리액턴스 **X**는 X_L과 X_C의 크기에 따라 합성 리액턴스 **X**가 유도성 리액턴스가 될 수도 있고, 용량성 리액턴스가 될 수도 있다. 표 17-1에 정리한 바와 같이 $X_L>X_C$인 경우는 합성 리액턴스 **X**가 오히려 용량성 리액턴스(capacitive reactance)가 되고, $X_L<X_C$인 경우는 합성 리액턴스 **X**가 오히려 유도성 리액턴스(inductive reactance)가 된다. 이는 RLC 직렬회로의 경우와 반대되는 특성으로 리액턴스 $\mathbf{X_L}$과 $\mathbf{X_C}$가 병렬 연결된 것에 기인한다.

표 17-1 리액턴스 X_L과 X_C의 크기에 따른 합성 리액턴스 X의 특성

리액턴스 X_L, X_C의 대소	합성 리액턴스 X의 특성		
$X_L>X_C$인 경우	$X_L - X_C > 0$	$X = -jX$	용량성 리액턴스
$X_L<X_C$인 경우	$X_L - X_C < 0$	$X = jX$	유도성 리액턴스

* 합성 리액턴스 **X**의 크기(절대값) $X = \left| \frac{X_L X_C}{X_L - X_C} \right|$

그림 17-1 RLC 병렬회로의 전체 합성 임피던스 **Z**는 식 (17.4)와 같다. 그리고 표 17-1에서 살펴 본 바와 같이 RLC 병렬회로에서 $X_L>X_C$인 경우와 $X_L<X_C$인 경우의 합성 임피던스 **Z**를 구별하여 나타내면 각각 식 (17.5), 식 (17.6)과 같다. RLC 병렬회로를 저항 R과 합성 리액턴스 $\mathbf{X}(=\mathbf{X}_L//\mathbf{X}_C)$의 병렬회로로 생각하면 $X_L>X_C$인 경우는 식 (17.5)와 같이 RLC 병렬회로를 RC 병렬회로로 등가화 할 수 있고, $X_L<X_C$인 경우는 식 (17.6)과 같이 RLC 병렬회로를 RL 병렬회로로 등가화 할 수 있다.

$$Z=R//X=R//\left(-j\frac{X_LX_C}{X_L-X_C}\right) \tag{17.4}$$

$$X_L>X_C\text{인 경우} \rightarrow \quad Z=R//X=R//(-jX)$$

$$\text{단 } X=\left|\frac{X_LX_C}{X_L-X_C}\right| \tag{17.5}$$

$$X_L<X_C\text{인 경우} \rightarrow \quad Z=R//X=R//jX$$

$$\text{단 } X=\left|\frac{X_LX_C}{X_L-X_C}\right| \tag{17.6}$$

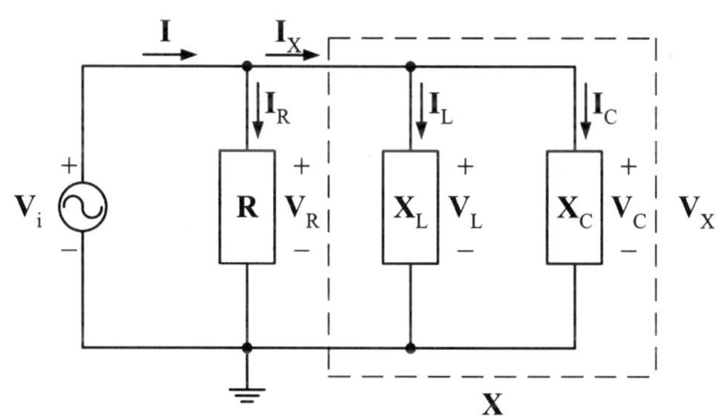

그림 17-2 RLC 임피던스 병렬회로

그림 17-1의 RLC 병렬회로를 임피던스로 표현한 RLC 병렬회로를 그림 17-2에 나타내었다. 그림 17-2에서 저항 R에 흐르는 전류는 $\mathbf{I}_R$, R 양단의 전압은 $\mathbf{V}_R$로 나타내고, 인덕터 L의 리액턴스는 $\mathbf{X}_L$, L에 흐르는 전류는 $\mathbf{I}_L$, L 양단의 전압은 $\mathbf{V}_L$로 나타내고, 커패시터 C의 리액턴스는 $\mathbf{X}_C$, C에 흐르는 전류는 $\mathbf{I}_C$, C 양단의 전압은

$\mathbf{V}_C$로 나타내고, L과 C의 합성 리액턴스는 **X**, **X**에 흐르는 전류는 $\mathbf{I}_X$, **X** 양단 전압은 $\mathbf{V}_X$로 나타내었다. 또한 회로에 흐르는 전체 전류는 **I**로 나타내었다.

그림 17-2에서 임피던스 **R**, $\mathbf{X}_L$, $\mathbf{X}_C$, **X**는 극좌표(polar form) 표시법으로 표기하고, 전압 $\mathbf{V}_R$, $\mathbf{V}_L$, $\mathbf{V}_C$, $\mathbf{V}_X$, $\mathbf{V}_i$와 전류 $\mathbf{I}_R$, $\mathbf{I}_L$, $\mathbf{I}_C$, $\mathbf{I}_X$, **I**는 페이저(phasor) 표시법으로 표기한 벡터(vector)들이다. 즉 크기뿐만 아니라 방향까지를 갖는 물리량들이다. 이와 비교하여 이들 값들을 방향은 무시하고 크기만으로 나타내면 스칼라(scalar)가 된다. 그림 17-2에 표기된 벡터량의 임피던스와 전압과 전류를 크기만 갖는 스칼라량으로 표시하면 임피던스의 절대값은 R, X_L, X_C, X가 되고, 전압의 최대값은 V_R, V_L, V_C, V_X, $V_i(=V_m)$가 되고, 전류의 최대값은 I_R, I_L, I_C, I_X, I_m이 된다. 표기된 물리량이 벡터량으로 표기된 것인지 스칼라량으로 표기된 것인지를 정확히 구별해야 한다.

그림 17-2의 RLC 임피던스 병렬회로는 각각의 임피던스들이 서로 병렬로 연결되어 있으므로 임피던스 양단의 전압은 식 (17.7)과 같이 모두 동일하다. 즉 RLC 병렬회로의 해석에 있어 각 임피던스 양단의 전압에 대한 해석은 필요하지 않다.

$$\mathrm{V_i = V_R = V_L = V_C = V_X} \tag{17.7}$$

RLC 병렬회로의 특성을 파악하기 위해 입력전압 $\mathbf{V}_i$가 식 (17.8)과 같은 정현파 교류전압인 경우 그림 17-2 RLC 임피던스 병렬회로에서 각각의 임피던스 **R**, $\mathbf{X}_L$, $\mathbf{X}_C$, **X**를 극좌표 표시법으로 나타내고, 각 임피던스에 흐르는 전류 $\mathbf{I}_R$, $\mathbf{I}_L$, $\mathbf{I}_C$, $\mathbf{I}_X$, **I**의 페이저를 구하고, 또한 입력전압 $\mathbf{V}_i$와 전류 **I** 사이의 위상차 θ도 구하자.

RLC 병렬회로를 해석하기 위한 첫 번째 단계로 임피던스 **R**, $\mathbf{X}_L$, $\mathbf{X}_C$, **X**를 극좌표 형식으로 표현하면 각각 식 (17.9), 식 (17.10), 식 (17.11), 식 (17.12)와 같다.

$$\mathrm{v_i(t) = V_m \sin(\omega t + \theta_v)} \;\rightarrow\; \mathrm{V_i = V_m \angle \theta_v} \quad (\text{단 } \theta_v = 0\text{으로 가정}) \tag{17.8}$$

$$\mathrm{R = R + j0 = R \angle 0^o} \tag{17.9}$$

$$\mathrm{X_L = j\omega L = 0 + j\omega L = \omega L \angle 90^o = X_L \angle 90^o} \tag{17.10}$$

$$\mathrm{X_C = \frac{1}{j\omega C} = 0 - j\frac{1}{\omega C} = \frac{1}{\omega C} \angle(-90^o) = X_C \angle(-90^o)} \tag{17.11}$$

$$X_L > X_C \text{인 경우 } X = -j\left(\frac{X_L X_C}{X_L - X_C}\right) = \left|\frac{X_L X_C}{X_L - X_C}\right| \angle(-90^\circ)$$
$$X_L < X_C \text{인 경우 } X = -j\left(\frac{X_L X_C}{X_L - X_C}\right) = \left|\frac{X_L X_C}{X_L - X_C}\right| \angle 90^\circ \quad (17.12)$$

두 번째 단계로 각 임피던스에 흐르는 전류 $\mathbf{I}_R$, $\mathbf{I}_L$, $\mathbf{I}_C$, $\mathbf{I}_X$의 페이저를 구하면 각각 식 (17.13), 식 (17.14), 식 (17.15), 식 (17.16), 식 (17.17)과 같다. 식 (17.16)과 식 (17.17)은 각각 $X_L>X_C$인 경우와 $X_L<X_C$인 경우의 전류 $\mathbf{I}_X$를 구한 것이다.

$$I_R = \frac{V_i}{R} = \frac{V_m \angle 0^\circ}{R \angle 0^\circ} = \frac{V_m}{R} \angle 0^\circ \quad (17.13)$$

$$I_L = \frac{V_i}{X_L} = \frac{V_m \angle 0^\circ}{X_L \angle 90^\circ} = \frac{V_m}{X_L} \angle(-90^\circ) = \frac{V_m}{\omega L} \angle(-90^\circ) \quad (17.14)$$

$$I_C = \frac{V_i}{X_C} = \frac{V_m \angle 0^\circ}{X_C \angle(-90^\circ)} = \frac{V_m}{X_C} \angle 90^\circ = \omega C V_m \angle 90^\circ \quad (17.15)$$

$X_L > X_C$인 경우 즉 $|I_L| < |I_C|$인 경우

$$I_X = \frac{V_i}{X} = \frac{V_m \angle 0^\circ}{\left|\frac{X_L X_C}{X_L - X_C}\right| \angle(-90^\circ)} = \frac{(X_L - X_C)V_m}{X_L X_C} \angle 90^\circ \quad (17.16)$$

$X_L < X_C$인 경우 즉 $|I_L| > |I_C|$인 경우

$$I_X = \frac{V_i}{X} = \frac{V_m \angle 0^\circ}{\left|\frac{X_L X_C}{X_L - X_C}\right| \angle 90^\circ} = \frac{(X_C - X_L)V_m}{X_L X_C} \angle(-90^\circ) \quad (17.17)$$

세 번째 단계로 RLC 병렬회로에 흐르는 전체 전류 $\mathbf{I}$를 구하고, 입력전압 $\mathbf{V}_i$와 전류 $\mathbf{I}$ 사이의 위상차 θ를 구한다. 전류 $\mathbf{I}$의 페이저는 식 (17.18)과 같이 표현할 수 있으며, 식 (17.18)의 전류 $\mathbf{I}$의 최대값 I_m과 위상 θ_i는 식 (17.13)에서 식 (17.17)까지의 전류에 대한 식들을 이용하여 구할 수 있다. 전류 $\mathbf{I}$의 최대값 I_m은 식 (17.19)와 같고, 전류 $\mathbf{I}$의 위상 θ_i는 식 (17.20), 식 (17.21)과 같다. 또한 입력전압 $\mathbf{V}_i$와 전류 $\mathbf{I}$ 사이의 위상차 θ는 전류 $\mathbf{I}$의 위상 θ_i를 이용하여 식 (17.22)와 같이 구할 수 있다.

$$I = I_R + I_X = I_m \angle \theta_i \tag{17.18}$$

$$I_m = \sqrt{I_R^2 + I_X^2} = \sqrt{\left(\frac{V_m}{R}\right)^2 + \left(\frac{V_m}{X}\right)^2} \tag{17.19}$$

$X_L > X_C$인 경우 즉 $|I_L| < |I_C|$인 경우

$$\theta_i = \tan^{-1}\left(\frac{I_X}{I_R}\right) = \tan^{-1}\left(\frac{\frac{V_m}{X}}{\frac{V_m}{R}}\right) = \tan^{-1}\left(\frac{R}{X}\right) \tag{17.20}$$

$X_L < X_C$인 경우 즉 $|I_L| > |I_C|$인 경우

$$\theta_i = \tan^{-1}\left(\frac{-I_X}{I_R}\right) = \tan^{-1}\left(\frac{-\frac{V_m}{X}}{\frac{V_m}{R}}\right) = \tan^{-1}\left(-\frac{R}{X}\right) \tag{17.21}$$

$$\theta = -\theta_i \tag{17.22}$$

단계적으로 살펴본 바와 같이 RLC 병렬회로의 해석에 있어서는 각 임피던스에 흐르는 전류를 구하는 것이 가장 중요하다. 전류 $\mathbf{I_R}$, $\mathbf{I_L}$, $\mathbf{I_C}$, $\mathbf{I_X}$, $\mathbf{I}$의 페이저 다이어그램(phasor diagram)을 나타내면 그림 17-3과 같다. 그림 17-3(a)는 $X_L>X_C$인 경우이고, 그림 17-3(b)는 $X_L<X_C$인 경우의 전류의 페이저 다이어그램이다. 그림 17-3(a)와 같이 $X_L>X_C$인 경우는 $I_L<I_C$가 되고, 그림 17-3(b)와 같이 $X_L<X_C$인 경우는 $I_L>I_C$가 된다. 이는 임피던스 양단의 전압이 동일한 병렬회로에서 임피던스가 크면 클수록 흐르는 전류는 작아지고, 임피던스가 작으면 작을수록 흐르는 전류는 커지기 때문이다. 따라서 $X_L>X_C$인 경우는 $I_L<I_C$이 되고, $X_L<X_C$인 경우는 $I_L>I_C$이 된다.

그림 17-3에서 전류 $\mathbf{I_C}$의 위상이 전류 $\mathbf{I_R}$의 위상보다 90° 앞서는 것은 식 (17.15)에서 알 수 있고, 전류 $\mathbf{I_L}$의 위상이 전류 $\mathbf{I_R}$의 위상보다 90° 뒤지는 것은 식 (17.14)에서 알 수 있다. 그림 17-3(a)는 RC 병렬회로의 전체 전류 $\mathbf{I}$의 페이저 다이어그램과 동일한 모양이고, 그림 17-3(b)는 RL 병렬회로의 전체 전류 $\mathbf{I}$의 페이저 다이어그램과 동일한 모양이다.

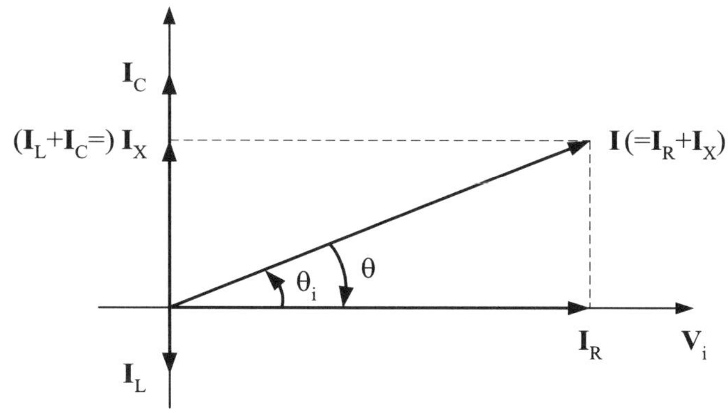

(a) $X_L > X_C$ 인 경우

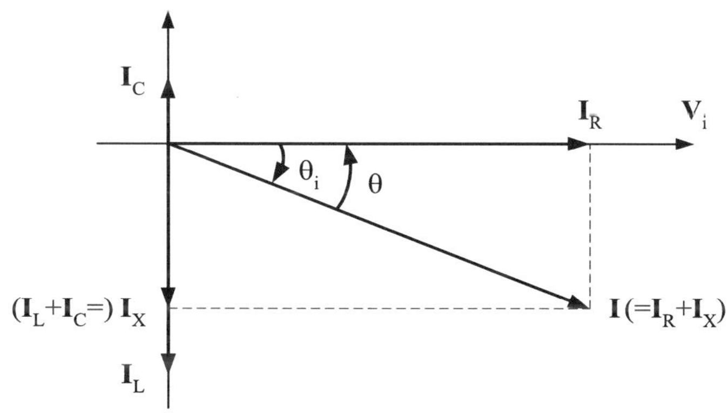

(b) $X_L < X_C$ 인 경우

그림 17-3 전류의 페이저 다이어그램

그림 17-3에서 전류 **I**의 위상 θ_i와 입력전압 $\mathbf{V}_i$와 전류 **I** 사이의 위상 θ가 식 (17.22)와 같이 부호가 서로 반대인 것을 알 수 있다.

17.2.2 RLC 병렬회로의 해석

그림 17-4는 입력전압이 $v_i=V_m\sin\omega t=10\sin\omega t$이고, $R=1k\Omega$, $L=0.1H$, $C=0.047\mu F$인 RLC 병렬회로이다. 식 (17.9)에서 식 (17.22)까지의 식들을 살펴보면 RLC 병렬회로 역시 R, L, C, V_m, ω의 값이 주어지면 회로를 해석할 수 있음을 알 수 있다. 그리고 그림 17-4의 회로에서 각주파수 ω를 제외한 나머지 회로상수는 $V_m=10V$, $R=1k\Omega$,

L=0.1H, C=0.047μF로 주어졌다. 따라서 입력전압의 주파수만 주어지면 회로를 해석할 수 있다. RLC 병렬회로의 특성을 살펴보기 위해 입력전압의 주파수가 f=1kHz인 경우와 f=5kHz인 2가지 경우에 대하여 RLC 병렬회로의 특성을 해석한다.

첫 번째 예로 입력전압의 주파수가 f=1kHz인 경우에 대하여 RLC 병렬회로를 해석한다. RLC 병렬회로를 해석하기 위한 첫 번째 단계는 식 (17.8)을 이용하여 입력전압을 페이저 표시법으로 나타내고, 또한 식 (17.9)에서 식 (17.12)를 이용하여 각 임피던스를 극좌표 표시법으로 나타내는 것이다. 표 17-2에 계산결과를 정리하였다.

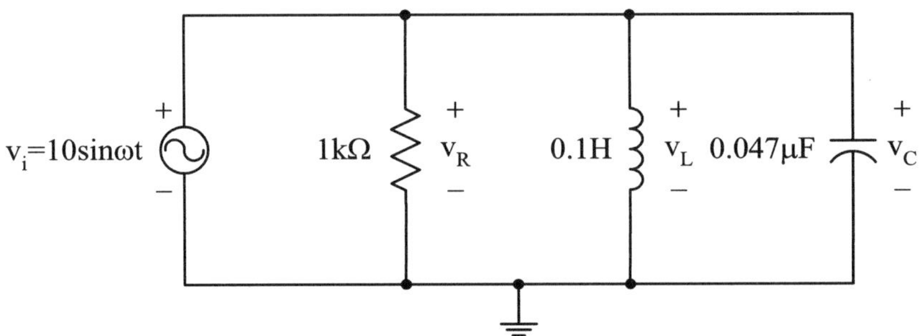

그림 17-4 RLC 병렬회로 (R=1kΩ, L=0.1H, C=0.047μF)

표 17-2 입력전압의 페이저 및 임피던스의 극좌표

(X_L<X_C인 경우 : f=1kHz, V_m=10V, R=1kΩ, L=0.1H, C=0.047μF)

구분	이용하는 식	입력전압과 임피던스 계산결과	단위
입력전압 $\mathbf{V_i}$	식 (17.8)	$V_i = V_m \angle \theta_v = 10 \angle 0^\circ$	V
저항 **R**	식 (17.9)	$R = R \angle 0^\circ = 1000 \angle 0^\circ$	Ω
리액턴스 $\mathbf{X_L}$	식 (17.10)	$X_L = \omega L \angle 90^\circ = 628 \angle 90^\circ$	Ω
리액턴스 $\mathbf{X_C}$	식 (17.11)	$X_C = \frac{1}{\omega C} \angle (-90^\circ) = 3386 \angle (-90^\circ)$	Ω
리액턴스 **X**	식 (17.12)	$X = \left\| \frac{X_L X_C}{X_L - X_C} \right\| \angle 90^\circ = \left\| \frac{628 \times 3386}{628 - 3386} \right\| \angle 90^\circ = 771 \angle 90^\circ$	Ω

RLC 병렬회로를 해석하기 위한 두 번째 단계는 표 17-2에서 RLC 병렬회로의 임피던스들을 구했으므로 이를 식 (17.13)에서 식 (17.17)에 대입하여 표 17-3과 같이 각 임피던스에 흐르는 전류 $\mathbf{I}_R$, $\mathbf{I}_L$, $\mathbf{I}_C$, $\mathbf{I}_X$의 페이저들을 구하는 것이다. 전류 $\mathbf{I}_X$는 $X_L>X_C$인 경우는 식 (17.16)을 이용하고, $X_L<X_C$인 경우는 식 (17.17)을 이용한다. 표 17-2에서 $X_L<X_C$인 경우이므로 $\mathbf{I}_X$를 구하기 위해 식 (17.17)을 이용하여야 한다. 그리고 그림 17-5에는 표 17-3에서 구한 전류의 페이저 다이어그램을 나타내었다.

표 17-3 각 임피던스의 전류 페이저
(X_L<X_C인 경우 : f=1kHz, V_m=10V, R=1kΩ, L=0.1H, C=0.047μF)

구분	이용하는 식	각 임피던스의 전류 페이저 계산결과
$\mathbf{I}_R$	식 (17.13)	$I_R = \dfrac{10\angle 0^o}{1000\angle 0^o} = 10\times 10^{-3}\angle 0^o = 10\angle 0^o$ [mA]
$\mathbf{I}_L$	식 (17.14)	$I_L = \dfrac{10\angle 0^o}{628\angle 90^o} = 15.9\angle(-90^o)$ [mA]
$\mathbf{I}_C$	식 (17.15)	$I_C = \dfrac{10\angle 0^o}{3386\angle(-90^o)} = 2.9\angle 90^o$ [mA]
$\mathbf{I}_X$	식 (17.17)	$I_X = \dfrac{10\angle 0^o}{771\angle 90^o} = 13.0\angle(-90^o)$ $(=I_L+I_C)$ [mA]

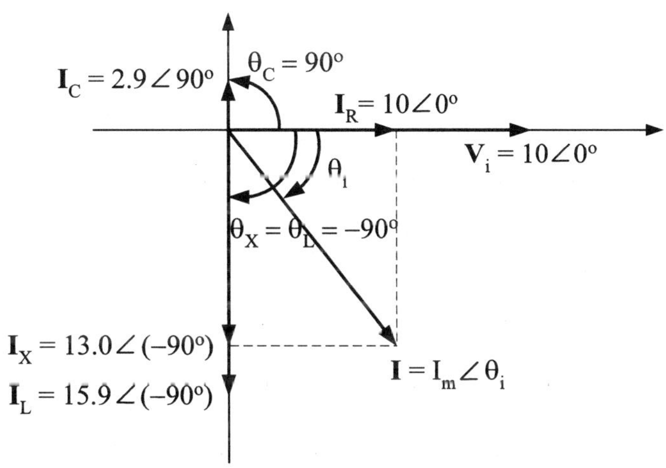

그림 17-5 입력전압을 기준으로 한 전류의 페이저 다이어그램
(X_L<X_C인 경우 : f=1kHz, V_m=10V, R=1kΩ, L=0.1H, C=0.047μF)

RLC 병렬회로를 해석하기 위한 세 번째 단계는 RLC 병렬회로에 흐르는 전체 전류 **I**를 구하고, 입력전압 $\mathbf{V}_i$와 전류 **I** 사이의 위상차 θ를 구하는 것이다. 전류 **I**의 페이저는 식 (17.18)과 같이 표현할 수 있다. 전류 **I**의 최대값 I_m은 식 (17.19)와 같고, 전류 **I**의 위상 θ_i는 식 (17.20) 또는 식 (17.21)과 같다. 그런데 표 17-2에서 $X_L<X_C$인 경우이므로 **I**의 위상 θ_i를 구하기 위해 식 (17.21)을 이용하여야 한다. 그리고 병렬회로에서는 식 (17.7)과 같이 전압은 모두 입력전압 $\mathbf{V}_i$와 동일하다. 또한 입력전압 $\mathbf{V}_i$와 전류 **I** 사이의 위상차 θ는 전류 **I**의 위상 θ_i를 이용하여 식 (17.22)와 같이 구할 수 있다. 표 17-4에 이들에 대한 계산결과를 정리하였다.

표 17-4 전류 I와 전압 V의 페이저와 위상 θ
($X_L<X_C$인 경우 : f=1kHz, V_m=10V, R=1kΩ, L=0.1H, C=0.047μF)

구분	이용하는 식	전체 전류의 페이저와 위상 계산결과
I	식 (17.19)	$I_m = \sqrt{I_R^2 + I_X^2} = \sqrt{10^2 + 13^2} = 16.4 \quad [mA]$
	식 (17.21)	$\theta_i = \tan^{-1}\left(\frac{-I_X}{I_R}\right) = \tan^{-1}\left(\frac{-13}{10}\right) = -52.4^\circ$
V	식 (17.7)	$V_i = V_R = V_L = V_C = V_X = 10\angle 0^\circ$
θ	식 (17.22)	$\theta = -\theta_i = 52.4^\circ$

표 17-5 임피던스의 극좌표
($X_L>X_C$인 경우 : f=5kHz, V_m=10V, R=1kΩ, L=0.1H, C=0.047μF)

구분	이용하는 식	입력전압과 임피던스 계산결과	단위
저항 **R**	식 (17.9)	$R = R\angle 0^\circ = 1000\angle 0^\circ$	Ω
리액턴스 $\mathbf{X_L}$	식 (17.10)	$X_L = \omega L\angle 90^\circ = 3142\angle 90^\circ$	Ω
리액턴스 $\mathbf{X_C}$	식 (17.11)	$X_C = \frac{1}{\omega C}\angle(-90^\circ) = 677\angle(-90^\circ)$	Ω
리액턴스 **X**	식 (17.12)	$X = \left\lvert\frac{3142\times 677}{3142-677}\right\rvert\angle(-90^\circ)$ $= 863\angle(-90^\circ)$	Ω

두 번째 예로 입력전압의 주파수가 f=5kHz인 경우에 대하여 RLC 병렬회로를 3단계로 나누어 해석한다. 첫 번째 단계는 식 (17.9)에서 식 (17.12)를 이용하여 각 임피던스를 극좌표 표시법으로 나타내는 것이다. 표 17-5에 계산결과를 정리하였다.

RLC 병렬회로를 해석하기 위한 두 번째 단계는 표 17-5에서 구한 RLC 병렬회로의 임피던스를 식 (17.13)에서 식 (17.16)에 대입하여 각 임피던스에 흐르는 전류 $\mathbf{I}_R$, $\mathbf{I}_L$, $\mathbf{I}_C$, $\mathbf{I}_X$의 페이저를 구하는 것이다. 그리고 그림 17-6에는 표 17-6에서 구한 전류의 페이저 다이어그램을 나타내었다.

표 17-6 각 임피던스의 전류 페이저
(X_L>X_C인 경우 : f=5kHz, V_m=10V, R=1kΩ, L=0.1H, C=0.047μF)

구분	이용하는 식	각 임피던스의 전류 페이저 계산결과
$\mathbf{I}_R$	식 (17.13)	$I_R = \dfrac{10\angle 0^o}{1000\angle 0^o} = 10\times 10^{-3}\angle 0^o = 10\angle 0^o \quad [mA]$
$\mathbf{I}_L$	식 (17.14)	$I_L = \dfrac{10\angle 0^o}{3142\angle 90^o} = 3.2\angle(-90^o) \quad [mA]$
$\mathbf{I}_C$	식 (17.15)	$I_C = \dfrac{10\angle 0^o}{677\angle(-90^o)} = 14.8\angle 90^o \quad [mA]$
$\mathbf{I}_X$	식 (17.16)	$I_X = \dfrac{10\angle 0^o}{863\angle(-90^o)} = 11.6\angle 90^o \ (= I_L + I_C) \quad [mA]$

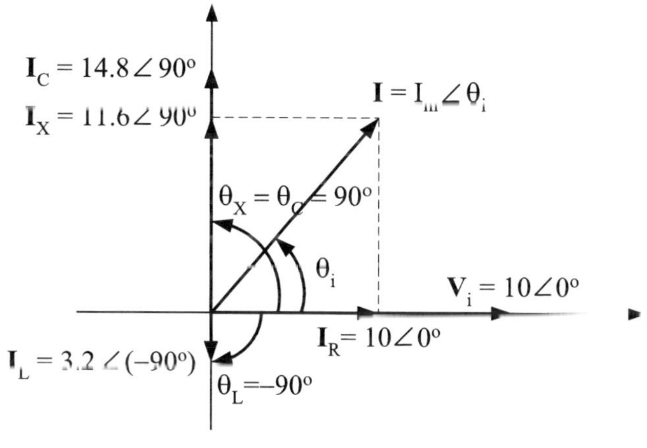

그림 17-6 입력전압을 기준으로 한 전류의 페이저 다이어그램
(X_L>X_C인 경우 : f=5kHz, V_m=10V, R=1kΩ, L=0.1H, C=0.047μF)

RLC 병렬회로를 해석하기 위한 세 번째 단계는 RLC 병렬회로에 흐르는 전체 전류 **I**를 구하고, 입력전압 $\mathbf{V}_i$와 전류 **I** 사이의 위상차 θ를 구하는 것이다. 전류 **I**의 페이저는 식 (17.18)과 같이 표현할 수 있다. 전류 **I**의 최대값 I_m은 식 (17.19)를 이용하고, 전류 **I**의 위상 θ_i는 식 (17.20) 또는 식 (17.21)을 이용하여 구할 수 있다. $X_L>X_C$인 경우는 식 (17.20)을 이용하고, $X_L<X_C$인 경우는 식 (17.21)을 이용하여 위상 θ_i를 구한다. 그런데 표 17-5에서 $X_L>X_C$인 경우에 해당하므로 **I**의 위상 θ_i를 구하기 위해서는 식 (17.20)을 이용하여야 한다.

그리고 병렬회로에서는 식 (17.7)과 같이 각 임피던스의 전압이 모두 입력전압 $\mathbf{V}_i$와 동일하므로 전압에 대한 해석은 필요하지 않다. 또한 입력전압 $\mathbf{V}_i$와 전류 **I** 사이의 위상차 θ는 전류 **I**의 위상 θ_i를 이용하여 식 (17.22)와 같이 구할 수 있다.

표 17-7 전류 I와 전압 V의 페이저와 위상 θ
(X_L>X_C인 경우 : f=5kHz, V_m=10V, R=1kΩ, L=0.1H, C=0.047μF)

구분	이용하는 식	전체 전류의 페이저와 위상 계산결과
I	식 (17.19)	$I_m = \sqrt{I_R^2 + I_X^2} = \sqrt{10^2 + 11.6^2} = 15.3 \quad [mA]$
	식 (17.20)	$\theta_i = \tan^{-1}\left(\frac{I_X}{I_R}\right) = \tan^{-1}\left(\frac{11.6}{10}\right) = 49.2^o$
V	식 (17.7)	$V_i = V_R = V_L = V_C = V_X = 10\angle 0^o$
θ	식 (17.22)	$\theta = -\theta_i = -49.2^o$

RLC 병렬회로의 특성에 대하여 자세히 살펴보았다. 이미 살펴본 바와 같이 RLC 병렬회로의 특성은 $X_L>X_C$인 경우와 $X_L<X_C$인 경우의 2가지로 크게 구분할 수 있다. RLC 병렬회로에서 합성리액턴스는 $\mathbf{X}=\mathbf{X}_L//\mathbf{X}_C$이고, 병렬회로이므로 $\mathbf{X}_L$과 $\mathbf{X}_C$ 중 작은 리액턴스가 합성임피던스 **X**에 훨씬 우세한(dominant) 영향을 미치고, 합성리액턴스 **X**의 위상을 결정한다. $X_L>X_C$인 경우 합성리액턴스는 작은 값인 X_C에 의해 용량성 리액턴스가 되고, $X_L<X_C$인 경우 합성리액턴스는 작은 값인 X_L에 의해 유도성 리액턴스가 된다. 표 17-8에 RLC 병렬회로의 임피던스, 전압, 전류, 위상의 주요 특성을 정리하였다.

표 17-8 RLC 병렬회로의 주요 특성
(I_R, V_i의 위상을 0° 기준으로 가정)

구분	$X_L < X_C$ 인 경우	$X_L > X_C$ 인 경우
RLC 병렬회로	RL 병렬회로와 유사	RC 병렬회로와 유사
임피던스 **R**, $\mathbf{X_L}$, $\mathbf{X_C}$, **X**, **Z**	$\mathbf{X=X_L//X_C}$: 유도성 리액턴스	$\mathbf{X=X_L//X_C}$: 용량성 리액턴스
전류 $\mathbf{I_R}$, $\mathbf{I_L}$, $\mathbf{I_C}$, $\mathbf{I_X}$, **I**	$I_L > I_C$	$I_L < I_C$
	$\theta_R = 0^\circ$, $\theta_C = 90^\circ$, $\theta_L = -90^\circ$	
	$\theta_X = \theta_L = -90^\circ$ $-90^\circ < \theta_i < 0^\circ$	$\theta_X = \theta_C = 90^\circ$ $0^\circ < \theta_i < 90^\circ$
전압 $\mathbf{V_i}$	$\theta_v = \theta_R = 0^\circ$	
위상 θ	$\theta_v > \theta_i$ $0^\circ < \theta\ (=\theta_v - \theta_i) < 90^\circ$	$\theta_v < \theta_i$ $-90^\circ < \theta\ (=\theta_v - \theta_i) < 0^\circ$

* $I_R = I_R \angle \theta_R$, $I_L = I_L \angle \theta_L$, $I_C = I_C \angle \theta_C$, $I_X = I_X \angle \theta_X$
* $V_i = V_m \angle \theta_v$, $I = I_m \angle \theta_i$, $\theta = \theta_v - \theta_i = -\theta_i$

17.3 수행내용 / 부품 및 장비

부품 및 장비		규격 및 수량	
부 품	저항	220Ω	1개
	인덕터	0.01H	1개
	커패시터	0.1μF	1개
장 비		신호발생기(signal generator)	
		오실로스코프(oscilloscope)	
		디지털 멀티미터(DMM)	
		브레드 보드(bread board)	
기 타		jumper wire	
		wire stripper(또는 nipper)	

17.4 수행내용 / 수행순서

실험 1. RLC 병렬회로 실험

① 신호발생기와 오실로스코프를 이용하여 신호발생기 정현파 출력의 최대값(V_m)이 3V이고, 주파수가 2kHz인 교류전압이 되도록 조정하여라.

② 실험단계 ①에서 정확히 조정한 신호발생기의 정현파 교류전압을 입력전압 v_i로 사용하여 그림 17-7의 실험회로를 구성하여라. R=220Ω, L=0.01H, C=0.1μF를 이용하여 실험회로를 구성하여라.

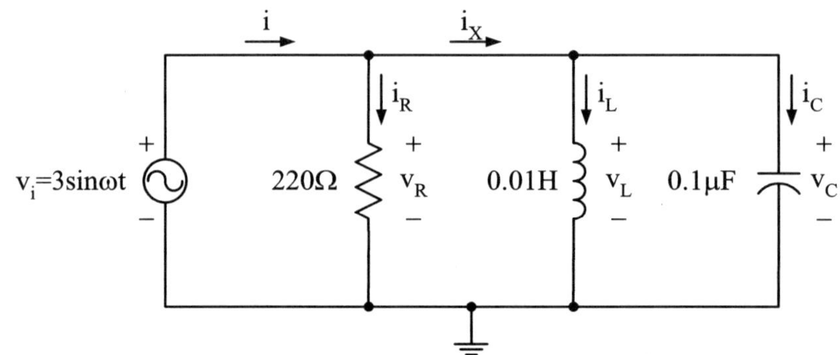

그림 17-7 RLC 병렬회로 실험회로

③ 그림 17-7의 실험회로에서 입력전압 v_i를 오실로스코프를 이용해 측정하여 V_m=3V이고, f=2kHz인지 확인하여라. 최대값이 3V가 아닌 경우에는 신호발생기 출력단자를 조정하여 정확히 3V가 되도록 조정하고, 주파수 역시 2kHz가 아닌 경우에는 정확히 2kHz가 되도록 조정하여라.
각 임피던스에 흐르는 전류에 의해 신호발생기 출력에 전압강하가 발생하여 입력전압 v_i의 최대값이 3V가 안될 수도 있으므로 모든 실험에서 입력전압의 최대값이 정확히 3V가 되도록 매번 조정하여라.

④ 그림 17-7의 실험회로에서 인덕터 L의 리액턴스 $\mathbf{X}_L$과 커패시터 C의 리액턴스 $\mathbf{X}_C$와 합성리액턴스 $\mathbf{X}(=\mathbf{X}_L//\mathbf{X}_C)$의 이론값을 계산하여 표 17-9에

기재하여라. 리액턴스 계산시 입력전압의 주파수가 f=2kHz임을 참고하여라. 또한 저항의 위상을 0° 기준으로 하여 리액턴스 $\mathbf{X}_L$, $\mathbf{X}_C$, $\mathbf{X}$를 극좌표 표시법으로 기재하여라.

⑤ 디지털 멀티미터(DMM)를 이용해 입력전압 v_i를 측정하여 표 17-9에 기재하여라. 입력전압 v_i가 교류전압이므로 디지털 멀티미터를 이용하여 교류전압을 측정할 수 있도록 디지털 멀티미터를 정확히 설정하여라.
오실로스코프를 이용하여 측정한 입력전압의 최대값은 3V이지만 디지털 멀티미터를 이용하여 측정한 정확한 입력전압은 약 2.12V이다. 이와 같이 오실로스코프를 이용한 측정전압과 디지털 멀티미터를 이용한 측정전압이 서로 차이가 나는 이유를 검토하여라.

⑥ 디지털 멀티미터(DMM)를 이용하여 실험회로에 흐르는 전류 i_R, i_L, i_C, i_X, i를 측정하여 표 17-9에 기재하여라. 측정하는 전류가 모두 교류전류이므로 디지털 멀티미터를 이용하여 교류전류를 측정할 수 있도록 디지털 멀티미터를 정확히 설정하여라.
전류 i_R, i_L, i_C, i_X, i를 각각 측정하면서 입력전압 v_i의 최대값이 3V인지를 매번 확인하고, 최대값이 정확히 3V가 되도록 조정하여라.

⑦ 실험단계 ⑤와 ⑥에서 측정한 전압과 전류의 측정값을 페이저 표시법을 이용하여 표 17-9에 기재하여라. 입력전압 v_i의 페이저 $\mathbf{V}_i$와 전류 i_R의 페이저 $\mathbf{I}_R$의 위상을 0° 기준으로 하여 입력전압 $\mathbf{V}_i$와 전류 $\mathbf{I}_R$, $\mathbf{I}_L$, $\mathbf{I}_C$, $\mathbf{I}_X$, $\mathbf{I}$의 페이저를 기재하여라.
최대값과 위상으로 표시되는 전압과 전류의 페이저에서 최대값은 실험단계 ⑤와 ⑥의 측정값에 모두 $\sqrt{2}$를 곱하여라. 그리고 전류 $\mathbf{I}_R$의 위상을 0° 기준으로 하는 경우 $\mathbf{I}_L$, $\mathbf{I}_C$, $\mathbf{I}_X$의 위상이 각각 90° 인지 또는 −90° 인지를 이론적으로 잘 검토하여 페이저로 표시하고, 전류 $\mathbf{I}$의 위상(θ_i)은 전류 $\mathbf{I}_R$과 $\mathbf{I}_X$를 이용하여 구한 후 페이저로 표시하여라.

⑧ 입력전압 $\mathbf{V}_i=3\angle 0^\circ$, 저항 $\mathbf{R}=220\angle 0^\circ$와 실험단계 ④에서 구한 리액턴스 $\mathbf{X}_L$, $\mathbf{X}_C$, $\mathbf{X}$를 이용하여 실험회로에 흐르는 전류 $\mathbf{I}_R$, $\mathbf{I}_L$, $\mathbf{I}_C$, $\mathbf{I}_X$의 페이저 이론값을 구하여 표 17-9에 기재하여라.

⑨ 실험단계 ⑧에서 구한 전류 $\mathbf{I}_R$과 $\mathbf{I}_X$의 이론값을 이용하여 전체 전류 $\mathbf{I}$의 페이저 이론값을 구하여 표 17-9에 기재하여라.

⑩ 전압 $\mathbf{V}_i$와 전류 $\mathbf{I}_R$, $\mathbf{I}_L$, $\mathbf{I}_C$, $\mathbf{I}_X$, $\mathbf{I}$의 측정값과 이론값이 일치하는지 검토하여 표 17-9에 기재하여라.

⑪ 입력전압 $v_i = 3/\sqrt{2} = 2.12V$, 저항 R=220Ω과 실험단계 ④에서 구한 리액턴스 $X_L = |X_L|$, $X_C = |X_C|$, $X = |X|$를 이용하여 실험회로에 흐르는 전류 i_R, i_L, i_C, i_X의 이론값(실효값)을 구하여 표 17-9에 기재하여라.

⑫ 실험단계 ⑪에서 구한 전류 i_R과 i_X의 이론값을 이용하여 전체 전류 i의 이론값(실효값)을 구하여 표 17-9에 기재하여라.

⑬ 전압 v_i와 전류 i_R, i_L, i_C, i_X, i의 측정값과 이론값이 일치하는지 검토하여 표 17-9에 기재하여라.

⑭ 전류 $\mathbf{I}$의 측정값과 이론값의 위상(θ_i)을 이용하여 입력전압 $\mathbf{V}_i$와 전류 $\mathbf{I}$의 위상차 $\theta(=-\theta_i)$의 측정값과 이론값을 구하여 표 17-9에 기재하고, 측정값과 이론값이 일치하는지 검토하여라.

17.5 수행결과

실험 1. RLC 병렬회로 실험

표 17-9 RLC 병렬회로 실험 데이터

실험단계	구분		측정값 (또는 측정값을 이용한 계산값)	이론값	단위	이론값과 측정값의 일치여부
④	임피던스	$\mathbf{R}$	–	$220\angle0^{\circ}$	Ω	–
		$\mathbf{X}_L$	–		Ω	–
		$\mathbf{X}_C$	–		Ω	–
		$\mathbf{X}$	–		Ω	–
⑤⑬	전압	v_i		$3/\sqrt{2}=2.12$	V	
⑦⑩		$\mathbf{V}_i$	$\angle0^{\circ}$	$3\angle0^{\circ}$	V	
⑥⑪⑫⑬	전류/실효값	i_R			mA	
		i_L			mA	
		i_C			mA	
		i_X			mA	
		i			mA	
⑦⑧⑨⑩	전류/페이서	$\mathbf{I}_R$	$\angle0^{\circ}$	$\angle0^{\circ}$	mA	
		$\mathbf{I}_L$			mA	
		$\mathbf{I}_C$			mA	
		$\mathbf{I}_X$			mA	
		$\mathbf{I}$			mA	
⑭	위상	$\theta(=-\theta_i)$			deg	

17.6 평가문제

1 실험단계 ④, ⑧, ⑨는 그림 17-7 RLC 병렬회로 실험회로(f=2kHz, V_m=3V, R=220Ω, L=0.01H, C=0.1μF)에서 임피던스 $\mathbf{X}_L$, $\mathbf{X}_C$, $\mathbf{X}(=\mathbf{X}_L//\mathbf{X}_C)$의 극좌표와 전류 $\mathbf{I}_R$, $\mathbf{I}_L$, $\mathbf{I}_C$, $\mathbf{I}_X$, $\mathbf{I}$의 페이저 이론값을 계산하여 표 17-9에 기재하는 실험단계이다. 즉 RLC 병렬회로 실험회로의 이론값을 구하는 과정이다. 계산과정을 상세히 기재하고, 계산결과인 이론값은 표 17-9에 기재하여라.

2 실험단계 ⑪, ⑫는 그림 17-7 RLC 병렬회로 실험회로(f=2kHz, V_m=3V, R=220Ω, L=0.01H, C=0.1μF)에서 실효값 전류 i_R, i_L, i_C, i_X, i의 이론값을 계산하여 표 17-9에 기재하는 실험단계이다. 즉 RLC 병렬회로 실험회로의 전류의 이론값(실효값)을 구하는 과정이다. 계산과정을 상세히 기재하고, 계산결과인 이론값은 표 17-9에 기재하여라.

3 실험단계 ⑩, ⑬은 그림 17-7 RLC 병렬회로 실험회로(f=2kHz, V_m=3V, R=220Ω, L=0.01H, C=0.1μF)에서 전압과 전류의 측정값과 이론값을 비교하는 실험단계이다. 즉 실험결과가 이론값과 일치하는지를 비교하는 매우 중요한 실험단계이다. 표 17-9의 전압과 전류의 측정값이 각각의 이론값과 일치하는지를 비교하여 표 17-9에 기재하여라. 만약 이론값과 측정값이 일치하지 않는 경우에는 그 원인을 분석하여 설명하여라.

4 RLC 병렬회로는 $X_L<X_C$인 경우와 $X_L>X_C$인 경우의 2가지가 있다. 실험1 RLC 병렬회로실험은 어느 경우에 해당하는지 답하여라.
또한 실험결과인 표 17-9 RLC 병렬회로 실험 데이터의 임피던스, 전압, 전류, 위상의 측정값과 이론값이 표 17-8의 RLC 병렬회로의 주요 특성과 모두 일치하는지 여부를 검토하여 답하여라.

5 실험에 대한 종합결론을 정리하고, 학습목표 성취도에 대해 학습자 스스로 평가하여라. 성취도는 A(우수), B(보통), C(미흡)의 3단계로 구분하여 평가하여라.

학습

18. 필터회로 실험하기

18.1 학 습 목 표

▣ RC 필터회로와 RL 필터회로의 주파수 특성을 해석할 수 있다.

▣ 전력변환기 설계를 위하여 수동필터를 사용해야 하는 이유와 동작 원리를 알 수 있다. (1901050105_16v3.1.6)

18.2 필 요 지 식

18.2.1 RC 필터회로

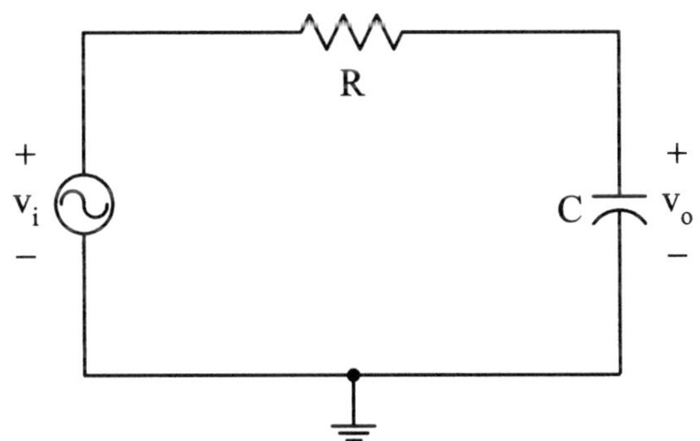

그림 18-1 RC 필터회로

그림 18-1 RC 필터회로는 RC 직렬회로와 동일한 회로이다. RC 필터회로는 커패시터의 주파수 특성을 이해하는 것이 중요하다. 커패시터의 리액턴스는 식 (18.1)과 같이 주파수에 반비례하는 특성을 갖는다. 식 (18.2)와 같이 낮은 주파수($f \to 0$)에 대해 커패시터의 리액턴스 X_c는 증가하고, 식 (18.3)과 같이 높은 주파수($f \to \infty$)에 대해 커패시터의 리액턴스 X_c는 감소하는 특성을 갖는다.

$$X_c = \frac{1}{j2\pi fC} = -jX_c \propto \frac{1}{f} \tag{18.1}$$

$$X_c|_{f\to 0} = \left.\frac{1}{2\pi fC}\right|_{f\to 0} \approx \infty \tag{18.2}$$

$$X_c|_{f\to \infty} = \left.\frac{1}{2\pi fC}\right|_{f\to \infty} \approx 0 \tag{18.3}$$

커패시터 C의 리액턴스가 주파수에 따라 변화하므로 RC 필터회로 입력에 낮은 주파수($f \to 0$) 성분이 인가되면 식 (18.2)와 같이 커패시터의 리액턴스 X_c가 증가하여 상대적으로 X_c가 R보다 크게 된다. RC 필터회로에서 리액턴스 X_c가 저항 R보다 크게 되면 인가된 낮은 입력주파수 성분은 식 (18.4)와 같이 대부분 커패시터 양단에 걸리게 된다. 즉 낮은 주파수의 입력 성분은 그대로 출력전압으로 나타난다.

이와는 반대로 RC 필터회로 입력에 높은 주파수($f \to \infty$) 성분이 인가되면 식 (18.3)과 같이 커패시터의 리액턴스 X_c는 감소하여 상대적으로 X_c가 R보다 작게 된다. RC 필터회로에서 임피던스 X_c가 R보다 작게 되면 인가된 높은 입력주파수 성분은 대부분 저항 양단에 걸리게 되고, 식 (18.5)와 같이 커패시터 양단에는 작은 전압만이 걸린다. 즉 높은 주파수의 입력 성분은 출력전압으로 잘 나타나지 않는다.

$$v_o|_{f\to 0} = \frac{X_c}{R+X_c} \cdot v_i = \left(\left.\frac{\frac{1}{2\pi fC}}{R+\frac{1}{2\pi fC}}\right|_{f\to 0}\right) v_i \approx v_i \tag{18.4}$$

$$v_o|_{f\to \infty} = \frac{X_c}{R+X_c} \cdot v_i = \left(\left.\frac{\frac{1}{2\pi fC}}{R+\frac{1}{2\pi fC}}\right|_{f\to \infty}\right) v_i \approx 0 \tag{18.5}$$

커패시터의 주파수 특성에 의해 RC 필터회로는 낮은 주파수 성분은 출력으로 잘 통과시키고, 높은 주파수 성분은 잘 통과시키지 않는 특성을 가진다. 이와 같이 특정한 주파수 대역을 잘 통과시키거나 잘 통과시키지 않는 특성을 가진 회로를 필터회로(filter)라고 한다.

RC 필터회로는 저주파 신호를 잘 통과시키는 특성을 가지므로 이를 저주파 통과 필터(low pass filter : LPF)라고 부른다. 저주파 통과 필터와 비교하여 고주파 신호를 잘 통과시키는 특성을 갖는 필터회로를 고주파 통과 필터(high pass filter : HPF)라고 부른다.

식 (18.4)와 식 (18.5)를 통해 RC 필터회로가 저주파 통과 필터의 특성을 가지는 것을 확인하였다. 그러나 식 (18.4)와 식 (18.5)는 임피던스와 전압을 모두 스칼라(scalar)로 표시한 식이다. 따라서 식 (18.4)와 식 (18.5)를 이용해서는 RC 필터회로의 출력전압의 크기만을 구할 수 있고, 위상에 대한 특성은 구할 수 없다. 전압과 위상에 대한 특성을 모두 해석하기 위해서는 임피던스는 극좌표 형식 또는 복소수 형식으로 표현하고, 전압 역시 페이저 표시법이나 벡터로 표시해야 한다. 따라서 RC 필터회로의 주파수 변화에 따른 출력전압의 전압 변화뿐만 아니라 위상 변화도 해석하기 위해 식 (18.6)과 같이 임피던스는 복소수 형식으로 나타내고, 전압은 벡터로 표시하여 RC 필터회로의 출력전압을 나타내었다.

$$\begin{aligned} V_o &= \frac{X_C}{R+X_C} \cdot V_i \\ &= \frac{-j\dfrac{1}{\omega C}}{R-j\dfrac{1}{\omega C}} \cdot V_i \end{aligned} \tag{18.6}$$

식 (18.6)에서 주파수 변화에 대한 특성을 특징적으로 살펴보기 위해 $f \to 0$과 $f \to \infty$의 두 가지 경우에 대한 RC 필터회로의 출력전압은 각각 식 (18.7)과 식 (18.8)에서 구한다. $f \to 0$는 입력전압의 주파수 성분 중 낮은 주파수 성분에 대한 특성을 특징적으로 살펴보기 위한 것이고, $f \to \infty$는 입력전압의 주파수 성분 중 높은 주파수 성분에 대한 특성을 특징적으로 살펴보기 위한 것이다.

$$
\begin{aligned}
V_o|_{f\to 0} &= \left.\frac{X_C}{R+X_C}\right|_{\omega\to 0} \cdot V_i \\
&= \left.\frac{-j\dfrac{1}{\omega C}}{R-j\dfrac{1}{\omega C}}\right|_{\omega\to 0} \cdot V_i \\
&\approx \left.\frac{-j\dfrac{1}{\omega C}}{-j\dfrac{1}{\omega C}}\right|_{\omega\to 0} \cdot V_i \quad \left(\because -j\frac{1}{\omega C}\to -j\infty \text{이므로 } R \ll \left|-j\frac{1}{\omega C}\right|\right) \\
&\approx V_i
\end{aligned}
\tag{18.7}
$$

$$
\begin{aligned}
V_o|_{f\to \infty} &= \left.\frac{X_C}{R+X_C}\right|_{\omega\to \infty} \cdot V_i \\
&= \left.\frac{-j\dfrac{1}{\omega C}}{R-j\dfrac{1}{\omega C}}\right|_{\omega\to \infty} \cdot V_i \\
&\approx \left.\frac{-j\dfrac{1}{\omega C}}{R}\right|_{\omega\to \infty} \cdot V_i \quad \left(\because -j\frac{1}{\omega C}\to -j0\text{이므로 } R \gg \left|-j\frac{1}{\omega C}\right|\right) \\
&\approx -j\epsilon|_{\epsilon\to 0} \cdot V_i \\
&\approx 0\angle(-90^{\circ})
\end{aligned}
\tag{18.8}
$$

식 (18.7)에서 저주파 성분의 입력신호일수록 RC 필터회로의 출력전압은 입력전압과 동일하게 된다는 것을 알 수 있다. 즉 RC 필터회로 출력전압의 전압크기는 입력전압의 전압크기와 동일하게 되고, 위상차는 0°가 되어 입력전압과 동일한 위상이 된다. 그리고 식 (18.8)에서는 고주파 성분의 입력신호일수록 RC 필터회로의 출력전압은 $0\angle(-90^{\circ})$에 수렴한다는 것을 알 수 있다. 즉 RC 필터회로 출력전압의 전압크기는 0V에 수렴하고, 위상차는 -90°가 되어 입력전압의 위상에 비해 90° 뒤지게 된다. 그림 18-1 RC 필터회로는 그림 18-2에 표시한 바와 같이 입력전압의 저주파 성분을 잘 통과시키는 저주파 통과 필터 특성을 갖는 RC 필터회로이다.

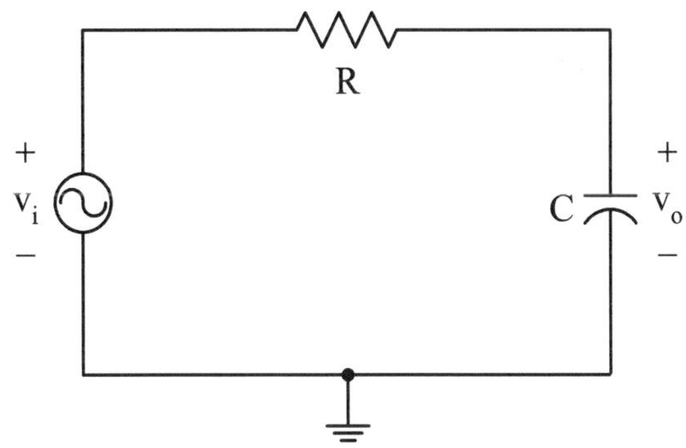

그림 18-2 저주파 통과 필터 기능의 RC 필터회로

그러나 RC 필터회로가 무조건 저주파 통과 필터의 기능만을 가진다고 생각해서는 곤란하다. 그림 18-3과 같이 단지 R과 C의 위치만을 바꾼 RC 필터회로의 특성을 살펴보자. 그림 18-3의 RC 필터회로에서 출력전압은 저항 양단의 전압이다.

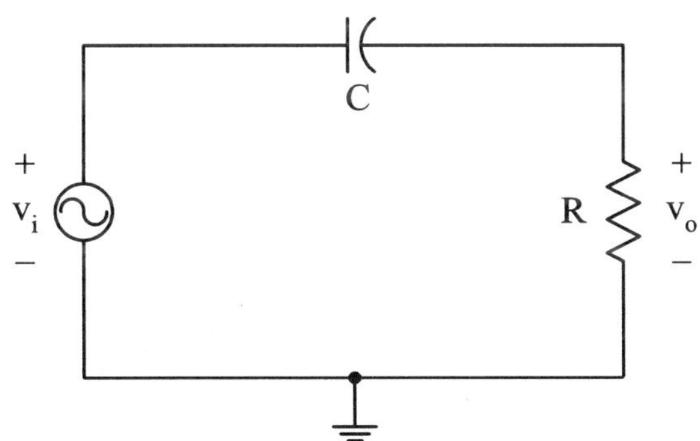

그림 18-3 고주파 통과 필터 기능의 RC 필터회로

그림 18-3에서 저항 R 양단의 출력전압은 식 (18.9)와 같다. 식 (18.9)에서 주파수 변화에 대한 특성을 특징적으로 살펴보기 위해 $f \to 0$과 $f \to \infty$의 두 가지 경우에 대한 저항 R 양단의 출력전압을 각각 식 (18.10)과 식 (18.11)에서 구한다. $f \to 0$는 입력전압의 주파수 성분 중 낮은 주파수 성분에 대한 특성을 특징적으로 살펴보기 위한 것이고, $f \to \infty$는 입력전압의 주파수 성분 중 높은 주파수 성분에 대한 특성을 특징적으로 살펴보기 위한 것이다.

$$V_o = \frac{R}{R+X_C} \cdot V_i = \frac{R}{R - j\frac{1}{\omega C}} \cdot V_i \tag{18.9}$$

$$\begin{aligned} V_o|_{f\to 0} &= V_o \\ &= \left.\frac{R}{R+X_C}\right|_{\omega\to 0} \cdot V_i \\ &= \left.\frac{R}{R-j\frac{1}{\omega C}}\right|_{\omega\to 0} \cdot V_i \\ &\approx \left.\frac{R}{-j\frac{1}{\omega C}}\right|_{\omega\to 0} \cdot V_i \quad (\because -j\frac{1}{\omega C} \to -j\infty \text{이므로 } R \ll |-j\frac{1}{\omega C}|) \\ &\approx +j\epsilon|_{\epsilon\to 0} \cdot V_i \\ &\approx 0\angle(+90^\circ) \end{aligned} \tag{18.10}$$

$$\begin{aligned} V_o|_{f\to \infty} &= V_o \\ &= \left.\frac{R}{R+X_C}\right|_{\omega\to \infty} \cdot V_i \\ &= \left.\frac{R}{R-j\frac{1}{\omega C}}\right|_{\omega\to \infty} \cdot V_i \\ &\approx \left.\frac{R}{R}\right|_{\omega\to \infty} \cdot V_i \quad (\because -j\frac{1}{\omega C} \to -j0 \text{이므로 } R \gg |-j\frac{1}{\omega C}|) \\ &\approx V_i \end{aligned} \tag{18.11}$$

식 (18.10)에서 저주파 성분의 입력신호일수록 저항 양단의 출력전압은 $0\angle(+90^\circ)$에 수렴한다는 것을 알 수 있다. 즉 저항 양단의 출력전압의 전압크기는 0V에 수렴하고, 위상차는 +90°가 되어 입력전압의 위상에 비해 90° 앞서게 된다는 것을 알 수 있다. 또한 식 (18.11)에서 고주파 성분의 입력신호일수록 저항 양단의 출력전압은 입력전압과 동일하게 된다는 것을 알 수 있다. 즉 출력전압의 전압크기는 입력전압의 전압크기와 동일하게 되고, 위상차는 0°가 되어 입력전압과 동일한 위상이 되는 것을 알 수 있다.

그림 18-3의 RC 필터회로는 다양한 주파수 성분이 RC 직렬회로의 입력신호로 주어지는 경우 낮은 주파수 성분은 저항 양단의 전압으로 잘 통과시키지 않고, 높은 주파수 성분은 저항 양단의 전압으로 잘 통과시키는 특성이 있다. 이와 같은 특성을 갖는 필터회로가 고주파 통과 필터이다. 동일한 RC 필터회로가 단지 출력전압 단자를 바꿈으로써 전혀 다른 특성을 갖게 되므로 필터회로의 주파수 특성을 식 (18.10), 식 (18.11) 등과 같이 이론적으로 확인하는 것이 필요하다.

18.2.2 RL 필터회로

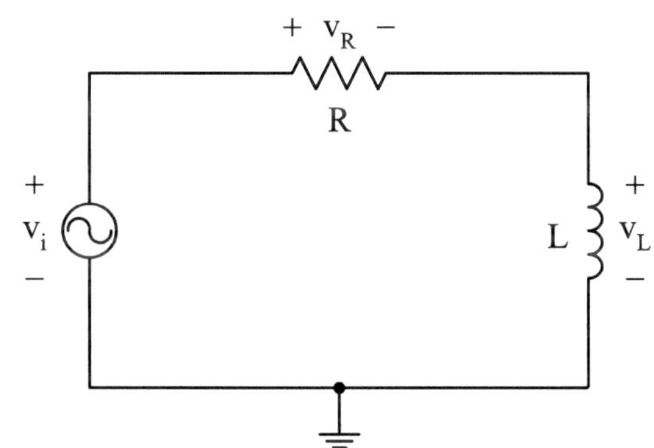

그림 18-4 RL 필터회로

그림 18-4 RL 필터회로는 RL 직렬회로와 동일한 회로이다. RL 필터회로는 인덕터의 주파수 특성을 이해하는 것이 중요하다. 인덕터의 리액턴스는 식 (18.12)와 같이 주파수에 비례하는 특성을 갖는다.

$$X_L = jX_L = j\omega L = j2\pi fL \propto f \tag{18.12}$$

RL 필터회로의 특성을 살펴보기 위해 식 (18.13)과 같이 임피던스는 복소수 형식으로 나타내고, 전압은 벡터로 표시하여 RL 필터회로의 출력전압을 나타내었다.

$$V_o = \frac{X_L}{R+X_L} \cdot V_i = \frac{j\omega L}{R+j\omega L} \cdot V_i \tag{18.13}$$

식 (18.13)에서 주파수 변화에 대한 RL 필터회로의 특성을 특징적으로 살펴보기 위해 f→0과 f→∞의 두 가지 경우에 대한 RL 필터회로의 출력전압을 각각 식 (18.14)와 식 (18.15)에서 구한다. f→0는 입력전압의 주파수 성분 중 낮은 주파수 성분에 대한 특성을 특징적으로 살펴보기 위한 것이고, f→∞는 입력전압의 주파수 성분 중 높은 주파수 성분에 대한 특성을 특징적으로 살펴보기 위한 것이다.

$$\begin{aligned} V_o|_{f\to 0} &= \left.\frac{X_L}{R+X_L}\right|_{\omega\to 0} \cdot V_i \\ &= \left.\frac{j\omega L}{R+j\omega L}\right|_{\omega\to 0} \cdot V_i \\ &\approx \left.\frac{j\omega L}{R}\right|_{\omega\to 0} \cdot V_i \quad (\because j\omega L \to j0\text{이므로 } R \gg |j\omega L|) \\ &\approx j\epsilon|_{\epsilon\to 0} \cdot V_i \\ &\approx 0\angle(+90^o) \end{aligned} \tag{18.14}$$

$$\begin{aligned} V_o|_{f\to \infty} &= \left.\frac{X_L}{R+X_L}\right|_{\omega\to \infty} \cdot V_i \\ &= \left.\frac{j\omega L}{R+j\omega L}\right|_{\omega\to \infty} \cdot V_i \\ &\approx \left.\frac{j\omega L}{j\omega L}\right|_{\omega\to \infty} \cdot V_i \quad (\because j\omega L \to j\infty\text{이므로 } R \ll |j\omega L|) \\ &\approx V_i \end{aligned} \tag{18.15}$$

식 (18.14)에서 저주파 성분의 입력신호일수록 RL 필터회로 출력전압의 전압크기는 0V에 수렴하고, 위상은 입력전압의 위상에 비해 90° 앞서게 된다. 그리고 식 (18.15)에서는 고주파 성분의 입력신호일수록 RL 필터회로의 출력전압은 입력전압의 전압크기와 동일하게 되고, 위상차는 0°가 되어 입력전압과 동일한 위상이 된다. 결론적으로 RL 필터회로는 저주파 성분은 잘 통과시키지 않고, 고주파 성분은 잘 통과시키는 특성을 갖는다. 따라서 18-4와 같은 RL 필터회로는 고주파 통과 필터(high pass filter : HPF)이다. RC 필터회로에서와 마찬가지로 RL 필터회로 역시 R과 L의 위치를 바꾸면 전혀 다른 특성의 필터회로가 된다. 그림 18-4의 RL 필터회로에서 R과 L의 위치를 서로 바꾸면 저주파 통과 필터(low pass filter : LPF)가 된다.

본 학습에서는 수동필터인 RC 필터회로와 RL 필터회로의 동작원리를 상세히 살펴보았다. 전력변환기 설계에 있어 전력변환기의 출력전압에 따라 저주파 통과 피터를 추가하거나 고주파 통과 필터를 추가할 필요가 있다. 출력전압이 지류전압인 전력변환기의 설계에 있어서 보다 이상적인 출력전압을 얻기 위해서는 저주파 통과 필터인 수동필터가 필요하고, 출력전압이 교류전압인 전력변환기의 설계에 있어서는 보다 이상적인 출력전압을 얻기 위해서는 고주파 통과 필터인 수동필터가 필요하다.

18.3 수행내용 / 부품 및 장비

부품 및 장비		규격 및 수량	
부 품	서앙	1kΩ	1개
	커패시터	0.047μF	1개
장 비		신호발생기(signal generator)	
		오실로스코프(oscilloscope)	
		디지털 멀티미터(DMM)	
		브레드 보드(bread board)	
기 타		jumper wire	
		wire stripper(또는 nipper)	

18.4 수행내용 / 수행순서

실험 1. RC 필터회로 실험

① 신호발생기와 오실로스코프를 이용하여 신호발생기 정현파 출력의 최대값(V_m)이 3V이고, 주파수가 2kHz인 교류전압이 되도록 조정하여라.

② 실험단계 ①에서 정확히 조정한 신호발생기의 정현파 교류전압을 그림 18-5 RC 필터회로의 입력전압 v_i로 인가하여라. 그림 18-5의 실험회로에서 R=1kΩ, C=0.047μF를 이용하여 실험회로를 구성하여라.

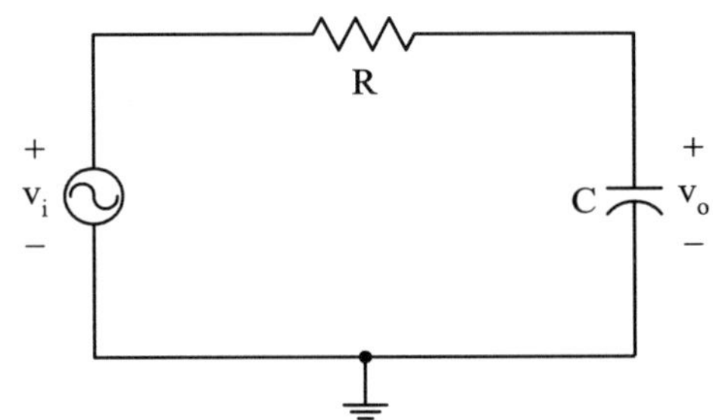

그림 18-5 RC 필터회로(저주파 통과 필터) 실험회로

③ 그림 18-5의 실험회로에서 입력전압 v_i와 출력전압 v_o의 전압파형을 오실로스코프 듀얼모드 이용해 측정하여 표 18-2에 기재하여라.

④ 실험단계 ③의 출력전압 v_o의 최대값 V_{om}과 위상차 θ_o를 정확히 측정하여 표 18-1에 기재하여라. 위상차 θ_o는 입력전압 v_i를 0^o기준으로 하여 기재하고, 위상차가 지상인 경우는 (−)부호, 진상인 경우는 (+)부호를 위상각에 반드시 표시하여라.
또한 커패시터 출력전압 v_o의 최대값 V_{om}과 위상차 θ_o의 이론값을 계산하여 표 18-1에 기재하고, 이론값이 측정값과 일치하는지 비교하여라.

⑤ 그림 18-5의 실험회로에서 R=1kΩ, C=0.047μF, 입력전압의 최대값 V_m=3V는 모두 그대로 두고, 입력전압의 주파수만 20kHz로 변경한 후 실험단계 ③, ④을 반복하여라.

⑥ 실험단계 ③, ④, ⑤는 RC 필터회로에서 입력전압의 주파수만 f=2kHz에서 f=20kHz로 변화시킨 실험이다. 표 18-1에 기재한 실험 데이터와 표 18-2에 기재한 실험파형에서 출력전압 v_o의 최대값과 위상의 증감 변화를 관찰하고, 이와 같은 변화가 타당한지 검토하여라.

⑦ 그림 18-5의 실험회로에서 R=1kΩ과 C=0.047μF의 위치만을 서로 바꾸어 그림 18-6의 고주파 통과 필터 실험회로를 구성하여라.

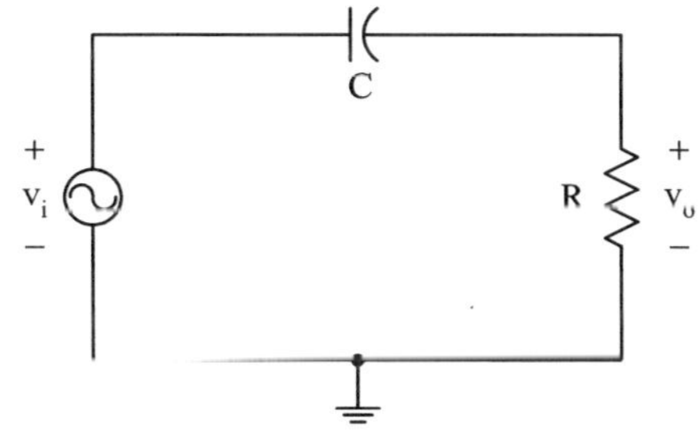

그림 18-6 RC 필터회로(고주파 통과 필터) 실험회로

⑧ 그림 18-6의 실험회로에서 입력전압 v_i와 출력전압 v_o의 전압파형을 오실로스코프 듀얼모드를 이용해 측정하여 표 18-3에 기재하여라.

⑨ 실험단계 ⑧의 저항 양단의 출력전압 v_o의 최대값 V_{om}과 위상차 θ_o를 정확히 측정하여 표 18-1에 기재하여라. 위상차 θ_o는 입력전압 v_i를 0°기준으로 하여 기재하고, 위상차가 지상인 경우는 (−)부호, 진상인 경우는 (+)부호를 위상각에 반드시 표시하여라.
또한 저항 양단 출력전압 v_o의 최대값 V_{om}과 위상차 θ_o의 이론값을 계산하여 표 18-1에 기재하고, 이론값이 측정값과 일치하는지 비교하여라.

⑩ 그림 18-6의 실험회로에서 R=1kΩ, C=0.047μF, 입력전압의 최대값 V_m=3V는 모두 그대로 두고, 입력전압의 주파수만 2kHz로 변경한 후 실험단계 ⑧, ⑨를 반복하여라.

⑪ 실험단계 ⑧, ⑨, ⑩은 RC 필터회로(고주파 통과 필터)에서 입력전압의 주파수만 f=20kHz에서 f=2kHz로 변화시킨 실험이다. 표 18-1에 기재한 실험 데이터와 표 18-3에 기재한 실험파형에서 출력전압 v_o의 최대값과 위상의 증감 변화를 관찰하고, 이와 같은 변화가 타당한지 검토하여라.

18.5 수행결과

실험 1. RC 필터회로 실험

표 18-1 RC 필터회로 실험 데이터

실험단계	구분	측정값		이론값		이론값과 측정값의 일치여부
		V_{om}	θ_o	V_{om}	θ_o	
④	f=2kHz					
⑤	f=20kHz					
⑥	③, ④, ⑤ 실험결과의 타당성					
⑩	f=2kHz					
⑨	f=20kHz					
⑪	⑧, ⑨, ⑩ 실험결과의 타당성					

표 18-2 RC 필터회로 실험파형 (실험단계 ③,⑤)

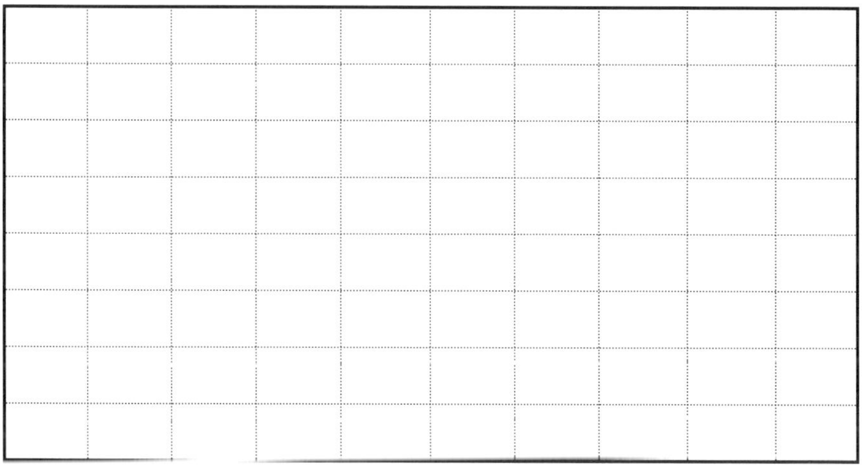

● 전압 스케일 : 1V/div ● 시간 스케일 : 0.1ms/div

(a) f=2kHz인 실험단계 ③의 v_i, v_o 전압파형 (R=1kΩ, C=0.047μF)

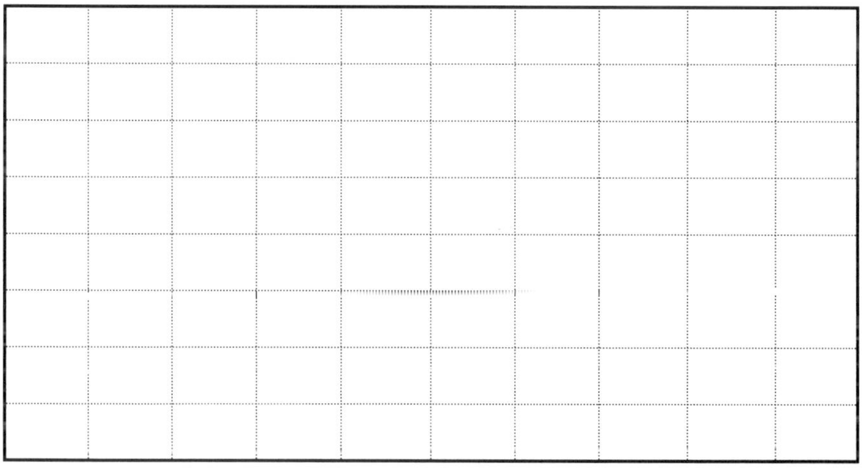

● 전압 스케일 : 1V/div ● 시간 스케일 : 10μs/div

(b) f=20kHz인 실험단계 ⑤의 v_i, v_o 전압파형 (R=1kΩ, C=0.047μF)

표 18-3 RC 필터회로 실험파형 (실험단계 ⑧,⑩)

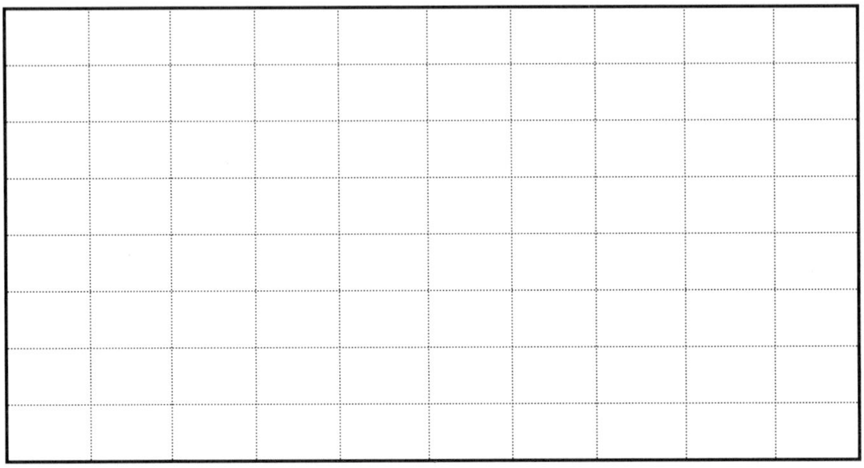

● 전압 스케일 : 1V/div ● 시간 스케일 : 0.1ms/div

(a) f=2kHz인 실험단계 ⑩의 v_i, v_o 전압파형 (R=1kΩ, C=0.047μF)

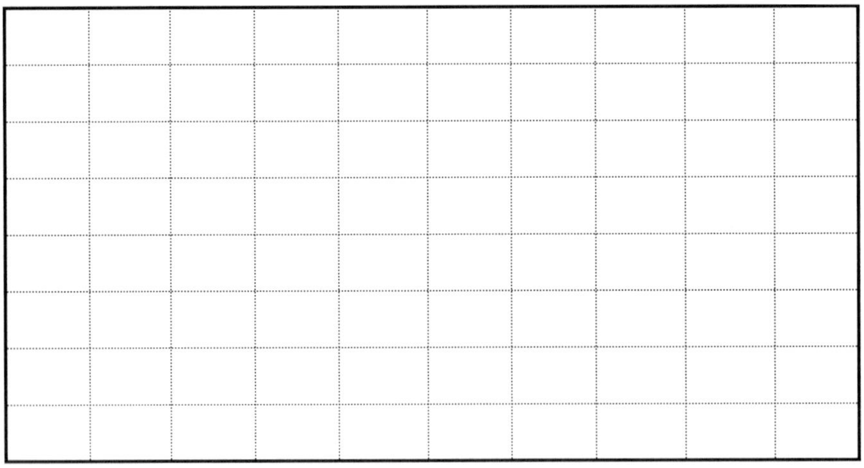

● 전압 스케일 : 1V/div ● 시간 스케일 : 10μs/div

(b) f=20kHz인 실험단계 ⑧의 v_i, v_o 전압파형 (R=1kΩ, C=0.047μF)

18.6 평가문제

1 그림 18-5 실험회로의 실험단계 ④, ⑤의 입력전압의 페이저 $\mathbf{V}_i=V_m\angle\theta$, 주파수 f, 저항 R, 커패시터 C를 표 18-4에 정리하였다. 각 실험단계에 대하여 출력전압(커패시터 출력전압)의 페이저 $\mathbf{V}_o=V_{om}\angle\theta_o$의 이론값을 구하는 계산과정을 상세히 기재하고, 계산결과를 표 18-4에 기재하여라. 또한 계산결과를 표 18-1의 해당 실험단계의 이론값으로 동일하게 기재하고, 이론값과 실험값이 일치하는지 비교하여 표 18-1에 기재하여라.

표 18-4 RC 필터회로(LPF)의 출력전압의 페이저(phasor)

실험단계	입력전압		R	C	출력전압 $V_o=V_{om}\angle\theta_o$	
	$V_i=V_m\angle\theta$	f			V_{om} [V]	θ_o [deg]
④	$3\angle 0^\circ$	2kHz	R=1kΩ	C=0.047μF		
⑤		20kHz				

2 그림 18-6 실험회로의 실험단계 ⑨, ⑩의 입력전압의 페이저 $\mathbf{V}_i=V_m\angle\theta$, 주파수 f, 저항 R, 커패시터 C를 표 18-5에 정리하였다. 각 실험단계에 대하여 출력전압(저항 양단의 출력전압)의 페이저 $\mathbf{V}_o=V_{om}\angle\theta_o$의 이론값을 구하는 계산과정을 상세히 기재하고, 계산결과를 표 18-5에 기재하여라. 또한 계산결과를 표 18-1의 해당 실험단계의 이론값으로 동일하게 기재하고, 이론값과 실험값이 일치하는지 비교하여 표 18-1에 기재하여라.

표 18-5 RC 필터회로(HPF)의 출력전압의 페이저(phasor)

실험단계	입력전압		R	C	출력전압 $V_o=V_{om}\angle\theta_o$	
	$V_i=V_m\angle\theta$	f			V_{om} [V]	θ_o [deg]
⑩	$3\angle 0^\circ$	2kHz	R=1kΩ	C=0.047μF		
⑨		20kHz				

3 그림 18-7은 그림 18-1에서 R과 C의 위치를 변경한 RC 필터회로이다. 입력전압 v_i에 낮은 주파수($f \to 0$) 성분이 인가되는 경우 출력전압 v_o는 어떤 값에 수렴하는지 유도하여라.

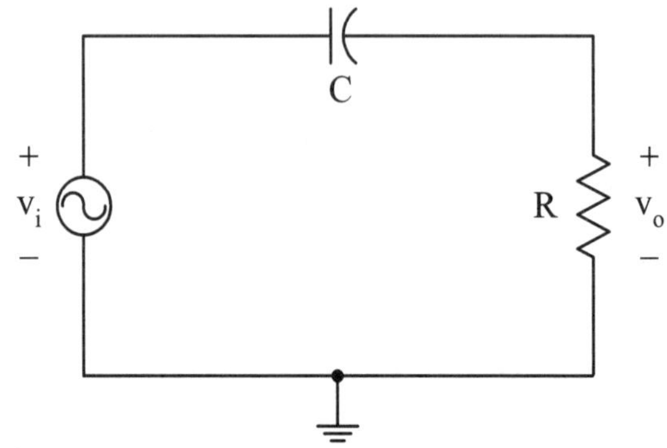

그림 18-7 R과 C의 위치를 변경한 RC 필터회로

4 그림 18-7의 RC 필터회로에서 입력전압 v_i에 높은 주파수($f \to \infty$) 성분이 인가되는 경우 출력전압 v_o는 어떤 값에 수렴하는지 유도하여라.
또한 평가문제 **3**, **4**의 결과를 종합하여 그림 18-7의 RC 필터회로가 결과적으로 저주파 통과 필터회로인지 고주파 통과 필터회로인지 답하여라.

5 그림 18-4의 RL 필터회로에서 R과 L의 위치를 변경한 RL 필터회로는 저주파 통과 필터(LPF)가 되는 이유를 설명하여라.

6 전력변환기 설계를 위해 전력변환기의 출력전압이 직류전압인 경우는 저주파 통과 필터인 적절한 수동필터를 사용해야 하고, 전력변환기의 출력전압이 교류전압인 경우는 고주파 통과 필터인 적절한 수동필터를 사용해야 하는 이유를 설명하여라.

7 실험에 대한 종합결론을 정리하고, 학습목표 성취도에 대해 학습자 스스로 평가하여라. 성취도는 A(우수), B(보통), C(미흡)의 3단계로 구분하여 평가하여라.

학습

19. 미분회로 실험하기

19.1 학 습 목 표

- ▣ 라플라스 변환을 이용하여 RL 직렬회로의 미분회로를 해석할 수 있다.
- ▣ 변환기 응답특성을 확인할 수 있다. (1901080306_16v3.2.5)

19.2 필 요 지 식

19.2.1 라플라스 변환을 이용한 RL 직렬회로 해석

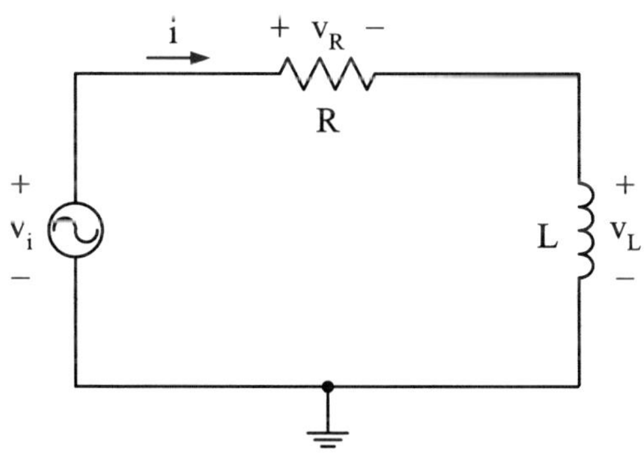

그림 19-1 RL 직렬회로

그림 19-1의 RL 직렬회로에서 입력전압과 인덕터 전압 사이의 관계식을 구한다. 입력전압 v_i와 인덕터 전압 v_L 사이의 관계식을 구하기 위해 그림 19-1의 RL 직렬회로에서 식 (19.1), 식 (19.2)와 같은 2개의 전압방정식을 세울 수 있다.

$$Ri(t) + L\frac{di(t)}{dt} = v_i(t) \tag{19.1}$$

$$v_L(t) = L\frac{di(t)}{dt} \tag{19.2}$$

식 (19.1), 식 (19.2)와 같은 미분방정식은 라플라스 변환(Laplace transform)을 이용하면 보다 쉽고 정확하게 해석할 수 있다. 따라서 본 실험에서는 라플라스 변환을 이용하여 회로를 해석한다. 식 (19.1), 식 (19.2)를 라플라스 변환하면 각각 식 (19.3), 식 (19.4)와 같다.

$$RI(s) + LsI(s) = V_i(s) \tag{19.3}$$

$$V_L(s) = LsI(s) \tag{19.4}$$

식 (19.3)에서 I(s)를 구하여 식 (19.4)에 대입하여 정리하면 식 (19.5)와 같다.

$$\begin{aligned} V_L(s) &= LsI(s) \\ &= Ls \cdot \frac{V_i(s)}{R + Ls} \\ &= \frac{Ls}{Ls + R}V_i(s) \end{aligned} \tag{19.5}$$

식 (19.5)는 라플라스 변환식으로 나타낸 입력전압과 인덕터 전압의 관계식이다. 입력전압 $v_i(t)$가 구체적으로 주어지면 입력전압의 라플라스 변환식 $V_i(s)$를 구할 수 있고, 이를 식 (19.5)에 대입한 후 라플라스 역변환(inverse Laplace transform)하면 시간영역에서의 입력전압 $v_i(t)$와 인덕터 전압 $v_L(t)$ 사이의 관계식을 구할 수 있다. 예를 들어 입력전압이 $v_i(t)$=10V의 직류전압인 경우 식 (19.5)를 이용하여 인덕터 전압 $v_L(t)$를 구해보자. 식 (19.6)은 입력전압 $v_i(t)$=10V의 라플라스 변환식 $V_i(s)$이다.

$$v_i(t) = 10 \quad \rightarrow \quad V_i(s) = \frac{10}{s} \tag{19.6}$$

식 (19.6)을 식 (19.5)에 대입하여 정리하면 식 (19.7)과 같다.

$$\begin{aligned} V_L(s) &= \frac{Ls}{Ls+R} V_i(s) \\ &= \frac{Ls}{Ls+R} \cdot \frac{10}{s} \\ &= \frac{10L}{Ls+R} \\ &= \frac{10}{s+\frac{R}{L}} \end{aligned} \tag{19.7}$$

라플라스 역변환을 위해 일반적으로 부분분수 전개법을 이용한다. 그러나 식 (19.7)은 부분분수 전개법을 이용하지 않고서도 라플라스 역변환을 할 수 있다. 식 (19.7)을 라플라스 역변환하여 인덕터 전압 $v_L(t)$를 구하면 식 (19.8)과 같다.

$$\begin{aligned} v_L(t) &= \mathcal{L}^{-1}\left(\frac{10}{s+\frac{R}{L}}\right) \\ &= 10e^{-\frac{R}{L}t} \end{aligned} \tag{19.8}$$

입력전압이 $v_i(t)=10$V와 같이 구체적으로 주어지면 식 (19.5)를 이용하여 인덕터 전압 $v_L(t)$를 식 (19.8)과 같이 구할 수 있지만 입력전압이 구체적으로 주어지지 않은 경우는 인덕터 전압을 구하기 어렵다. 그러나 이제 입력전압이 구체적으로 주어지지 않은 임의의 입력전압인 경우에 대하여 그림 19-1의 RL 직렬회로가 어떤 특성을 갖는지를 식 (19.5)를 이용하여 해석하고자 한다.

식 (19.5)를 살펴보면 식 (19.5)는 Ls와 R의 크기(절대값)에 따라 크게 2가지로 나눌 수 있다. 즉 라플라스 변환에서 복소변수 s는 s=jω이므로 식 (19.5)의 라플라스 변환식은 Ls와 R의 크기에 따라 $|Ls|(=|j\omega L|) \gg R$인 경우와 $|Ls|(=|j\omega L|) \ll R$인 경우의 2가지로 나눌 수 있다. 그리고 Ls의 크기는 입력전압의 주파수 f가 중요한 역

할을 하는 것을 알 수 있다.

첫 번째로 $|Ls|(=|j\omega L|) \gg R$인 경우에 대하여 살펴본다. $|Ls| \gg R$인 경우는 주파수 f가 증가하여 각주파수 $\omega=2\pi f$가 큰 값이 되는 경우이다. 즉 입력전압의 주파수가 증가할수록 $|Ls|(=|j\omega L|) \gg R$인 경우가 된다. 식 (19.9)는 $|Ls| \gg R$인 경우의 $V_i(s)$와 $V_L(s)$의 관계식이다. 식 (19.9)를 라플라스 역변환하면 식 (19.10)과 같이 시간영역에서의 입력전압 v_i와 인덕터 전압 v_L 사이의 관계식을 구할 수 있다.

$$\begin{aligned} V_L(s) &= \frac{Ls}{Ls+R}V_i(s) \\ &\simeq \frac{Ls}{Ls}V_i(s) \qquad (\because\ |Ls| \gg R\text{인 경우}) \\ &= V_i(s) \end{aligned} \tag{19.9}$$

$$V_L(s) \simeq V_i(s) \quad \rightarrow \quad v_L(t) \simeq v_i(t) \tag{19.10}$$

두 번째로 $|Ls|(=|j\omega L|) \ll R$인 경우에 대하여 살펴본다. $|Ls| \ll R$인 경우는 주파수 f가 감소하여 각주파수 $\omega=2\pi f$가 작은 값이 되는 경우이다. 즉 입력전압의 주파수가 감소할수록 $|Ls|(=|j\omega L|) \ll R$인 경우가 된다. 식 (19.11)은 $|Ls| \ll R$인 경우의 $V_i(s)$와 $V_L(s)$의 관계식이다. 식 (19.11)을 라플라스 역변환하면 식 (19.12)와 같이 시간영역에서의 입력전압 v_i와 인덕터 전압 v_L 사이의 관계식을 구할 수 있다. 식 (19.12)는 입력전압을 미분하여 출력전압인 인덕터 전압이 되는 특성을 갖는다. 이와 같이 입력전압과 출력전압이 서로 미분 관계를 갖는 회로를 미분회로라고 한다. RL 직렬회로는 $|Ls|(=|j\omega L|) \ll R$인 입력전압의 주파수 범위에서 미분회로로 동작한다. 이와 같이 라플라스 변환을 이용하면 전기회로의 시간영역 해석을 쉽게 할 수 있다.

$$\begin{aligned} V_L(s) &= \frac{Ls}{Ls+R}V_i(s) \\ &\simeq \frac{Ls}{R}V_i(s) \qquad (\because\ |Ls| \ll R\text{인 경우}) \end{aligned} \tag{19.11}$$

$$V_L(s) \simeq \frac{L}{R}\{sV_i(s)\} \quad \rightarrow \quad v_L(t) \simeq \frac{L}{R}\frac{dv_i(t)}{dt} \tag{19.12}$$

19.2.2 RL 직렬회로의 미분회로 동작

라플라스 변환을 이용한 RL 직렬회로의 해석을 19.2.1절에서 살펴보았다. 라플라스 변환을 이용하여 해석한 결과 RL 직렬회로는 낮은 입력 주파수에 대해 미분회로의 특성을 가진다는 것을 알았다. 이제 그림 19-2와 같이 R=1kΩ, L=0.1H인 RL 직렬회로에 대한 미분회로 특성 등을 실험파형을 통해 직접 확인하고자 한다.

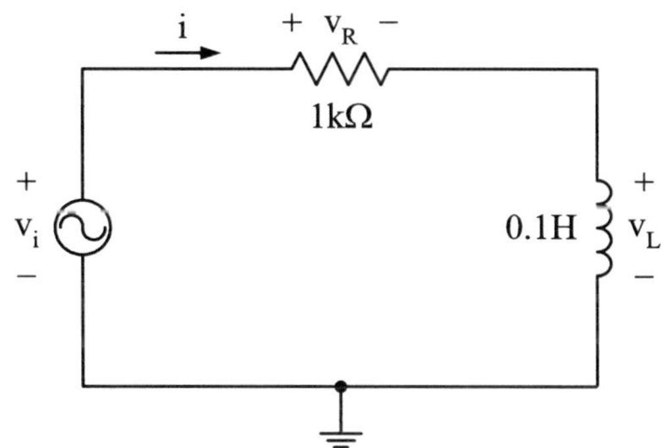

그림 19-2 RL 직렬회로 (R=1kΩ, L=0.1H)

RL 직렬회로의 특성은 식 (19.5)의 라플라스 변환식에서 Ls와 R의 크기에 의해 좌우된다. 즉 $|Ls|(=|j\omega L|) \gg R$인지 또는 $|Ls|(=|j\omega L|) \ll R$인지에 의해 특성이 결정된다. 따라서 $|Ls|(=|j\omega L|) = R$이 되는 임계 주파수(critical frequency) f_c를 구하는 것은 RL 직렬회로의 특성을 파악하는데 있어 매우 중요하다. 그림 19-2 RL 직렬회로의 임계 주파수를 구하면 식 (19.13)과 같다.

$$\omega_c L = 2\pi f_c L = R \quad \rightarrow \quad f_c = \frac{R}{2\pi L} = \frac{1k\Omega}{2\pi \times 0.1\text{H}} = 1592\text{Hz} \tag{19.13}$$

$|Ls|(=|j\omega L|) \ll R$인 경우는 입력 주파수가 f_c=1592Hz보다 작은 경우이다. 이와 같은 입력 주파수에 대해 RL 직렬회로는 미분회로로 동작한다. 또한 $|Ls|(=|j\omega L|) \gg R$인 경우는 입력 주파수가 f_c=1592Hz보다 큰 경우이다. 이와 같은 입력 주파수에 대해 RL 직렬회로는 식 (19.10)에 의해 $v_L(t) \simeq v_i(t)$의 특성을 가진다. 그림 19-2의 RL 직렬회로에서 입력전압의 최대값은 3V로 고정시키고, 다양한 주파수의 구형파 교류전압을 인가한 경우의 인덕터 전압을 측정하여 그림 19-3에 나타내었다.

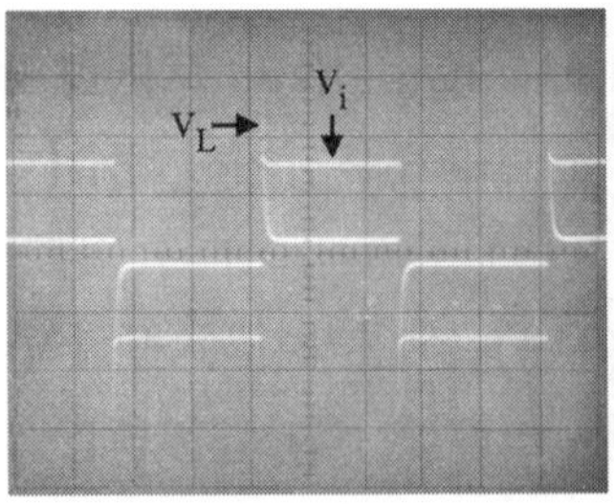

(a) f=100Hz

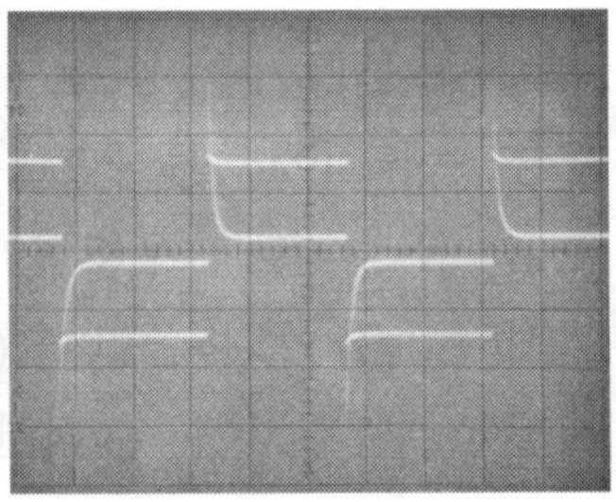

(b) f=200Hz

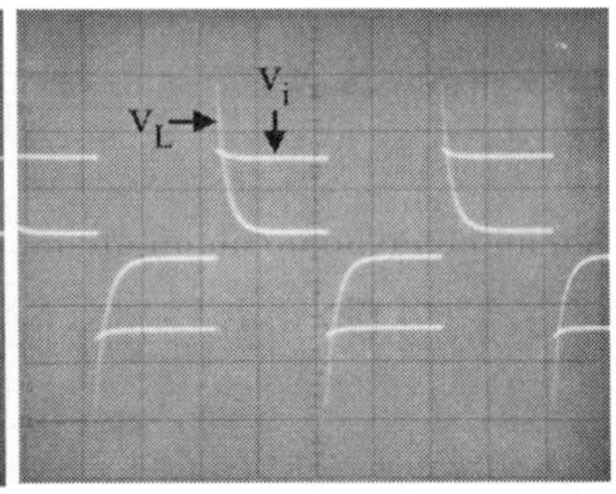

(c) f=500Hz

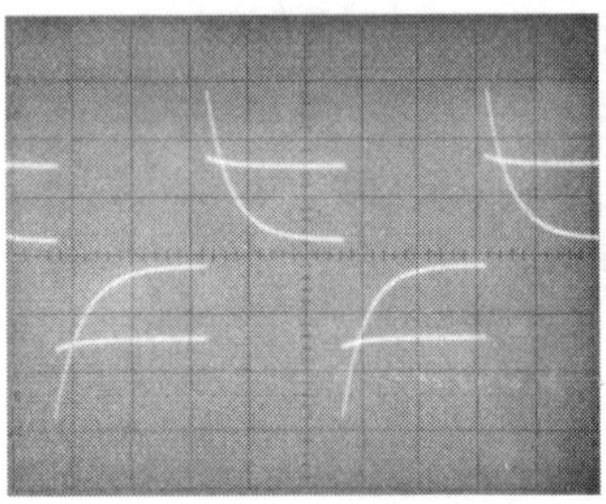

(d) f=1kHz

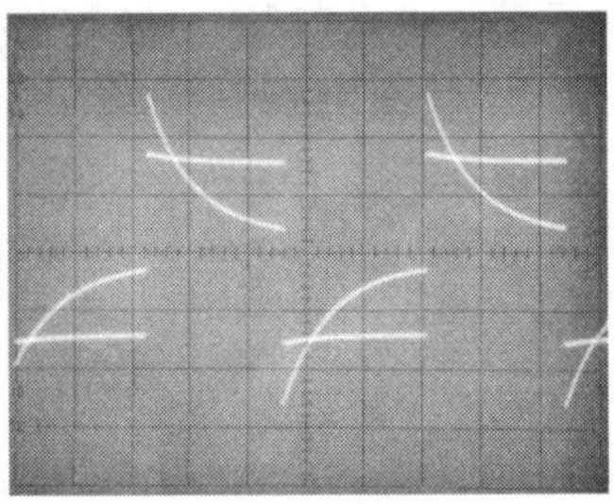

(e) f=2kHz

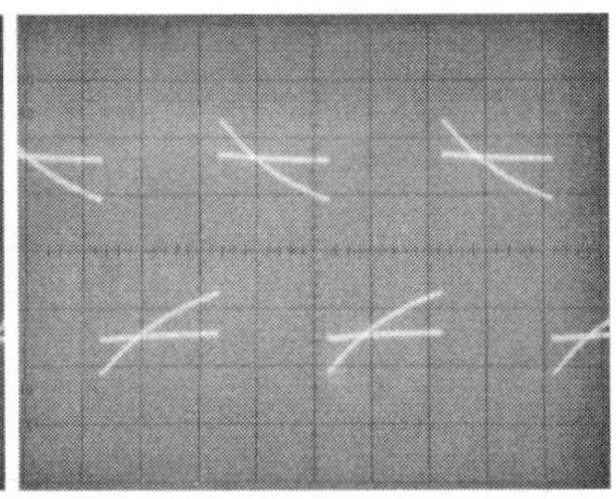

(f) f=5kHz

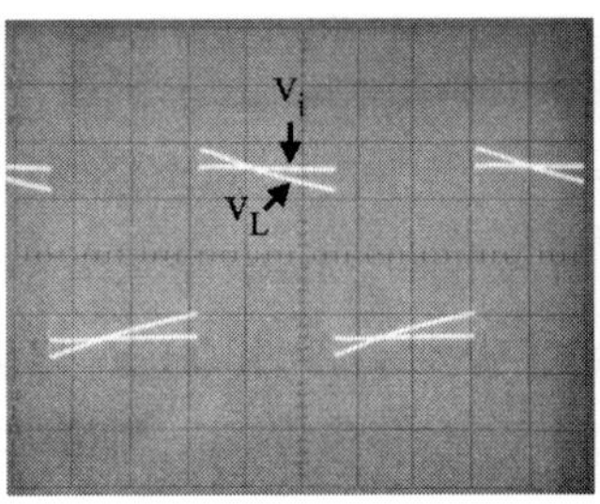

(g) f=10kHz

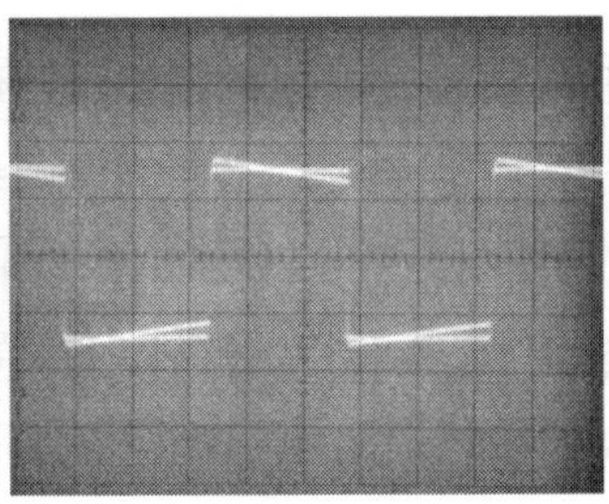

(h) f=20kHz

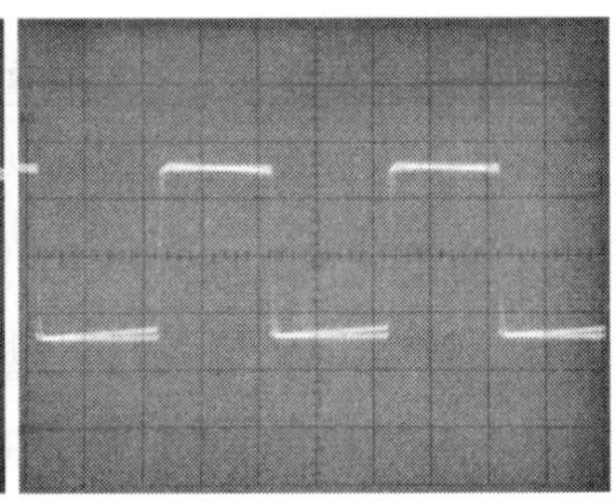

(i) f=50kHz

그림 19-3 RL 직렬회로의 입력 주파수 변화에 따른 인덕터 전압(v_L)의 변화
(RL 직렬회로 : V_m=3V, R=1kΩ, L=0.1H)

그림 19-3(a)~(c)는 $|Ls| \ll R$인 경우로 구형파 입력전압에 대해 인덕터 전압이 미분회로 동작을 한다. 또한 그림 19-3(d)~(f)는 $|Ls|$와 R의 크기가 크게 차이가 나지 않는 경우로 미분회로 동작이 상당히 약화된 것을 알 수 있다. 그리고 그림 19-3(g)~(i)는 $|Ls| \gg R$인 경우로 인덕터 전압이 구형파 입력전압과 거의 동일한 것을 알 수 있다. 그림 19-3의 실험파형에서 확인할 수 있는 바와 같이 임계 주파수보다 작은 입력 주파수 범위에서 RL 직렬회로는 미분회로 동작을 한다.

표 19-1에 RL 직렬회로의 미분회로 응답특성을 정리하였다. 학습 15 RL 직렬회로 실험하기, 학습 18 필터회로 실험하기의 RL 필터회로, 학습 19 미분회로 실험하기는 모두 RL 직렬회로를 기본으로 하는 회로이다. RL 직렬회로를 정확하게 해석하고 이해함으로써 RL 직렬회로의 필터회로 기능과 미분회로 기능을 이해할 수 있다.

입력신호를 미분하여 출력으로 나타나는 미분회로는 자동제어 시스템에서 사용하는 중요한 제어요소이다. 본 학습에서는 인덕터 리액턴스의 주파수 특성, 페이저 표시법, 라플라스 변환 등을 이용하여 변환기인 RL 미분회로의 응답특성을 정확히 해석하고 실험을 통해 확인할 수 있다.

표 19-1 RL 직렬회로의 미분회로 특성

구분	$s(=j\omega) \to 0$ 식 (19.11), 식 (19.12)	$s(=j\omega) \to \infty$ 식 (19.9), 식 (19.10)
RL 직렬회로	$v_L(t) \simeq \frac{L}{R}\frac{dv_i(t)}{dt}$	$v_L(t) \simeq v_i(t)$

19.3 수행내용 / 부품 및 장비

부품 및 장비		규격 및 수량	
부 품	저항	2.2kΩ	1개
	인덕터	0.1H	1개
장 비		신호발생기(signal generator)	
		오실로스코프(oscilloscope)	
		디지털 멀티미터(DMM)	
		브레드 보드(bread board)	
기 타		jumper wire	
		wire stripper(또는 nipper)	

19.4 수행내용 / 수행순서

실험 1. RL 직렬회로를 이용한 미분회로 실험

① 신호발생기와 오실로스코프를 이용하여 신호발생기 구형파 출력의 최대값(V_m)이 3V이고, 주파수는 임의인 교류전압이 되도록 조정하여라. 입력전압이 정현파가 아니고, 구형파임에 주의하여라.

② 실험단계 ①에서 조정한 신호발생기의 구형파 교류전압을 입력전압 v_i로 사용하여 그림 19-4의 실험회로를 구성하여라. 그림 19-4의 실험회로에서 R=2.2kΩ, L=0.1H를 이용하여 실험회로를 구성하여라.

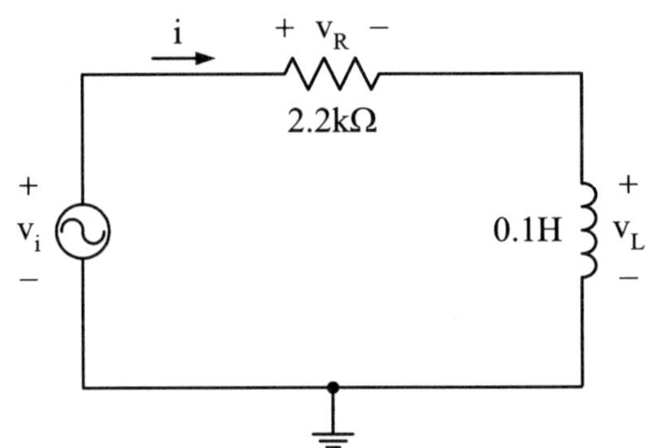

그림 19-4 RL 직렬회로를 이용한 미분회로 실험회로

③ 그림 19-4의 실험회로에서 R=ωL이 되는 임계 주파수를 구하면 f_c=3.5kHz이다. 식 (19.13)을 이용하여 임계 주파수가 3.5kHz인지를 확인하여라.

④ 실험단계 ①에서 임의의 주파수로 조정되어 있는 구형파 입력전압의 주파수를 임계 주파수의 10%에 해당하는 f=0.1f_c=350Hz가 되도록 조정하여라. 즉 입력 주파수가 임계 주파수보다 충분히 낮은 주파수가 되도록 입력 주파수를 350Hz로 조정하여라.

⑤ 그림 19-4의 실험회로에서 입력전압 v_i와 인덕터 전압 v_L의 전압파형을

오실로스코프의 듀얼모드를 이용해 측정하여 표 19-2에 기재하여라. 오실로스코프는 듀얼모드를 이용하여 CH1은 입력전압 v_i, CH2는 인덕터 전압 v_L을 동시에 측정하여라. 또한 입력전압과 인덕터 전압의 정확한 비교를 위해 CH1과 CH2의 접지(GND) 전압 위치가 모두 오실로스코프 화면의 가운데가 되도록 CH1과 CH2 각각의 수직 위치조정기를 조정하고, 전압 스케일 역시 동일하게 설정하여라.

⑥ 입력전압의 주파수를 임계 주파수의 50%에 해당하는 $f=0.5f_c=1750Hz$가 되도록 조정하고, 실험단계 ⑤를 반복하여라.

⑦ 입력전압의 주파수가 임계 주파수와 동일한 $f=f_c=3.5kHz$가 되도록 조정하고, 실험단계 ⑤를 반복하여라.

⑧ 입력전압의 주파수를 임계 주파수의 10배에 해당하는 $f=10f_c=35kHz$가 되도록 조정하여라. 즉 입력 주파수가 임계 주파수보다 충분히 높은 주파수가 되도록 입력 주파수를 35kHz로 조정하고, 실험단계 ⑤를 반복하여라.

⑨ 표 19-2의 4개의 실험파형 중에서 가장 확실하게 미분회로 동작을 하는 실험파형을 1개 선택하고, 해당하는 실험파형의 입력 주파수를 표 19-3에 기재하여라.

⑩ 표 19-2의 4개의 실험파형 중에서 인덕터 전압이 입력전압과 가장 비슷한 실험파형을 1개 선택하고, 해당하는 실험파형의 입력 주파수를 표 19-3에 기재하여라.

19.5 수행결과

실험 1. RL 직렬회로를 이용한 미분회로 실험

표 19-2 RL 직렬회로를 이용한 미분회로 실험파형(실험단계 ⑤⑥⑦⑧)

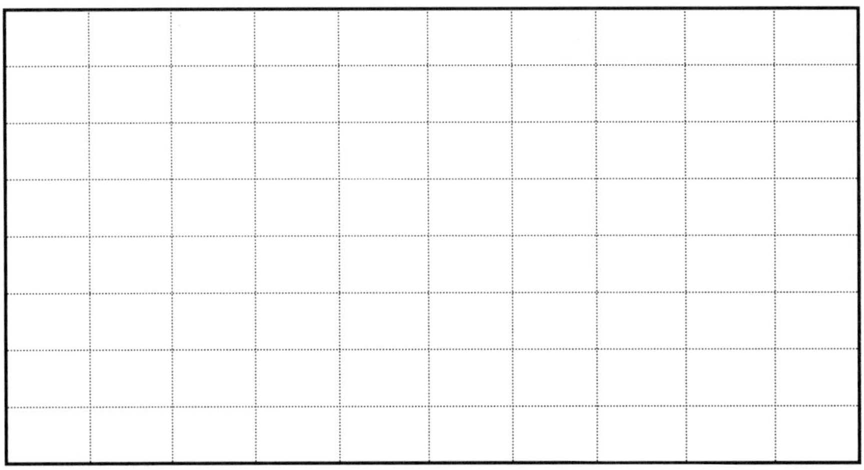

● 전압 스케일 : 2V/div ● 시간 스케일 : 0.5ms/div

(a) $f=0.1f_c=350Hz$인 실험단계 ⑤의 v_i, v_L 전압파형

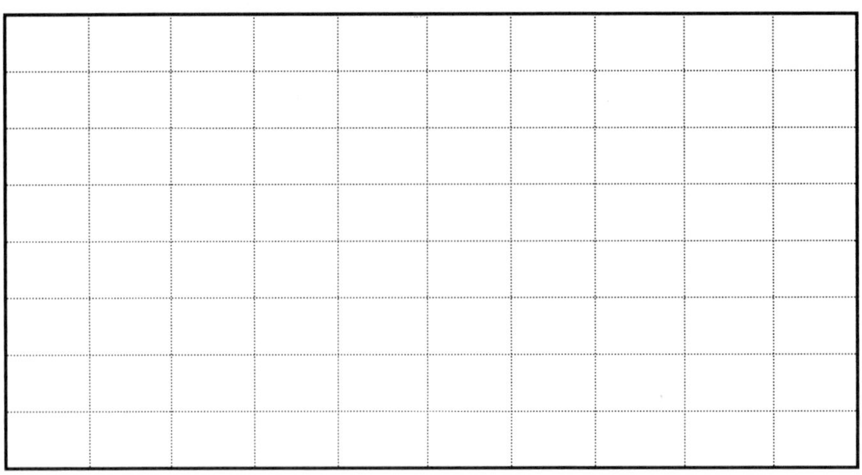

● 전압 스케일 : 2V/div ● 시간 스케일 : 0.1ms/div

(b) $f=0.5f_c=1750Hz$인 실험단계 ⑥의 v_i, v_L 전압파형

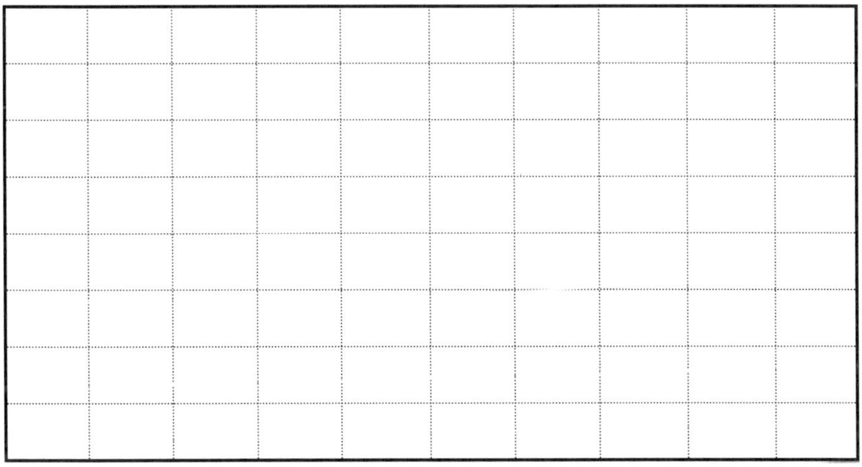

● 전압 스케일 : 2V/div ● 시간 스케일 : 50μs/div

(c) $f=f_c$=3.5kHz인 실험단계 ⑦의 v_i, v_L 전압파형

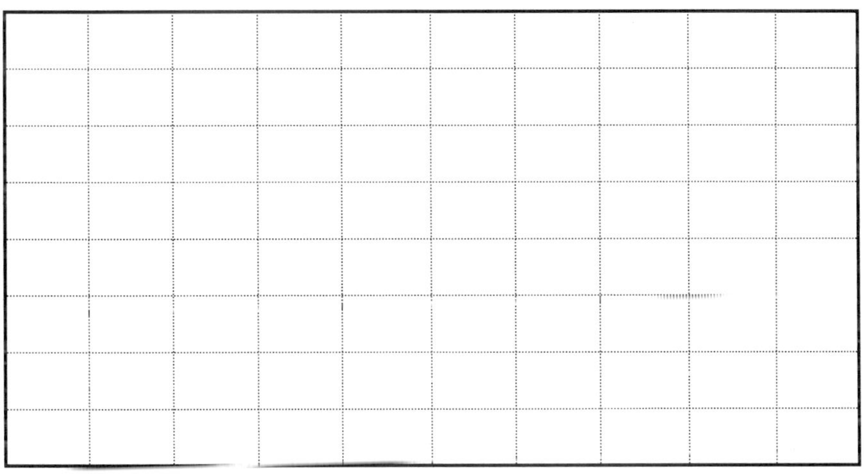

● 전압 스케일 : 2V/div ● 시간 스케일 : 5μs/div

(d) $f=10f_c$=35kHz인 실험단계 ⑧의 v_i, v_L 전압파형

표 19-3 미분회로 실험 데이터

실험단계	실험내용	실험결과	참고사항
⑨	가장 확실하게 미분회로 동작을 하는 실험파형의 입력 주파수		표 19-2의 (a)~(d)에서 해당하는 실험파형의 입력 주파수를 기재
⑩	인덕터 전압과 입력전압이 가장 비슷한 실험 파형의 입력 주파수		

19.6 평가문제

1 실험 1은 R=ωL의 임계 주파수를 기준으로 4가지 종류의 입력 주파수를 인가한 경우 RL 직렬회로의 인덕터 출력전압 파형을 측정한 실험이다. 표 19-2의 실험파형에서 입력 주파수가 낮아질수록 RL 직렬회로가 어떤 특성을 나타내는지 설명하고, 그 이유를 라플라스 변환을 이용하여 설명하여라.

2 그림 19-1 RL 직렬회로는 그림 18-4 RL 필터회로와 동일한 회로이다. 즉 동일한 RL 직렬회로를 학습 18은 필터회로 특성을 살펴보고, 학습 19는 미분회로 특성을 살펴본 것이다. 낮은 입력 주파수(f→0) 성분에 대해 그림 19-1 RL 직렬회로의 필터회로로서의 응답특성과 미분회로로서의 응답특성을 식을 이용하여 각각 설명하여라.

3 그림 19-1 RL 직렬회로는 그림 18-4 RL 필터회로와 동일한 회로이다. 즉 동일한 RL 직렬회로를 학습 18은 필터회로 특성을 살펴보고, 학습 19는 미분회로 특성을 살펴본 것이다. 높은 입력 주파수(f→∞) 성분에 대해 그림 19-1 RL 직렬회로의 필터회로로서의 응답특성과 미분회로로서의 응답특성을 식을 이용하여 각각 설명하여라.

4 RL 직렬회로의 미분회로 동작에서 임계 주파수 f_c의 의미를 설명하고, 임계 주파수 f_c를 구하는 식이 어떻게 유도된 식인지를 설명하여라.

5 그림 19-5는 스위치가 부착된 RL 직렬회로이다. 그림 19-5와 같은 RL 직렬회로를 t=0에서 스위치 SW를 닫는 경우 인덕터 전압 v_L을 라플라스 변환을 이용하여 구하여라. 라플라스 변환을 이용한 과도현상 해석을 위해 19.2.1절의 식 (19.1)에서 식 (19.8)을 참고하여라.

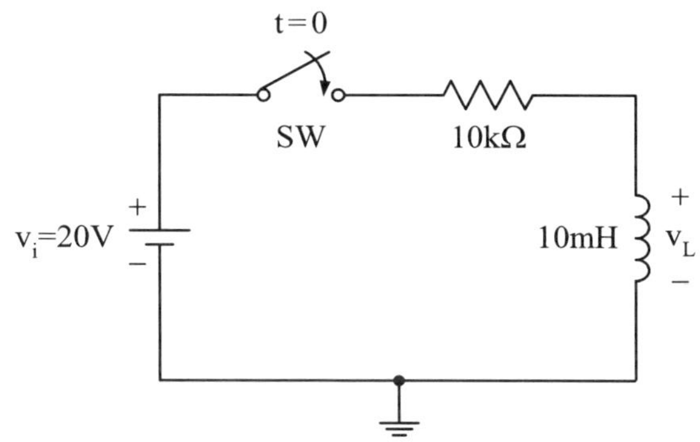

그림 19-5 라플라스 변환을 이용한 RL 직렬회로 해석

6 실험에 대한 종합결론을 정리하고, 학습목표 성취도에 대해 학습자 스스로 평가하여라. 성취도는 A(우수), B(보통), C(미흡)의 3단계로 구분하여 평가하여라.

NOTE

학습

20. 적분회로 실험하기

20.1 학 습 목 표

▣ 리플라스 변환을 이용하여 RC 식렬회로의 적분회로를 해석할 수 있다.
▣ 변환기 응답특성을 확인할 수 있다. (1901080306_16v3.2.5)

20.2 필 요 지 식

20.2.1 라플라스 변환을 이용한 RC 직렬회로 해석

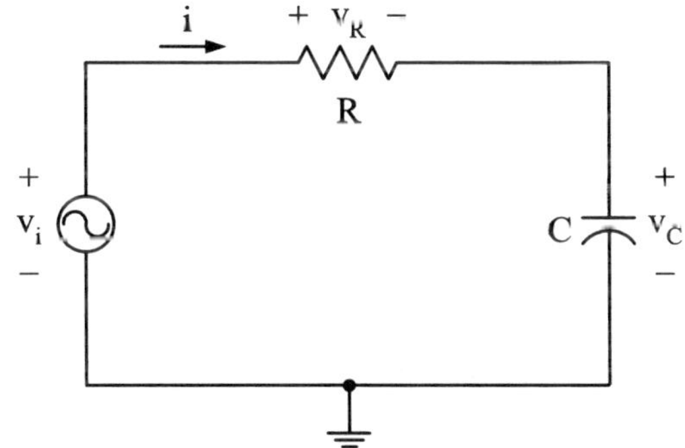

그림 20-1 RC 직렬회로

그림 20-1의 RC 직렬회로에서 입력전압과 커패시터 전압 사이의 관계식을 구한다. 입력전압 v_i와 커패시터 전압 v_C 사이의 관계식을 구하기 위해 그림 20-1의 RC 직렬회로에서 식 (20.1), 식 (20.2)와 같은 2개의 전압방정식을 세울 수 있다.

$$Ri(t) + \frac{1}{C}\int i(t)dt = v_i(t) \tag{20.1}$$

$$v_C(t) = \frac{1}{C}\int i(t)dt \tag{20.2}$$

식 (20.1), 식 (20.2)와 같은 적분방정식 역시 라플라스 변환을 이용하여 보다 쉽고 정확하게 해석할 수 있다. 식 (20.1), 식 (20.2)를 라플라스 변환하면 각각 식 (20.3), 식 (20.4)와 같다. 임의의 함수 f(t)를 적분한 함수의 라플라스 변환은 임의의 함수 f(t)를 라플라스 변환한 함수 F(s)에 복소변수의 역수인 1/s을 곱하면 된다.

$$RI(s) + \frac{1}{Cs}I(s) = V_i(s) \tag{20.3}$$

$$V_C(s) = \frac{1}{Cs}I(s) \tag{20.4}$$

식 (20.3)에서 I(s)를 구하여 식 (20.4)에 대입하여 정리하면 식 (20.5)와 같다.

$$\begin{aligned} V_C(s) &= \frac{1}{Cs}I(s) \\ &= \frac{1}{Cs} \cdot \frac{V_i(s)}{R + \frac{1}{Cs}} \\ &= \frac{1}{RCs+1}V_i(s) \end{aligned} \tag{20.5}$$

식 (20.5)는 라플라스 변환식으로 나타낸 입력전압과 커패시터 전압의 관계식이다. 입력전압 $v_i(t)$가 구체적으로 주어지면 입력전압의 라플라스 변환식 $V_i(s)$를 구할 수 있고, 이를 식 (20.5)에 대입한 후 라플라스 역변환하면 시간영역에서의 입력전압 $v_i(t)$와 커패시터 전압 $v_C(t)$ 사이의 관계식을 구할 수 있다. 예를 들어 입력전압이 $v_i(t)=10V$의 직류전압인 경우 식 (20.5)를 이용하여 커패시터 전압 $v_C(t)$를 구해보자.

식 (20.6)은 $v_i(t)$=10V인 경우의 커패시터 전압 $v_C(t)$의 라플라스 변환식이다.

$$\begin{aligned} V_C(s) &= \frac{1}{RCs+1}V_i(s) \\ &= \frac{1}{RCs+1} \cdot \frac{10}{s} \end{aligned} \tag{20.6}$$

라플라스 역변환을 하기 위해 식 (20.6)을 부분분수 전개법으로 나타내면 식 (20.7)과 같다. 라플라스 변환식을 부분분수로 전개하면 라플라스 변환의 주요 공식과 정리를 이용하여 라플라스 역변환 결과를 쉽게 구할 수 있다.

$$\begin{aligned} V_C(s) - \frac{1}{RCs+1} \cdot \frac{10}{s} \\ &= \frac{A}{RCs+1} + \frac{B}{s} \quad (\rightarrow \text{ 통분하면 } A = -10RC,\ B = 10) \\ &= \frac{10}{s} - \frac{10RC}{RCs+1} \\ &= \frac{10}{s} - \frac{10}{s+\frac{1}{RC}} \end{aligned} \tag{20.7}$$

식 (20.7)을 이용하여 커패시터 전압 $v_C(t)$를 구하면 식 (20.8)과 같다.

$$\begin{aligned} v_C(t) &= \mathcal{L}^{-1}\left(\frac{10}{s} - \frac{10}{s+\frac{1}{RC}}\right) \\ &= 10\left(1 - e^{-\frac{1}{RC}t}\right) \end{aligned} \tag{20.8}$$

이제 입력전압이 구체적으로 주어지지 않은 임의의 입력전압인 경우에 대하여 그림 20-1의 RC 직렬회로가 어떤 특성을 갖는지를 식 (20.5)를 이용하여 해석하고자 한다. 식 (20.9)는 식 (20.5)를 다시 정리한 식이다.

$$V_C(s) = \frac{\frac{1}{Cs}}{R + \frac{1}{Cs}} V_i(s) \tag{20.9}$$

식 (20.9)는 1/Cs과 R의 크기에 따라 크게 2가지로 나눌 수 있다. 즉 라플라스 변환에서 복소변수 s는 s=jω이므로 식 (20.9)의 라플라스 변환식은 1/Cs과 R의 크기에 따라 $|1/Cs|(=|1/j\omega C|) \gg R$ 또는 $|1/Cs|(=|1/j\omega C|) \ll R$인 경우로 나눌 수 있다.

첫 번째로 $|1/Cs|(=|1/j\omega C|) \gg R$인 경우에 대하여 살펴본다. $|1/Cs| \gg R$인 경우는 주파수 f가 감소하여 각주파수 ω=2πf가 작은 값이 되는 경우이다. 즉 입력전압의 주파수가 감소할수록 $|1/Cs| \gg R$인 경우가 된다. 식 (20.10)은 $|1/Cs| \gg R$인 경우의 $V_i(s)$와 $V_C(s)$의 관계식이다. 식 (20.10)을 라플라스 역변환하면 식 (20.11)과 같이 시간영역에서의 입력전압 v_i와 커패시터 전압 v_C 사이의 관계식을 구할 수 있다.

$$\begin{aligned} V_C(s) &= \frac{\frac{1}{Cs}}{R + \frac{1}{Cs}} V_i(s) \\ &\simeq \frac{\frac{1}{Cs}}{\frac{1}{Cs}} V_i(s) \qquad (\because |1/Cs| \gg R\text{인 경우}) \\ &= V_i(s) \end{aligned} \tag{20.10}$$

$$V_C(s) \simeq V_i(s) \quad \rightarrow \quad v_C(t) \simeq v_i(t) \tag{20.11}$$

두 번째로 $|1/Cs|(=|1/j\omega C|) \ll R$인 경우에 대하여 살펴본다. $|1/Cs| \ll R$인 경우는 주파수 f가 증가하여 각주파수 ω=2πf가 큰 값이 되는 경우이다. 즉 입력전압의 주파수가 증가할수록 $|1/Cs|(=|1/j\omega C|) \ll R$인 경우가 된다. 식 (20.12)는 $|1/Cs| \ll R$인 경우의 $V_i(s)$와 $V_C(s)$의 관계식이다. 식 (20.12)를 라플라스 역변환하면 식 (20.13)과 같이 시간영역에서의 $v_i(t)$와 $v_C(t)$ 사이의 관계식을 구할 수 있다. 식 (20.13)은 입력전압을 적분하여 출력전압인 커패시터 전압이 되는 특성을 갖는다. 이와 같이 입력전압과 출력전압이 서로 적분 관계를 갖는 회로를 적분회로라고 한다. RC 직렬회로는 $|1/Cs|(=|1/j\omega C|) \ll R$인 입력전압의 주파수 범위에서 적분회로로 동작한다.

$$
\begin{aligned}
V_C(s) &= \frac{\frac{1}{Cs}}{R + \frac{1}{Cs}} V_i(s) \\
&\simeq \frac{\frac{1}{Cs}}{R} V_i(s) \qquad (\because |1/Cs| \ll R\text{인 경우}) \\
&= \frac{1}{RC}\left\{\frac{1}{s} V_i(s)\right\}
\end{aligned} \tag{20.12}
$$

$$
V_C(s) \simeq \frac{1}{RC}\left\{\frac{1}{s} V_i(s)\right\} \quad \rightarrow \quad v_C(t) \simeq \frac{1}{RC}\int v_i(t)dt \tag{20.13}
$$

표 20-1에 RC 직렬회로의 적분회로 특성을 정리하였다. 학습 14 RC 직렬회로 실험하기, 학습 18 필터회로 실험하기의 RC 필터회로, 학습 20 적분회로 실험하기는 모두 RC 직렬회로를 기본으로 하는 회로이다. RC 직렬회로를 정확하게 해석하고 이해함으로써 RC 직렬회로의 필터회로 기능과 적분회로 기능을 이해할 수 있다.

전기회로는 능동소자인 전압원(voltage source), 전류원(current source)과 수동소자인 R, L, C로 구성되는 회로이다. 저항(R)뿐만 아니라 인덕터(L)와 커패시터(C)를 포함하는 교류전원 회로를 정확하게 이해하고 해석하는 것은 전기회로 공부에 있어 매우 중요하다. 학습 14에서 학습 20까지의 RL 직렬회로, RC 직렬회로, 필터회로, 미분회로, 적분회로는 이런 관점에서 매우 중요하다. 전기회로에서 사용되는 소자인 인덕터와 커패시터의 특성을 정확히 이해하고, 전압과 전류를 스칼라가 아닌 벡터로 해석하고, 라플라스 변환을 이용하여 전기회로를 해석하는 것은 RL 직렬회로와 RC 직렬회로와 관련한 내용들을 정확하게 이해하기 위해 필수적이다.

표 20-1 RC 직렬회로의 적분회로 특성

구분	$s(=j\omega) \rightarrow 0$ 식 (20.10), 식 (20.11)	$s(=j\omega) \rightarrow \infty$ 식 (20.12), 식 (20.13)
RC 직렬회로	$v_C(t) \simeq v_i(t)$	$v_C(t) \simeq \frac{1}{RC}\int v_i(t)dt$

20.2.2 RC 직렬회로의 적분회로 동작

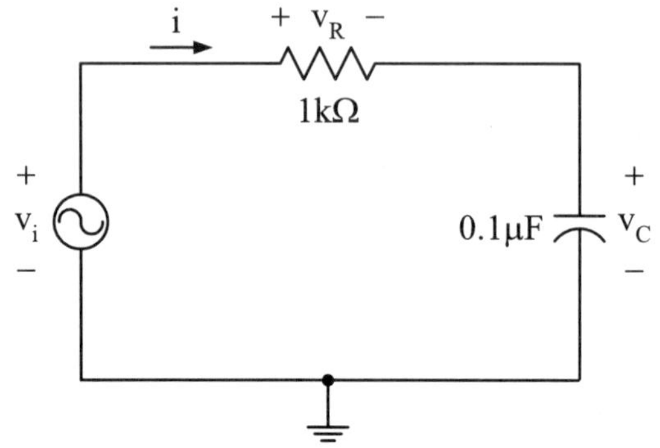

그림 20-2 RC 직렬회로 (R=1kΩ, C=0.1μF)

라플라스 변환을 이용한 RC 직렬회로의 해석을 20.2.1절에서 살펴보았다. 라플라스 변환을 이용하여 해석한 결과 RC 직렬회로는 높은 입력 주파수에 대해 적분회로의 특성을 가진다는 것을 알았다. 이제 그림 20-2와 같이 R=1kΩ, C=0.1μF인 RC 직렬회로에 대한 적분회로 특성 등을 실험파형을 통해 직접 확인하고자 한다.

RC 직렬회로의 특성은 식 (20.9)의 라플라스 변환식에서 1/Cs과 R의 크기에 의해 좌우된다. 즉 $|1/Cs|(=|1/j\omega C|) \gg R$ 인지 또는 $|1/Cs|(=|1/j\omega C|) \ll R$ 인지에 의해 특성이 결정된다. 따라서 $|1/Cs|(=|1/j\omega C|) = R$ 이 되는 임계 주파수 f_c를 구하는 것은 RC 직렬회로의 특성을 파악하는데 있어 매우 중요하다. 그림 20-2 RC 직렬회로의 임계 주파수를 구하면 식 (20.14)와 같다.

$$\frac{1}{\omega_c C} = \frac{1}{2\pi f_c C} = R \quad \rightarrow \quad f_c = \frac{1}{2\pi CR} = \frac{1}{2\pi \times 0.1\mu F \times 1k\Omega} = 1592\text{Hz} \tag{20.14}$$

$|1/Cs|(=|1/j\omega C|) \ll R$ 인 경우는 입력 주파수가 f_c=1592Hz보다 큰 경우이다. 임계 주파수보다 높은 입력 주파수에 대해 RC 직렬회로는 적분회로로 동작한다. 또한 $|1/Cs|(=|1/j\omega C|) \gg R$ 인 경우는 입력 주파수가 f_c=1592Hz보다 작은 경우이다. 이와 같은 입력 주파수에 대해 RC 직렬회로는 $v_C(t) \simeq v_i(t)$의 특성을 가진다. 그림 20-2의 RC 직렬회로에서 입력전압의 최대값은 3V로 고정시키고, 다양한 주파수의 구형파 교류전압을 인가한 경우의 커패시터 전압을 측정하여 그림 20-3에 나타내었다.

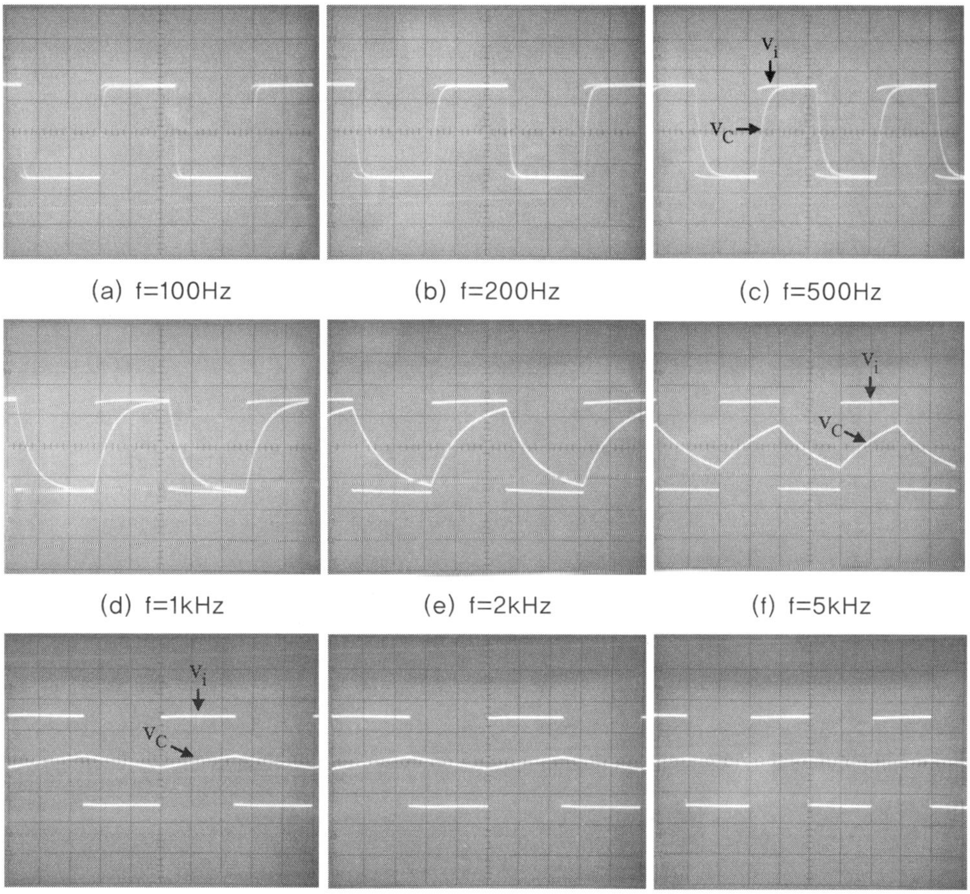

(a) f=100Hz (b) f=200Hz (c) f=500Hz

(d) f=1kHz (e) f=2kHz (f) f=5kHz

(g) f=10kHz (h) f=20kHz (i) f=50kHz

그림 20-3 RC 직렬회로의 입력 주파수 변화에 따른 커패시터 전압(v_C)의 변화
(RC 직렬회로 : V_m=3V, R=1kΩ, C=0.1μF)

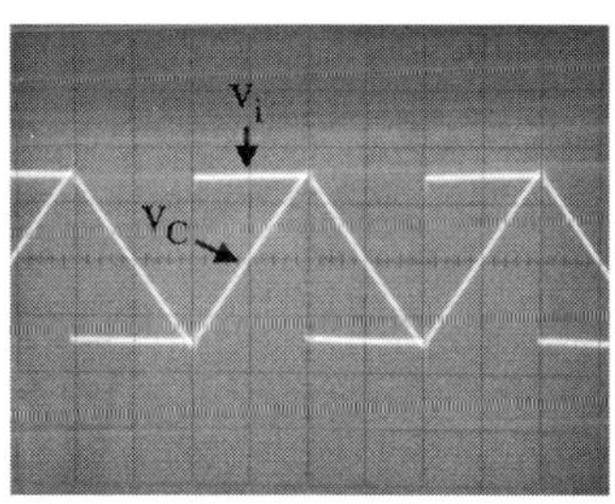

그림 20-4 구형파 입력에 대한 적분기 동작
(f=50kHz, v_i : 2V/div, v_C : 0.1V/div)

그림 20-3(a)~(c)는 입력 주파수 f가 임계 주파수 f_c보다 낮아 $|1/Cs| \gg R$인 경우로 커패시터 전압이 입력전압과 거의 동일한 특성을 갖는다. 또한 그림 20-3(d)~(f)는 $|1/Cs|$과 R의 크기가 크게 차이가 나지 않는 경우로 입력 주파수 f가 증가함에 적분회로 동작이 나타나기 시작하는 것을 알 수 있다. 그리고 그림 20-3(g)~(i)는 $|1/Cs| \ll R$인 경우로 구형파 입력전압에 대해 커패시터 전압이 적분회로 동작을 하는 것을 확인할 수 있다. 그림 20-3의 실험파형에서 알 수 있는 바와 같이 임계 주파수보다 높은 입력 주파수 범위에서 RC 직렬회로는 적분회로 동작을 한다.

그림 20-3(g)~(i)는 입력전압과 커패시터 전압 모두 2V/div 전압 스케일로 측정한 전압파형이다. 그러나 2V/div의 전압 스케일이 커패시터 전압을 측정하기에 지나치게 크므로 이를 적절하게 조정할 필요가 있다. 그림 20-4는 그림 20-3(i)의 커패시터 전압의 전압 스케일을 0.1V/div로 조정하여 측정한 실험파형이다.

그림 20-3과 그림 20-4에서 인가한 구형파 입력전압은 +3V와 −3V가 반주기씩 교대로 나타나는 교류전압이다. 반주기 동안은 입력전압이 +3V이므로 입력전압을 $v_i=+3V$로 설정하고, 식 (20.13)을 이용하여 커패시터 전압을 구할 수 있다. 이와 같이 입력전압이 +3V인 반주기 동안의 커패시터 전압을 구한 것이 식 (20.15)이다. 식 (20.15)에서 $v_i=+3V$인 구형파 입력전압 구간에 대한 커패시터 전압의 기울기는 3×10^4이다. 그리고 식 (20.16)에서 $v_i=-3V$인 구형파 입력전압의 나머지 반주기 구간에 대한 커패시터 전압의 기울기는 -3×10^4이다.

$$\begin{aligned} v_C^+(t) &\simeq \frac{1}{RC}\int v_i(t)dt \\ &= \frac{1}{1k\Omega \cdot 0.1\mu F}\int 3dt \quad (\because\ v_i=+3V\text{인 반주기 구간에 대한 } v_C) \\ &= 3\times10^4 t + C_1 \end{aligned} \tag{20.15}$$

$$\begin{aligned} v_C^-(t) &\simeq \frac{1}{RC}\int v_i(t)dt \\ &= \frac{1}{1k\Omega \cdot 0.1\mu F}\int (-3)dt \quad (\because\ v_i=-3V\text{인 반주기 구간에 대한 } v_C) \\ &= -3\times10^4 t + C_2 \end{aligned} \tag{20.16}$$

이제 그림 20-4의 실험파형에서의 삼각파 커패시터 전압의 기울기를 구하여 식 (20.15)와 식 (20.16)의 이론값과 비교하자. 식 (20.17)은 그림 20-4에서 f=50kHz인 구형파 입력전압의 주기 T와 반주기 T/2를 구한 것이고, 식 (20.18), 식 (20.19)는 그림 20-4에서 측정한 커패시터 전압의 변화 $\triangle v_C$이다. 식 (20.17)과 식 (20.18), 식 (20.19)를 이용하면 그림 20-4의 실험파형에서 구형파 입력전압을 적분한 삼각파 커패시터 전압의 기울기를 각각 구할 수 있다.

$$T = \frac{1}{f} = \frac{1}{50\text{kHz}} = 20\mu s \quad \rightarrow \quad \frac{T}{2} = 10\mu s \tag{20.17}$$

$$\triangle v_C^{+} - 0.1\text{V/div} \times 3\text{div} = 0.3\text{V} \tag{20.18}$$

$$\triangle v_C^{-} = 0.1\text{V/div} \times (-3\text{div}) = -0.3\text{V} \tag{20.19}$$

$$v_i = +3\text{V}\text{인} \quad \text{반주기}\left(0 < t < \frac{T}{2}\right) \quad : \qquad (+)\text{기울기} = \frac{\triangle v_C^{+}}{\frac{T}{2}} = \frac{0.3\text{V}}{10\mu s} = 3 \times 10^4 \tag{20.20}$$

$$v_i = -3\text{V}\text{인} \quad \text{반주기}\left(\frac{T}{2} < t < T\right) \quad : \qquad (-)\text{기울기} = \frac{\triangle v_C^{-}}{\frac{T}{2}} = \frac{-0.3\text{V}}{10\mu s} = -3 \times 10^4 \tag{20.21}$$

식 (20.20), 식 (20.21)의 실험파형의 기울기는 각각 식 (20.15)와 식 (20.16)의 이론값과 정확히 일치하는 것을 알 수 있다. 즉 임계 주파수보다 충분히 높은 입력 주파수에 대해 RC 직렬회로의 적분회로로서의 응답특성을 확인할 수 있다.

그림 20-5는 그림 20-2의 RC 직렬회로에 삼각파 입력전압과 정현파 입력전압을 인가한 경우의 적분회로 동작을 나타낸 것이다. 그림 20-4의 측정파형을 이론적인 결과와 비교한 것처럼 그림 20-5의 측정파형도 이론적인 결과와 스스로 비교해 봄

으로써 RC 직렬회로의 적분회로 동작을 보다 잘 이해할 수 있다.

입력신호를 적분하여 출력으로 나타나는 적분회로 역시 자동제어 시스템에서 사용하는 중요한 제어요소이다. 본 학습에서는 입력을 적분하여 출력으로 변환하는 변환기인 RC 적분회로의 응답특성을 정확히 해석하고 실험을 통해 확인할 수 있다.

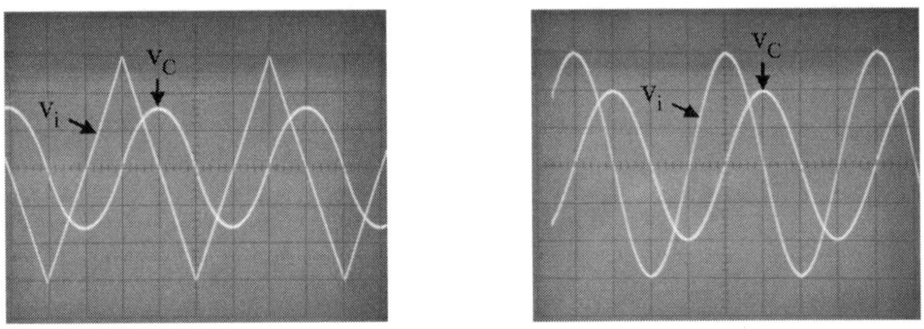

(a) 삼각파 입력전압 (b) 정현파 입력전압

그림 20-5 RC 직렬회로의 적분기 동작 (f=50kHz, v_i : 1V/div, v_C : 50mV/div)

20.3 수행내용 / 부품 및 장비

부품 및 장비		규격 및 수량	
부 품	저항	2.2kΩ	1개
	커패시터	0.033μF	1개
장 비		신호발생기(signal generator)	
		오실로스코프(oscilloscope)	
		디지털 멀티미터(DMM)	
		브레드 보드(bread board)	
기 타		jumper wire	
		wire stripper(또는 nipper)	

20.4 수행내용 / 수행순서

실험 1. RC 직렬회로를 이용한 적분회로 실험

① 신호발생기와 오실로스코프를 이용하여 신호발생기 구형파 출력의 최대값(V_m)이 3V이고, 주파수는 임의인 교류전압이 되도록 조정하여라.

② 실험단계 ①에서 조정한 신호발생기의 구형파 교류전압을 입력전압 v_i로 사용하여 그림 20-6의 실험회로를 구성하여라. 그림 20-6의 실험회로에서 R=2.2kΩ, C=0.033μF를 이용하여 실험회로를 구성하여라.

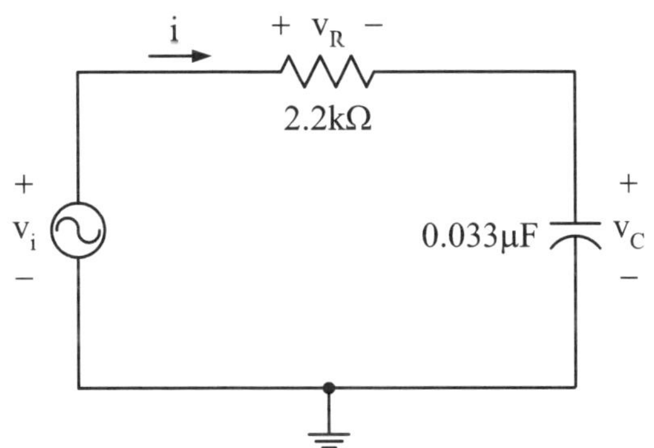

그림 20-6 RC 직렬회로를 이용한 적분회로 실험회로

③ 그림 20-6의 실험회로에서 $R=1/\omega C$이 되는 임계 주파수를 구하면 f_c=2192Hz≃2.2kHz이다. 식 (20.14)를 이용하여 임계 주파수가 약 2.2kHz인지를 확인하여라.

④ 실험단계 ①에서 임의의 주파수로 조정되어 있는 구형파 입력전압의 주파수를 임계 주파수의 10%에 해당하는 f=220Hz가 되도록 조정하여라. 즉 입력 주파수가 임계 주파수보다 충분히 낮은 주파수가 되도록 입력 주파수를 220Hz로 조정하여라.

⑤ 그림 20-6의 실험회로에서 입력전압 v_i와 커패시터 전압 v_C의 전압파형을 오실로스코프의 듀얼모드를 이용해 측정하여 표 20-3에 기재하여라.

오실로스코프는 듀얼모드를 이용하여 CH1은 입력전압 v_i, CH2는 커패시터 전압 v_C를 동시에 측정하여라. 또한 입력전압과 커패시터 전압의 정확한 비교를 위해 CH1과 CH2의 접지(GND) 전압 위치가 모두 오실로스코프 화면의 가운데가 되도록 CH1과 CH2 각각의 수직 위치조정기를 조정하고, 전압 스케일 역시 동일하게 설정하여라.

⑥ 입력전압의 주파수가 임계 주파수와 동일한 $f=f_c=2.2kHz$가 되도록 조정하고, 실험단계 ⑤를 반복하여라.

⑦ 입력전압의 주파수를 임계 주파수의 5배에 해당하는 $f=5f_c=11kHz$가 되도록 조정하고, 실험단계 ⑤를 반복하여라.

⑧ 입력전압의 주파수를 임계 주파수의 약 10배에 해당하는 $f=25kHz$가 되도록 조정하여라. 즉 입력 주파수가 임계 주파수보다 충분히 높은 주파수가 되도록 입력 주파수를 25kHz로 조정하고, 실험단계 ⑤를 반복하여라.

⑨ 실험단계 ⑧의 커패시터 전압 v_C의 실험파형에서 양(+)의 기울기와 음(−)의 기울기를 각각 측정하여 표 20-2에 기재하여라.

⑩ 식 (20.13)은 적분회로에서 커패시터 전압 v_C의 이론값을 구하는 식이다. 아래의 식을 이용하여 커패시터 전압 v_C의 양(+)의 기울기와 음(−)의 기울기의 이론값을 각각 계산하여 표 20-2에 기재하여라. 또한 기울기의 이론값을 실험단계 ⑨에서 구한 기울기의 측정값과 비교하여 실험결과가 타당한지 검토하여라.

$$v_C(t) \simeq \frac{1}{RC}\int v_i(t)dt$$

⑪ 표 20-3의 4개의 실험파형 중에서 가장 확실하게 적분회로 동작을 하는 실험파형을 1개 선택하고, 해당하는 실험파형의 입력 주파수를 표 20-2에 기재하여라.

⑫ 표 20-3의 4개의 실험파형 중에서 커패시터 전압이 입력전압과 가장 비슷한 실험파형을 1개 선택하고, 해당하는 실험파형의 입력 주파수를 표 20-2에 기재하여라.

참고 적분회로의 구형파 입력전압에 대한 삼각파 출력전압 계산방법

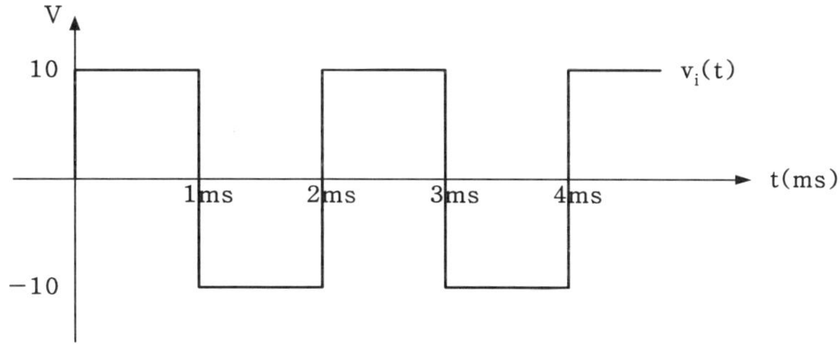

그림 20-7 적분회로의 구형파 입력전압

$v_C(t) \simeq \frac{1}{RC}\int v_i(t)dt$ (단, R=5kΩ, C=0.1μF인 경우)

① 삼각파 커패시터 전압 v_C의 양(+)의 기울기 $a_{(+)}$:

$$v_C^+(t) \simeq \frac{1}{RC}\int v_i^+(t)dt = \frac{1}{5\,k\Omega \times 0.1\,\mu F}\int 10\,dt = 2\times 10^4 t + C_1$$

따라서 양(+)의 기울기 $a_{(+)} = +2\times 10^4$

② 삼각파 커패시터 전압 v_C의 음(−)의 기울기 $a_{(-)}$:

$$v_C^-(t) \simeq \frac{1}{RC}\int v_i^-(t)dt = \frac{1}{5\,k\Omega \times 0.1\,\mu F}\int (-10)\,dt = -2\times 10^4 t + C_2$$

따라서 음(−)의 기울기 $a_{(-)} = -2\times 10^4$

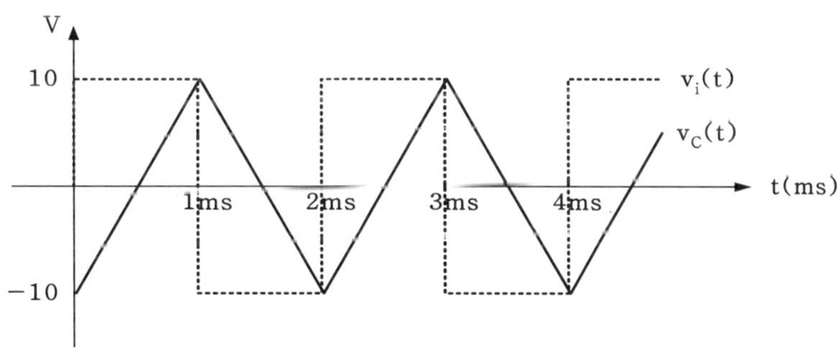

그림 20-8 적분회로의 구형파 입력전압과 삼각파 커패시터 전압

20.5 수행결과

실험 1. RC 직렬회로를 이용한 적분회로 실험

표 20-2 적분회로 실험 데이터

<table>
<tr><th>실험단계</th><th colspan="2">실험내용</th><th>실험결과</th><th>참고사항</th></tr>
<tr><td rowspan="2">⑨</td><td rowspan="2">측정값</td><td>적분회로에서 커패시터 전압 v_C의 양(+)의 기울기</td><td></td><td rowspan="2">표 20-3(d)에서 기울기 계산</td></tr>
<tr><td>적분회로에서 커패시터 전압 v_C의 음(−)의 기울기</td><td></td></tr>
<tr><td rowspan="3">⑩</td><td rowspan="2">이론값</td><td>적분회로에서 커패시터 전압 v_C의 양(+)의 기울기</td><td></td><td rowspan="2">식 (20.13)을 이용하여 기울기 계산</td></tr>
<tr><td>적분회로에서 커패시터 전압 v_C의 음(−)의 기울기</td><td></td></tr>
<tr><td colspan="2">양(+)의 기울기와 음(−)의 기울기의 이론값과 측정값의 일치여부</td><td></td><td>이론값과 측정값을 비교·분석</td></tr>
<tr><td>⑪</td><td colspan="2">가장 확실하게 적분회로 동작을 하는 실험파형의 입력 주파수</td><td></td><td rowspan="2">표 20-3의 (a)~(d)에서 해당하는 실험파형의 입력 주파수를 기재</td></tr>
<tr><td>⑫</td><td colspan="2">커패시터 전압과 입력전압이 가장 비슷한 실험파형의 입력 주파수</td><td></td></tr>
</table>

표 20-3 RC 직렬회로를 이용한 적분회로 실험파형 (실험단계 ⑤⑥⑦⑧)

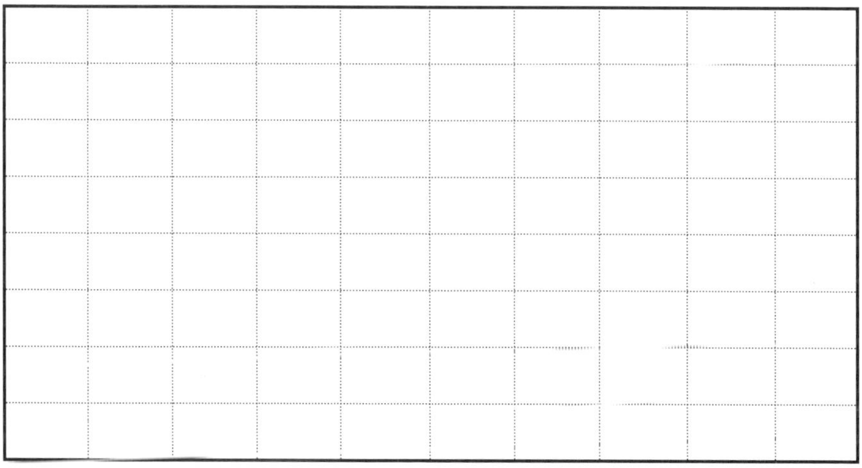

● CH1 전압 스케일 : 2V/div ● 시간 스케일 : 1ms/div

● CH2 전압 스케일 : 2V/div

(a) $f=0.1f_c=220Hz$인 실험단계 ⑤의 v_i, v_C 전압파형

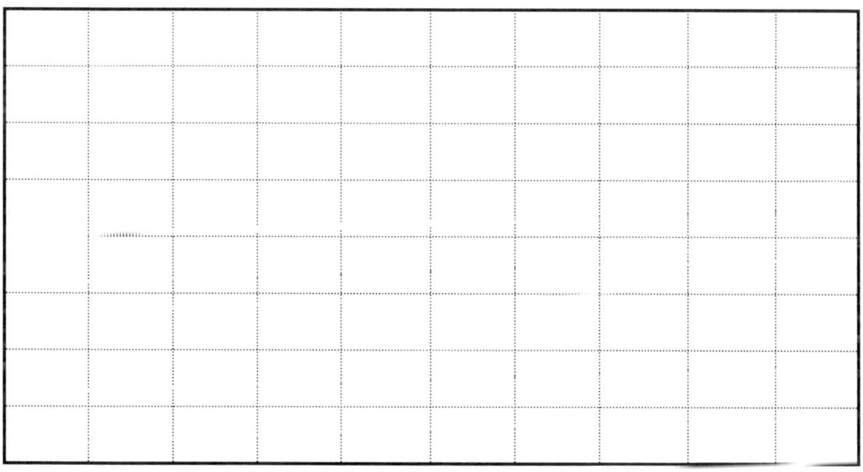

● CH1 전압 스케일 : 2V/div ● 시간 스케일 : 0.1ms/div

● CH2 전압 스케일 : 1V/div

(b) $f=f_c=2.2kHz$인 실험단계 ⑥의 v_i, v_C 전압파형

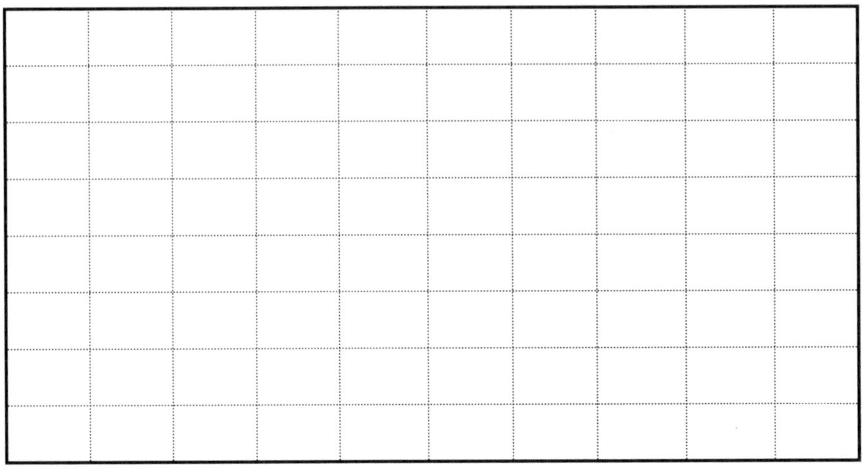

● CH1 전압 스케일 : 2V/div　　● 시간 스케일 : 20μs/div

● CH2 전압 스케일 : 0.5V/div

(c) $f=5f_c=11$kHz인 실험단계 ⑦의 v_i, v_C 전압파형

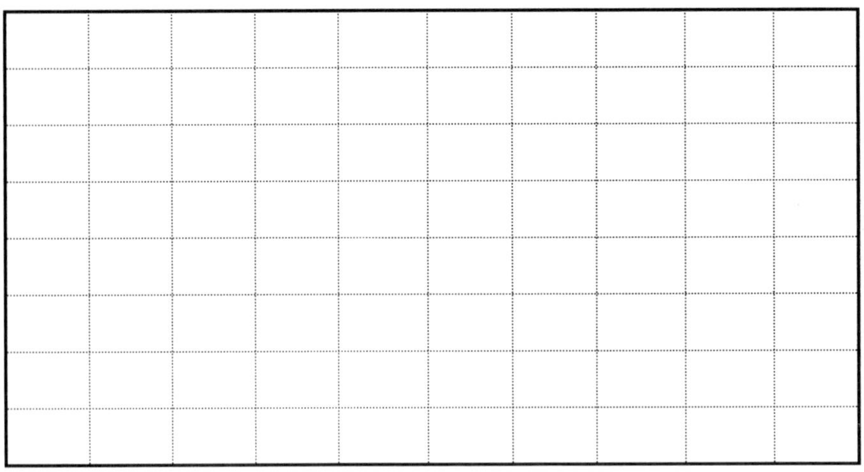

● CH1 전압 스케일 : 2V/div　　● 시간 스케일 : 10μs/div

● CH2 전압 스케일 : 0.2V/div

(d) $f=10f_c \approx 25$kHz인 실험단계 ⑧의 v_i, v_C 전압파형

20.6 평가문제

1 실험 1은 R=1/ωC의 임계 주파수를 기준으로 4가지 종류의 입력 주파수를 인가한 경우 RC 직렬회로의 커패시터 출력전압 파형을 측정한 실험이다. 표 20-3의 실험파형에서 입력 주파수가 높아질수록 RC 직렬회로가 어떤 특성을 나타내는지 설명하고, 또한 그 이유를 라플라스 변환을 이용하여 설명하여라.

2 R=1kΩ, C=0.1μF인 그림 20-2의 RC 직렬회로에 그림 20-9와 같은 구형파 교류전압을 인가한 경우 RC 직렬회로는 적분회로로 동작한다. 입력전압의 주파수 f를 구하고, 주어진 입력 주파수에 대해 RC 직렬회로가 적분회로로 동작하는 이유를 간단히 설명하여라. 또한 주어진 입력 주파수에 대해 이상적인 적분회로로 동작한다고 가정하는 경우 커패시터 출력전압 v_C를 유도하고, 그림 20-9에 커패시터 출력전압의 파형을 그려라.

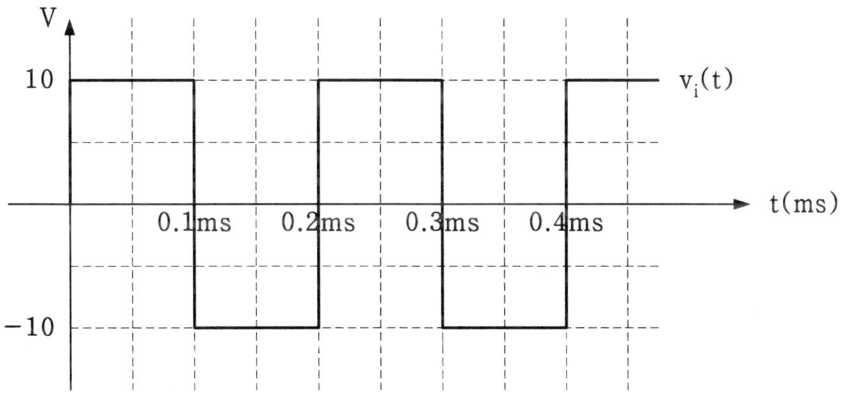

그림 20-9 구형파 입력전압에 대한 RC 직렬회로의 적분회로 동작

3 그림 20-10은 R=1kΩ, C=0.1μF인 그림 20-2의 RC 직렬회로에 최대값이 3V이고, 입력 주파수가 50kHz인 정현파 교류전압을 인가한 경우의 커패시터 출력전압의 실험파형이다. 이론적인 커패시터 출력전압을 구하고, 그림 20-10의 실험파형이 타당함을 설명하여라.

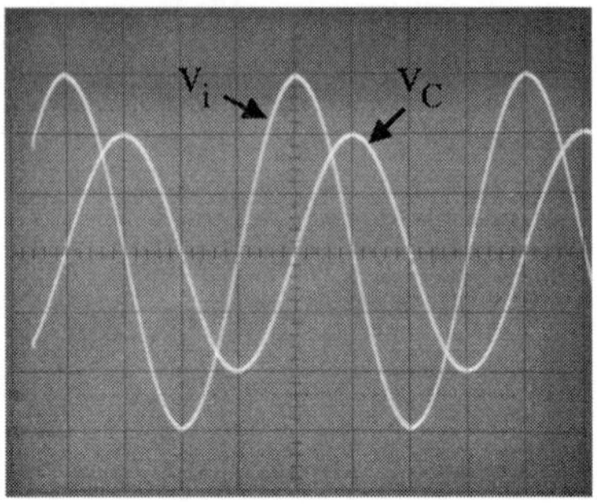

그림 20-10 정현파 입력전압에 대한 RC 직렬회로의 적분회로 동작
(f=50kHz, v_i : 1V/div, v_C : 50mV/div)

4. 그림 20-1 RC 직렬회로는 그림 18-1 RC 필터회로와 동일한 회로이다. 즉 동일한 RC 직렬회로를 학습 18은 필터회로 특성을 살펴보고, 학습 20은 적분회로 특성을 살펴본 것이다. 낮은 입력 주파수(f→0) 성분에 대해 그림 20-1 RC 직렬회로의 필터회로로서의 응답특성과 적분회로로서의 응답특성을 식을 이용하여 각각 설명하여라.

5. 그림 20-1 RC 직렬회로는 그림 18-1 RC 필터회로와 동일한 회로이다. 즉 동일한 RC 직렬회로를 학습 18은 필터회로 특성을 살펴보고, 학습 20은 적분회로 특성을 살펴본 것이다. 높은 입력 주파수(f→∞) 성분에 대해 그림 20-1 RC 직렬회로의 필터회로로서의 응답특성과 적분회로로서의 응답특성을 식을 이용하여 각각 설명하여라.

6. 실험에 대한 종합결론을 정리하고, 학습목표 성취도에 대해 학습자 스스로 평가하여라. 성취도는 A(우수), B(보통), C(미흡)의 3단계로 구분하여 평가하여라.

I•N•D•E•X

(ㅋ)

(ㅌ)

(ㅍ)

(ㅎ)

저 · 자 · 약 · 력

저자 | 한 학 근

❖ 서울대학교 전기공학과 공학사
❖ 서울대학교 전기공학과 공학석사
❖ 서울대학교 전기공학부 공학박사
❖ the University of British Columbia(UBC), Canada, Visiting Professor
❖ 現) 동양미래대학교 전기공학과 교수

NCS기반 **전기회로실험**

발　행 / 2025년 2월 20일

저　자 / 한 학 근
펴 낸 이 / 정 창 희
펴 낸 곳 / 동일출판사
주　소 / 서울시 강서구 곰달래로31길7 (2층)
전　화 / (02) 2608-8250
팩　스 / (02) 2608-8265
등록번호 / 109-90-92166

ISBN 978-89-381-1187-6-93560
값 / 22,000원